8·9급 대비
관리
운영
직군
전직시험
전자공학개론

KB252885

www.goseowon.co.kr

Preface

지속되는 경기불황과 취업난 속에 공무원시험의 경쟁률과 합격선이 꾸준히 증가하고 있음에도 불구하고 공무원시험의 인기는 더욱 치솟고 있는 추세입니다.

관리운영직군 공무원의 전직임용은 국가공무원법에 따른 전직시험을 통하여 해당 기관의 직제 개정으로 감축하는 관리운영직군 직렬에 속하는 공무원의 정원에 상응하여 증원되는 정원이 배정되는 직렬에 속하는 공무원으로 전직할 수 있도록 시행하는 것으로서, 공무원시험에 새로이 응시하는 것이 아니라 경력자 가운데 시험을 통해 행정직 또는 기술직 공무원으로 전환하는 것입니다.

국가공무원법에 따른 선택형 필기시험에서는 각 과목에서 40% 이상 득점하고 전 과목 총점의 60% 이상 득점한 사람으로 합격자를 결정합니다. 학습의 목표가 고득점이 아닌 합격이기 때문에 무엇보나 전략을 잘 세우는 것이 중요합니다. 시험에 나올 민힌 핵심이론을 파악하고 최근 출제경향을 익혀 짧은 시간 내에 보다 효과적인 학습을 완성해야 합니다.

본서는 광범위한 내용을 체계적으로 간추려 수험생으로 하여금 단기간에 보다 효율적으로 학습할 수 있도록 핵심이론을 정리하였습니다. 또한 출제가 예상되는 다양한 유형의 문제를 수록하여 학습내용을 점검하고 부족한 부분을 보충할 수 있도록 하였습니다.

신념을 가지고 도전하는 사람은 반드시 그 꿈을 이룰 수 있습니다.
서원각이 수험생 여러분의 꿈을 응원합니다.

Structure

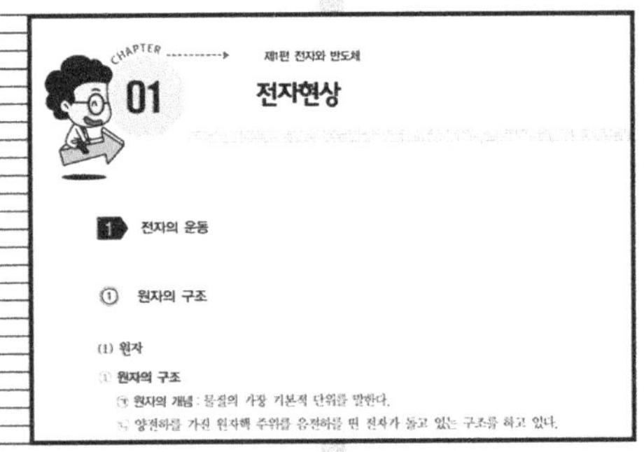

핵심이론정리

전자공학개론 전반에 대해 체계적으로 편장을 구분한 후 해당 단원에서 필수적으로 알아야 할 내용을 정리하여 수록했습니다. 출제가 예상되는 핵심적인 내용만을 학습함으로써 단기간에 학습 효율을 높일 수 있습니다.

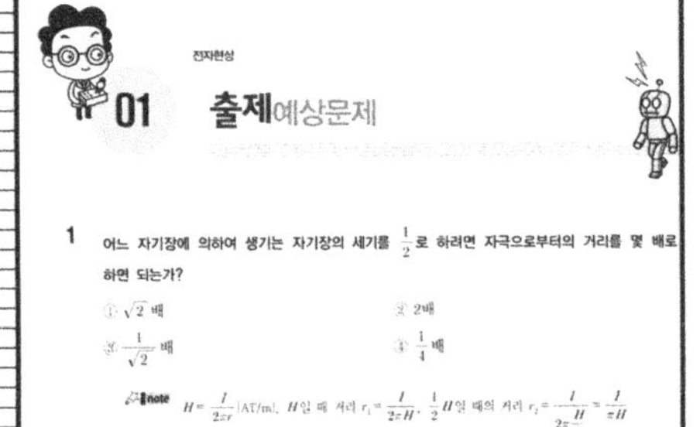

출제예상문제

그동안 치러진 국가직 및 지방직 기출문제를 분석하여 출제가 예상되는 문제만을 엄선하여 수록하였습니다. 다양한 난도와 유형의 문제들로 연습하여 확실하게 대비할 수 있습니다.

매 문제 상세한 해설을 달아 문제풀이만으로도 개념학습이 가능하도록 하였습니다. 문제풀이와 함께 이론정리를 함으로써 완벽하게 학습할 수 있습니다.

플립플롭에서 입력이 $J = K = 1$ 이고, 클럭 펄스가 계속 입력이 되면 출력은

리셋(reset)　　　　　　　　② 부동작

프리셋(preset)　　　　　　　④ 토글링(toggling)

note JK 회로에서 $J = 1$, $K = 1$ 이고 클럭 펄스가 계속 입력되면 출력은 반전(to 가 0으로 돌아갈 때까지 반전동작을 반복한 것이다. 이러한 동작을 제어하 의 시간의 폭이 통과한 신호의 지연시간보다 짧아야 한다.

J	K	Q_{t+1}
0	0	Q
0	1	0
1	0	1
1	1	$\overline{Q}$

학습하는데 유용한 플러스 Tip을 수록하여 이론 외에 놓치기 쉬운 부분까지 꼼꼼하게 학습 할 수 있게 하였습니다.

상형 발진회로의 개요

상 이동 발진기라고도 하는 것으로 위상차를 이용한 발 , C에 의해 위상을 이동시키는 기능이 이루어지고 콘덴 시킬 수 있다.

🔔TIP | RC 발진회로의 사용 … R, C를 사용하여 정귀환을 LC 발진회로에서 L 대신 R을 이용한 발진회로이다

상형 병렬 R 발진회로

Contents

공무원의 구분 변경에 따른 전직임용 등에 관한 특례규정

[시행 2014.11.19.] [대통령령 제25751호, 2014.11.19., 타법개정]

제2장 관리운영직군 공무원의 전직임용

제3조(관리운영직군 공무원의 전직) ① 다음 각 호의 어느 하나에 해당하는 공무원은 「국가공무원법」(이하 "법"이라 한다) 제28조의3에 따른 전직시험(이하 "전직시험"이라 한다)을 통하여 해당 기관의 직제의 개정으로 감축하는 관리운영직군 직렬에 속하는 공무원의 정원에 상응하여 증원되는 정원이 배정되는 직렬(관리운영직군 및 우정직군의 직렬은 제외한다. 이하 같다)에 속하는 공무원으로 전직할 수 있다.

1. 대통령령 제24852호 공무원임용령 일부개정령 부칙 제7조 제1항에 따라 관리운영직군 공무원으로 임용된 것으로 보는 공무원
2. 다른 법령에서 관리운영직군 공무원으로 임용된 후 법 제28조 제2항 제7호에 따라 국가공무원으로 임용되거나 법 제28조의2에 따라 전입한 공무원

② 제1항에 따른 직제의 개정으로 증원되는 일반직공무원의 직위에는 해당 기관의 일반직공무원의 초과현원에 관계없이 해당 기관의 관리운영직군 공무원 중 전직시험에 합격한 공무원을 인사혁신처장이 정하는 시기에 임용(이하 "전직임용"이라 한다)하여야 한다.

③ 해당 기관의 관리운영직군에 감축할 정원이 없는 직렬에 대해서는 「행정기관의 조직과 정원에 관한 통칙」 제24조 제2항에도 불구하고 전직시험의 합격 인원에 해당하는 정원이 전직예정 직렬에 있는 것으로 보고 전직임용할 수 있다. 이 경우 해당 직렬 일반직공무원의 현원이 정원과 일치될 때까지 그 초과현원에 상응하는 정원이 해당 기관에 따로 있는 것으로 본다.

④ 제1항에 따른 관리운영직군 직렬에 상응하는 직렬의 범위 및 전직임용 등에 관하여 필요한 사항은 인사혁신처장이 정한다.

제4조(전직시험 실시기관) 「공무원임용령」(이하 "임용령"이라 한다) 제2조 제3호에 따른 소속 장관(이하 "소속 장관"이라 한다)은 전직시험을 직접 실시하거나 인사혁신처장에게 위탁하여 실시할 수 있다.

[대통령령 제24856호(2013.11.20) 부칙 제2조의 규정에 의하여 이 조는 2016년 12월 31일까지 유효함]

제5조(전직시험의 요건 및 방법 등) ① 전직예정 직급에 상당하는 관리운영직군 공무원으로 6개월 이상 근무한 공무원은 「공무원임용시험령」(이하 "시험령"이라 한다) 제18조에 따른 자격증 소지 여부와 관계없이 전직시험에 응시할 수 있다.

② 전직시험은 다음 각 호의 어느 하나의 방법에 따른다.

1. 선택형 필기시험. 이 경우 소속 장관이 필요하다고 인정하는 경우에는 실기시험을 병과(倂科)할 수 있다.
2. 서류전형과 면접시험(전직예정 직렬 관련 분야 석사 학위 이상 소지자만 해당한다)
3. 서류전형(인사혁신처장이 정하는 자격증 소지자만 해당한다)

③ 제2항 제1호에 따른 필기시험의 과목은 별표 1과 같다. 다만, 소속 장관이 해당 기관의 업무 특성 등을 고려하여 필요하다고 인정하는 경우 인사혁신처장과 협의하여 시험령 별표 1을 적용할 수 있다.

[대통령령 제24856호(2013.11.20) 부칙 제2조의 규정에 의하여 이 조는 2016년 12월 31일까지 유효함]

※ 별표 1

관리운영직군에서 행정·기술직군으로 전직할 경우 시험과목

직렬 \ 직류 \ 계급		6·7급		8·9급	
교정	교정	헌법	교정학	형사소송법개론	교정학개론
보호	보호	헌법	형사소송법	사회	형사소송법개론
출입국관리	출입국관리	영어	행정법	영어	국제법개론
행정	일반행정	행정학	행정법	사회	행정학개론
세무	세무	행정법	세법	사회	세법개론
관세	관세	행정법	관세법	사회	관세법개론
사서	사서	행정법	자료조직론	사회	자료조직개론
공업	일반기계	물리학개론	기계공작법	물리	기계일반
공업	전기	물리학개론	전기자기학	물리	전기이론
공업	화공	화학공학개론	화공열역학	화학	유기공업화학
농업	일반농업	재배학	식용작물학	생물	식용작물
임업	전 직류	생물학개론	조림학	생물	조림
해양수산	선박항해	선박개론	항해학	물리	항해
해양수산	선박기관	선박개론	선박기관학	물리	선박기관
보건	보건	보건학	보건행정학	생물	공중보건
시설	일반토목	물리학개론	응용역학	물리	응용역학개론
시설	건축	물리학개론	건축계획학	물리	건축계획
전산	전산개발	소프트웨어공학	자료구조론	컴퓨터일반	소프트웨어공학
방송통신	전송기술	물리학개론	통신이론	물리	무선공학개론

제6조(전직시험의 합격 결정) ① 제5조 제2항 제1호에 따른 선택형 필기시험에서는 각 과목 만점의 40퍼센트 이상, 전 과목 총점의 60퍼센트 이상 득점한 사람을 합격자로 한다.

② 제5조 제2항 제2호에 따른 면접시험에서는 시험령 제13조 제1항에 따라 임명된 시험위원의 과반수가 같은 영 제5조 제3항의 평정요소 5개 항목 중 2개 항목 이상을 "하(미흡)"로 평정하였거나, 시험위원의 과반수가 어느 하나의 동일한 평정요소를 "하(미흡)"로 평정하였을 때에는 불합격으로 한다.

[대통령령 제24856호(2013. 11. 20) 부칙 제2조의 규정에 의하여 이 조는 2016년 12월 31일까지 유효함]

제7조(관리운영직군 공무원으로 신규채용된 공무원) 기능직공무원으로 재직 하던 중 특수경력직공무원이 되기 위하여 퇴직한 사람 등이 인사혁신처장과 협의를 거쳐 종전 기능직공무원의 직급에 상응하는 관리운영직군 공무원으로 신규채용된 경우 해당 공무원의 전직시험 및 전직임용 등에 관하여는 제3조부터 제6조까지의 규정을 준용한다.

PART 01

전자와 반도체

CHAPTER 01

전자현상

1 전자의 운동

① 원자의 구조

(1) 원자

① 원자의 구조

㉠ 원자의 개념 : 물질의 가장 기본적 단위를 말한다.

㉡ 양전하를 가진 원자핵 주위를 음전하를 띤 전자가 돌고 있는 구조를 하고 있다.

② 원자의 궤도

㉠ 전자가 회전하고 있는 궤도를 각(shell)이라고 하며, 원자핵을 중심으로 안쪽부터 K각, L각, M각, N각 … 이라고 한다.

㉡ 파울리의 배타원리(Pauli exclusion principle)

• 각각의 각이 수용할 수 있는 전자수는 정해져 있고, 그 수의 정의는 n번째 각에서 $2n^2$개로 한다.

• 각 궤도의 전자수는 K(2), L(8), M(18), N(32)가 된다.

㉢ 원자는 각 궤도의 전자 수를 모두 채웠을 때 가장 안정적이고, 안정화되려는 특성이 있다.

◎ 원자구조 ◎

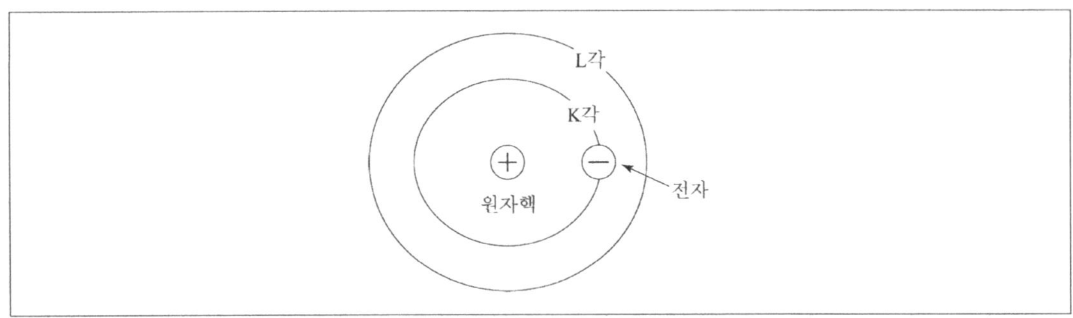

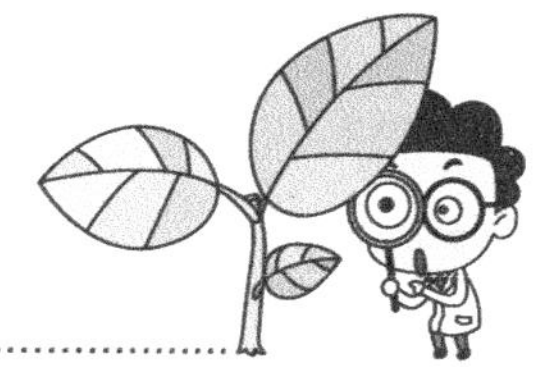

③ 원자핵

　㉠ 양전하를 가진 양성자(양자)와 중성인 중성자로 구성된다.

　　• 원자번호 = 양자 수 = 전자 수

　　• 원자핵 = 양자 + 중성자

　　• 1개의 양성자 또는 중성자의 질량은 전자의 약 1,840배이다.

　㉡ 1개의 원자는 양성자와 전자의 개수, 전하량이 같아 전기적으로 중성을 띤다.

(2) 가(價)전자(Valence electron)

① 개념 ⋯ 원자의 가장 바깥쪽 궤도를 돌고 있는 전자를 말한다.

② 특성

　㉠ 주기율표의 족의 수와 가전자의 수는 동일하다.

　㉡ 원자로부터의 이탈

　　• 원자핵과 가전자의 결합력이 낮기 때문에 원자로부터의 이탈이 용이하다.

　　• 가전자가 외부의 에너지에 의해 원자에서 이탈되면 원자는 (−)전하를 잃어 (+)전하를 띤다.

　　• 원자가 이탈된 전자를 외부로부터 받으면 (−)전하를 얻어 (−)전하를 띤다.

　㉢ 화학반응에서 중요한 역할을 한다.

(3) 자유전자

① 자유전자

　㉠ 개념 : 원자에 구속되어 있는 전자가 외부 에너지에 의해 원자에서 이탈된 전자를 말한다.

　㉡ 방출전자 : 자유전자가 외부의 자극에 의해 궤도를 이탈한 전자를 말한다.

② 홀(hole)

　㉠ 개념 : 가전자가 자유전자가 된 후, 전자가 나간 빈 공간을 말한다.

　㉡ 정공(Positive hole)이라고도 하고, 양전하를 띤다.

　㉢ 특성 : 자유전자를 끌어 들여 빈 공간을 메우려고 한다.

③ 캐리어(carrier : 운반자)

　㉠ 개념 : 반도체의 전기전도를 일으키는 자유전자와 홀을 말한다.

　㉡ 캐리어(전자, 홀)는 온도가 올라가면 많아져 그만큼 전류가 흐르기 쉬워진다.

② 전자의 운동

(1) 전자와 전류

① 전류

    ㉠ 단위시간당 전하의 변화량을 말한다.

    ㉡ 1s동안 1C(쿨롱)의 전하가 흘렀을 경우 1A가 된다.

    ㉢ 전류는 전자의 흐름이고 (+)전하로 정의된다. 따라서 전자와 전류의 흐름은 반대방향이 된다.

    ㉣ 전류$(I) = \dfrac{\text{전하의 변화량}(dq)}{\text{단위시간}(dt)}$ [C/s]

② 도체 내의 전류

    ㉠ 초당 단면을 통과하는 전자수

$$N = nAv\,[\text{개/s}]$$

- n : 전자밀도[개/m^3]
- A : 단면적[m^2]
- v : 전자의 평균 이동속도[m/s]

    🌲TIP | 전류밀도 … 도체의 단면적을 흐르는 전류량을 말한다.

    ㉡ 전류의 크기 : $I = eN = nAve\,[\text{A}]$

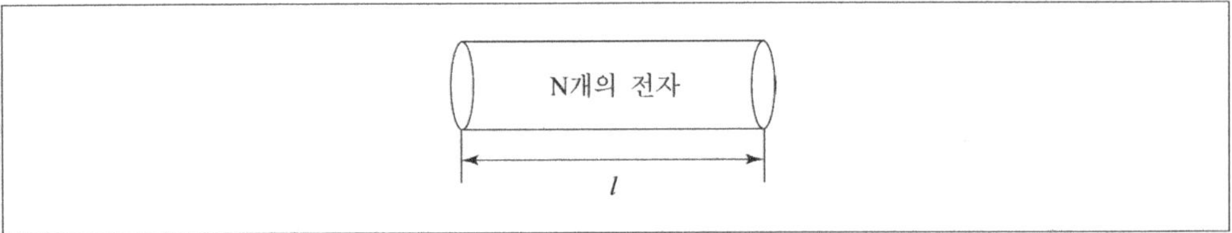

(2) 전자의 운동

① 전기장 내에서의 전자운동

    ㉠ 전기장 내에서의 전자운동

- 전기장 : 양 도체 극판에 전압을 가하면 (+)극판 쪽에서 (−)극판 쪽으로 전기력선이 생성되고, 이 전기력선이 미치는 범위를 말하는데 전계, 전장이라고도 한다.

- 전자가 받는 힘 : $F = qE = eE = \dfrac{eV}{d}\,[\text{N}]$

- 전자의 가속도 : $a = \dfrac{eE}{m_0} = \dfrac{eV}{m_0 d}\,[\text{m/s}^2]$

❀ 전기장 내의 전자 ❀

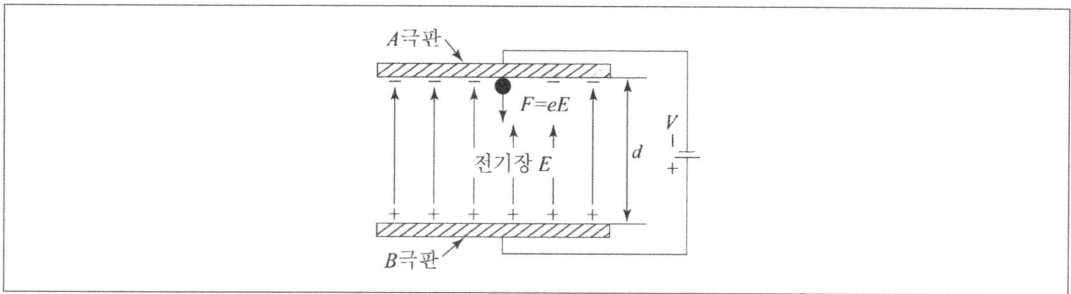

ㄴ 전자의 속도와 에너지

- B극판에 도착한 순간 전자의 속도

> B극판에서의 전자의 운동에너지 = 전자에 주어진 에너지
>
> $$\frac{1}{2}mv_d{}^2 = eV[\text{J}]$$
>
> $\frac{1}{2}m_0v_d{}^2 = eV$ 가 되고 v_d 에 대해 정리하면
>
> $$v_d = \sqrt{\frac{2eV}{m_0}} \fallingdotseq 5.93\sqrt{V} \times 10^5[\text{m/s}] \quad (m_0 : \text{정지질량}, \ v_d : B\text{극판에 도달할 때의 속도})$$

- 전자 볼트(Electron volt ; eV)
- 전자에 사용되는 에너지 단위를 말한다.
- 1eV는 전자에 1V의 전압을 걸었을 때, 전자에 주어진 에너지가 된다.

> $$1\text{eV} = 1.602 \times 10^{-19}[\text{J}]$$

❀ 전기장 방향으로 초속도를 가지는 전지의 운동 ❀

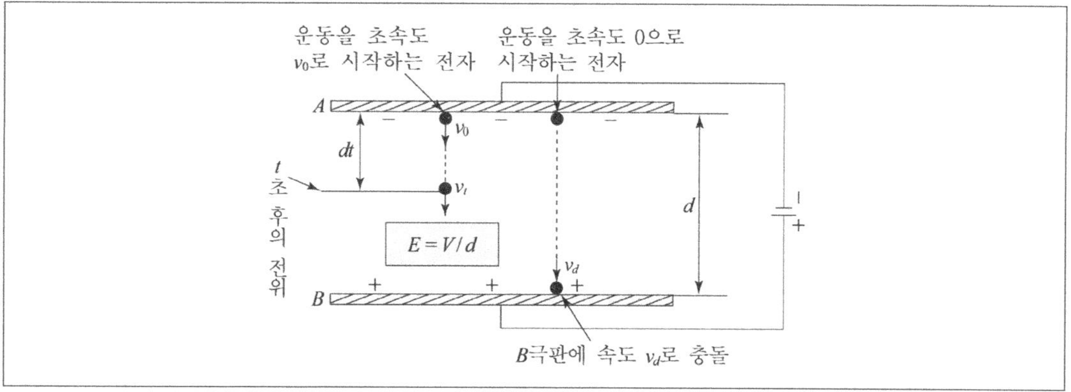

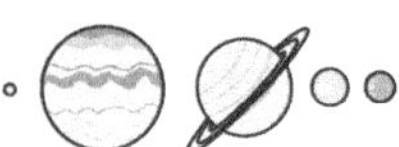

ⓒ 초속도가 있는 경우의 운동

• 전자의 속도

$$v = v_0 + at = v_0 + \frac{eE}{m_0}t \,[\text{m/s}]$$

　◦ v_0 : 초속도[m/s]

　◦ a : 가속도[m/s^2]

• t초 후 전자가 이동한 거리 : $d_t = \int_0^t v_t dt = v_0 t + \frac{eE}{2m_0}t^2 [\text{m}]$

ⓓ 전자의 정전 편향

• 정전 편향 : 평등 전기장 E[V/m] 중에 초속도 v_0[m/s]의 전자를 전기장과 직교하는 방향으로 진입되도록 하면, 전자에는 전기장에 의한 힘이 작용하여 양극(+)판 방향으로 진로가 구부러지면서 전자의 진행 모양이 포물선으로 되는 현상을 말한다.

• 편향 거리(D)

– 편향 거리 = 전기장 안에서의 편향 거리(D_1) + 전기장 밖에서의 편향 거리(D_2)

$$= \frac{e\,V_d\,l\,L}{m_0\,d\,v_0{}^2}[\text{m}]$$

– 편향 전압 V_d에 비례하고 v_0의 제곱에 반비례한다.

⊛ 전자의 정전 편향 ⊛

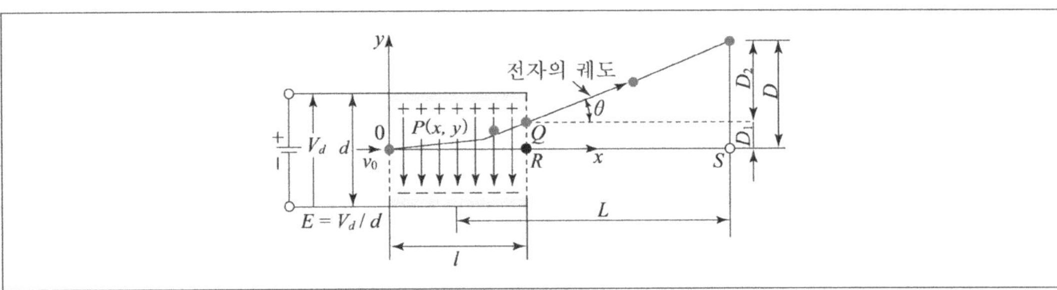

• 편향 감도(S_D)

– 편향 전압 1[V]에 대한 편향 거리를 말한다.

– $S_D = \dfrac{d}{V_d} = \dfrac{elL}{m_0 d v_0{}^2}$ 에서 초속도 v_0를 양극판에서의 속도라고 하면

$$S_D = \frac{elL}{m_0 d \dfrac{2eV}{m_0}} = \frac{lL}{2dV}[\text{m/V}]$$

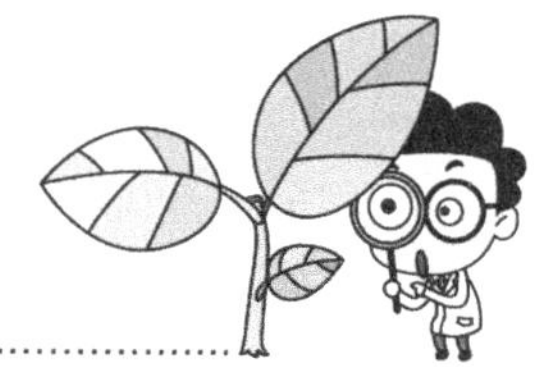

② **자기장 내에서의 전자의 운동**

　㉠ 원운동의 반지름과 각속도

　　• 원운동의 반지름 r

　　　구심력 $F = BI\mathit{l} = ev_0 B$이고, 원심력은 $\dfrac{m_0 {v_0}^2}{r}$ 이므로

　　　$ev_0 B = \dfrac{m_0 {v_0}^2}{r}$ [N]에서 r에 대하여 정리하면

　　　반지름 $r = \dfrac{m_0 {v_0}^2}{eB}$ [m]

　　• 원운동의 회전 각속도

　　－ 초당 회전각을 말한다.

　　$-\,\omega = \dfrac{v_0}{r} = \dfrac{eB}{m_0}$ [rad/s]

　㉡ 나선운동

　　• 자기장 방향과 전자가 이루는 방향이 직각이 아닐 경우 전자는 나선운동을 하게 된다.

　　• x축상으로 하는 운동은 직선운동이고, $x \cdot y$ 평면상으로 하는 운동은 원운동이다.

2 ▶ 전자의 방출

① 전자 방출과 일함수

(1) 전자 방출

① **전자 방출**(Electron emission) ··· 금속 내의 전자에 에너지를 가했을 경우 전자를 방출시킬 수 있는 것처럼 어떤 물질에서 전자를 방출시키는 일을 말한다.

② **에너지 장벽과 에너지 준위**

　㉠ 에너지 장벽

　　• 제1장벽 : 금속 내부에서 원자의 구속으로부터 전자가 탈출하는 데 필요한 에너지에 상당하는 장벽을 말한다.

　　• 제2장벽 : 금속 밖으로 전도전자가 나가려 할 때 금속 중에 남은 원자의 양전하 사이에 정전력이 작용하여 다시 끌어당기는 장벽을 말한다.

　　• 전자가 제2장벽을 넘어야지만 전류가 흐를 수 있게 된다.

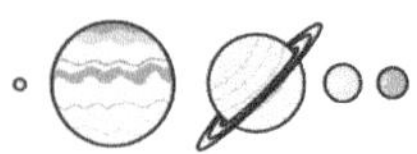

⑥ 전자 방출에 필요한 에너지 ⑥

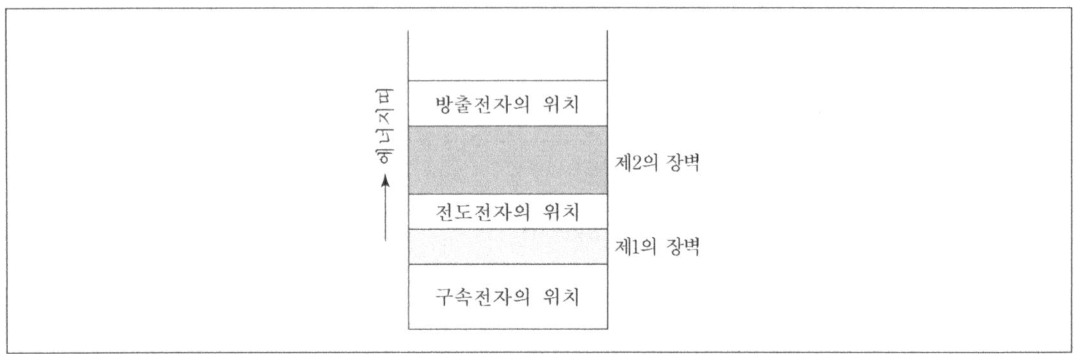

ⓛ 에너지 준위

- 개념 : 원자핵에서 멀어지는 정도에 따라 단계적으로 전자의 에너지가 커지고, 그 중간 에너지를 가지는 전자는 존재하지 않는 에너지의 불연속 관계를 말한다.
- 기저 상태 : 절대온도 0에서의 원자의 상태로, 안쪽 궤도부터 전자가 순서 있게 차있는 상태를 말한다.
- 바닥 상태 : 에너지가 가장 낮은 에너지 준위에 있을 때의 상태를 말한다.
- 들뜬 상태 : 전자가 바닥 상태에서 에너지를 받아 더 높은 준위로 이동할 때의 상태를 말한다.
- 전자의 에너지 : 기저 상태에서 각 궤도가 가지는 전자의 에너지를 말한다.

$$W_n = -13.58 \frac{1}{n^2} \text{[eV]} \quad (n : \text{주 양자수})$$

⑥ 전자의 에너지 준위 ⑥

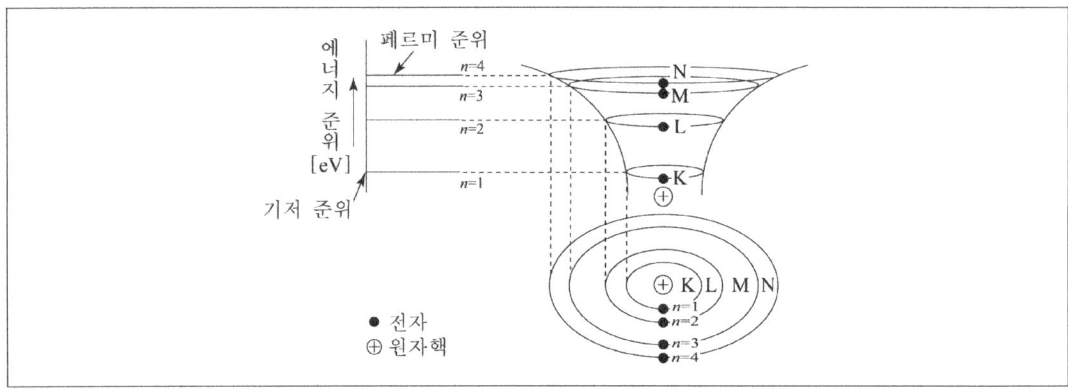

(2) 일함수

① 일함수

   ㉠ 개념 : 전자가 금속면을 벗어나기 위해 필요한 에너지 준위에 상당하는 장벽의 높이를 말한다.

   ㉡ 표시 : $(W_0 - W_f)$[eV]로 나타낸다(W_0 : 탈출 준위, W_f : 페르미 준위).

   ㉢ 일함수 $W = e\phi$로 나타내고, 이는 금속체로부터 전자 1개를 공간으로 방출하는 데 필요한 일의 양으로 나타낸다.

② 탈출 준위(이탈 준위) ··· 금속면을 전자가 벗어나는 데 필요한 에너지 준위에 해당하는 장벽의 윗부분 준위를 말한다.

③ 페르미 준위

   ㉠ 개념 : 절대온도 0에서 가장 밖의 전자(가전자)가 가지는 에너지 높이를 말한다.

   ㉡ 페르미 준위는 0K에서 비어 있다.

   ㉢ 상온에서 약간의 전자가 존재하지만, 외부로 이탈은 못한다.

❀ 에너지 준위와 장벽 ❀

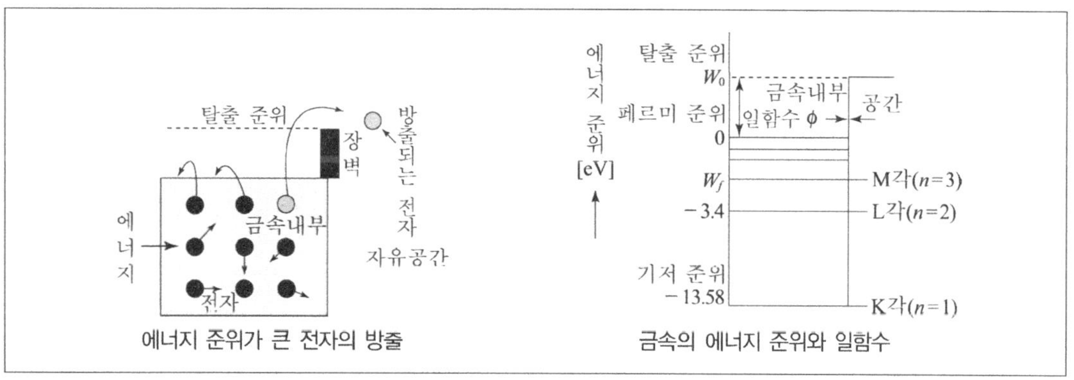

② 전자 방출의 종류

(1) 열전자 방출

① 개념 ··· 금속가열시 전자가 열 에너지를 얻어서 전위장벽을 넘어 공간으로 탈출하는 현상을 말한다.

② **열전자 방출 에너지**

$$W = kT[\text{J}]$$

- 볼츠만의 상수 $k = 1.38062 \times 10^{-23}\,\text{J/K}$
- 절대온도 $T = [\text{K}]$

③ **열전자 방출 조건** … 일함수보다 전자가 받는 열 에너지가 커야 한다.

④ **열전자 방출 재료** … 텅스텐, 토륨 텅스텐, 산화물 피복음극 등이 있다.

(2) 전기장 방출

① **개념** … 아주 강한 자기장(108[V/m] 정도)을 가했을 때 전자가 방출되는 현상으로 냉음극 방출이라고도 한다.

② **터널링 효과**(Tunneling effect) … 더욱 강한 전기장을 가했을 때 장벽의 두께가 얇아져서 그 장벽을 뚫을 만큼의 에너지를 가지지 못한 전자라도 장벽을 뚫고 나오는 현상을 말한다.

③ **쇼트키 효과**(Schottky effect) … 전기장을 열전자를 방출하는 금속에 가했을 때 전자의 방출 효과가 높아지는 현상을 말한다.

(3) 2차 전자 방출

① **개념** … 전자가 금속면에 부딪칠 때 금속 표면에 있던 전자가 튀어나오는 현상을 말한다.

② **1차 전자**(Primary electron) … 금속면에 충돌한 전자를 말한다.

③ **2차 전자**(Secondary electron) … 충돌에 의해 방출된 전자를 말한다.

④ **2차 전자 방출비**

   ㉠ 2차 전자의 수 n_s와 1차 전자의 수 n_p의 비가 된다.

   ㉡ 2차 전자 방출비 $\delta = \dfrac{n_s}{n_p}$

⑤ **2차 전자 방출의 조건** … 일함수보다 1차 전자 운동 에너지가 커야 한다

$$\frac{1}{2}mv^2 > e\phi[\text{J}] \quad (v : 1\text{차 전자의 운동속도})$$

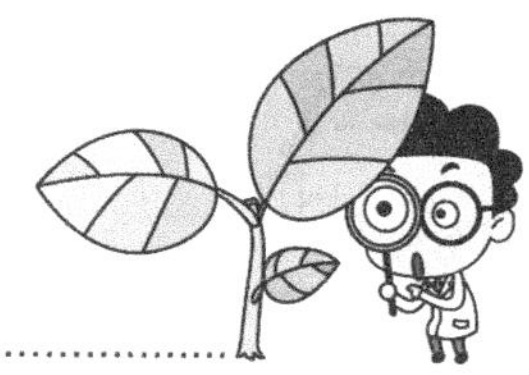

⑥ **2차 전자 방출 재료** … 은−마그네슘(Ag−Mg)

❀ 2차 전자 방출 ❀

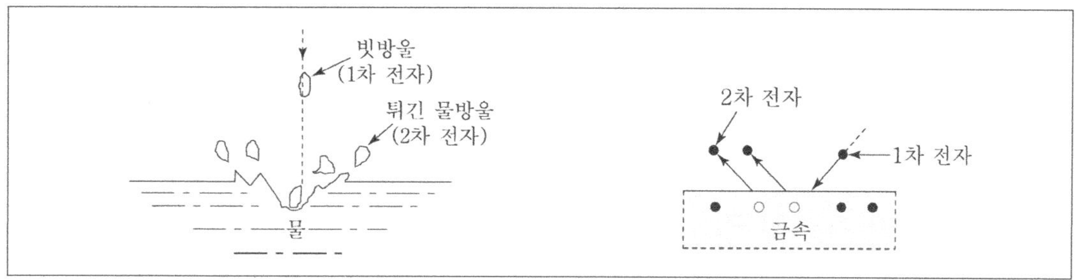

(4) 광전자 방출

① **개념** … 도체에 빛을 비추면 그 표면에서 전자가 방출되는 현상(광전 효과)을 말한다.

② **성질** … 물질에서 방출되는 전자의 양과 광자의 양, 즉 빛의 세기는 비례관계이다.

$$hf - e\phi = \frac{1}{2}mv^2 [\text{J}]$$

- h : 플랑크 상수 $= 6.624 \times 10^{-34}[\text{Js}]$
- f : 빛의 주파수 $= \dfrac{c}{\lambda}$ (λ : 빛의 파장, c : 빛의 속도 $= 3 \times 10^8 \text{m}$)
- e : 빛의 에너지($= hf[\text{J}]$)
- ϕ : 일함수
- m : 전자의 질량 $= 9.1 \times 10^{-31}[\text{kg}]$
- v : 방출전자의 속도[m/s]

❀ 광전지 방출 ❀

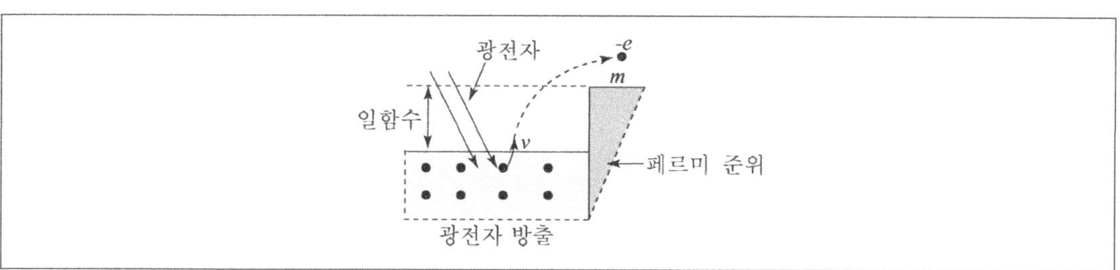

③ **광전자 방출의 조건** … 일함수보다 광양자의 에너지가 커야 한다($hf - e\phi > 0$).

④ **광전 한계파장** … $hf - e\phi = 0$이 되는 주파수는 광전 한계주파수(f_0)이고, 이때의 파장을 광전 한계파장(λ_0)이라고 한다.

$$f_0 = \frac{e\phi}{h}[\text{Hz}], \quad f_0 = \frac{c}{\lambda_0} \text{에서 } \lambda_0 \text{에 대해 정리하면 } \lambda_0 = \frac{hc}{e\phi}[\text{m}] \quad (c : \text{빛의 속도} = 3 \times 10^8 \text{m/s})$$

01 출제예상문제

1 어느 자기장에 의하여 생기는 자기장의 세기를 $\frac{1}{2}$로 하려면 자극으로부터의 거리를 몇 배로 하면 되는가?

① $\sqrt{2}$ 배

② 2배

③ $\frac{1}{\sqrt{2}}$ 배

④ $\frac{1}{4}$ 배

note

$H = \dfrac{I}{2\pi r}$ [AT/m], H일 때 거리 $r_1 = \dfrac{I}{2\pi H}$, $\dfrac{1}{2}H$일 때의 거리 $r_2 = \dfrac{I}{2\pi \frac{H}{2}} = \dfrac{I}{\pi H}$

$$\therefore\ \frac{r_2}{r_1} = \frac{\dfrac{I}{\pi H}}{\dfrac{I}{2\pi H}} = \frac{2}{1} = 2$$

따라서, 거리를 2배로 하면 된다.

2 정전용량이 같은 콘덴서 10개를 병렬로 접속했을 때의 합성 정전용량은 직렬접속 때의 몇 배가 되는가?

① 1배

② 10배

③ 40배

④ 100배

note

직렬 합성용량 $C_s = \dfrac{C}{n} = \dfrac{C}{10}$, 병렬 합성용량 $C_p = nC = 10C$

따라서 $\dfrac{C_p}{C_s} = \dfrac{10C}{\dfrac{C}{10}} = \dfrac{100}{1} = 100$

Answer   1.② 2.④

3 "유도기전력의 방향은 자속의 변화를 방해하려는 방향으로 발생한다"는 법칙은?

① 패러데이의 법칙 ② 렌쯔의 법칙

③ 플레밍의 오른손 법칙 ④ 암페어의 법칙

> note ① 유도기전력의 크기는 단위시간에 자기력선이 변화하는 비율에 비례한다.
> ③ 자기장 내의 전자에 유도되는 기전력의 방향을 결정한다.
> ④ 자기장의 방향을 오른나사의 회전방향으로 잡으면 전류의 방향이 나사의 진행방향이 된다.

4 빛의 속도로 운동하고 있는 전자의 질량은 얼마인가?

① 전자의 정지질량보다 작다. ② 전자의 정지질량과 같다.

③ ∞이다. ④ 0이다.

> note 전자의 정지질량을 m_0, 전자의 속도를 v, 빛의 속도를 c라고 하면
> $$v = c \text{이므로 } m = \frac{m_0}{\sqrt{1-\left(\frac{v}{c}\right)^2}} = \frac{m_0}{\sqrt{1-1^2}} = \frac{m_0}{0} = \infty \text{ 이다.}$$

5 자장 중에서 회전하고 있는 전자의 운동주기는?

① 전자의 질량에 반비례한다. ② 자속밀도에 반비례한다.

③ 자속밀도의 제곱에 비례한다. ④ 자속밀도의 제곱에 반비례한다.

> note 전자의 운동주기 $T = \frac{2\pi r}{v} = \frac{2\pi m}{eB}$ 이므로 자속밀도(B)에 반비례한다.

6 다음 중 원자에 관한 설명으로 옳지 않은 것은?

① 원소의 질량수 = 양자수 + 중성자수가 된다.

② 양자와 전자의 질량은 같다.

③ 양자의 (+)전하는 전자의 (−)전하와 전하량이 똑같다.

④ 원자가 띠고 있는 전하는 (+), (−)가 서로 상쇄되어 0이 된다.

> note ② 양자이 질량은 중성자와 거이 같고, 전자질량이 약 1,840배가 된다.

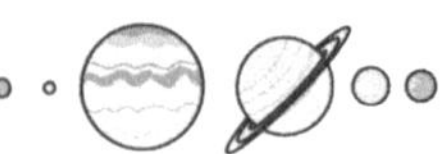

7 절대온도 0도에서 최외각 전자가 가지는 에너지 높이를 무엇이라 하는가?

① 결합
② 도핑
③ 결정
④ 페르미
⑤ 합성

> **note** 절대온도 0도에서 최외각 전자가 가지는 에너지 높이를 말하며 페르미에너지라고도 한다. 고체 내 전자의 에너지 분포가 급격히 변화하는 에너지 준위로, 열평형 상태에서 전자를 찾을 수 있는 확률이 1/2이 되는 에너지 준위를 말한다. 또한 페르미 준위가 다른 물질과 접합 때 페르미 준위가 높은 쪽에서 낮은 쪽으로 전자가 이동하기 때문에 페르미 준위가 일치하는 현상이 나타난다.

8 다음 중 원자번호 30인 Zn(아연) 원자의 가전자수는?

① 2
② 4
③ 6
④ 8
⑤ 10

> **note** 안쪽 궤도부터 차례로 $2n^2$하면 2, 8, 18개가 들어 있고, 제4궤도에 나머지 2개의 가전자가 배치되어 있다.

9 다음 관계 중 옳은 것은?

① 구속전자의 에너지 = 자유전자의 에너지 = 방출전자의 에너지
② 구속전자의 에너지 > 방출전자의 에너지 > 자유전자의 에너지
③ 구속전자의 에너지 > 자유전자의 에너지 > 방출전자의 에너지
④ 방출전자의 에너지 > 자유전자의 에너지 > 구속전자의 에너지

> **note** 구속전자는 에너지를 얻어 자유전자가 되고 자유전자는 에너지를 얻어 방출전자가 된다.

10 다음 중 전자 볼트에 대한 설명으로 옳지 않은 것은?

① 전자 볼트는 에너지의 단위가 된다.
② 1전자 볼트의 표시는 1eV로 한다.
③ 전자 볼트는 $1.602 \times 10^{-18}J$을 가진다.
④ 1V의 전위차를 전자에 가했을 때 전자에 주어진 에너지를 말한다.

> **note** ③ 전자 볼트[eV]는 전자가 가지는 에너지의 단위로 $1.602 \times 10^{-19}J$이 된다.

Answer 7.④ 8.① 9.④ 10.③

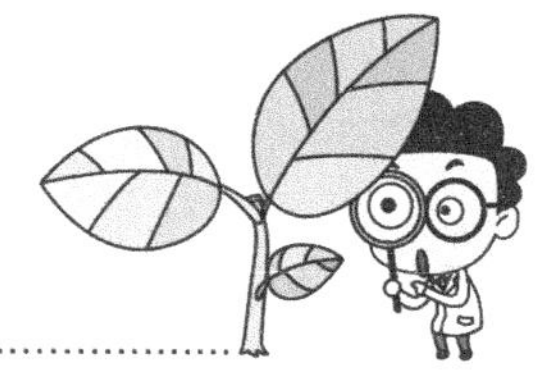

11 점 자극 사이의 거리를 2배로 하면 작용력은 몇 배가 되는가?

① 0.25

② 0.5

③ 1.0

④ 2.5

⑤ 3.5

> ⭐ note 쿨롱의 법칙을 이용해서 구하면
> $$F = k\frac{Q_1 Q_2}{r^2} = \frac{1}{4}k\,Q_1 Q_2 = 0.25k\,Q_1 Q_2$$

12 다음 중 전계의 세기 $E = 10^5 \text{V/m}$의 평등전계 중에 놓인 전자에 가해지는 가속도에 의해서 2.5cm 운동할 때의 속도로 옳은 것은?

① $2.3 \times 10^5 \text{m/s}$

② $5.9 \times 10^5 \text{m/s}$

③ $2.965 \times 10^7 \text{m/s}$

④ $1.75 \times 10^{10} \text{m/s}$

> ⭐ note 거리 $d = 2.5\text{cm}$ 이동 했을 때 전위차는
> $$V = Ed = 10^5 \times 2.5 \times 10^{-2} = 2,500\text{V}$$가 되고
> $$\frac{1}{2}mv^2 = eV$$에서 v를 구하면
> $$v = 5.93 \times 10^5 \times \sqrt{V} = 5.93 \times 10^5 \times \sqrt{2,500} ≒ 2.965 \times 10^7 \text{m/s}$$

13 평등전계(전장) 안에서 전자를 진행시킬 때 전자의 편향 거리에 대한 설명으로 옳은 것은?

① 전극 길이의 제곱에 반비례한다.

② 전자의 질량에 반비례한다.

③ 전계의 세기에 반비례한다.

④ 가속 전압에 비례한다.

> ⭐ note 전자의 편향 거리를 l 이라고 하면 $l = \frac{1}{2}dt^2 = \frac{eE}{m}t^2$이므로
> 편향 거리는 전자의 질량(m)에 반비례한다.

14 균일한 전장 내에서 두 평행 평면 전극 사이에 3,600V의 전압을 가할 경우 전자가 양 전극을 때릴 때의 속도 v는 얼마인가?

① $2.087 \times 10^7 \mathrm{m/s}$
② $3.558 \times 10^7 \mathrm{m/s}$
③ $4.254 \times 10^7 \mathrm{m/s}$
④ $5.93 \times 10^7 \mathrm{m/s}$
⑤ $2.965 \times 10^8 \mathrm{m/s}$

note $v = 5.93 \times 10^5 \sqrt{3,600} = 3.558 \times 10^7 \mathrm{m/s}$

15 자기장 중에서 회전하고 있는 전자의 운동주기에 대한 설명으로 옳은 것은?

① 자속 밀도의 제곱에 비례한다.
② 자속 밀도에 비례한다.
③ 전자 속도의 제곱에 반비례한다.
④ 전자의 회전 반경에 비례한다.

note 회전주기 $T = \dfrac{l}{v} = \dfrac{2\pi r}{v} = \dfrac{2\pi m}{Be}$ 에서 전자의 회전 반경에 비례하는 것을 알 수 있다.

16 페르미 준위에 대한 설명중 잘못된 것은?

① 고체 내 전자의 에너지 분포가 급격히 변화하는 에너지 준위이다.
② 전자를 찾을 수 있는 확률이 열평형 상태에서 1/2 이 되는 에너지 준위를 말한다.
③ 다른 물질과 페르미 준위가 접할 경우 전자는 페르미 준위가 높은 쪽에서 낮은 쪽으로 이동하기 때문에 페르미 준위가 일치하는 현상이 나타난다.
④ 금속에서는 절대온도 –273K일 때 가장 높은 에너지를 갖는 에너지 준위이다.

note 페르미 준위는 절대온도 0K일 때 가장 높은 에너지를 갖는 에너지 준위이다.

17 다음 중 열전자 방출용 재료의 조건으로 옳지 않은 것은?

① 방출 효율이 높아야 한다.
② 일 함수가 커야 한다.
③ 융점이 높아야 한다.
④ 진공 중에서 증발이 되지 않아야 한다.

note ② 산화물 피복 재료의 일함수가 되도록 작아야 하며, 텅스텐, 토륨 텅스텐, 산화물 피복음극 등이 사용된다.

Answer 14.② 15.④ 16.④ 17.②

18 다음 중 쇼트키 효과에 대한 설명으로 옳은 것은?

① 역방향 전압을 반도체나 다이오드에 주고 그 전압을 높이면 특정 값에서 갑자기 역방향 전류가 증가하는 현상을 말한다.

② 금속이 열전자를 방출할 때 전기장을 가하면 전자 방출 효과가 높아지는 현상을 말한다.

③ 전기장을 더욱 강하게 가하면 장벽의 두께가 얇아져 전자의 에너지가 장벽을 뛰어 넘을 만큼 충분하지 못하더라도 장벽을 뚫고 나오는 현상을 말한다.

④ 금속에 빛을 비추었을 때 전자가 표면에서 발생되는 현상을 말한다.

> **note** 쇼트키 효과 … 전기장이 가열된 금속의 표면에 가해지면 일함수가 감소되어 전자 방출이 다소 증가하는 현상을 말한다.

19 다음 중 페르미 준위에 대한 설명으로 옳은 것은?

① 절대온도 0에서 최저로 점유된 에너지 준위를 말한다.

② 절대온도 0에서 최고로 점유된 에너지 준위를 말한다.

③ 절대온도 0에서 허용된 에너지 준위를 평균한 것을 말한다.

④ 허용 에너지 준위의 평균을 말한다.

⑤ 전자가 금속면을 벗어나는 데 필요한 에너지 준위이다.

> **note** 페르미 준위(페르미 에너지)
> ㉠ 고체 내 전자의 에너지 분포가 급격히 변화하는 에너지 준위로, 전자를 찾을 수 있는 확률이 열평형 상태에서 $\frac{1}{2}$이 되는 에너지 준위를 말한다.
> ㉡ 다른 물질과 페르미 준위가 접할 경우 전지는 페르미 준위기 높은 쪽에서 낮은 쪽으로 이동하기 때문에 페르미 준위가 일치하는 현상이 나타난다.
> ㉢ 금속에서는 절대온도 0K일 때 가장 높은 에너지를 갖는 에너지 준위이다.

20 다음 중 광전자의 방출 조건으로 옳은 것은?

① $hf < e\phi$ ② $hf > e\phi$

③ $hf = e\phi$ ④ $hf \neq e\phi$

⑤ $hf \leq e\phi$

> **note** 광전자가 방출되기 위해서는 광양자가 가지는 에너지가 일한수보다 커야만 한다.

Answer   18.②   19.②   20.②

21 다음 중 2차 전자의 방출 조건으로 옳은 것은? (단, m : 1차 전자의 질량, v : 1차 전자의 속도)

① $\dfrac{1}{2}mv^2 < e\phi$ ② $\dfrac{1}{2}mv^2 > e\phi$

③ $\dfrac{1}{2}mv^2 = e\phi$ ④ $mv^2 > e\phi$

⑤ $mv^2 < e\phi$

> **note** 2차 전자가 방출하기 위해선 1차 전자의 운동 에너지가 일함수보다 커야 한다.

22 다음 중 광전자의 방출 현상에 대한 설명으로 옳지 않은 것은?

① 시간이 거의 지연되지 않는다.
② 광전자의 속도는 빛의 파장에 관계된다.
③ 광전자 방출량은 빛의 강도에 반비례한다.
④ 방출된 광전자의 에너지는 0보다 크다.

> **note** ③ 빛의 강도와 총량이 증가함에 따라 광전자 방출량도 증가한다.

23 초속도 0인 전자를 900V의 전압으로 가속시킬 때 전자가 갖는 속도로 옳은 것은?

① $11.79 \times 10^5 \,\mathrm{m/s}$ ② $17.79 \times 10^5 \,\mathrm{m/s}$

③ $11.79 \times 10^6 \,\mathrm{m/s}$ ④ $17.79 \times 10^6 \,\mathrm{m/s}$

⑤ $17.79 \times 10^7 \,\mathrm{m/s}$

> **note** 1개의 전자가 갖는 전기량은 e 이므로 900V의 전위차에서 전자가 얻을 수 있는 에너지는 900eV이다.
>
> 전자의 운동 에너지는 $\dfrac{1}{2}mv^2$ 이 되므로
>
> $$v = \sqrt{\dfrac{2eV}{m}} = 5.93 \times 10^5 \sqrt{V} = 5.93 \times 10^5 \times \sqrt{900} = 17.79 \times 10^6 \,\mathrm{m/s}$$

Answer   21.②   22.③   23.④

24 캐리어의 확산 길이가 의존하는 것으로 가장 적합한 것은?

① 반도체의 모양　　　　　　　　　② 캐리어의 수명 시간

③ 캐리어의 이동도　　　　　　　　④ 캐리어의 수명 시간과 이동도

> **note**
> 캐리어의 확산 길이 L는 $L = \sqrt{D_n \tau} = \sqrt{\dfrac{\mu k T}{e}\,\tau}$ 이므로 캐리어의 수명 시간과 이동도 모두에 의존한다.

25 다음 중 광전 한계파장(λ_0)의 공식으로 옳은 것은?

① $\lambda_0 = \dfrac{hc}{e\phi}\,[\mathrm{m}]$　　　　　　　　② $\lambda_0 = \dfrac{ec}{h\phi}\,[\mathrm{m}]$

③ $\lambda_0 = \dfrac{h\phi}{ec}\,[\mathrm{m}]$　　　　　　　　④ $\lambda_0 = \dfrac{he}{c\phi}\,[\mathrm{m}]$

⑤ $\lambda_0 = \dfrac{c\phi}{he}\,[\mathrm{m}]$

> **note**
> 광전 한계파장 … 빛의 주파수에 비례하여 광양자의 에너지가 높아져서 $hf = e\phi$일 때부터 광전자가 방출되는데 이때의 주파수를 광전 한계주파수, 파장을 한계파장이라고 한다.
>
> $hf_0 = e\phi$에서 $f_0 = \dfrac{e\phi}{h}$
>
> $f_0 = \dfrac{c}{\lambda_0}$에서 $\dfrac{e\phi}{h} = \dfrac{c}{\lambda_0}$
>
> $\therefore \lambda_0 = \dfrac{hc}{e\phi}\,[\mathrm{m}]$

CHAPTER 02 반도체 이론

1 반도체

① 고체 내의 전자

(1) 고체 내의 전자

① 금속 내의 전자와 전류

  ㉠ 전자의 속도는 전위의 기울기가 크면 빨라지고 전류가 커진다.

  ㉡ 평균 자유 행정(Mean free path)

  • 전도전자가 한번 충돌한 후 다시 충돌할 때까지 운동거리의 평균값을 말한다.

  • 전자가 이동하는 자유도를 나타낸다.

  • 금속 도체는 -10^{-4}m 정도, 진공관은 -10m 이상이다.

  ㉢ 1초 동안 도체 단면을 통과하는 전자수

$$N = nAv\,[\text{개}]$$

  ∘n : 도체 중의 전자밀도[개/m^3]
  ∘A : 도체의 단면적[m^2]
  ∘v : 전자의 평균 이동속도[m/s]

  ㉣ 전류 : $I = -enAv\,[\text{A}]$ ($-e$: 전자의 전하[C])

② 전류는 전자의 속도 v에 비례하고, 평균 속도 v는 전압에 비례한다.

(2) 도체, 반도체, 절연체

① 저항률로 본 도체, 반도체, 절연체

  ㉠ 도체

  • 전기가 잘 통하는 물질이다.

  • 저항률 : $10^{-4}\Omega \cdot$m 이하이다.

  • 종류 : 금, 은 등과 같은 금속이 속한다.

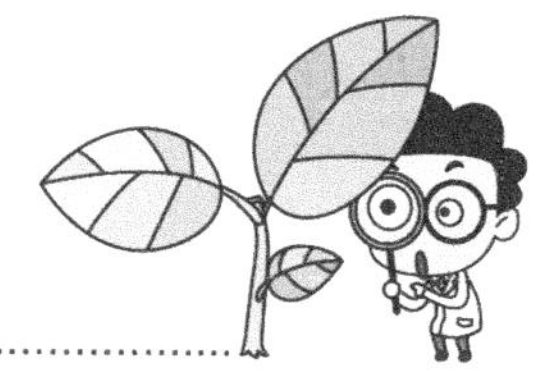

ⓛ 반도체

- 도체와 절연체의 중간 정도의 물질이다.
- 저항률 : $10^8 \sim 10^{-5}\Omega \cdot m$ 정도이다.
- 종류 : 실리콘(Si), 게르마늄(Ge) 등이 속한다.

ⓒ 절연체(부도체)

- 전기가 잘 통하지 않는 물질이다.
- 저항률 : $10^7\Omega \cdot m$ 이상이다.
- 종류 : 고무, 유리 등이 속한다.

◎ 물질의 저항률 ◎

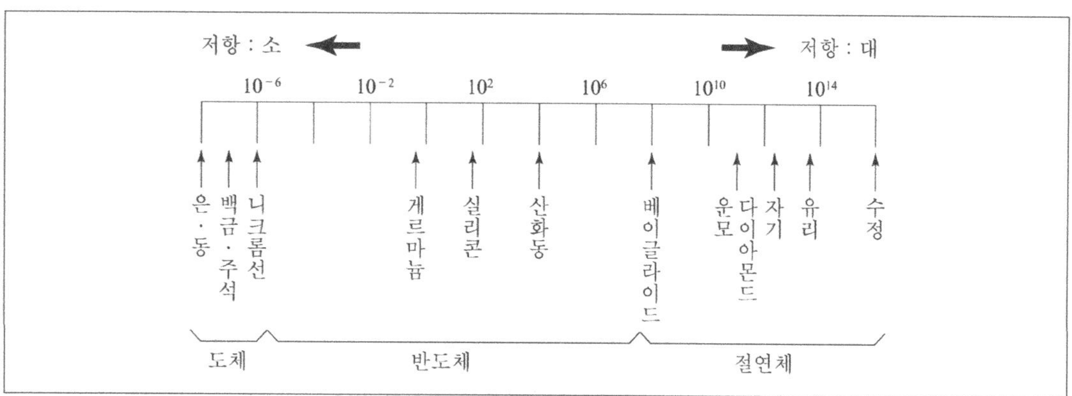

ⓔ 반도체의 성질

- 반도체의 온도가 올라가면 저항값이 떨어지는 부성(−)저항 특성이 나타난다.
- 절대온도 0도에서는 절연체의 성질을 띤다.
- 저항값은 불순물(Ⅲ족, Ⅵ족의 원소)을 첨가할 경우 떨어진다.

② 에너지대 이론에서의 도체, 반도체, 절연체

㉠ 에너지대

- 허용대(Allowable band) : 전자가 존재할 수 있는 에너지대를 말한다.
- 전도대(Conduction band) : 허용대에서 전자가 원자 사이를 자유롭게 이동하는 곳을 말한다.
- 충만대(Filled band) : 허용대에서 전자가 들어갈 수 있을 때까지 다 들어가서 전자가 이동할 여지가 없는 에너지대를 말한다.
- 공핍대(Exhaustion band ; Empty band) : 전자가 보통 상태에서는 존재하지 않는 허용대를 말한다.
- 금지대(Forbidden band) : 전자가 존재할 수 없는 에너지대를 말한다.

㉡ 각 물질에서 에너지대의 구조

- 금속 도체 : 충만대와 공핍대가 서로 접해 있기 때문에 공핍대에는 충만대로부터 진도진자가 옮겨와 전도대를 형성하므로 전기전도가 매우 높다.

- 반도체
  - 보통의 경우 공핍대에는 전자가 없고, 상위의 충만대와 공핍대와의 사이에 금지대의 폭이 좁다.
  - 충만대의 일부 전자는 1eV 정도의 적은 에너지에서도 비교적 쉽게 금지대를 넘어서 공핍대에 올라갈 수 있다.
  - 전자가 공핍대에 올라가면 자유전자(전도전자)로서 도전성을 가질 수 있지만 그 수가 적기 때문에 고저항이 된다.
  - 충만대에서 전자가 빠져서 $+e$의 전하를 띠는 구멍을 정공이라고 한다.
- 절연체
  - 전자의 움직임이 반도체와 같다고 보나, 충만대와 공핍대 사이의 에너지갭(Energy gap)이 크기 때문에 6~7eV 정도의 상당히 큰 에너지를 가해야 충만대의 전자가 공핍대에 올라가게 된다.
  - 에너지를 도전성을 가질 수 있도록 많이 주면 절연파괴를 일으켜서 절연체로서의 성질을 잃게 된다.

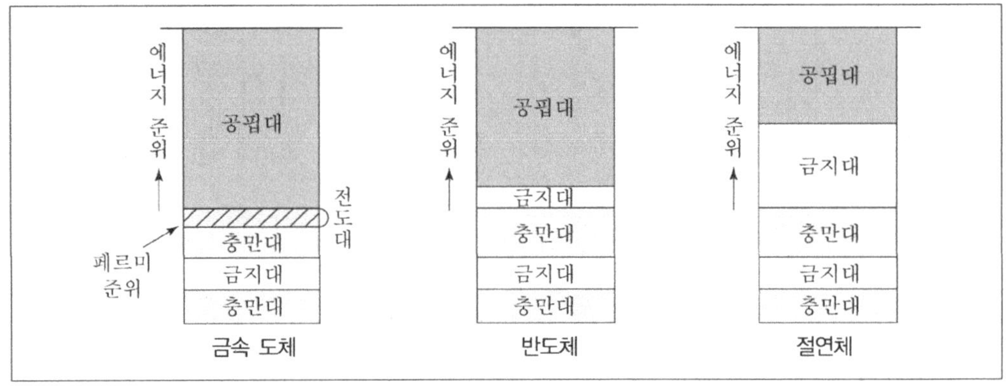

▲TIP| 정공과 자유전자는 금속 도체, 반도체, 절연체 모두에 존재하지만 그 수에서 차이가 나고 자유전자의 수는 방출전자가 있지 않는 한 정공의 수와 동일하다.

② 반도체

(1) 반도체 내의 전자

① 반도체 내의 전자 성질

　㉠ 대표적 반도체 : 규소(Si), 게르마늄(Ge) 등이 있다.

　㉡ 진성 반도체(Instrinsic semiconductor)

- 불순물이 섞이지 않은 반도체를 말한다.
- 순수한 게르마늄(Ge)이나 실리콘(Si, 규소) 등이 있다.

❀ 진성 반도체의 에너지대 구조 ❀

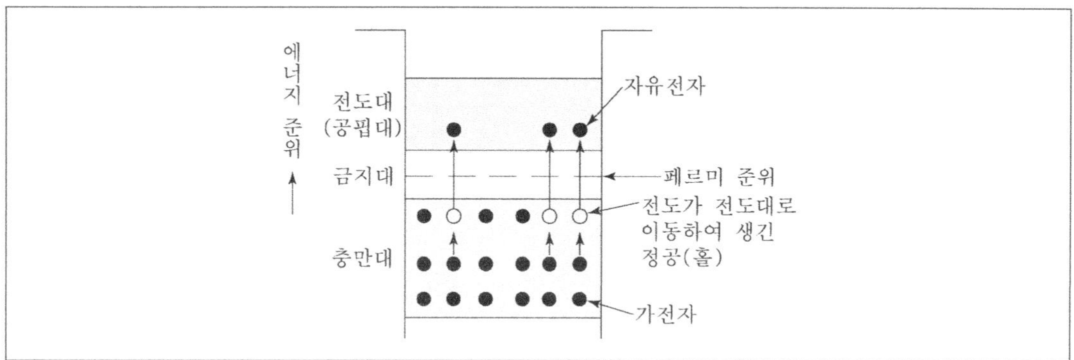

- 에너지대 : 충만대의 전자에 에너지를 약 1eV 정도 주면 에너지를 얻어서, 공핍대로 올라가 자유전자가 된다.
- 정공(Positive hole) 또는 홀(hole)
- 중성인 상태에서 전자를 잃어 만들어진 구멍을 말한다.
- 양의 전하를 띤다.
- 반송자(carrier)
- 전하의 운반체 역할을 하는 것으로 정공과 전도전자가 이에 해당한다.
- 자유전자는 $-e$, 정공은 $+e$의 전하를 운반한다.
- 전자가 전도체로 옮겨간 수와 충만대에 있는 정공의 수가 같으므로 진성 반도체의 페르미 준위는 대략 금지대의 중앙에 위치한다.
- 자유전자의 수 = 정공의 수

② 반도체의 종류와 성질

㉠ 반도체 종류

- 진성 반도체(Instrinsic semiconductor)
- 불순물 반도체(Extrinsic semiconductor)
- 진성 반도체의 단 결정에 불순물을 소량 혼합한 반도체이다.
- 도전성이 진성 반도체보다 높다.
- 종류 : n형, p형 반도체

㉡ n형 반도체

- 개념 : 진성 반도체(Ge, Si)에 원자가(가전자)가 +5가 원소인 도너 불순물을 넣어 만든 반도체를 말한다.
- 도너(donor) : n형 반도체에 첨가되는 5가 원소이다.
- 도너 불순물 : N(질소), P(인), Sb(안티몬), As(비소), Bi(비스무트) 등의 5가 원소이다.
- 자유전자의 발생 : 5가의 원소를 4가의 진성 반도체에 첨가하면, 공유결합시 과잉전자가 1개 발생하고, 이 전자가 상온에서 에너지를 얻어 자유전자가 된다.

- n형 반도체의 다수 캐리어는 자유전자이고, 소수 캐리어는 정공이다.
- 도너 준위의 위치는 전도대보다 조금 낮은 곳이다.

⑧ n형 반도체의 에너지대와 결정구조 ⑧

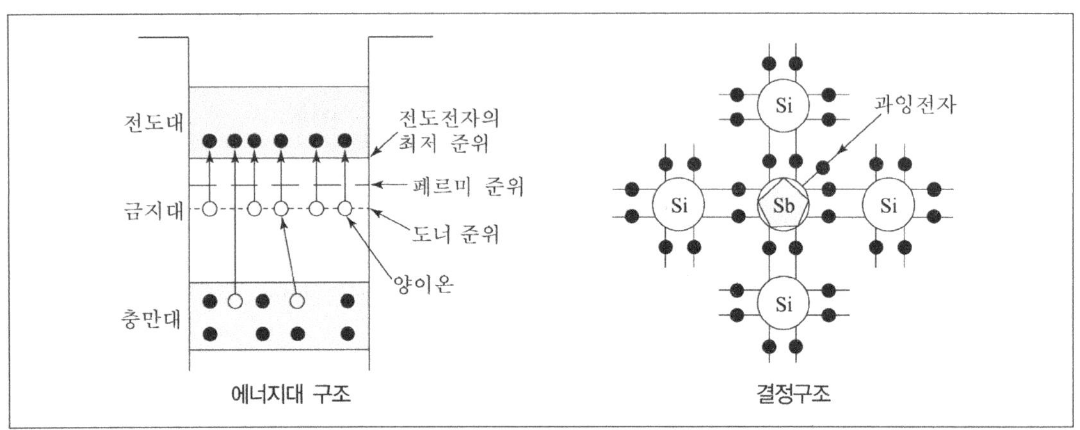

ⓒ p형 반도체

- 개념 : 진성 반도체(Ge, Si)에 원자가가 +3가 원소인 억셉터 불순물을 넣은 반도체를 말한다.
- 억셉터(acceptor) : 정공을 만들기 위해 첨가하는 불순물이다.
- 억셉터 불순물 : B(붕소), Al(알루미늄), Ga(갈륨), Tl(탈륨), In(인듐) 등의 3가 원소이다.
- 정공의 발생
- 3가의 원소를 4가의 진성 반도체에 첨가하면 공유결합시 전자 1개가 부족해 빈자리가 발생하는 데, 이것은 상온에서 외부 원자의 구속전자에 의해 메워진다.
- 이는 충만대에 정공이 발생하는 원인이 된다.
- p형 반도체의 다수 캐리어는 정공이 되고, 소수 캐리어는 전자가 된다.
- 억셉터 준위의 위치는 충만대보다 조금 높다.

⑧ p형 반도체의 에너지대와 결정구조 ⑧

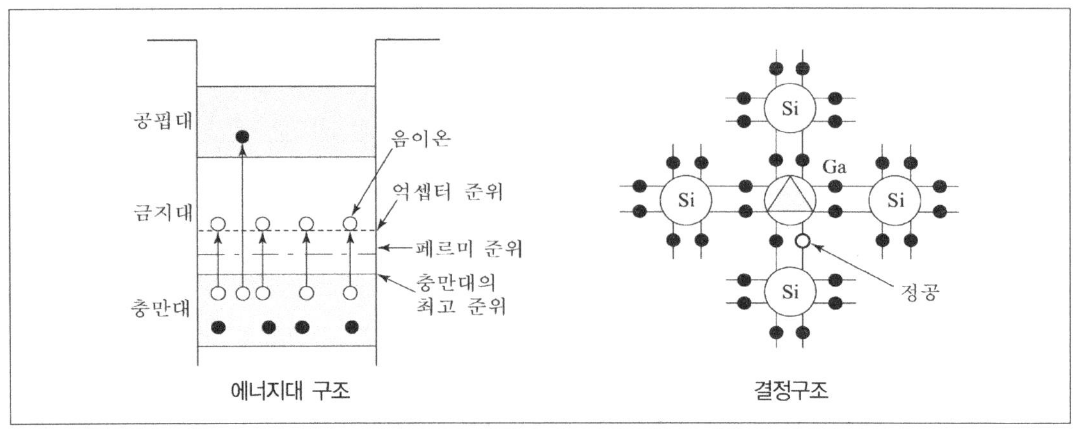

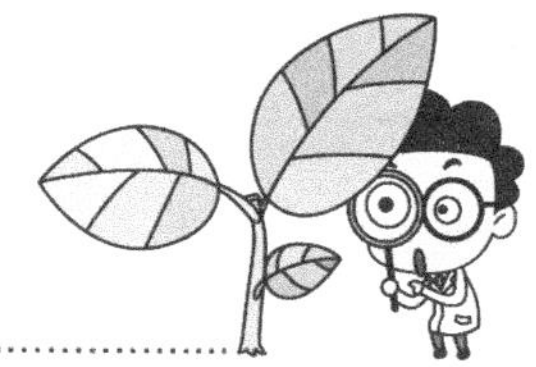

③ 반도체의 전기전도

  ㉠ 반도체 중의 전류

  • 드리프트 전류(Drift current) : 반도체가 자유전자와 정공의 밀도가 균일하면 전기장을 가했을 때 자유전자는 (+)쪽으로 이동하고, 정공은 (−)쪽으로 이동하여 형성하는 전류를 말한다.
  • 확산 전류(Diffusion current) : 반도체 내에서 자유전자나 정공의 밀도 차이가 있으면 밀도의 기울기에 의해 자유전자나 정공이 밀도가 낮은 곳으로 이동하면서 형성하는 전류를 말한다.

  ㉡ 저항률의 온도 특성

  • 온도가 상승하면 금속의 저항값은 증가한다[저항의 온도계수는 양(+)이 된다].
  • 온도가 상승하면 반도체의 저항값은 감소한다[저항의 온도계수는 음(−)이 된다].

⑥ 온도에 따른 저항률 ⑥

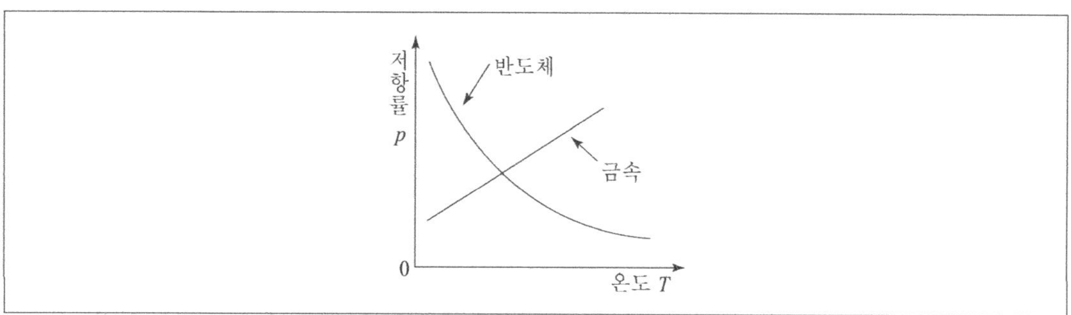

(2) 반도체의 광전 효과

① 광도전 효과(Photoconductivity effect)

  ㉠ 개념 : 빛을 반도체에 쏘이면 흡수한 빛 에너지에 의해 반도체 내 캐리어의 수가 증가하여 도선율이 증가하는 현상을 말한다.

  ㉡ 광도전 소자 : 황화카드뮴(CdS)으로 입사된 빛의 변화를 전류의 변화로 바꾸는 소자이다.

⑥ 광도전 효과 ⑥

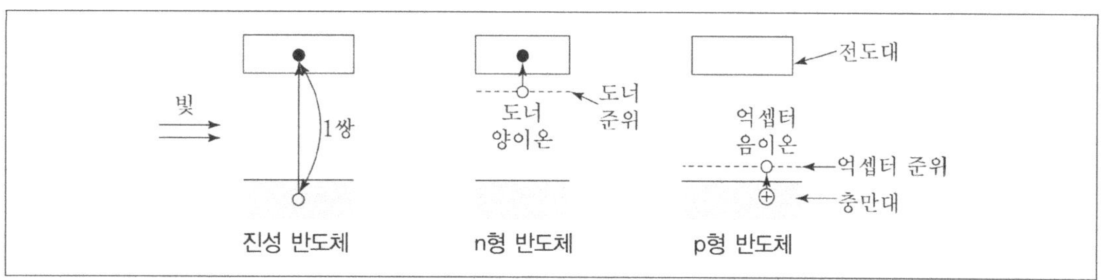

② **광기전 효과**(Photogalvanic effect)

  ㉠ 개념

    • 빛을 n형과 p형 반도체의 접합 부분에 쪼이면 자유전자와 정공의 쌍이 생기고 pn 접합 부분의 전기적 구배에 의해 자유전자는 n형, 정공은 p형으로 이동하여 각각 (+), (−)로 되는 현상을 말한다.

    • 기전력이 빛 에너지에 의해서 발생하는 현상이다.

  ㉡ **사용 소자** : 광 트랜지스터, 광 다이오드, 태양전지가 있다.

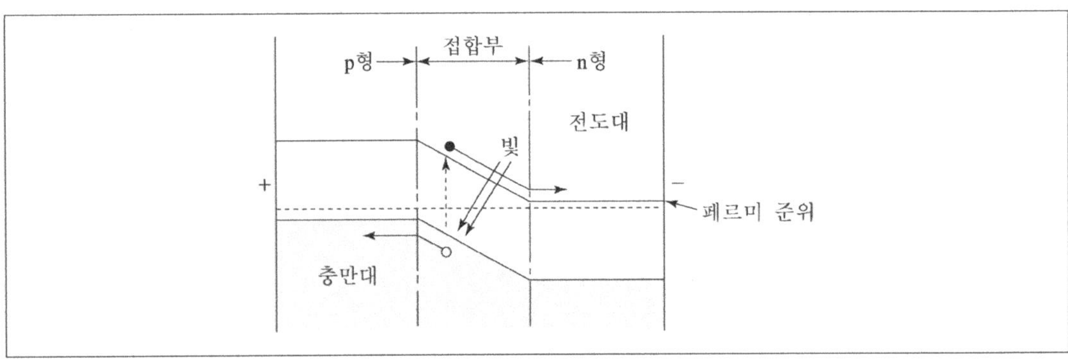

◎ 광기전 효과 ◎

③ **루미네선스**(luminescence)

  ㉠ **개념** : 고체 내 전자의 여기에 의한 발광 현상처럼, 열을 병행하지 않는 발광 현상을 말한다.

  ㉡ **전자발광**(electroluminescence, EL)

    • 반도체 성질이 있는 물체에 전기장을 가했을 때 빛이 발생하는 현상을 말한다.

    • 표시기나 표지 장치 등에 응용한다.

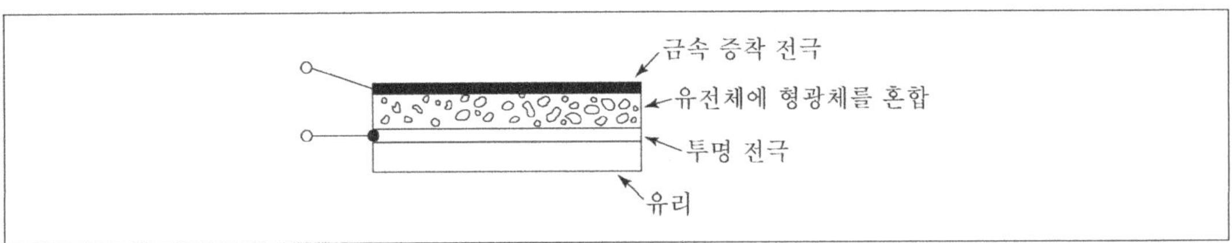

◎ 일렉트로 루미네선스의 구조 ◎

(3) 열전 효과

① **제어벡 효과**(Seebeck effect)

  ㉠ **개념** : 서로 다른 두 종류의 금속을 접촉하여 두 접점의 온도를 다르게 할 경우 온도차에 의해 열기전력이 발생하고 전류가 미소하게 흐르는 현상을 말한다.

  ㉡ **열전류** : 제어벡 효과로 발생한 전류를 말한다.

  ㉢ **열기전력** : 제어벡 효과로 발생한 기전력을 말한다.

  ㉣ **열전대** : 서로 다른 금속이나 반도체를 모양이 둥글게 접합한 것을 말한다.

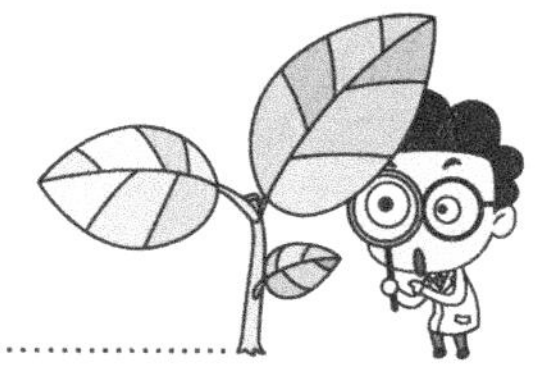

② **전류의 순환 원리**

　㉠ 고온 접합부에서는 금속의 구속전자 또는 n형 반도체의 자유전자화되지 못한 과잉전자가 자유전자로 되어 그 수가 증가한다.

　㉡ 자유전자의 수는 고온부보다 저온부에서 적어 고온 접합부에 있는 자유전자가 확산을 통해 저온부쪽으로 이동하면 이 자유전자는 아래 에너지대 구조 그림과 같이 열 에너지를 방출하며 금속에 들어간다.

　㉢ 금속에 들어간 자유전자도 마찬가지로 확산에 의해 반시계 방향으로 돌아 고온 접합부로 이동한다.

　㉣ 다시 고온부로 이동된 전자는 에너지를 열 에너지를 통해 얻어서 n형 반도체에 들어간다.

　㉤ 전류는 위 ㉠~㉣의 과정이 반복적으로 일어나면서 순환되고, 고온 접합부는 (+), 저온 접합부는 (−)가 되어 열기전력이 발생한다.

◎ 제어벡 효과 ◎

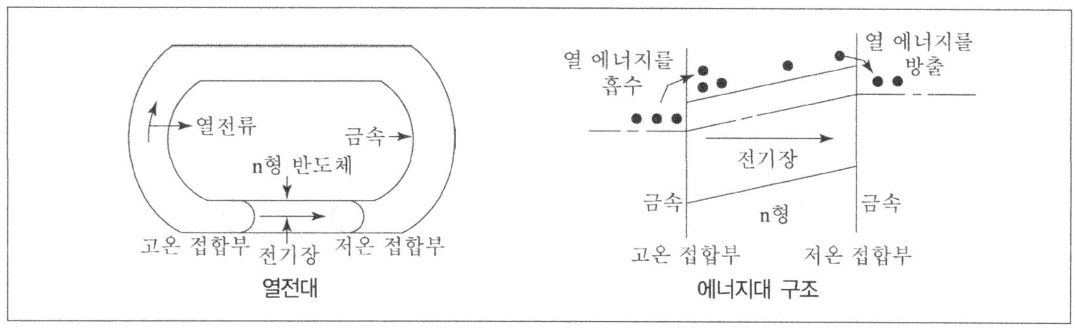

(4) 펠티에 효과(Peltier effect)

① **펠티에 효과**

　㉠ 두 종류의 금속을 접촉한 회로에 전류를 흘리면 그 접점의 접합부에서 열의 발생 및 흡수 현상이 일어나는 것을 말한다.

　㉡ 적용 : 전자 냉동기에 응용된다.

② **열의 흡수·발생 원리**

　㉠ 열의 흡수는 두 금속의 왼쪽 접합부에서 일어나 n형 반도체로 이동한다(에너지대 구조 그림 참조).

　㉡ n형 반도체에서 금속으로 자유전자가 열을 방출하며 이동한다.

　㉢ 열의 흡수는 왼쪽 접합부에서, 열의 방출은 오른쪽 접합부에서 일어난다.

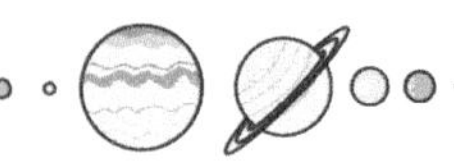

◎ 펠티에 효과 ◎

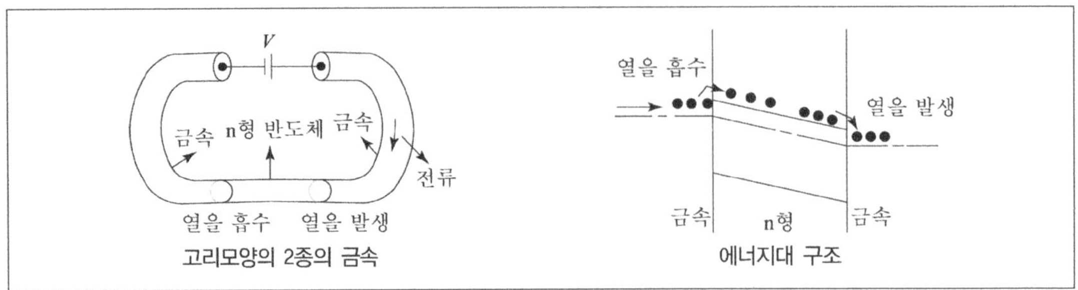

(5) 자기장 효과

① 홀 효과(Hall effect)

㉠ 개념 : 반도체에 흘린 전류와 직각 방향으로 자속밀도 B인 자장을 가하면 플레밍의 왼손 법칙에 의해서 기전력이 그 양면의 직각 방향으로 발생하는 현상을 말한다.

㉡ 홀 전압

$$V_H = R\frac{IB}{d}\,[\text{V}]$$

- ∘ R : 홀상수[m^3/c]
- ∘ d : 반도체의 너비[m]
- ∘ B : 자속밀도[W$_b$/m^2]
- ∘ I : 전류[A]

㉢ 이용 : 홀 효과를 이용해 n형 반도체, p형 반도체를 구별할 수 있다.

㉣ 자기저항 효과 : 전하의 통로가 한 쪽으로 몰려 자기장의 세기에 따라 전기저항도 증가하는 현상을 말한다.

(6) 자성체

① 자성체의 개념

㉠ 자성의 기본은 원자 구조 중의 전자나 핵의 회전운동이다.

㉡ 일반적인 물질은 전자 자전의 방향이 서로 반대의 것이 쌍으로 되어 있어서 자기장이 서로 상쇄되어 자성을 나타내지 않는다.

㉢ 강자성체(Ni, Fe 등)에서는 전자배치의 조화가 이루어지지 않으므로 자성을 나타낸다.

② 자기 쌍극자

㉠ 개념 : 전자배치가 조화를 이루지 못해 자성을 나타내는 원자를 말한다.

㉡ 자성체의 모든 원자는 자기 쌍극자로 되어 있다.

㉢ 자기 쌍극자는 배열이 무질서해서 자성이 외부로 나타나지 않지만, 자계를 가하면 자기 쌍극자의 배열이 일정한 방향으로 되어 외부로 자성이 나타난다.

2 반도체 소자

① 다이오드

(1) 다이오드의 구조와 동작

① 구조 및 기호

　㉠ 개요
- (+)의 전기가 많은 p형 물질과 (−)의 전기가 많은 n형 물질을 접합하여 만든 것이다.
- 특성 : 한쪽 방향으로는 전자를 쉽게 통과시키나 다른 방향으로는 통과시키지 않는다.
- p형 : 규소에 인듐(In) 또는 갈륨(Ga) 같은 물질을 합성하여 (+)성분(정공)이 많게 만든 물질이다.
- n형 : 규소에 비소(As)나 안티몬(Sb) 같은 물질을 합성하여 (−)성분(전자)이 많도록 만든 물질이다.

　㉡ 구조

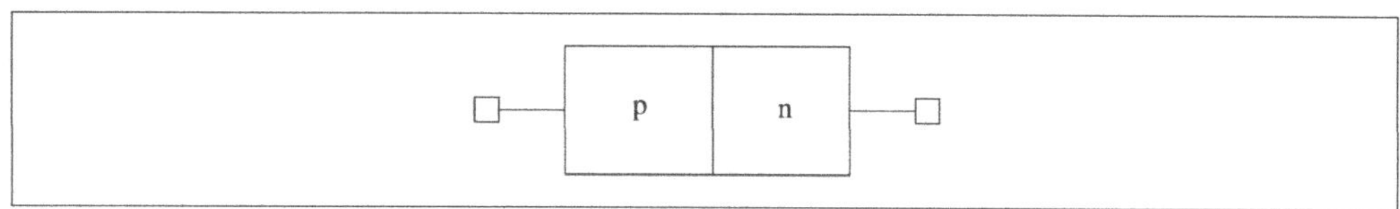

　㉢ 기호

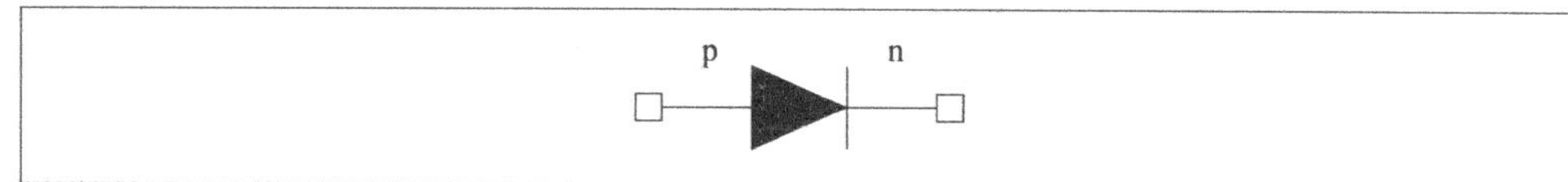

② 동작 원리

　㉠ 전압을 가하지 않은 경우
- p형 반도체와 n형 반도체를 접합하면 밀도의 기울기에 의해서 p형 반도체는 n형으로, n형 반도체는 p형으로 확산이 이루어진다.
- 확산에 의해 접합부분에서 정공과 자유전자가 재결합할 때 p형쪽에서는 억셉터 이온(−)이, n형 쪽에서는 도너 이온(+)이 생겨 전기장이 n형에서 p형으로 발생한다.
- 접합면에 많은 억셉터 음이온과 도너 양이온이 생기면 전기장은 더 커지고 캐리어의 확산을 방해하게 되어 확산은 확산하려는 힘과 전기장의 세기가 평형을 이룰 때까지 계속된다.
- 공핍층 : 전기장만 존재하고 캐리어가 존재하지 않는 접합면의 중앙부분의 영역을 말하는데, 전기장의 세기와 확산하려는 힘이 평형을 이룰 때까지 확산이 일어날 때 발생된다.
- 다이오드의 문턱 전압(V_T) : pn접합에 드리프트 전류가 흐르기 위해서 p형에 (+), n형에 (−)로 가해져야 하는 최소한의 전압을 말하는데 차단전압 또는 오프셋 전압이라고도 한다.

$$\text{문턱전압} \quad V_T = 0.7(\mathrm{Si})\,,\quad V_T = 0.3(\mathrm{Ge})$$

◎ 전압을 가하지 않은 경우 ◎

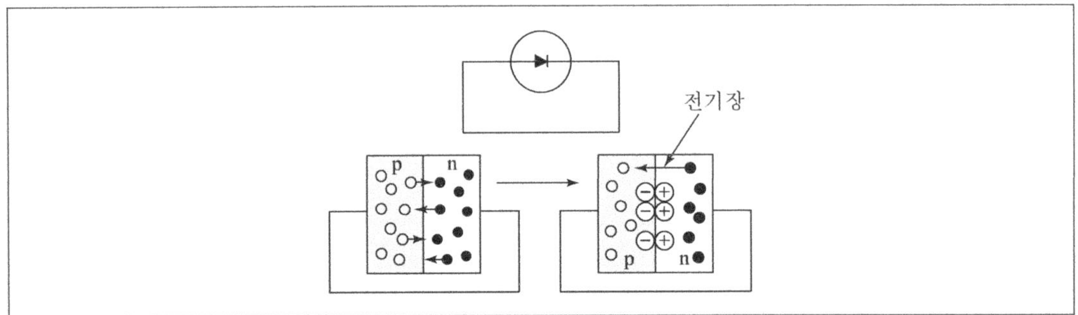

Ⓛ 전압을 가했을 경우

- 순방향 전압을 가한 경우
- n형 반도체 내의 전자 : 전원의 (−)에 의해 반발 당하고, 전원의 (+)측에서 끌어당겨 n형에서 p형 쪽으로 전자가 이동한다.
- n형 반도체 내의 정공 : 전원의 (+)에 의해 반발 당하고, 전원의 (−)측에서 끌어당겨 n형에서 n형 쪽으로 이동한다.
- 순방향 전압으로 내부에 형성된 전기장을 약하게 해서 전자 또는 정공의 이동이 쉬워져 p형에서 n형 쪽으로 전류가 흐른다.
- 역방향 전압을 가한 경우
- 정공은 (+) 성질을 띠어서 전원의 (−)측에 끌려가고, 전자는 (−)성질을 띠어서 전원의 (+)측에 끌려간다.
- 전기장이 역방향 전압에 의해 형성된 것을 더욱 강하게 해 정공이나 전자의 이동이 없기 때문에 전류가 거의 흐르지 않는다.
- 역방향 전압이 크면 항복현상(breakdown)이 일어나 대전류가 흐른다.

◎ 전압을 가한 경우 ◎

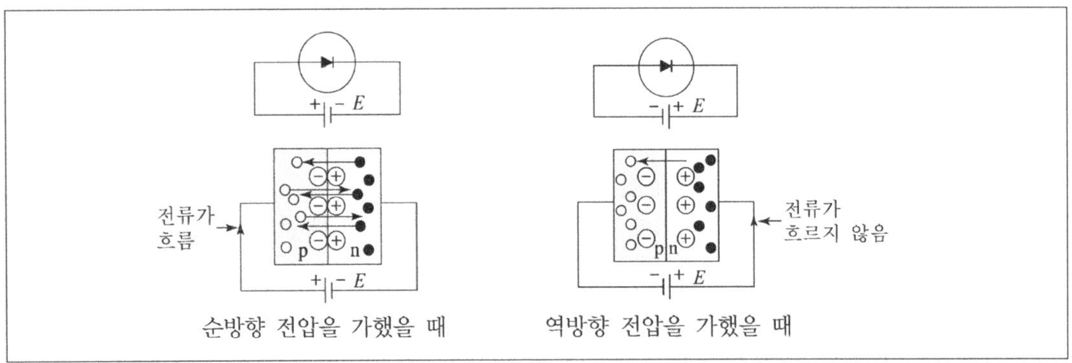

(2) 다이오드

① 전압 – 전류 특성

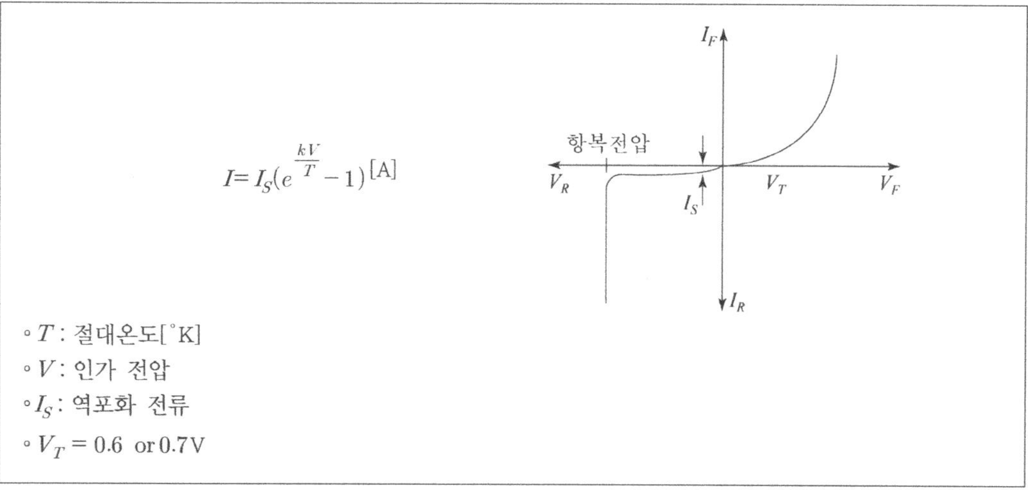

$$I = I_S(e^{\frac{kV}{T}} - 1)\,[\text{A}]$$

- T : 절대온도[$^\circ$K]
- V : 인가 전압
- I_S : 역포화 전류
- $V_T = 0.6 \text{ or } 0.7\text{V}$

㉠ 순방향에서 문턱 전압 V_T보다 순방향 전압 V_F가 클 경우 순방향 전류 I_F가 흐른다.

㉡ 역방향의 경우 I_R이 흐르지만 그 크기는 무시할 만큼 작다.

㉢ 이상적 다이오드의 특성
- 순방향의 저항값 : 0
- 역방향의 저항값 : ∞

② 다이오드의 정격

㉠ **최대 정격** : 다이오드에 가할 수 있는 최대 전압과 흘릴 수 있는 최대 전류를 말한다.

㉡ **연속 역전압** : 계속 역방향 전압을 가할 경우 어떤 일정한 직류전류가 흐르는 한도까지의 전압이다.

㉢ **최대 역전압** : 가하는 상용주파수의 최대 전압값으로, 허용되는 최대 한계전압이다.

㉣ **연속 순전류** : 직류전류를 순방향으로 계속 흐르게 할 때 허용되는 최대값을 말한다.

㉤ **최대 순전류** : 상용주파수의 교류전류가 흐를 경우 교류전류의 최대값으로 허용되는 최대한도를 말한다.

㉥ **서지전류** : 10ms의 펄스 전류를 순방향에 흐르게 할 때, 허용되는 최대 전류값을 말한다.

㉦ **최고 허용온도** : 다이오드에서 온도 상승에 따라 특성이 변하는 성질로 인해, 이에 허용되는 최고 온도를 말한다.

㉧ **최대 허용손실**
- 다이오드 내의 전력 손실에 의한 파괴를 막는 최대한의 손실을 말한다.
- 주위 온도와 구조 등에 따라 변화한다.

(3) 다이오드의 종류

① 제너 다이오드

- ㉠ 개념 : 다이오드의 역방향 전압을 서서히 증가시켜서 항복전압에 이르렀을 때 역방향 전류가 급히 증가하는 현상을 이용한 다이오드를 말한다.
- ㉡ 이용 : 일반적으로 전압 제어 소자로 사용된다.

⑥ 제너 다이오드의 V − I 특성과 기호 ⑥

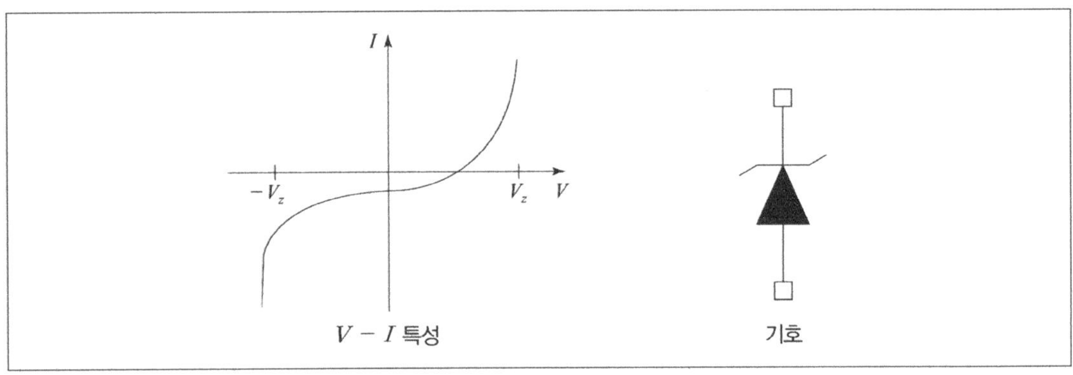

② 가변 용량(varactor) 다이오드

- ㉠ 개념 : 역바이어스를 pn 접합에 걸었을 때 전압의 변화에 따라서 접합용량이 변하는 성질을 이용한 것을 말한다.
- ㉡ 역방향의 전압을 높여주면 접합용량이 감소한다.
- ㉢ 일반적으로 전압의 변화에 따라 발진 주파수를 변화시키는 데 사용된다.
- ㉣ 용도
  - 저주파로 TV나 FM 등의 자동 주파수 제어(AFC)나 주파수 체배기에 이용된다.
  - 초고주파의 발진, 증폭, 공진 회로의 전압동조, 주파수 변환소자, 주파수 변조기 등에 사용된다.

③ 터널 다이오드

- ㉠ 개념 : pn 접합 다이오드의 일종으로 불순물 농도를 매우 높였을 때 $V_F − I_F$ 특성처럼 골이 생겨 나타나는 부성저항 특성을 말하고, 에사키 다이오드라고도 한다.
- ㉡ 특성
  - 다른 다이오드보다 동작속도가 빠르다.
  - 간단한 구조로 되어 있다.
  - 온도에 대한 동작 특성이 안정적이다.
  - 소비전력이 낮고, 잡음이 적다.

❀ 터널 다이오드의 $V - I$ 특성 ❀

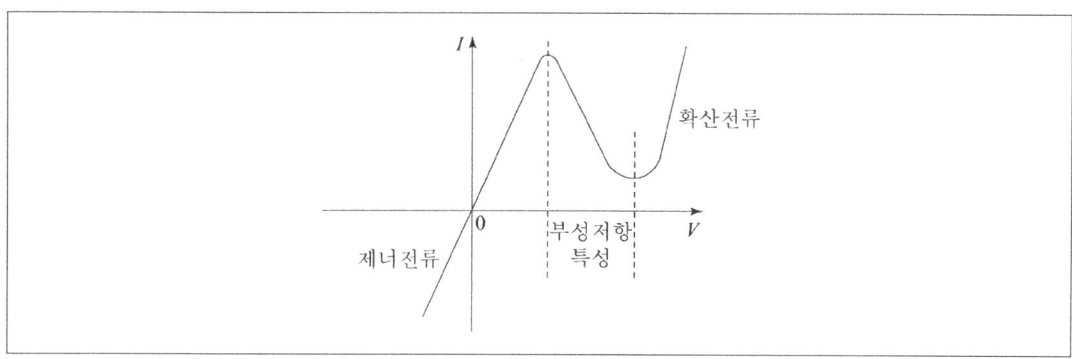

④ **쇼트키 다이오드**

　㉠ 개념 : 금속을 반도체 표면에 증착시켰을 때 금속과 반도체 사이에 형성되는 에너지 장벽을 이용한 다이오드를 말한다.

　㉡ 특성

　　• 흐르는 전류는 가해지는 전압의 지수함수로 나타낸다.

　　• 반도체 pn 접합 다이오드와 성질이 비슷하다.

　　• 직렬저항이 매우 작고, 항복전압이 매우 크다.

　　• 반도체의 일함수보다 금속의 일함수가 크다.

　　• 용도 : 고속동작에 적합하고, 마이크로파 수신 혼합기, 고속 논리용 다이오드 등에 사용된다.

⑤ **발광 다이오드**(LED)

　㉠ 개념 : 에너지가 가해지면 가시광선을 발생하는 다이오드를 말한다.

　㉡ 동작원리 : LED가 순바이어스 되었을 때 전자가 pn 접합구조 내 접합 근처에서 정공과 재결합하여 열과 빛을 방출하는 원리이다.

⑥ **포토 다이오드**

　㉠ 개념 : pn 접합이나 정류성을 나타내는 금속과 반도체와의 접촉의 경우 빛에 의한 광기전력 효과로 역방향 전류가 증가하는 것을 이용한 것을 말한다.

　㉡ p영역에서 (−), n영역에서 (+)의 전압을 인가한 상태로 파장의 빛을 적당하게 분사하면, 저항이 높은 pn 접합에서 전류가 흐를 수 있다.

　㉢ 종류

　　• 접합형 : 실리콘, 게르마늄 등이 있다.

　　• 금속·반도체 접촉형 : 금을 n형 게르마늄에 증착시킨 것이다.

② 트랜지스터

(1) 트랜지스터의 구조 및 동작

① 트랜지스터의 개요

  ⊙ 개념 : 반도체의 pn 접합을 이용해 증폭작용을 하도록 만든 능동소자이다.

  ⓒ 이미터(emitter)

- 트랜지스터에서 캐리어를 주입시키는 부분이다.
- 베이스와의 사이에 순방향 전압이 가해진다.

  ⓒ 베이스(base)

- 트랜지스터에서 이미터로부터 주입된 캐리어의 이동을 제어하기 위해 전류를 공급하는 부분이다.
- 구조상 중앙의 좁은 부분이 된다.

  ⓔ 컬렉터(collector)

- 트랜지스터에서 캐리어를 모으는 부분이다.
- 베이스와의 사이에 역방향 전압을 가한다.

트랜지스터의 내부구조

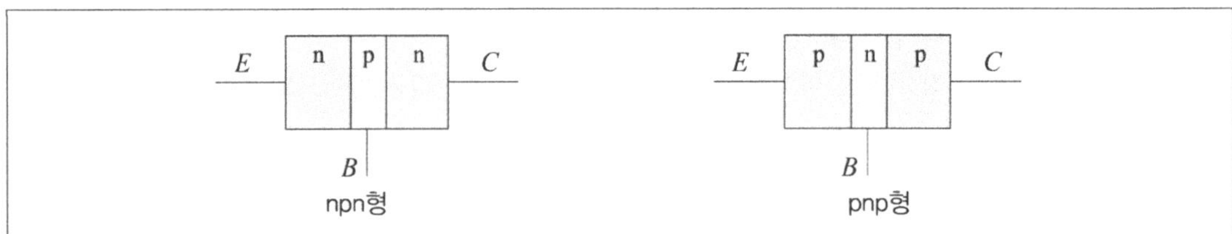

트랜지스터의 그림 기호

② 동작 구분

  ⊙ 동작 상태

- 포화 영역(Saturation region), 차단 영역(Cutoff region) : 일반적으로 펄스 회로에서 사용한다.
- 활성 영역(Active region)
- 능동 상태라고도 하고 증폭기에서 이용한다.
- 특이한 경우 이외에는 이 영역에서 트랜지스터의 모든 동작이 이루어진다.
- 역활성 영역(Reverse active region) : 실제로 거의 사용하지 않는다.

◎ 트랜지스터의 동작구분 ◎

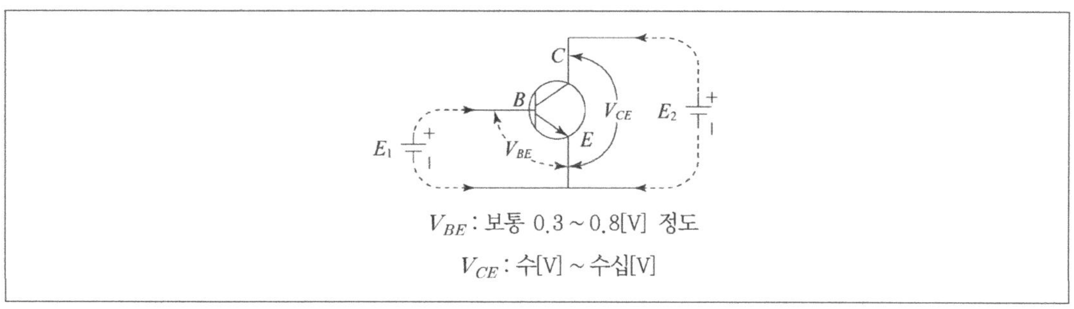

ⓛ 전압을 가하는 방법

◎ 트랜지스터에 전압 가하는 법 ◎

V_{BE} : 보통 $0.3 \sim 0.8[\text{V}]$ 정도

V_{CE} : 수$[\text{V}] \sim$ 수십$[\text{V}]$

- B와 E 간의 pn 접합면 : $V_{BE} \Rightarrow$ 순방향 전압
- C와 B 간의 pn 접합면 : $V_{CB} = V_{CE} - V_{BE} \Rightarrow$ 역방향 전압
- V_{BE} 순방향, V_{CB} 역방향이면 활성 영역에 해당한다.

◎ 트랜지스터의 동작 구분 ◎

$E - B$ 사이의 바이어스	$C - B$ 사이의 바이어스	상태	응용
순방향	역방향	활성 영역	증폭작용
역방향	역방향	차단 영역	스위칭 작용
순방향	순방향	포화 영역	

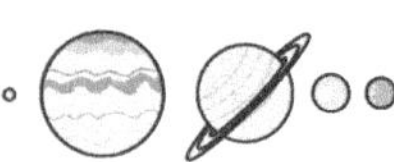

(2) 트랜지스터의 특성

① 전압 - 전류 특성

⑯ 트랜지스터의 특성도 ⑯

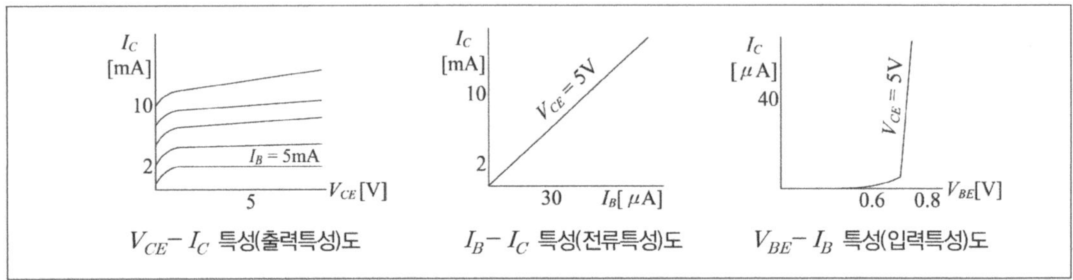

㉠ $V_{CE} - I_C$ 특성(출력특성)도

- I_B를 일정하게 유지했을 때 V_{CE}와 I_C의 관계를 나타낸 것이다.
- I_C는 I_B에 의해 크게 변하고, V_{CE}에는 영향을 별로 받지 않는다.
- I_B에 의해 I_C가 크게 변화하기 때문에 곡선이 여러 개 그려진다.

㉡ $I_B - I_C$ 특성(전류특성)도

- 일정하게 유지한 V_{CE}에서 I_B와 I_C의 관계를 나타낸 것이다.
- I_B와 I_C는 거의 정비례한다.
- $V_{BE} - I_B$ 특성에서는 특성이 V_{CE}에 의해선 변화가 거의 없으므로, 어떤 크기의 V_{CE}일 때의 특성곡선 1개만 나타내어 있는 경우가 많다.

㉢ $V_{BE} - I_B$ 특성(입력특성)도

- 일정하게 유지한 V_{CE}에서 V_{BE}와 I_B의 관계를 나타낸 것이다.
- V_{BE}가 일정한 값 이상이 되면 I_B의 변화가 크게 일어난다.

② 트랜지스터의 전류 성분

㉠ α와 β : $I_E = I_B + I_C$이고 I_E의 약 95%가 컬렉터로 이동한다고 할 때

$I_E \fallingdotseq I_C$가 되고,

I_E와 I_C의 비례값을 α라고 하고 V_{CE}가 일정하면

$$\alpha = \frac{I_C}{I_E} \fallingdotseq 0.95 \leq 1 \, (\alpha \leq 1)$$이 된다.

또한, I_B와 I_C의 비례값을 β라고 하고, V_{CE}가 일정하면 $\beta = \dfrac{I_C}{I_B}$가 된다.

위 식에서부터 α와 β의 관계를 유도하면 $\alpha = \dfrac{\beta}{1 + \beta}$가 된다.

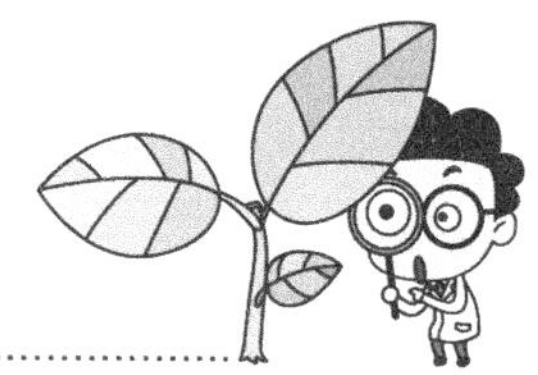

ⓛ 컬렉터 차단 전류

- 개념 : 입력의 개방과 컬렉터와 베이스 사이에 역전압을 가했을 때 컬렉터에 흐르는 역방향 전류를 말한다.
- CE의 경우 컬렉터 전류 : $I_C = \beta I_{B(\text{다수})} + (1+\beta) I_{CBO(\text{소수})}$
- CB의 경우 컬렉터 전류 : $I_C = \alpha I_E + I_{CBO}$, $I_C = \beta I_B + (1+\beta) I_{CO}$이고,

  여기서, $I_B = 0$인 경우 I_{CEO}가 되므로 $I_{CEO} = (1+\beta) I_{CO} + (1+\beta) I_{CBO}$가 된다.

③ h 상수

ⓐ h_{FE}(직류전류 증폭률) : I_C와 I_B의 비이다.

ⓑ h_{oe} (출력 어드미턴스)

- $V_{CE} - I_C$ 특성 곡선의 기울기이다.
- $h_{oe} = \Delta I_C / \Delta V_{CE}$
- 단위 : $[\Omega^{-1}]$ 또는 $[\mho]$를 사용한다.

ⓒ h_{fe} (전류 증폭률)

- $I_B - I_C$ 특성 곡선의 기울기이다.
- $h_{fe} = \Delta I_C / \Delta I_B$
- 단위는 없다.

ⓓ h_{ie} (입력 임피던스)

- $V_{BE} - I_B$ 특성 곡선의 기울기이다.
- $h_{ie} = \Delta V_{BE} / \Delta I_B$
- 단위 : $[\Omega]$이 된다.

ⓔ h_{re} (전압 되먹임률)

- $V_{CE} - V_{BE}$ 특성 곡선의 기울기이다.
- $h_{re} = \Delta V_{BE} / \Delta V_{CE}$
- 단위는 없다.
- 특성 중 일부분을 이용할 경우에 특성 전부가 없어도 그 부분의 특성이 거의 직선이 되기 때문에 특성 곡선의 기울기를 알면 충분하므로 곡선 대신 h 상수로 특성을 나타낸다.
- 트랜지스터 등가회로에서 중요한 역할을 한다.
- I_{CBO}
- 이미터 개방시, C-B 간에 흐르는 누설 전류, C-B 간에 역방향 전압을 가하고, B-E 간에는 전압을 가하지 않을 때 컬렉터로 흐르는 전류이며 컬렉터 차단전류라고도 한다.
- 온도에 따라 크게 변화하며 대단히 작은 값으로서 통상 I_{CBO}가 작으면 트랜지스터는 그만큼 더 안정하다고 할 수 있다.

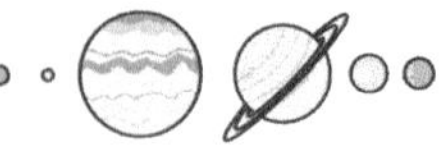

④ 트랜지스터의 특징

　㉠ 장점

　　• 효율이 높다.

　　• 내부 전압 강하가 작다.

　　• 무게가 가볍고, 소형이다.

　　• 충격이나 진동에 강하다.

　　• 음극 전원이 예열되지 않고 즉시 가동될 수 있다.

　　• 수명이 반영구적이다.

　㉡ 단점

　　• 이득이 적다.

　　• 입력 임피던스가 낮다.

　　• 전기적인 과부하에 약하고, 고온에 약하다.

　　• 주파수 특성이 나쁘고 역 내전압이 낮다.

(3) 트랜지스터의 종류 및 표시법

① 트랜지스터의 종류

　㉠ 점 접촉형(Point-contact type)

　　• n형 반도체 표면에 2개의 텅스텐이나 인청동선으로 된 탐침을 점 접촉시켜 만든 것으로 초기의 트랜지스터 형태이다.

　　• 회로적으로 불안하고, 전류치가 작다.

　　• 잡음이 많다.

　㉡ 합금 접합형(Alloy junction type)

　　• n형 Ge(게르마늄)의 양쪽을 두께 0.1mm 정도로 자른 후 In(인듐)을 녹여 붙여 p형 Ge층을 만든 것이다.

　　• β값 : 30 ~ 100 정도이다.

　　• 출력저항이 크다.

　　• 출력전력 : 0.1 ~ 100W 정도이다.

　　• 용도 : 저주파용으로 많이 사용된다.

　㉢ 성장 접합형(Growon junction type)

　　• 제조방법

　　－ 진공 용기에 용해된 Ge에 다른 종류의 단결정을 넣고 끌어올리면서 성장시켜 만든다.

　　－ p형은 Ge 용액에 3가의 불순물을 넣어서 성장시키고 여기에 다시 5가의 불순물을 넣어 n형을 성장시켜 npn형의 봉을 적당히 자르고 전극을 붙여서 만든다.

　　• 장점 : 좁은 베이스폭으로 반송자를 빨리 통과시켜서 좋은 고주파 특성을 갖는 트랜지스터를 제조할 수 있다.

　　• 단점 : 좁은 베이스폭은 베이스 리드선의 연결이 어렵기 때문에 대량생산에는 좋지 않다.

◎ 성장형 트랜지스터(npn) ◎

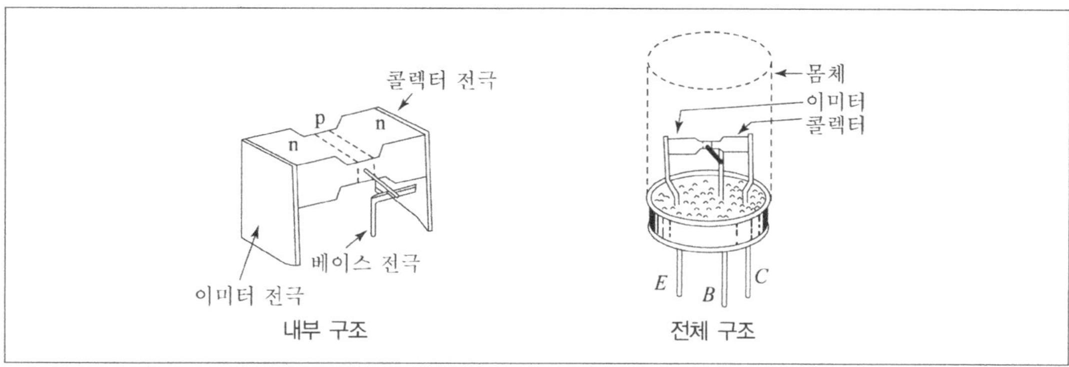

ㄹ **확산 접합형**(Diffusion junction type)

- In(인듐)의 증기 속에서 가열하여 p층을 확산시킨 n형 Ge을 다시 AS(비소)의 증기 속에서 확산시켜 p형의 일부를 n형이 되게 하여 만든 npn 트랜지스터이다.
- 용도 : 고주파용이나 스위칭용에 쓰인다.

② **트랜지스터 형명의 표시법** … 숫자 S 문자 숫자 문자의 순서로 표시한다.

ㄱ **숫자** : 반도체의 접합면수를 나타낸다.

- 0 : 광트랜지스터, 광다이오드
- 1 : 각종 다이오드, 정류기
- 2 : 트랜지스터, 전기장 효과 트랜지스터, 단접합 트랜지스터, 사이리스터
- 3 : 게이트가 2개 나온 것으로 전기장 효과 트랜지스터

ㄴ **S** : 반도체(Semiconductor)의 머리 문자이다.

ㄷ **문자** : 반도체 소자의 종류와 용도를 표시한다.

- A : pnp형의 고주파용
- B : pnp형의 저주파용
- C : npn형의 고주파형
- D : npn형의 저주파형
- F : pnpn 사이리스터
- G : npnp 사이리스터
- H : 단접합 트랜지스터
- J : p채널 전기장 효과 트랜지스터
- K : n채널 전기장 효과 트랜지스터

ㄹ **숫자** : 등록순서에 따른 번호로 11부터 시작한다.

ㅁ **문자** : 보통 붙지 않지만 특히 개량품이 생길 경우 A, B, …, J까지의 알파벳 문자를 붙여 개량 부품임을 표시한다.

> 예 2SC316A → npn형의 개량형 고주파용 트랜지스터

③ 전계 효과 트랜지스터

(1) 구조 및 종류

① 구조 및 기호

FET의 구조와 기호

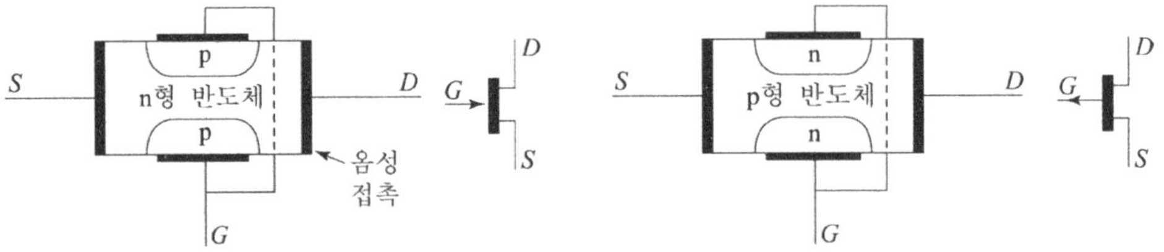

(a) n채널형 (b) p채널형

JFET의 구조와 기호

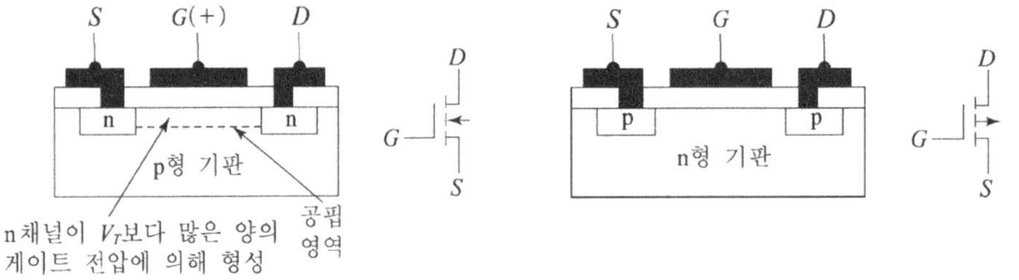

(a) n채널형 (b) p채널형

증가형 MOSFET의 구조와 기호(구조의 기판 단자 표시 생략)

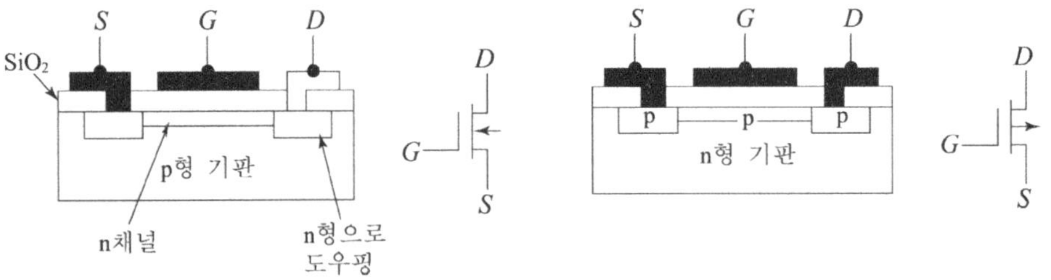

(a) n채널형 (b) p채널형

공핍형 MOSFET의 구조와 기호(구조의 기판 단자 표시 생략)

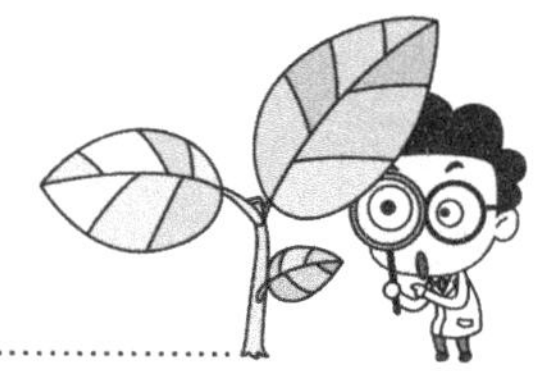

    ㉠ 소스(source)
- 역할 : 일반 트랜지스터의 이미터와 비슷하다.
- 캐리어(자유전자 혹은 정공)를 공급하는 전극이다.

    ㉡ 드레인(drain)
- 역할 : 일반 트랜지스터의 컬렉터와 비슷하다.
- 소스에서 공급된 캐리어가 도달하는 전극이다.

    ㉢ 게이트(gate)
- 역할 : 일반 트랜지스터의 베이스와 비슷하다.
- 캐리어의 흐름을 제어하기 위한 신호를 가하는 전극이다.

② **전계 효과 트랜지스터(Field effect transistor ; FET)의 종류**

FET	JFET (Junction FET)	n채널형	
		p채널형	
	MOSFET (Metal oxide semiconduttor FET)	증가형 (Enhancement mode)	n채널형
			p채널형
		공핍형 (Depletion mode)	n채널형
			p채널형

(2) 동작원리 및 특성

① 기본 동작원리

    ㉠ 전류 통로가 소스에서 드레인까지 구성되어 있다.

    ㉡ 게이트에 전압을 가하게 되면 전기장이 전류 통로에 형성되고, 형성된 전기장으로 흐르는 전류의 제어는 게이트 전압에 의해 이루어진다.

    ㉢ 게이트 단자의 목적은 FET 전기장의 형성 또는 전류 제어이고, 드레인과 소스 사이에는 전류의 흐름이 거의 없다.

② FET의 기본 특성

    ㉠ 집적회로를 구성하는 대표적인 소자이다.

    ㉡ BJT와 FET의 차이점
- 일반 바이폴라 접합 트랜지스터(BJT)는 출력 상태가 입력전류 I_B 에 의해 결정되는 전류 제어 소자이다.
- FET는 출력이 게이트의 입력전압에 의해 결정되는 전압 제어 소자이다.

    ㉢ 소전력을 사용하는 것에서의 전력 사용효율은 구동전류(게이트 전류)가 거의 흐르지 않기 때문에 트랜지스터보다 좋다.

ⓔ 동급의 전력을 취급하면 TR에 비해 드레인 소스간 전압 강하가 적기 때문에 전력 이용률이 높다.

ⓜ TR과의 비교
  • 증폭 작용은 비선형이고 게이트 전압의 드라이브가 까다롭다.
  • 단순 스위칭에는 적합하지만, 직선 증폭용으로는 적절하지 않다.

ⓗ FET는 고속 스위치용도 있으나 제조공정상 구조적으로 게이트와 소스 간의 접형용량이 크게 되어 스위칭 속도가 TR보다 느리다.

③ JFET

ⓐ 전압 가하는 방법과 전류
  • I_D는 V_{DS}가 작을 경우 V_{DS}에 비례한다.
  • V_{DS}가 어느 값 이상으로 증가하면 I_D는 V_{DS}에 별로 영향을 받지 않고 포화되어 V_{GS}에 의해 변화가 크게 일어난다.

ⓑ 특징
  • 온도에 대한 안정도가 높다.
  • 입력 임피던스가 매우 높다($10^8 \sim 10^{12}\mathrm{k}\Omega$).
  • 방사선의 영향이 없다.
  • 저주파 특성과 잡음 특성이 좋다.
  • 저주파에서의 전력 이득이 더 크다.
  • 용도 : 고주파 증폭기와 저잡음 증폭기에 많이 사용된다.

◎ 접합형 FET(n형 채널) ◎

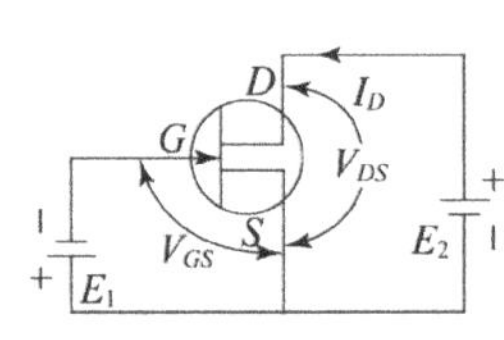

접합형 FET에 가하는 전압

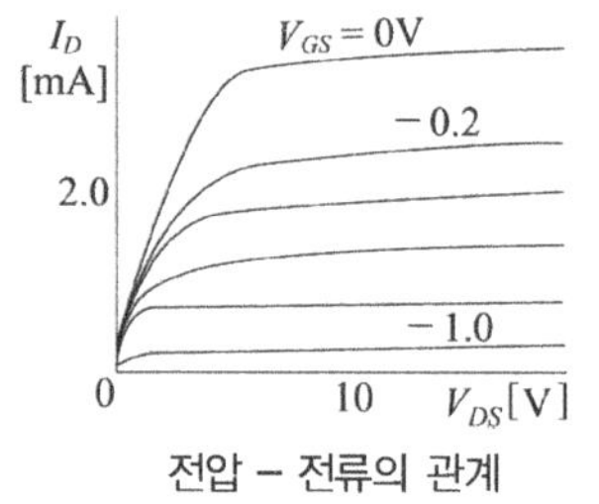

전압 − 전류의 관계

∘ I_D : 드레인 전류
∘ V_{DS} : 드레인−소스 사이의 전압(또는 단순히 드레인 전압)
∘ V_{GS} : 게이트−소스 사이의 전압(또는 단순히 게이트 전압)

④ MOSFET

  ㉠ 전압 가하는 법과 전류 : JFET와 마찬가지로 V_{DS}가 어떤 값 이상으로 커지면 V_{GS}전압만으로 드레인 전류 I_D를 제어할 수 있다.

  ㉡ 특징

  - JFET보다 입력 임피던스가 높다.
  - 낮은 전압이나 정전기로 인해 게이트와 채널 사이의 산화막은 파괴가 쉽게 일어날 수 있다.
  - JFET보다 $\dfrac{1}{f}$ 잡음에 해당하는 것이 상당히 크다.
  - 정밀 제어를 할 수 있어서 높은 주파수에서 사용이 가능한 FET를 쉽게 만들 수 있다.
  - CMOS(Complementary MOS) : 인버터 회로에 NMOS와 PMOS 한쌍을 회로로 구성한 반도체로서 동작속도는 좀 느린 반면 소비전력이 굉장히 작아 발열량도 작다.

❀ MOS형 FET ❀

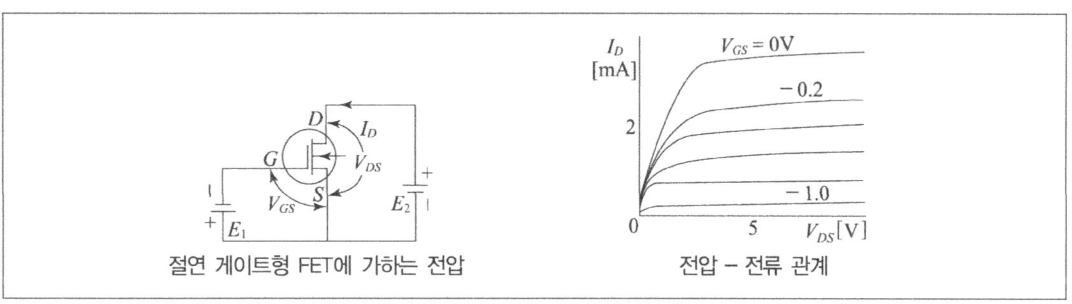

절연 게이트형 FET에 가하는 전압   전압 − 전류 관계

④ 기타 반도체 소자

(1) 사이리스터(Thyrister)

① **사이리스터의 개념** ··· 일반적으로 전력 제어용 반도체 소자를 말한다.

② **SCR**(Silicone controlled rectifier)

  ㉠ 개념

  - 사이리스터의 일종으로 단방향성 3단자 소자이다.
  - 구성 : pnp와 npn 2개의 트랜지스터로 되어 있다.

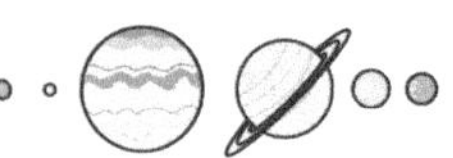

◉ SCR의 구성도와 기호 ◉

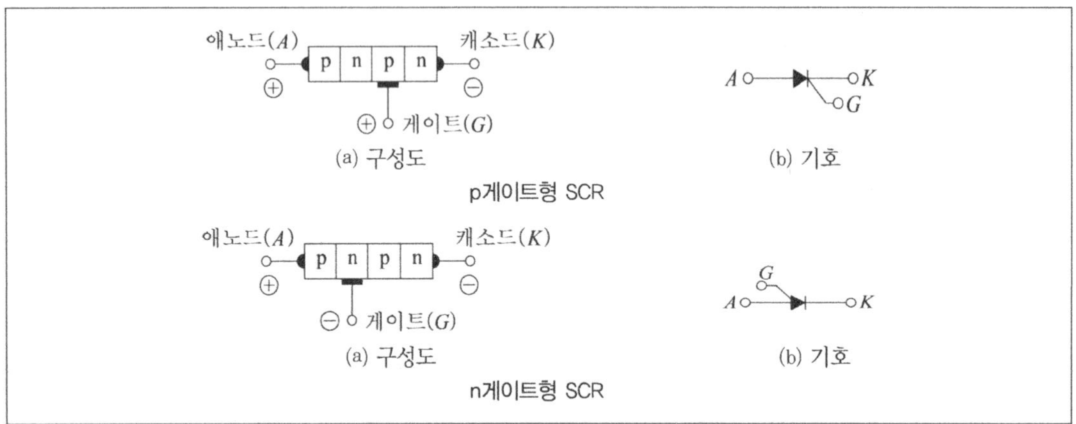

ⓛ 동작원리

- 중앙의 pn 접합부는 애노드에 양전위, 캐소드에 음전위를 주었을 때 역바이어스되므로 아래 그림 (a)와 같이 공핍층이 생겨 전류가 흐르지 않아 차단 상태가 된다.
- 전원 E_A 극성의 변화에도 다른 2개의 pn 접합부에 공핍층이 생겨 차단 상태가 된다. 그림 (a)에서 캐소드 전극과 가까운 게이트에 게이트 전류 I_G를 작게 흘려 주면 정공이 넓게 퍼져 게이트 – 캐소드 사이의 공핍층 두께가 그림 (b)에서 보는 것과 같이 얇아진다.
- I_G의 증가 또는 캐소드 – 애노드간 전압 V_{AK}의 증가에 공핍층은 그림 (c)와 같이 소멸되어 통전 상태로 되어 전류 I가 흐른다.

◉ 사이리스터의 구조원리 ◉

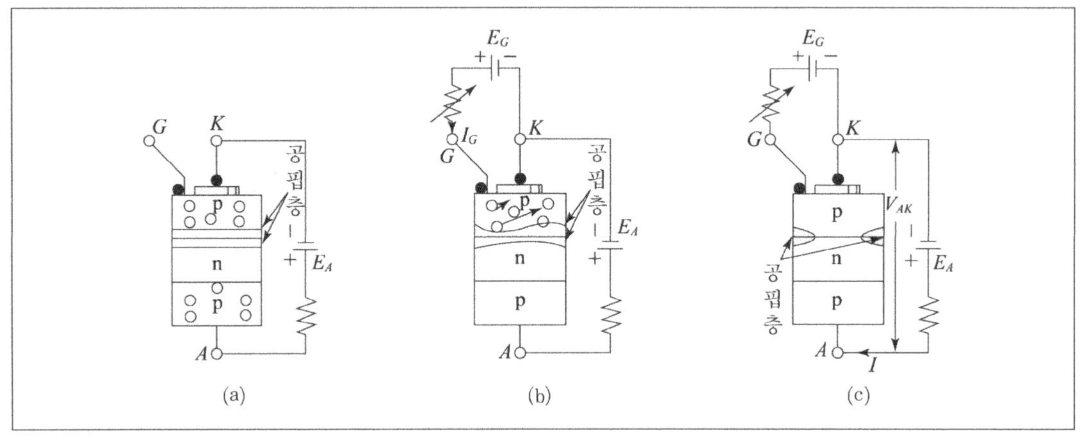

ⓒ 특징

- SCR은 구조가 pnpn으로 되어 있고, 게이트에 흐르는 전류로 애노드와 캐소드 양단자간의 전압 · 전류를 제어한다.
- 동작최고 온도가 크다(200℃).

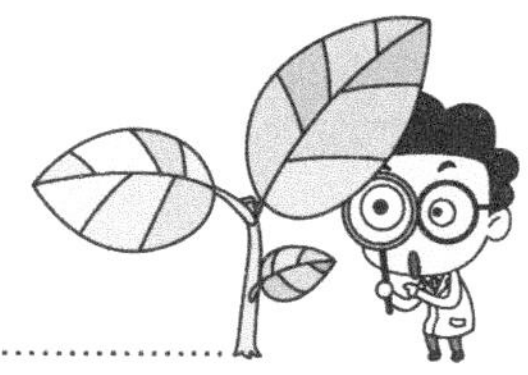

- 큰 전류는 작은 게이트 전류로 제어하면서 정류한다.
- 용도 : 위상제어, 펄스 회로, 전력 변환장치, 조명 조광장치, 온도제어 등에 사용된다.

③ **DIAC**(Diode AC switch)

ㄱ 개념 : 쌍방향 pnpn 다이오드 스위치 소자로, 쌍방향 2단자 사이리스터 소자의 일종이다.

ㄴ 특징

- TRIAC이나 SCR의 게이트 트리거용으로 많이 사용되어 트리거 다이오드(Trigger diode)라고도 한다.
- 용도 : 교류회로의 전류제어회로, 백열전구의 조광, 모터 속도의 제어 등에 이용된다.

④ **TRIAC**(Triode AC semiconductor switch)

ㄱ 개념 : 쌍방향 3단자 사이리스터 소자를 말한다.

ㄴ 구조 : 5개의 pn 접합부로 구성된 5층으로 되어 있고 다이액에 비하여 게이트 전극이 존재한다.

ㄷ 특징

- SCR처럼 게이트 전류에 의해 제어된다.
- 용도 : 교류전력의 위상제어, 직권 모터의 정역전 제어 등에 사용된다.

(2) 단일 접합 트랜지스터(UJT)

① 구조 및 동작원리

ㄱ 구조

- 저항률이 높은 막대 모양의 반도체 중앙에 반송자의 주입이 가능하도록 전극을 부착시켜, 접합부 1개를 생성한 것이다.
- 구성 : 베이스는 n형 반도체이고 제1 베이스(B_1), 제2 베이스(B_2), 이미터(E)의 3개 전극으로 되어 있다.

ㄴ 동작원리 : B_1, B_2 사이의 노선율을 이미터에서 주입된 성공을 이용하여 변화시켜 부성저항이 생기게 한다.

❁ UJT 구조와 기호 ❁

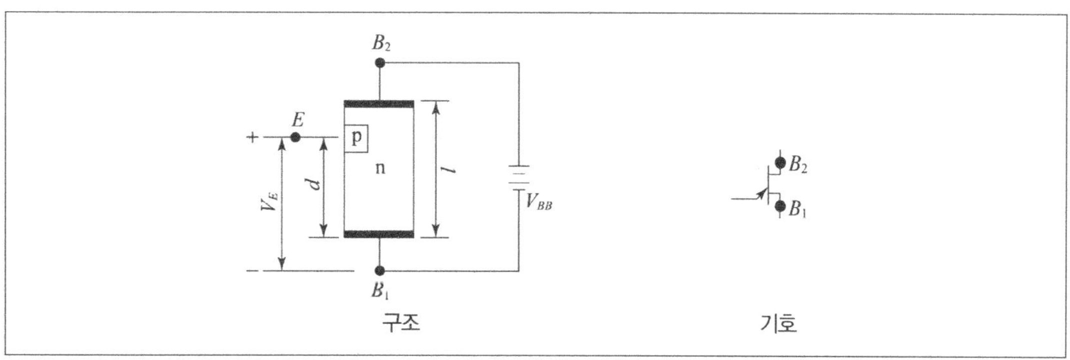

② **특징**

㉠ 베이스 단자가 2개이므로 이중 베이스 다이오드라고도 한다.

㉡ 이미터에 전압을 가하지 않으면 이미터 전위의 결정은 n형 반도체의 전체 길이와 이미터의 위치로 한다.

$$V_E = \frac{d}{l} V_{BB}[\text{V}]$$

㉢ 용도 : 이완발진회로, SCR의 트리거 발진회로 등에 사용된다.

(3) 광전 소자

① **광전지**(photocell)

㉠ **개념**

- 장벽 광전 효과 : 빛을 pn 접합부에 가했을 경우 빛 에너지로 인해 여기된 반송자때문에 평형이 깨져서 빛의 양에 따라 증가한 반송자가 확산 또는 전기장에 의해 이동되고 빛을 가하는 한 전하의 흐름이 계속 되는 현상을 말한다.
- 광전지 : 장벽 광전 효과를 이용한 반도체 소자를 말한다.

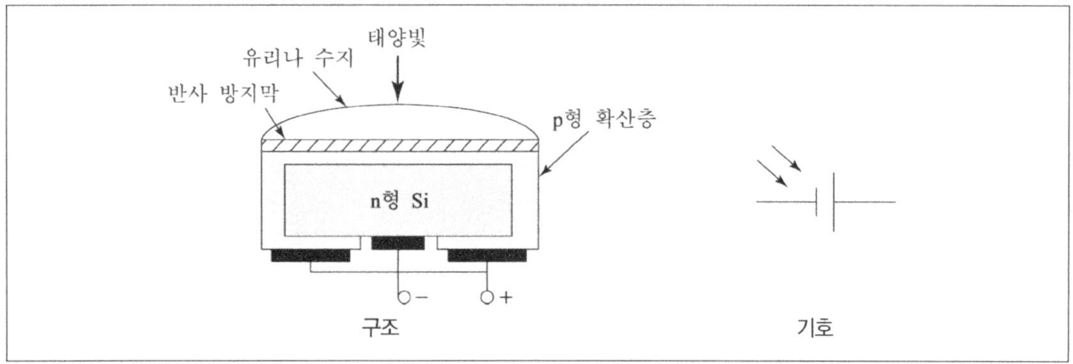

◎ 태양전지 ◎

㉡ **특징**

- 개방전압 : 태양전지 소자 1개는 0.55V 정도이다.
- 단락 전류 : $35 \times 10^{-4} \sim {}^{40} \times 10^{-4}\text{mA/m2}$ 정도이다.
- Se, CdS : 전지가 필요 없는 카메라의 노출계에 사용된다.
- Si
- 일반적으로 태양전지에 사용된다.
- 인공위성통신, 관측제어용의 전원, 유선 및 무선통신의 무인중계소 전원, 무인등대 등의 자동 점멸 등에 사용된다.

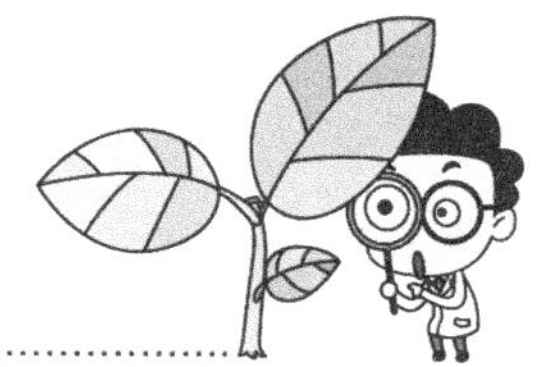

② **광전 트랜지스터**

　ⓐ 개념 : 빛을 트랜지스터의 베이스에 주어 컬렉터 전류의 흐름을 제어하는 소자를 말한다.

　ⓑ 구분 : Ge합금형과 Si확산형이 있다.

　ⓒ 용도 : 계측기, 카드 리더기 등에 사용된다.

③ **광도전 셀**

　ⓐ 원리

　　• 광도전 효과 : 반도체에 빛을 가해 전자와 정공을 발생시켜서 도전율이 증가되는 것을 말하고, 전류는 입사광에 비례하여 흐른다.

　　• 광도전 효과를 이용한 반도체 소자가 광도전 셀이다.

　ⓑ 재료 : CdS, PbS

◈ CdS 셀 기호 ◈

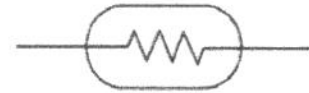

　ⓒ 특징

　　• 빛에 대한 주파수 특성 : 가시 영역에서 광전관보다 좋지만 고주파에서는 응답속도가 느리다.

　　• 구조 : 광전 트랜지스터보다 간단하고 가격도 저렴하다.

　　• 용도 : 광전 변환 장치, 노출계 등에 이용된다.

④ **포토커플러**(photocoupler)

　ⓐ 개념 : 수광 소자와 발광 소자를 조합해서, 빛을 이용해 신호를 전송하는 소자를 말한다.

　ⓑ 구조 : 발광 다이오드(LED)와 광 트랜지스터를 한 패키지에 넣은 형태를 하고 있다.

　ⓒ 용도 : 입출력간이 전기적인 절연 상태이어서 주로 전기적 잡음을 제거하는 곳에 사용된다.

◈ 포토커플러의 구조 ◈

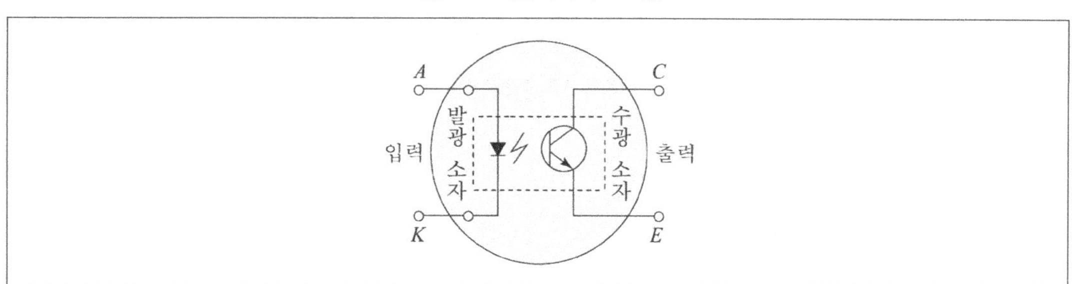

(4) 서미스터(Thermister)

① 개요

   ⊙ 개념 : 반도체의 온도가 상승하면 반송자수가 증가해 도전율이 커지고, 저항이 작아져 음의 온도계수를 갖게 되는 성질을 이용한 소자를 말한다.

   ⓛ 종류
- 직렬형 : 저항이 반도체 자체에 흐르는 전류에 의한 열로 변화한다.
- 방열형 : 저항이 가열용 히터에 따라 변화한다.

◎ 서미스터 기호 ◎

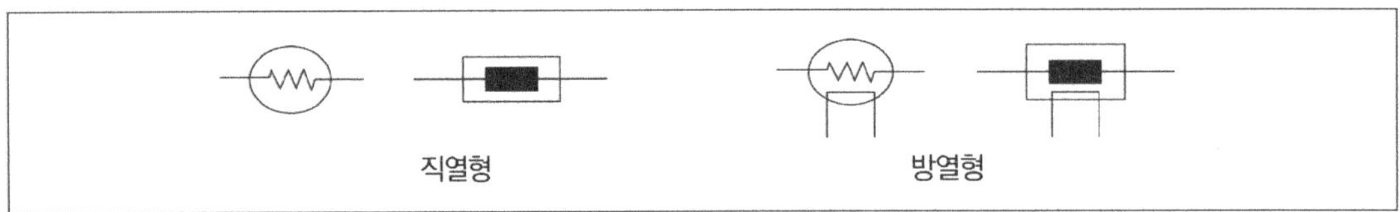

② 특징

   ⊙ 저항률이 상온에서 $10 \sim 10^3 \Omega\text{m}$ 정도이다.

   ⓛ 부저항을 가진다.

   ⓒ 저항값

$$R = R_0 e \beta^{(\frac{1}{T} - \frac{1}{T_0})}$$

     ∘ T : 서미스터 온도(°K)
     ∘ T_0 : 상온
     ∘ R_0 : 상온의 서미스터 값
     ∘ β : 재료, 열처리 등에 의한 상수

   ㉣ 온도계수 : $-3 \sim -5\%$ 정도(금속의 10배 이상)이다.

   ㉤ 재료 : 망간, 니켈, 철, 코발트, 바나듐 등의 산화물이 사용된다.

   ㉥ 용도 : 온도계, 온도 스위치, 온도 검출기 및 온도 센서 등에 이용한다.

(5) 바리스터(Varister)

① 개요

   ⊙ 개념 : 전압 변화에 의해 저항이 크게 변화하도록 만든 소자이다.

   ⓛ 전압 – 전류 특성이 비직선적이어서 주위 온도가 일정하더라도 가하는 전압값의 크기에 따라 저항값이 변화한다.

   ⓒ 전자기기와 바리스터의 연결이 병렬로 되어 있을 때, 이상고압이 인가되면 바리스터는 단락 상태가 되어서 기기를 보호하게 된다.

    ㉣ 종류

- 대칭형 바리스터
- 저항값이 가해지는 전압의 극성과는 상관없이 크기에만 변화하는 바리스터이다.
- 비대칭형 바리스터 2개나 실리콘 카바이드를 조합하여 사용한다.
- 비대칭형 바리스터
- 저항값이 가해지는 전압의 극성으로 정해진다.
- 게르마늄 실리콘, 셀렌 등의 반도체 다이오드가 사용된다.

② 용도

    ㉠ 고압용 : 고압 송전 피뢰기등, 낙뢰 전압등, 이상전압 흡수용

    ㉡ 저압용

- 서지전압 보호용
- 릴레이 접점 스파크 소거용, 통신기기의 전기 접점에서 발생하는 불꽃잡음 흡수용
- 각종 제어회로, 전화기의 음성잡음 방지
- 자동 전압장치 검출부, 전화기 전송레벨 보상

(6) 진공관

① 진공관의 구조와 종류

    ㉠ 구조 : 여러 전극을 $10 \sim 10^{-6}$ mmHg 정도의 유리 진공용기 내에 봉하여 넣은 것이다.

◎ 진공관의 구조 ◎

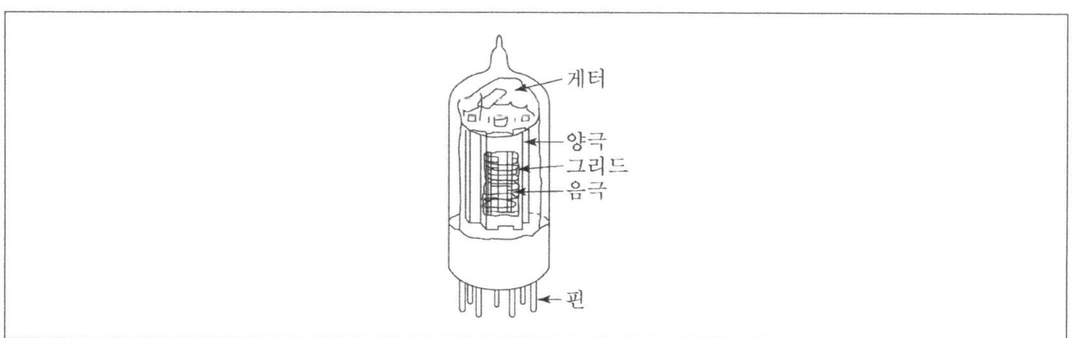

    ㉡ 종류

- 음극 가열방법에 따른 분류 : 직열형, 방열형
- 기능에 따른 분류 : 정류관, 검파관, 발진관, 변조관, 증폭관
- 전극수에 따른 분류 : 2극관, 3극관, 4극관, 5극관, 복합관

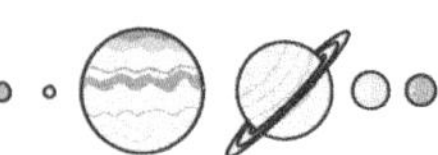

◎ 진공관의 기호 ◎

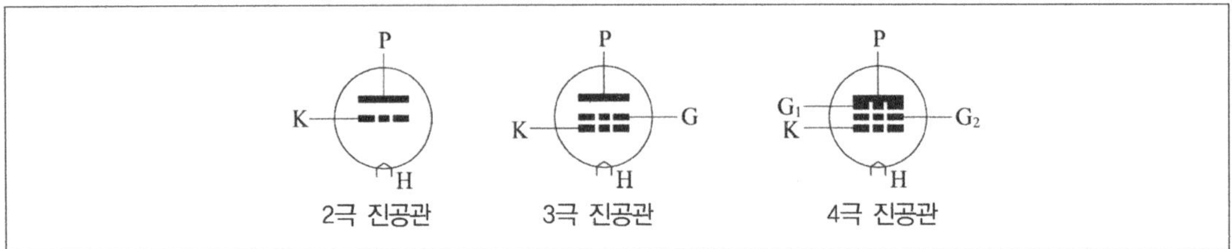

② **2극 진공관**

   ㉠ 음극과 양극(2극)으로 이루어져 있고, 반도체와 같이 정류 작용을 하는 진공관이다.

   ㉡ 구성

- 히터(heater) : 가는 금속선에 전류를 가하면 열이 발생하여 캐소드 K(음극)를 가열한다.
- 캐소드
  - 금속관에 산화바륨(BaO)이나 산화스트론튬(SrO)을 바른 것이다.
  - 히터가 약 900℃ 정도의 고온이 되면 전자(열전자)를 방출한다.
- 양극(plate)
  - 구조 : 금속판으로 캐소드 K(음극)를 둘러싼 형태이다.
  - 기능 : 전자를 흡수한다.

③ **3극 진공관**

   ㉠ 구조 : 2극 진공관의 P(양극)와 K(음극) 사이에 격자 모양의 제어 그리드(grid, 제1그리드) 전극 G를 설치한 진공관이다.

   ㉡ 원리 : 그리드에 (−)전압, 양극에 (+)전압을 가한 후 V_{GK} 전압에 의해 양극 전류 I_P를 제어하게 된다.

④ **4극 및 5극 진공관**

   ㉠ 4극 진공관 : 제어 그리드 G_1과 P 사이에 세로 격자 모양의 차폐 그리드 전극 G_2를 넣은 진공관이다.

   ㉡ 5극 진공관 : 4극 진공관의 차폐 그리드 G_2와 P 사이에 세 번째 억제 그리드 G_3를 설치한 진공관이다.

(7) 집적회로

① 개요

　㉠ 개념 : 트랜지스터, 저항 등의 회로 소자를 실리콘 기판 위에 많이 집적하여 하나의 회로로서
　　동작하도록 만든 것을 말한다.

　㉡ 종류

- 반도체 IC : IC의 구성 요소를 반도체 중심으로 만든 것이다.
- MOS형 IC : MOS−FET가 중심인 직접회로이다.
- 바이폴러형 IC : 트랜지스터가 중심인 직접회로이다.
- 디지털 IC : 디지털 논리실현에 사용된다.
- 혼성 IC : 수동 소자(저항 또는 콘덴서 등)를 IC나 각 트랜지스터에 붙여서 만든 것이다.
- 리니어 IC : 음향기기의 증폭회로 등에 사용된다.

◎ 집적회로의 분류 ◎

트랜지스터의 종류에 의한 분류	회로 동작 기능에 의한 분류	집적화의 규모에 의한 분류
• 바이폴러형 IC • MOS형 IC	• 리니어 IC(아날로그 IC) • 디지털 IC	• SSI(소규모 IC) • MIS(중규모 IC) • LSI(대규모 IC) • VLSI

② 특징

　㉠ 장점

- 가격이 저렴하다.
- 신뢰성이 좋고, 수리가 간단(교환)하다.
- 기기가 소형으로 되고, 기능이 확대된다.

　㉡ 단점

- 전압·전류에 약하고, 열에도 약하다.
- 잡음이나 발진이 쉽게 일어난다.
- 취급시 마찰에 의한 정전기의 영향 등의 주의가 필요하다.

02 출제예상문제

1 다음 회로에서 BJT의 β가 아주 클 때, V_{CE} 값[V]에 가장 근접한 것은? (단, $V_{BE} = 0.7\,V$, $IC \simeq IE$ 이다)

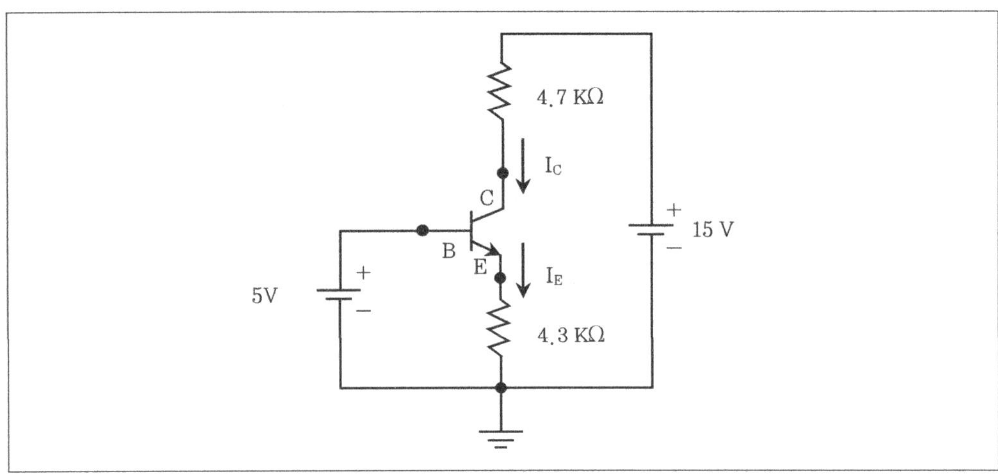

① 4   ② 5

③ 6   ④ 7

✦ note

$$I_C = \frac{15[V]}{4.7[K\Omega]} = 3.2[mA]$$

$$V_E = 5 - 0.7 = 4.3[V]$$

$$I_E = \frac{4.3[V]}{4.3[K\Omega]} = 1[A]$$

$$V_C = 15 - (1 \times 4.7) = 10.3[V]$$

따라서 $V_{CE} = 10.3 - 4.3 = 6[V]$

✿ **Answer**   1.③

2 다음 중 트랜지스터의 구성에 대한 설명으로 옳지 않은 것은?

① 트랜지스터는 이미터(emitter), 베이스(base), 컬렉터(collector)로 구성되어 있다.

② 전류의 반송자를 주입하는 부분을 이미터(E)라 한다.

③ 주입된 반송자를 제어하는 부분은 베이스(B)이다.

④ 전류의 반송자를 모으는 부분은 컬렉터(C)이다.

⑤ pnp형의 베이스는 p형 반도체이다.

> ✿note n형 반도체를 사이에 두고 양쪽에 p형 반도체를 접합한 것을
> pnp형이라 하고, 베이스는 n형이 된다.

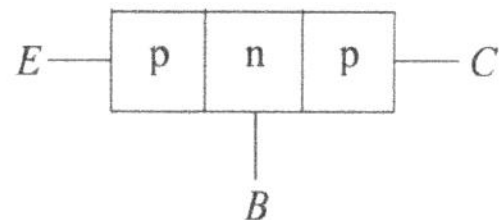

3 N형 MOSFET에 대한 설명으로 옳지 않은 것은? (단, MOSFET은 차단영역에 있지 않다고 가정한다)

① MOSFET 드레인(drain)에 흐르는 전류량은 동일 조건에서 소자의 채널길이(channel length)가 작아지면 증가한다.

② MOSFET 드레인(drain)에 흐르는 전류량은 온도에 영향을 받지 않는다.

③ MOSFET가 포화영역에서 동작할 때, 유효채널길이(effective channel length)는 드레인－소스(drain-source) 사이의 전압(VDS)에 따라서 변할 수 있다.

④ MOSFET의 문턱전압(threshold voltage)은 소스－바디(source －body) 사이의 전압(VSB)에 따라서 변할 수 있다.

> ✿note N형 MOSFET와 P형 MOSFET는 드레인에 흐르는 전류량이 온도에 영향을 받으므로 이것을
> 쌍으로 하여 기본 회로를 구성하여 전력 소모를 낮추고 대규모 집적 회로의 발열 문제를 실용
> 적으로 해결한 것이 CMOS FET이다.

4 발광다이오드(LED)에 대한 설명으로 옳지 않은 것으로만 묶인 것은?

> ㉠ 발광다이오드는 금속-반도체 접합으로써, 금속으로는 몰리브텐, 백금 등이 사용되고
> 반도체로는 실리콘, 갈륨비소 등이 사용된다.
> ㉡ 발광다이오드도 pn 접합 소자의 일종으로 역방향으로 바이어스 될 때 실리콘 반도체
> 내 접합 부근에서 정공과 전자가 재결합하여 빛 에너지가 발산하게 된다.
> ㉢ 발광다이오드는 빛을 전기적신호로 변환하는 포토다이오드와 반대되는 기능을 한다.
> ㉣ 발광되는 빛은 정공과 전자의 재결합 양에 따라서 비례하고 재결합되는 양은 다이오드
> 의 순방향 전류에 비례한다.

① ㉠㉡   ② ㉡㉢

③ ㉢㉣   ④ ㉠㉢

> **note** 발광다이오드(LED)는 p형 반도체-n형 반도체의 접합이다.
> 발광다이오드(LED)도 pn접합 소자의 일종으로 순방향으로 바이어스 될 때 에너지가 발산하여
> 빛으로 나타나며, 역방향으로 바이어스되면 전기 저항이 매우 커져서 전류가 거의 흐르지 않
> 아 차단(OFF) 상태가 된다.

5 다음 그림과 같은 전자 부품의 명칭은?

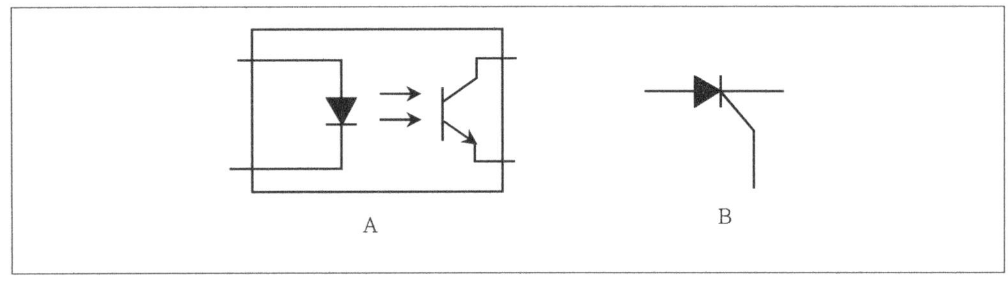

	A	B		A	B
①	포토트랜지스터	사이리스터	②	포토트랜지스터	트라이악
③	포토커플러	사이리스터	④	포토다이오드	트라이악

> **note** 포토커플러는 발광 소자와 수광 소자를 함께 조합한 광결합 소자이며, 사이리스터는 전력제어용
> 반도체 소자를 총칭하는 것으로 pn접합 다이오드가 기본 소자이다.

Answer   4.①   5.③

6 다음 중 2종의 금속 또는 반도체를 둥근 모양으로 접속한 후 접속한 2점 사이에 온도차를 주면 기전력이 발생하여 전류가 흐르는 현상은?

① 펠티에 효과
② 제어벡 효과
③ 홀 효과
④ 광전 효과

> **note** 제어벡 효과 … 서로 다른 종류의 반도체를 폐회로가 되도록 접속한 뒤 두 접점에 온도차를 주면 전기가 발생하여 전류가 흐르는 현상이다.

7 다음 중 금속의 온도가 내려갈 때 결정을 이루고 있는 원자의 일 운동이 정지하는 온도에 이르면 저항이 '0'이 되는 현상은?

① 제어벡 효과
② 초전도 효과
③ 펠티에 효과
④ 광전 효과

> **note** ① 서로 다른 종류의 반도체를 폐회로가 되도록 접속한 뒤 두 접점에 온도차를 주면 전기가 발생하여 전류가 흐르는 현상이다.
> ③ 종류가 다른 반도체를 접속하여 폐회로를 만들어 전류를 흘리면 각 접점에서 열이 흡수 또는 발생하는 현상이다.
> ④ 반도체에 빛을 쏘이면 도전성이 좋아지는 효과이다.

8 다음 중 반도체에 관한 내용으로 옳지 않은 것은?

① 반도체의 종류에는 진성 반도체와 불순물 반도체가 있다.
② 도너는 n형 반도체를 만들기 위해 첨가하는 불순물을 말한다.
③ 억셉터는 p형 반도체를 만들기 위해 첨가하는 불순물을 말한다.
④ 진성 반도체에 p형과 n형 반도체가 있다.

> **note** ④ 제4족인 Ge 또는 Si의 순수 결정을 진성 반도체라고 한다.

9 진성 반도체에서 불순물 원자를 가하는 공정을 무엇이라 하는가?

① 도핑
② 결합
③ 결정
④ 페르미
⑤ 합성

> **note** 진성 반도체에서 불순물 원자를 가하는 공정을 도핑이라 한다.

Answer 6.② 7.② 8.④ 9.①

10 다음 중 드리프트 전류와 확산 전류에 대한 설명으로 옳은 것은?

드리프트 전류	확산 전류
① 전기장에 의한 전류	자기장에 의한 전류
② 전기장에 의한 전류	캐리어 밀도의 기울기에 의한 전류
③ 캐리어 밀도의 기울기에 의한 전류	전기장에 의한 전류
④ 자기장에 의한 전류	캐리어 밀도의 기울기에 의한 전류
⑤ 캐리어 밀도의 기울기에 의한 전류	자기장에 의한 전류

> **note** 반도체의 전류
> ㉠ 드리프트 전류 : 전기장을 자유전자와 정공의 밀도가 균일한 반도체에 가하면 자유전자는 (+)쪽으로 이동하고, 정공은 (−)쪽으로 이동하여 형성하는 전류를 말한다.
> ㉡ 확산 전류 : 반도체 내에서 자유전자나 정공의 밀도 차이가 있을 때, 밀도의 기울기에 의해 자유전자나 정공이 밀도가 낮은 곳으로 이동하면서 형성하는 전류를 말한다.

11 다음 중 전류 밀도를 구하는 공식으로 옳은 것은?

① $J = nev \, [\text{A/m}^2]$

② $J = \dfrac{nv}{e} \, [\text{A/m}^2]$

③ $J = \dfrac{Av}{v} \, [\text{A/m}^2]$

④ $J = Nev \, [\text{A/m}^2]$

> **note** 전류 밀도 … 단위 면적당 전류를 말한다.
> $I = N \cdot e = nAve$ 에서 I를 단면적 A로 나누면
> $$전류밀도(J) = \frac{I}{A} = \frac{nAve}{A} = nve \, [\text{A/m}^2]$$

12 다음 중 n형 반도체에 첨가되는 5가 원소와 예로 옳은 것은?

① 억셉터 − Sb

② 도너 − As

③ 억셉터 − N

④ 도너 − Ga

> **note** 도너 … n형 반도체에 첨가되는 5가 원소를 말한다.
> ※ 5가 원소 … N(질소), P(인), As(비소), Sb(안티몬)

Answer 10.② 11.① 12.②

13 불순물 반도체에서 부성 저항이 발생하는 원리를 이용해서 만든 다이오드는?

① 정전압 다이오드 ② 발광 다이오드

③ 포토 다이오드 ④ 터널 다이오드

⑤ 공핍 다이오드

> **note** 터널 다이오드는 불순물 반도체에서 부성저항이 발생하는 원리를 이용해 만든 다이오드이다.
> 부성저항 : 전압을 높이면 저항 값이 증가하여 전류가 떨어지는 현상

14 반도체의 광전 효과에 속하지 않는 것은?

① 루미네선스 ② 광도전 효과

③ 홀 효과 ④ 광기전 효과

> **note** 광전 효과
> ㉠ 빛을 반도체에 비췄을 때 반도체가 빛 에너지를 흡수하여 여러가지 전기적인 변화를 일으
> 키는 현상이다.
> ㉡ 광전자 방출 효과, 광도전 효과, 광기전 효과, 루미네선스 등이 있다.

15 다음 중 p형 반도체에 첨가되는 3가 원소가 아닌 것은?

① Al(알루미늄) ② B(붕소)

③ In(인듐) ④ Ga(갈륨)

⑤ Sb(안티몬)

> **note** p형 반도체에 첨가되는 3가 원소를 억셉터라고 하고 여기에는 B, Al, Ca, Tl, In 등이 속한다.

16 다음 중 열전 효과로서 옳지 않은 것은?

① 톰슨 효과 ② 홀 효과

③ 제어벡 효과 ④ 펠티에 효과

> **note** 열전 효과
> ㉠ 열과 전기 사이의 관계를 나타내는 효과의 총칭이다.
> ㉡ 제어벡 효과, 펠티에 효과, 톰슨 효과 등이 있다.

Answer 13.④ 14.③ 15.⑤ 16.②

17 다음 중 두 종류의 금속을 접촉하여 전류를 흘릴 때 그 접점의 접합부에서 열의 발생·흡수 현상이 생기는 효과로 옳은 것은?

① 자기저항 효과   ② 제어벡 효과

③ 톰슨 효과   ④ 홀 효과

⑤ 펠티에 효과

> **note** ① 자기장의 세기에 따라 전기저항도 변화하는 현상을 말한다.
> ② 두 금속의 접합부분에서 기전력이 발생한다.
> ③ 균질한 도체에서의 열의 흡수 또는 발생이 있다.
> ④ 금속 또는 반도체에 전류를 흘리고 직각방향으로 자기장을 가해주면 캐리어가 힘을 받아 한 쪽으로 쏠리는 현상이다.

18 다음 중 전자 냉동기에 이용한 효과로 옳은 것은?

① 제어벡 효과   ② 홀 효과

③ 자기저항 효과   ④ 펠티에 효과

> **note** 전자 냉동기 … 열에 관련된 것으로 열의 흡수나 발생하는 펠티에 효과를 이용한다.

19 다음 중 자성체에 대한 설명으로 옳지 않은 것은?

① 철이나 니켈 등의 강자성체에서는 전자배치가 조화를 이루지 않으므로 자성을 나타낸다.

② 보통 물질에서는 전자의 자전 방향이 서로 정반대 것이 한쌍으로 되어 있어 자기장이 서로 상쇄되어서 자성을 나타내지 않는다.

③ 물질의 자성은 원자구조 중의 전자나 핵의 회전 운동이 기본이다.

④ 서로 다른 금속이나 반도체를 모양이 둥글게 접합한 것이다.

> **note** ④ 열전대에 대한 설명이다.

20 다음 중 반도체의 온도와 전기저항과의 관계로 옳은 것은?

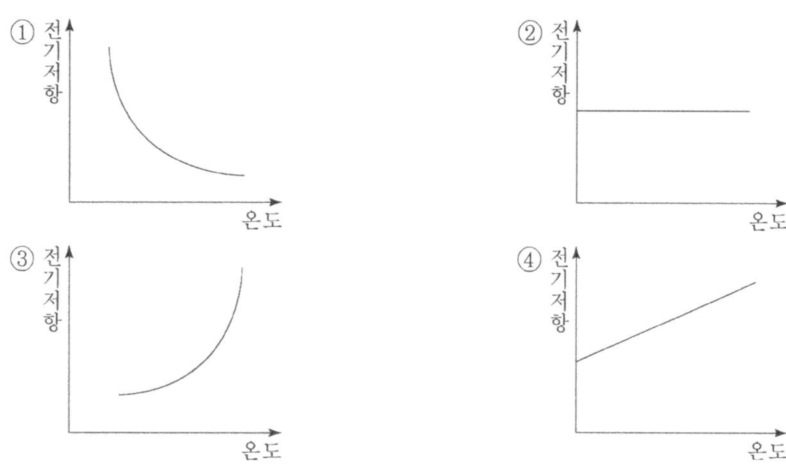

☆note 반도체는 금속과 다르게 온도가 상승함에 따라 저항값이 감소한다.

21 pn 접합 다이오드의 공핍층을 설명한 것 중 옳지 않은 것은?

① 영역에 이온화된 원자만 존재한다.

② 소수 반송자만 있는 영역이다.

③ 전자와 정공의 확산으로 생기는 영역이다.

④ 전위장벽이라고 한다.

☆note ② 정공과 전자의 확산으로 인해 반송자가 빠진 (+), (−)이온만 남는 부분이다.

22 PN 접합 다이오드의 순방향 전류는 상온에서 인가 전압이 0.1[V] 이상으로 증가하면 어떻게 되는가?

① 인가전압에 비례하여 증가한다.

② 인가전압의 제곱에 비례하여 증가한다.

③ 인가전압의 세제곱에 비례하여 증가한다.

④ 인가전압의 지수함수에 비례하여 증가한다.

☆note PN 다이오드의 전류식은 $I = I_o\left(e^{qV/kT} - 1\right)$ 이므로 상온에서 $e^{qV/kT} \gg 1$ 이 되며, $I \simeq I_o e^{qV/kT}$ 이 되어 인가 전압의 지수함수에 비례하여 증가한다.

☘Answer   20.① 21.② 22.④

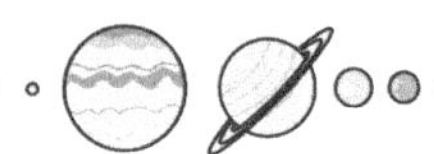

23 다음 중 정공이 p 영역에서 n 영역으로 확산하는 이유로 옳은 것은?

① n 영역의 밀도보다 p 영역의 정공 밀도가 크므로

② 정공과 전자의 수가 동일하기 때문에

③ n 영역에 있는 자유전자가 p 영역의 정공을 끌어오기 때문에

④ 전위차의 존재 때문에

> note 정공의 수가 많은 p형 반도체가 전자의 수가 많은 n형 반도체보다 정공 밀도가 높으므로 p 영역에서 밀도가 낮은 n 영역으로 정공이 확산된다.

24 다음 다이오드 전원 전압을 안정하게 유지시키기 위해 사용하는 것은?

① 제너 다이오드　　　　　　　② 포토 다이오드

③ 터널 다이오드　　　　　　　④ 쇼트키 다이오드

> note 제너 다이오드 … 다이오드의 역방향 전압을 천천히 증가시켰을 때 항복전압에 이르면 역방향 전류가 급히 증가하는 현상을 이용한 다이오드로, 전압을 일정하게 유지시키기 위해서 사용한다.

25 다음 중 쇼트키 다이오드에 관한 설명으로 옳지 않은 것은?

① 직렬저항이 크고, 항복전압이 작다.

② 반도체 pn 접합 다이오드와 유사하다.

③ 금속의 일함수가 n형 반도체의 일함수보다 크다.

④ 대표적으로 실리콘 및 갈륨비소 쇼트키 다이오드가 있다.

> note ① 직렬저항이 작고, 항복전압이 크다.

26 다음 중 터널 다이오드의 특징으로 옳지 않은 것은?

① 펄스 및 계수회로에 많이 사용된다.

② 소비전력이 크다.

③ 부성저항 특성이 있다.

④ 저항은 작은 순바이어스 상태에서 상당히 작다.

> note ② 소비전력은 낮다.

Answer　　23.① 24.① 25.① 26.②

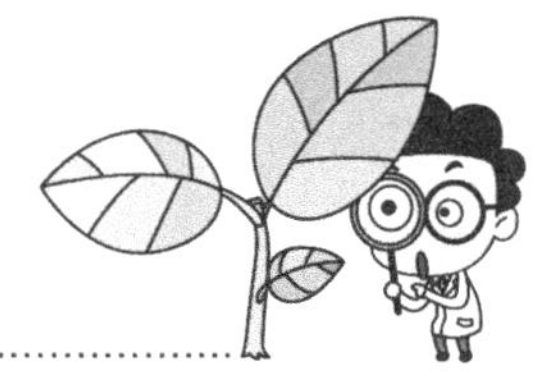

27 다음 중 포토 다이오드의 특성이 아닌 것은?

① 전류는 역방향 바이어스 전압과 입사광의 양에 반비례한다.

② 확산의 영향을 줄이기 위해선 결핍 영역의 폭을 넓혀야 한다.

③ 표면에 중성의 n형 영역의 두께를 얇게 하는 것도 확산의 영향을 줄일 수 있다.

④ 직선성의 특성으로 인해 광통신에 사용된다.

⑤ pn 접합 다이오드를 역방향으로 바이어스 할 경우 역방향 전류가 빛의 조사로 변화하는 것을 이용한다.

> **note** ① 광전류와 인가전압은 관계가 없다.

28 다음 중 트랜지스터의 이미터(E)−베이스(B) 접합과 컬렉터(C)−베이스(B) 접합이 모두 순방향 바이어스시 트랜지스터의 동작 영역으로 옳은 것은?

① 역활성 영역   ② 포화 영역

③ 활성 영역   ④ 차단 영역

> **note** 트랜지스터의 동작 상태 구분
> ⓐ 활성 영역 : $E-B$ 접합 순방향 바이어스, $C-B$ 접합 역방향 바이어스
> ⓑ 포화 영역 : $E-B$ 접합 순방향 바이어스, $C-B$ 접합 순방향 바이어스
> ⓒ 차단 영역 : $E-B$ 접합 역방향 바이어스, $C-B$ 접합 역방향 바이어스

29 어떤 트랜지스터를 베이스 접지에서 이미터 접지로 하였을 때 컬렉터 차단전류기 39배로 되었다면 이 트랜지스터의 α로 옳은 것은?

① 약 0.83   ② 약 0.87

③ 약 0.91   ④ 약 0.97

⑤ 약 1

> **note** $I_{CEO} = (1+\beta)\, I_{CBO}$
> $I_{CEO} = 39\, I_{CBO}$ 이므로 $\beta = 38$
> $\therefore \alpha = \dfrac{\beta}{1+\beta} = \dfrac{38}{39} = 0.97435 ≒ 0.97$

30 다음 중 트랜지스터의 특징으로 옳지 않은 것은?

① 수명이 반영구적이다.

② 크기가 작고 경량이다.

③ 온도에 따라서 잘 변화하지 않고, 고온에 잘 견딜 수 있다.

④ 저전압, 소전력으로 동작이 가능하다.

⑤ 진동이나 충격에 강하다.

> **note**　③ 트랜지스터는 열에 약한 것이 가장 큰 단점이다.

31 다음 중 접합 트랜지스터에서 파라미터 α와 β의 관계로 옳은 것은?

① $\beta = \dfrac{\alpha}{1 + \alpha}$　　　　　　② $\beta = 1 - \alpha$

③ $\beta = \dfrac{1 - \alpha}{\alpha}$　　　　　　④ $\beta = \dfrac{\alpha}{1 - \alpha}$

> **note**　전류 증폭률 α와 β의 관계는 α와 β의 관계를 유도하면 $\alpha = \dfrac{\beta}{1 + \beta}$ 가 된다.

32 다음 중 MOSFET의 특징으로 옳은 것은?

① 고온에 강하다.

② 저주파 특성과 잡음 특성이 좋다.

③ $\dfrac{1}{f}$ 잡음에 해당하는 것이 JFET에 비하여 상당히 크다.

④ JFET보다 입력 임피던스가 낮다.

> **note**　MOSFET의 특징
> ⊙ 게이트와 채널 사이의 산화막이 낮은 전압이나 정전기에 파괴가 쉽게 일어날 수 있다.
> ⓒ 입력 임피던스가 JFET보다 높다.
> ⓒ JFET에 비해 $\dfrac{1}{f}$ 잡음에 해당하는 것이 상당히 크다.
> ② 정밀 제어를 할 수 있기 때문에 높은 주파수에서 사용이 가능한 FET를 만들기 쉽다.

Answer　30.③　31.④　32.③

33 다음 중 트랜지스터를 스위치로 사용할 수 있는 영역으로 옳은 것은?

① 정상 영역
② 포화 영역
③ 활성 영역
④ 선형 영역

> **note** 활성 영역은 증폭 작용에 이용되고, 포화 영역, 차단 영역은 스위칭 작용에 이용된다.

34 다음 중 트랜지스터의 동작에 관한 설명으로 옳은 것은?

① 베이스 영역은 n형이어야 된다.
② 컬렉터 영역은 도우핑이 베이스 영역보다 훨씬 더 적게 되어야 한다.
③ 순방향 바이어스로 컬렉터 접합이 일어나야 한다.
④ 베이스 영역은 그 영역의 소수 캐리어의 확산 길이에 비해 길어야 한다.

> **note** 컬렉터의 도우핑이 너무 많으면 비저항이 낮아져서 컬렉터의 항복전압이 낮아지기 때문에 도우핑을 베이스 영역보다는 컬렉터 영역을 더 적게 해야만 한다.

35 다음 중 FET에 관한 설명으로 옳지 않은 것은?

① 소수 반송자에 의해 전류가 흐른다.
② 직선 증폭용으로 적합하다.
③ 전류의 방향은 항상 소스에서 드레인으로 흐른다.
④ 동급이 전력취급시 TR에 비해서 드레인 소스간 전압 강하가 적기 때문에 전력 이용률이 높다.
⑤ 집적회로를 구성하는 소자이다.

> **note** ② 직선 증폭용으로 적합하지 않고, 단순한 스위칭에 적합하다.

36 SCR의 양극 전류가 20A일 때 게이트 전류를 반으로 줄이면 양극 전류는?

① 2A
② 10A
③ 20A
④ 30A

> **note** SCR의 ON 상태에서 유지 전류 이상이 흐르면 게이트 전류의 크기와는 무관하므로 20A가 계속 흐른다.

Answer 33.② 34.② 35.② 36.③

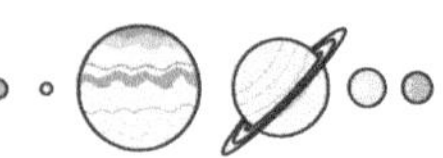

37 다음 중 TRIAC에 관한 설명으로 옳지 않은 것은?

① 역병렬 접속된 2개의 SCR과 거의 비슷한 기능을 수행하는 3단자 소자이다.

② 게이트에 (+)신호를 가해야만 turn on 시킬 수 있다.

③ 주전극 사이의 극성을 바꾸어 주면 트라이액을 turn off 시킬 수 있다.

④ 가장 적합한 것은 교류 전력 제어이다.

> **note** ② 트라이액은 양방향 소자이기 때문에 게이트에 (+) 또는 (−) 중 어느 값 이상의 전류라도 흘려주게 되면 turn on 시킬 수 있다.

38 다음 중 서미스터에 관한 설명으로 옳은 것은?

① (+)의 온도 계수를 가지는 소자이다.

② 저항값이 전류에 따라 크게 변화하는 소자이다.

③ 온도에 따라 저항값이 크게 변화하는 소자이다.

④ 저항값이 전압에 따라 크게 변화하는 소자이다.

> **note** 서미스터의 특징
> ㉠ 부저항 특성이 있다.
> ㉡ 상온에서의 저항률 : $10 \sim 10^3 \, \Omega\text{m}$
> ㉢ 저항값 : $R = R_0 e\beta^{\left(\frac{1}{T} - \frac{1}{T_0}\right)}$
> ㉣ 온도계수 : $-3 \sim -5\%$(금속의 10배 이상)

39 다음 중 relay(계전기) 접점의 불꽃을 소거할 목적으로 사용하는 반도체 소자는?

① 서미스터　　　　　　　　② 바리스터

③ 바랙터 다이오드　　　　　④ 터널 다이오드

> **note** 바리스터
> ㉠ 전압 변화에 의해 저항이 크게 변화하도록 만든 소자이다.
> ㉡ 전압 − 전류 특성이 비직선적이다.
> ㉢ 주위 온도가 일정하더라도 가한 전압값의 크기 변화에 따라 저항값이 변한다.

Answer　　37.② 38.③ 39.②

40 다음 중 집적회로의 장점으로 옳지 않은 것은?

① 열에 강하다.　　　　　　　　　　② 신뢰성이 좋다.

③ 기기가 소형이다.　　　　　　　　④ 가격이 저렴하다.

> ✦note　집적회로의 특징
>
> | 장점 | 단점 |
> | --- | --- |
> | • 기기가 소형이다. | • 열에 약하다. |
> | • 신뢰성이 좋고, 수리가 간단하다. | • 잡음이나 발진이 쉽게 일어난다. |
> | • 기능이 확대된다. | • 전압이나 전류에 약하다. |
> | • 가격이 저렴하다. | • 취급시 주의해야 한다. |

41 저항에 대한 설명으로 옳은 것은?

① 금속은 온도가 상승하면 저항값이 감소한다.

② 반도체는 온도가 상승하면 저항값이 증가한다.

③ 저항률은 단위 면적에서 단위 길이에 대한 저항을 말한다.

④ 저항률이 $0.01\,\Omega \cdot cm$ 이하일 때 도체라고 한다.

> ✦note　①② 금속은 온도가 상승하면 원자의 충돌수가 많아져 저항값이 증가하고, 반면 반도체는 온
> 도가 상승하면 자유전자의 수가 많아져 저항값이 감소한다.
> ④ 도체는 저항률이 $1\,\Omega \cdot cm$ 이하, 반도체는 $0.01 \sim 10^{10}\,\Omega \cdot cm$ 사이이고, 부도체는 $10^{9}\,\Omega \cdot cm$
> 이상이다.

42 다음 중 드리프트 전류에 대한 설명으로 옳은 것은?

① 전기장에 의해 캐리어가 확산하며 발생하는 전류이다.

② 전기장에 의해 캐리어가 표류하며 발생하는 전류이다.

③ 밀도의 균형을 맞추기 위해 캐리어가 확산하며 발생하는 전류이다.

④ 밀도의 균형을 맞추기 위해 캐리어가 표류하며 발생하는 전류이다.

> ✦note　드리프트 전류와 확산 전류
> ㉠ 드리프트 전류 : 반도체 양단에 직류전압을 가하는 경우 홀은 음극으로, 전자는 양극으로 표
> 류하며 형성되는 전류이다.
> ㉡ 확산 전류 : 반도체 내 캐리어의 밀도가 장소에 따라 달라지는 경우 밀도의 균형을 맞추기
> 위해 캐리어가 확산하여 이동하며 형성되는 전류이다

43 실리콘과 게르마늄에 대한 설명으로 옳지 않은 것은?

① 실리콘과 게르마늄은 반도체 중 가장 많이 쓰이는 소자이다.

② 실리콘과 게르마늄은 온도나 빛에 영향을 받지 않는다.

③ 실리콘은 게르마늄에 비해 높은 전류특성을 가진다.

④ 실리콘이 게르마늄보다 열전도도가 1,000배나 높다.

⑤ 실리콘이 게르마늄보다 더 높은 온도에서 작동한다.

note ④ 열전도도는 게르마늄이 실리콘보다 1,000배가 높다.

44 다음 중 서미스터(thermister)를 사용할 수 없는 것은?

① 화재 탐지

② 온도검출 및 조절

③ 유량계

④ 계전기

⑤ 발진기

note 온도가 상승하면 저항이 감소되는 (−)의 온도계수를 가지므로 온도와 관련된 곳에 사용한다.

Answer　　43.④　44.⑤

45 다음 회로에서 출력전압 V_o값 [V]은? (단, 회로에서 사용된 다이오드는 이상적인 동작 특성을 갖는 것으로 가정한다)

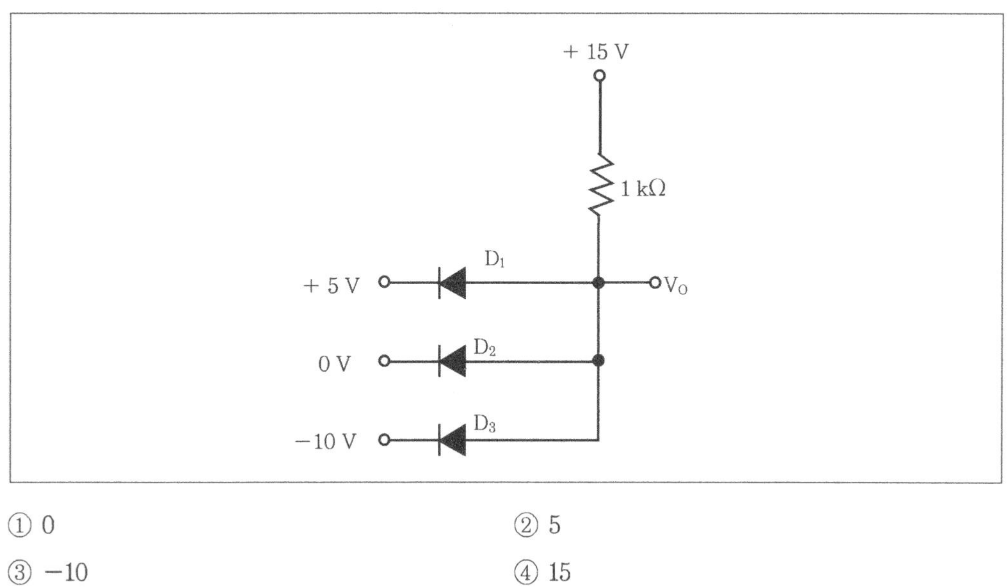

① 0

② 5

③ −10

④ 15

✫❙note 다이오드의 순방향 특성에 의하여 출력전압 V₀는 −10[V]가 된다.

PART 02

증폭회로

CHAPTER 01 증폭회로의 개론

1 진공관 증폭회로

① 진공관의 특성

(1) 정특성(Static characteristic)

① **개념** … 소자에 부하를 연결하지 않았을 경우 전류, 전압의 특성을 의미한다.

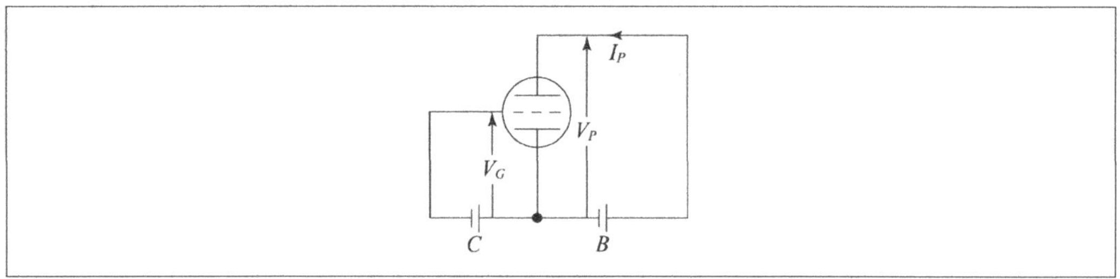

② **상호특성**(Mutual characteristic)

❀ $V_G - I_P$ 정특성 ❀

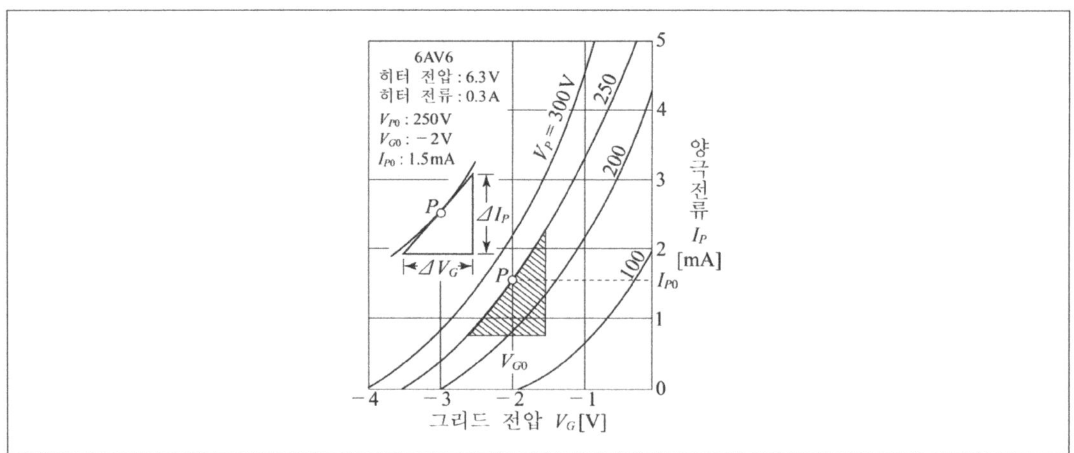

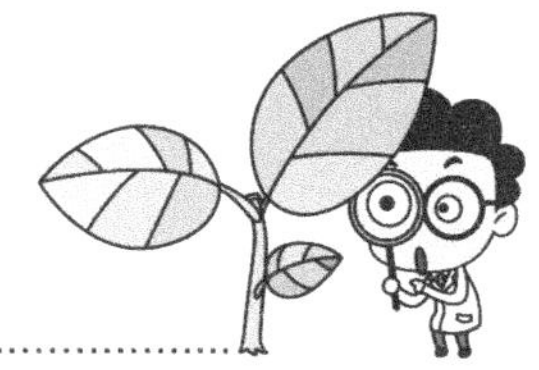

③ **양극특성**(Plate characteristic)

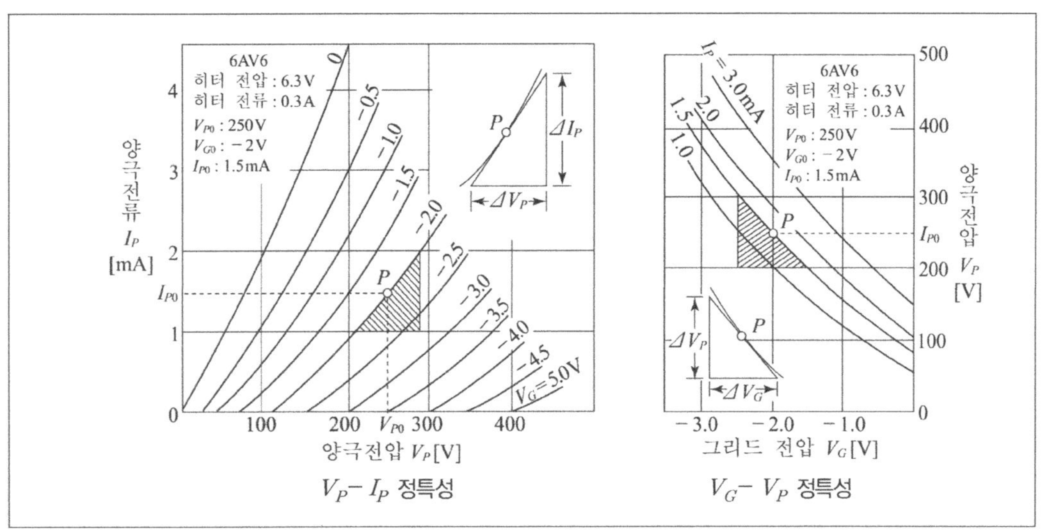

(2) 동특성(Dynamic characteristic)

① **개념** … 동작 특성이라고도 하는데 소자에 부하를 연결했을 경우의 전류, 전압의 특성을 말한다.

② $V_G - I_P$ **곡선의 특성 변화** … 부하저항 R을 접속하게 되면 V_G의 변화에 대해 출력전류 I_P의 변화가 R을 접속하기 전보다 훨씬 둔화하게 된다.

◈ 동특성 측정회로와 동특성 곡선 ◈

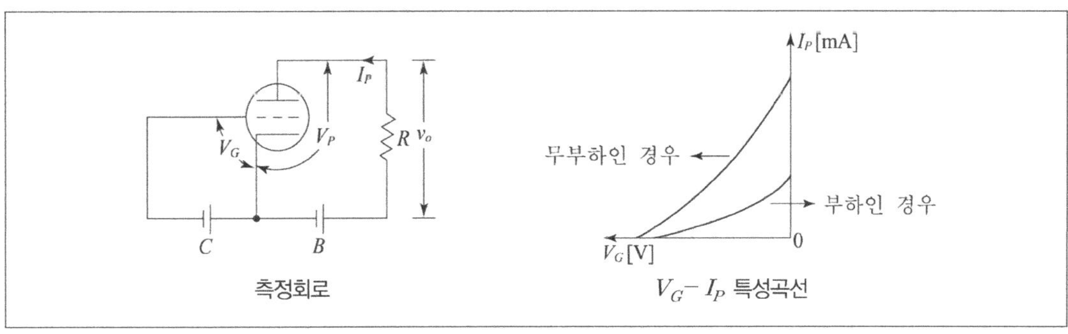

② 진공관 등가회로

(1) 정전류 등가회로

① 진공관 3정수의 관계

㉠ $\Delta I_P = g_m \Delta V_G$ (V_P = 일정)

㉡ $\Delta I_P = \dfrac{\Delta V_P}{r_p}$ (V_G = 일정)

㉢ $\Delta I_P = g_m \Delta V_G + \dfrac{\Delta V_P}{r_p}$

㉣ 용어정의

- 증폭도 : μ
- 상호컨덕턴스 : g_m
- 내부저항 : r_p

⊛ 정전류 등가회로 ⊛

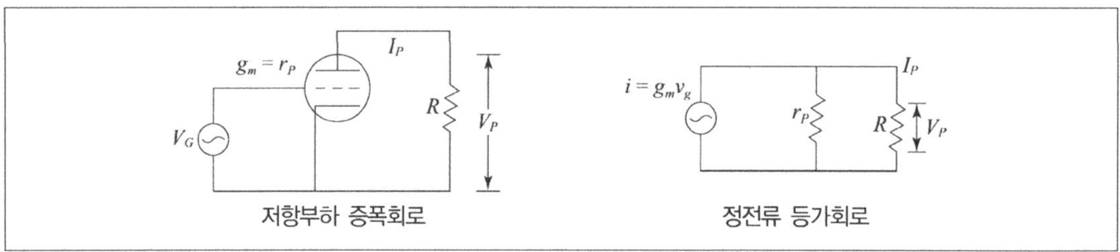

② 출력전류의 교류성분 I_P

$$I_P = g_m V_g + \dfrac{V_p}{r_p}$$

- I_P : 출력교류전류
- V_g : 입력교류전압
- V_p : 출력전압 중의 교류분

③ $V_P = -i_P R$에서 다시 정리하면, $I_P = g_m V_g \cdot \dfrac{r_p}{r_p + R}$ 가 된다.

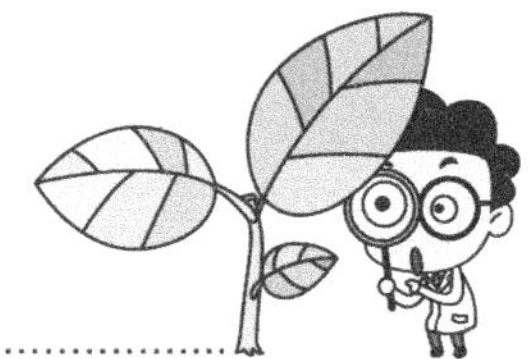

(2) 정전압 등가회로

μV_g의 정전압 교류전압에 내부저항 r_p와 부하저항 R을 직렬접속했을 때의 전류를 나타내는 것으로

$$I_P = g_m V_g \cdot \frac{r_p}{r_p + R} \text{에서 } g_m = \frac{\mu}{r_p} \text{를 대입하면 } I_P = \frac{\mu}{r_p} V_g \cdot \frac{r_p}{r_p + R} = \frac{\mu V_g}{r_p + R}$$

(3) 전압 증폭도

① **전압 증폭도**(A_v ; 이득)

$$A_v = \frac{V_P(\text{출력전압})}{V_g(\text{입력전압})} = \frac{\mu R V_g / r_p + R}{V_g} = \frac{\mu R}{r_p + R}$$

② **데시벨**(decibel) **이득**

　㉠ 개념 : 전류나 전력 또는 전압의 증폭도를 이득, 감쇄로 나타내는 단위로 [dB]로 나타낸다.

　㉡ 각 증폭도에서의 데시벨 이득(G)

　　• 전력 증폭도(A_P)

$$G_p = 10\log_{10} A_p = 10\log_{10} \frac{P_2}{P_1} [\text{dB}]$$

　　　◦ P_1 : 입력전력
　　　◦ P_2 : 출력전력

　　• 전류 증폭도(A_i)

$$G_i = 20\log_{10} A_i = 20\log_{10} \frac{I_2}{I_1} [\text{dB}]$$

　　　◦ I_1 : 입력전류
　　　◦ I_2 : 출력전류

　　• 전압 증폭도(A_v)

$$G_v = 20\log_{10} A_v = 20\log_{10} \frac{V_2}{V_1} [\text{dB}]$$

　　　◦ V_1 : 입력전압
　　　◦ V_2 : 출력전압

　㉢ 종합 증폭도 : $A = A_1 \cdot A_2 \cdot A_3 \cdot A_4 \cdot A_5 \cdots\cdots A_n$

　㉣ 종합이득 : $G = G_1 \cdot G_2 \cdot G_3 \cdot G_4 \cdot G_5 \cdots\cdots G_n$

<h2>2 ▶ 트랜지스터 증폭회로의 기초</h2>

① 증폭회로의 개요

(1) 증폭회로

① **증폭**(amplification)

　ㄱ **개념** : 증폭기에 의해서 입력신호가 확대되는 현상을 말한다.

　ㄴ **일그러짐**(distortion) : 확대되는 과정에서 출력신호의 파형이 입력신호의 파형과 다른 현상을 말한다.

　ㄷ **증폭도**

　　• 입력전압이 크게 된 정도를 나타내는 값을 말한다.

　　• 증폭도 $= \dfrac{V_O(출력)}{V_i(입력)}$

② **간단한 증폭회로**

　ㄱ 트랜지스터에 먼저 V_{BE}, I_B, V_{CE}, I_C 등의 직류전압, 전류를 공급해야 한다.

　ㄴ 입력전압 v_i(소문자 v_i는 입력전압 V_i의 순시값)를 직류 V_{BE}에 중첩하여 가해야 한다.

　ㄷ 출력전압 v_o(소문자의 v_o는 출력전압 V_o의 순시값)는 V_{CE}에 포함된 교류분만 꺼내야 한다.

◈ 간단한 증폭회로 ◈

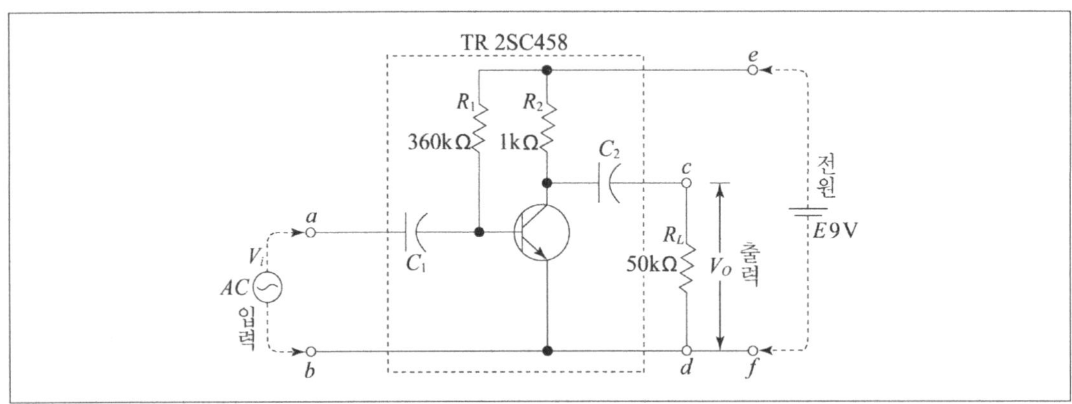

※ 트랜지스터 증폭회로의 신호전달 ※

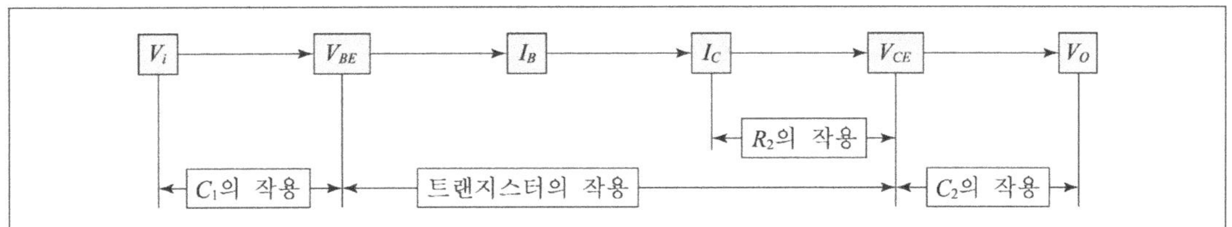

(2) 트랜지스터의 바이어스

① **바이어스** … 입력전압이 가해지지 않은 증폭회로의 트랜지스터에 직류전압을 가하여 일정한 전류를 흐르게 해서 입력신호의 기준점이 되도록 하는 것을 말한다.

② **바이어스 공급방법**

    ㉠ pnp트랜지스터에서의 컬렉터 전위는 베이스에 언제나 부(−)전위를 공급한다.

    ㉡ 트랜지스터 증폭회로에서 컬렉터 회로의 바이어스는 언제나 역방향 바이어스를 공급한다.

② 소신호 등가모델

(1) 등가회로의 개요

① **개념** … 교류에 관계된 회로의 해석에서 여러가지 회로망 이론(KVL, KCL, 노튼의 정리, 중첩의 원리, 테브난의 정리 등)으로 단순화하여 쉽게 해석할 수 있게 한 회로를 말한다.

② 교류 입력 신호를 이미터 접지회로에 가해준 경우, 중첩의 원리에 의해서 회로의 동자 구분을 직류에 관계되는 회로와 교류에 관계되는 회로로 나눈다.

③ 동작점은 직류 전원에 의해서 결정된다.

④ 회로 해석시 직류 성분을 제외한 교류회로만 고려해서 한다.

⑤ T형 등가회로와 h−parameter를 이용한 등가회로가 유효한 경우는 입력신호가 저주파이고 신호의 진폭이 작은 소신호일 때이다.

(2) T형 등가회로

① **등가회로**(이미터 접지회로의 경우)

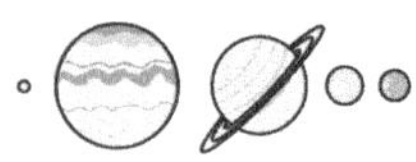

⊛ T형 등가회로 ⊛

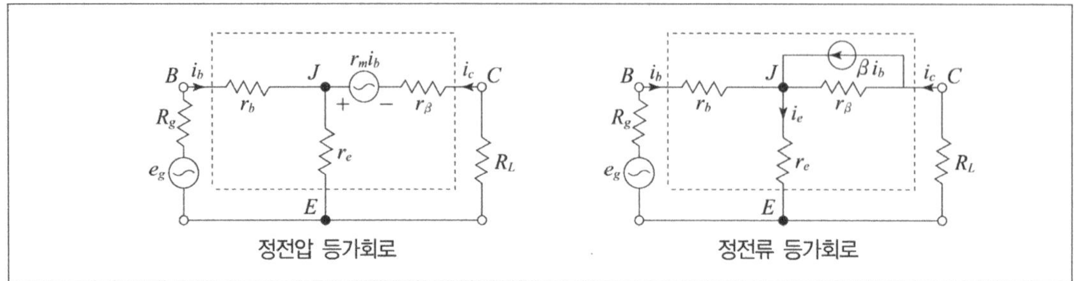

② **구성**

㉠ **이미터 저항(r_e)**

- 베이스와 이미터 사이의 순방향 저항이다.
- 범위 : 수십 ~ 수백Ω 정도가 된다.

㉡ **베이스 저항(r_b)**

- 베이스 및 베이스의 리드(lead)의 합성저항이다.
- 범위 : 100 ~ 1,000Ω 정도이다.

㉢ **컬렉터 저항(r_β)**

- 컬렉터와 이미터 사이의 역방향 저항이다.
- 범위 : 100 ~ 1,000kΩ 정도이다.

㉣ **상호저항(r_m)**

- 미소 전류가 정전압 등가회로의 입력측에 흐르게 됐을 경우 출력측인 컬렉터에 발생하는 기전력을 결정해주는 저항을 말한다.
- 범위 : 수백kΩ ~ 수MΩ 정도이다.

㉤ **상호저항과 컬렉터 저항의 관계** : 위 그림에서 접합점 J와 컬렉터 C 사이에 입력전원과 부하저항이 없을 경우 정전압 등가회로와 정전류 등가회로로부터 얻을 수 있는 식은 다음과 같다.

$\beta i_b r_\beta = r_m i_b$ 이므로 $r_m = \beta r_\beta$

㉥ **교류전류 증폭도(A_i)와 교류전압 증폭도(A_v)**

- $A_i = \dfrac{i_c}{i_b} = \dfrac{\beta i_b}{i_b} = \beta$

- $A_v = \dfrac{v_c}{v_b} = \dfrac{-R_L i_c}{\{r_b + (1+\beta)r_e\} i_b} = \dfrac{-R_L \beta}{r_b + (1+\beta)r_e} = \dfrac{R_L \beta}{R_i}$

$$\left[R_i = \dfrac{v_b}{i_b} = \dfrac{\{r_b + (1+\beta)r_e\} i_b}{i_b} = r_b + (1+\beta)r_e \right]$$

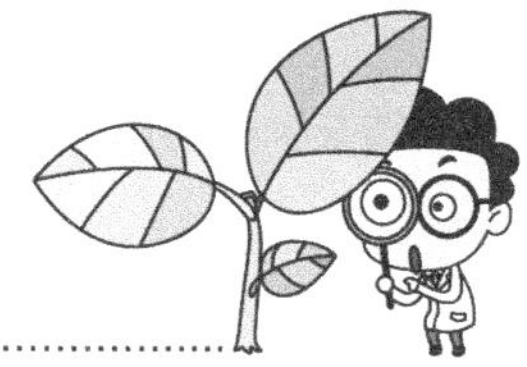

③ 특징

㉠ T형 등가회로의 T상수(r_e, r_b, r_β, r_m)는 접지 방식이 변하여도 그 자체의 값은 변하지 않는다.

㉡ 파라미터 자체를 측정하는 것이 매우 어려워 현재에는 많이 사용되지 않는다.

(3) h-parameter에 의한 등가회로

① h-parameter의 개념

㉠ 입력 임피던스 : 출력단락에서 $h_{11} = \left[\dfrac{v_1}{i_1}\right]_{v_2=0} = h_i [\Omega]$

㉡ 전류 증폭률 : 출력단락에서 $h_{21} = \left[\dfrac{i_2}{i_1}\right]_{v_2=0} = h_f [단위 \ 없음]$

㉢ 전압 궤환율 : 입력개방에서 $h_{12} = \left[\dfrac{v_1}{v_2}\right]_{i_1=0} = h_r [단위 \ 없음]$

㉣ 출력 어드미턴스 : 출력단락에서 $h_{22} = \left[\dfrac{i_2}{v_2}\right]_{i_1=0} = h_0 [\mho]$

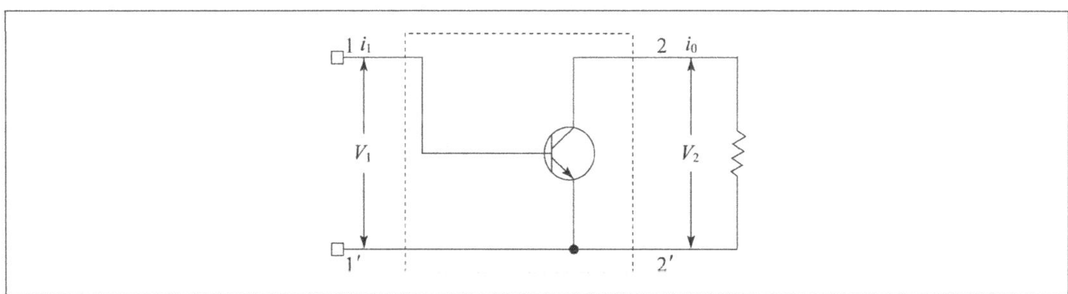

능동 4단자망

② h정수

㉠ h_{11}, h_{21}, h_{12}, h_{22}를 h_i, h_f, h_r, h_o로 나타낸다.

㉡ 접지방식에 따른 h정수의 값

• h상수에 e, c, b를 붙인다.

• 이미터 접지일 때 : h_{ie}, h_{fe}, h_{re}, h_{oe}

• 베이스 접지일 때 : h_{ib}, h_{fb}, h_{rb}, h_{ob}

• 컬렉터 접지일 때 : h_{ic}, h_{fc}, h_{rc}, h_{oc}

(4) CE(Common emitter) 회로

① **특징** … 전류이득과 전압이득을 동시에 얻을 수 있는 회로 접지방식이다.

⊛ CE 회로와 등가회로 ⊛

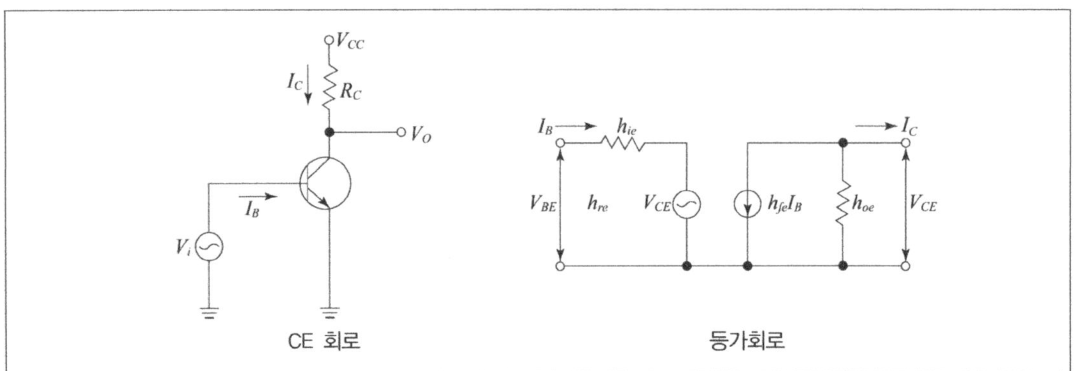

② **입력저항**(R_i)

$$R_i = \frac{V_{BE}}{I_B} = \frac{I_B \cdot h_{ie}}{I_B} = h_{ie}$$

③ **전압 증폭률**(A_V)

$$A_V = \frac{V_{CE}}{V_{BE}} = \frac{R_L \cdot - h_{fe} I_B}{I_B \cdot h_{fe}} = \frac{R_L \cdot - h_{fe}}{h_{fe}} = \frac{A_I \cdot R_L}{R_i}$$

여기에서 (−)는 입 · 출력 위상차 $180°$를 나타낸다.

④ **전류 증폭**(A_I)

$$A_I = \frac{I_C}{I_B} = \frac{I_B \cdot - h_{fe}}{I_B} = - h_{fe}$$

여기에서 (−)는 입 · 출력 위상차 $180°$를 나타낸다.

(5) R_E가 추가된 CE 회로

① **입력저항**

　㉠ R_E를 이미터 측에 추가하여 입력저항을 증가시켜서 부하가 증가하면 입력저항이 증가하게
　　 된다.

　㉡ $R_i = h_{ie} + (1 + h_{fe})R_E$

② **전압 증폭률** … $A_V = - \dfrac{R_L \cdot h_{fe}}{h_{ie} + (1 + h_{fe})R_E}$

③ **바이패스 콘덴서**(Bypass condensor) … 이미터 측의 저항 R_E에 의해 이득이 감소하게 되는데 감소한 이득을 보상하기 위하여 R_E와 병렬로 콘덴서 C_E를 연결할 때의 콘덴서를 말한다.

④ **용도** … 다단 증폭기의 중간단에 사용된다.

⚙ R_E가 추가된 CE 회로 ⚙

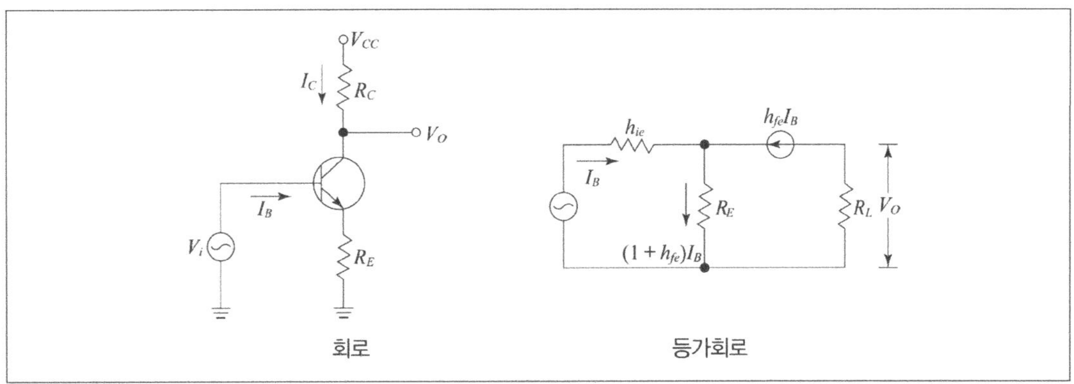

회로　　　　　　　　　등가회로

(6) CC(Common collector) 회로

① **입력저항** … $R_i = h_{ie} + (1 + h_{fe})R_E$

② **전압 증폭률** … $A_V = - \dfrac{R_L \cdot h_{fe}}{h_{ie} + (1 + h_{fe})R_E} \fallingdotseq 1$

③ **특징**

ㄱ 전류이득이 크다.

ㄴ 출력 임피던스는 낮지만 입력 임피던스는 매우 높다.

ㄷ 전력 증폭기로는 사용이 가능하나 전압 증폭기로는 사용되지 않는다.

ㄹ 전압이득이 1에 가까워서 이미터 폴로어라고도 하며 주로 버퍼로 이용한다.

ㅁ 전압, 전류, 전력 이득은 부하저항이 변화해도 변화하지 않는다.

ㅂ 전원의 출력측에 적합하다.

ㅅ 광대역에 걸쳐서 주파수 특성이 좋다.

④ **용도**

ㄱ 100% 부귀환을 하는 회로로 임피던스 저항회로에 사용된다.

ㄴ 입력저항이 큰 반면 출력저항이 작아서 임피던스 정합으로 이용된다.

❀ CC 회로와 등가회로 ❀

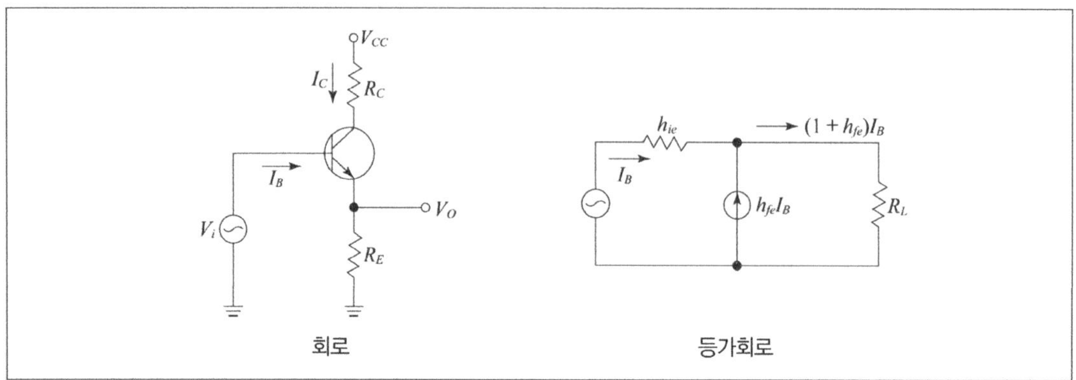

(7) CB(Common base)회로

① 특징

　　㉠ 트랜지스터에서 베이스 접지를 사용할 때 차단주파수가 가장 높다.

　　㉡ 입력저항이 가장 적은 반면 출력저항은 가장 크다.

　　㉢ 전압이득이 매우 크고 전류이득은 약 1 정도이다.

② 용도 … 가능한 높은 주파수까지 증폭하려할 때 사용한다.

(8) CE, CC, CB 회로의 비교

구분	CE	CC	CB
전류 증폭률(A_i)	크다.	크다.	작다(항상 1).
전압 증폭률(A_V)	크다.	작다(1 이하).	작다.
출력저항(R_O)	중간	작다.	크다.
입력저항(R_i)	중간	크다.	작다.
왜곡	약간 불량	양호	양호
주파수 특성	약간 불량	양호	양호
입출력 전압위상	역위상	동위상	동위상
적용	고주파 증폭	임피던스 정합	저주파 증폭

(9) 그 밖의 회로

① 달링톤(darlington) 회로

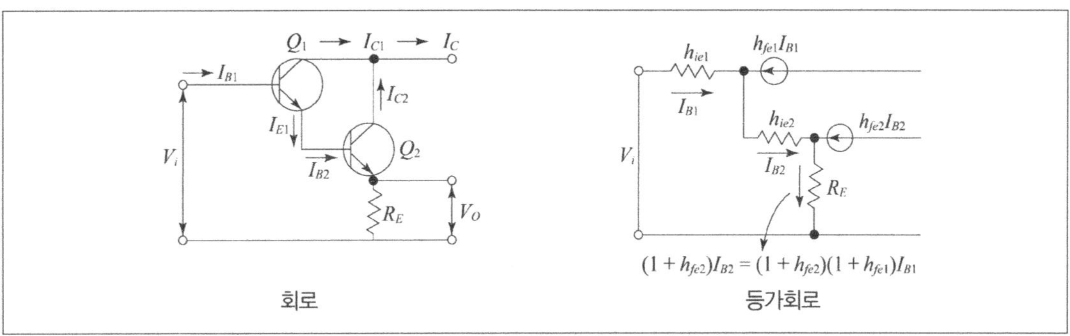

　㉠ 입력저항

$$R_i = \frac{V_{BE}}{I_{B_1}} = \frac{1}{I_{B_1}}\left\{ I_{B_1}h_{ie_1} + (1 + h_{fe_1})I_{B_1} \cdot h_{fe_2} + (1 + h_{fe_2})I_{B_2} \cdot R_E \right\}$$

　㉡ 전류 증폭률

$$A_I = \frac{I_{E_2}}{I_{B_1}} = (1 + h_{fe_1})(1 + h_{fe_2}) = 1 + h_{fe_1} + h_{fe_2} + h_{fe_1} \cdot h_{fe_2}$$

　㉢ 컬렉터 전류 : $I_C = I_{C_1} + I_{C_2} = h_{fe_1} \cdot I_{B_1} + (1 + h_{fe_1})I_{B_1} \cdot h_{fe_2}$

　• Q_1에서 보면 $I_{B_1} = 1$, $I_{C_1} = h_{fe_1} \cdot I_{B_1}$, $I_{E_1} = I_{B_1} + I_{C_1} = (1 + h_{fe_1})I_{B_1}$

　• Q_2에서 보면 $I_{B_2} = I_{E_1}$, $I_{C_2} = h_{fe_2} \cdot I_{B_2} = (1 + h_{fe_1})I_B \cdot h_{fe_2}$

　㉣ 특징 : 입력저항과 전류 증폭률이 매우 크다.

② 부트스트랩(bootstrap) 회로

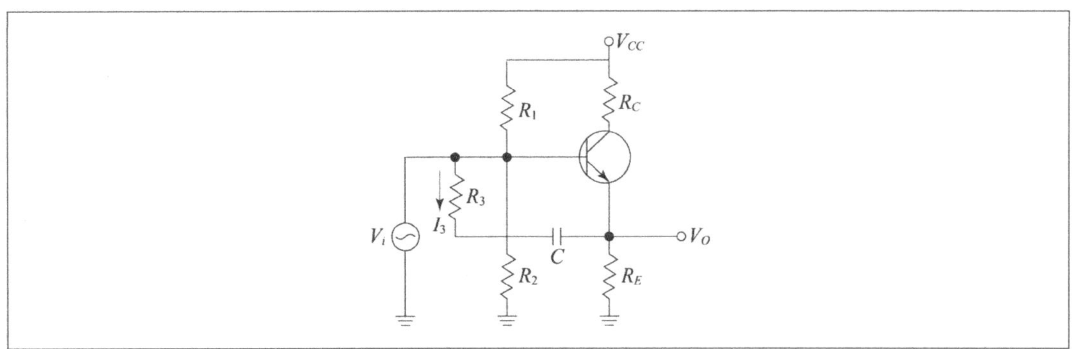

㉠ 개념 : 입력저항을 높이기 위한 회로이다.

㉡ 바이어스의 인가는 R_1 과 R_2 와의 접속점으로부터 R_3 를 통하여 이루어진다.

㉢ 전압이득 A_V 가 1에 가까울수록 입력저항이 커진다.

㉣ 실효 교류 입력저항 R_i

$$R_i = \frac{V_i}{I_3} = \frac{V_i}{\dfrac{V_i - V_0}{R_3}} = \frac{V_i \cdot R_3}{V_i - V_0} = \frac{R_3}{1 - \dfrac{V_0}{V_i}} = \frac{R_3}{1 - A_V}$$

③ **캐스코드**(cascode) **회로**

㉠ 개념 : CE 회로에 직렬로 CB 회로를 접속한 회로로서 Q_1 과 Q_2 는 입력저항과 전류이득이 같고 또한, Q_1 의 I_{C_1} 과 Q_2 의 I_{E_2} 도 동일하다.

㉡ Q_1 과 Q_2 는 h_{re} 를 무시하게 되면 결국 1단 CE 증폭기와 같은 동작을 한다.

⑳ 캐스코드 회로 ⑳

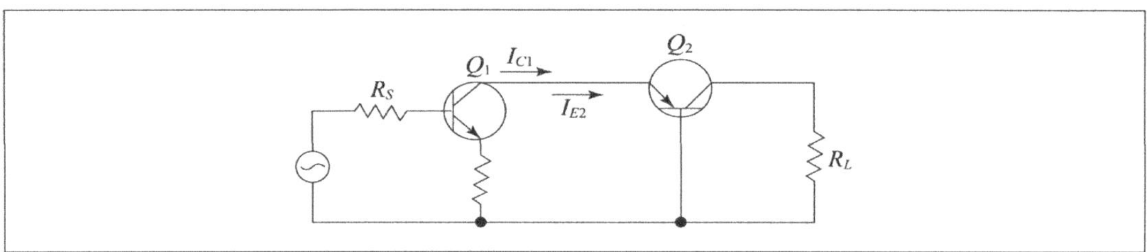

③ 트랜지스터 회로의 특성 변화

(1) 온도에 의한 특성 변화

① **트랜지스터의 온도 증가에 따른 I_{CBO}, V_{BE}, β 변화**

㉠ I_{CBO} 의 증가와 같이 I_{CEO} 도 증가한다.

㉡ V_{BE} 가 1℃마다 약 2.5mV 감소하게 된다.

㉢ 온도의 증가에 따라 β 도 증가하게 된다.

② 컬렉터 전류(I_C)는 온도가 증가하면 I_{CBO}, V_{BE}, β 의 변화에 의해서 증가하게 된다.

$$I_C = \beta I_B + I_{CBO}$$

③ I_C 가 변화하는데 I_B 는 일정해서 동작점이 변화하고, 일정 온도를 기준했을 때 h 상수도 변화한다.

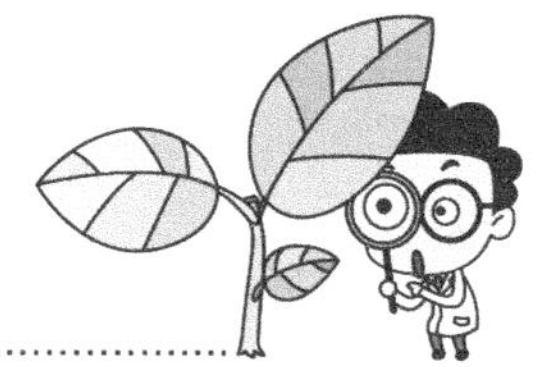

④ **열폭주**(Thermal runaway) … 온도의 증가로 인한 컬렉터 전류의 상승으로 트랜지스터에서 소비되는 전력이 증가하여 트랜지스터 내의 온도도 상승하게 되는 현상이 반복될 경우 트랜지스터가 파괴될 수 있는 현상을 말한다.

(2) 주파수 특성

① **개념** … 증폭회로에서 입력전압을 일정하게 유지하고, 주파수의 변화에 따라 증폭도를 측정하여 주파수에 대해 증폭도를 그래프로 나타낸 것을 말한다.

◎ 주파수 특성 ◎

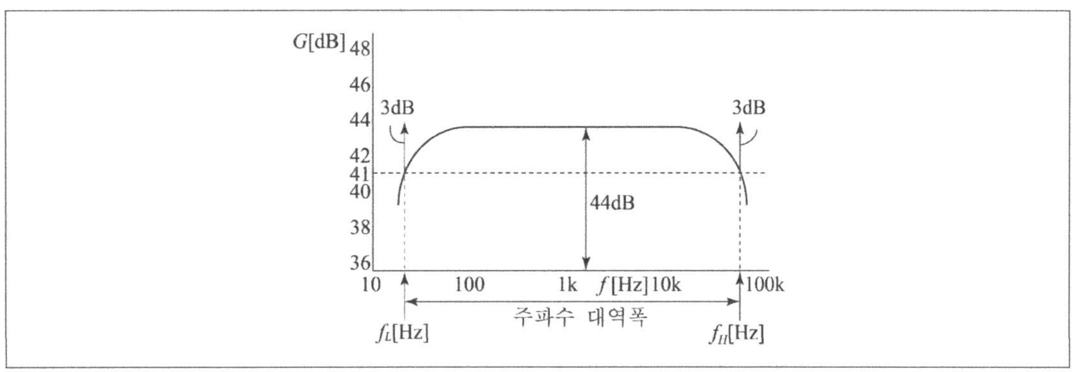

② **저역 및 고역 차단 주파수**

　㉠ 중역 주파수에서의 증폭도 G[dB]보다 3dB 낮아지는 주파수 f_L, f_H가 있다.

　㉡ f_L : 저역 차단 주파수이다.

　㉢ f_H : 고역 차단 주파수이다.

③ **주파수 대역폭**(B_W) … 저역 차단 주파수와 고역 차단 주파수 사이에서 증폭되는 주파수 범위를 말한다.

④ **이득과 대역폭의 관계**

$$G \cdot B_W = K$$

　◦G[dB] : 이득

　◦B_W[Hz] : 주파수 대역폭

　◦K : 상수

(3) 잡음 특성

① 진공관 잡음

　㉠ 산탄잡음(Shot noise)

- 진공관의 음극에서 전자방출이 불규칙하게 이동할 때 일으키는 잡음을 말한다.
- 주파수 대역이 넓으면 커진다.

　㉡ 분배잡음(Partition noise)

- 진공관 내에 전자류가 2개나 그 이상의 전극으로 분류될 경우 그 배율이 무질서하게 변해서 발생하는 잡음을 말한다.
- 잡음은 진공관이 3극관보다 다극관일수록 많다.

　㉢ 이온에 의한 잡음(Gas noise) : 전자가 음극에서 방출되어 플레이트로 가는 중간에 관 내에 있던 기체 분자와 충돌하여 전리할 때 불규칙한 양으로 인해 나타나는 잡음을 말한다.

　㉣ 플리커 잡음(Flicker noise)

- 진공관의 음극표면의 상태가 일정하지 않아서 전자방사가 시간적으로 달라지면서 나타나는 잡음을 말한다.
- 고주파대에서는 일어나지 않지만 가청 주파수대에서는 심하다.

　㉤ 마이크로포닉 잡음(Microphonic noise) : 진공관에 충격을 기계적·음향적으로 주면 전극이 진동하면서 증폭되어 발생하는 잡음을 말한다.

② 트랜지스터 잡음

　㉠ 열잡음

- 도체에 있는 자유전자가 열에너지에 의해서 운동을 불규칙하게 해서 발생하는 잡음을 말한다.
- 이 잡음이 출력에 증폭되어 나오면 증폭회로의 특성이 저하된다.
- 평균적으로 모든 주파수대에 있기 때문에 증폭회로의 대역폭이 넓을수록 잡음도 증가한다.
- 열잡음의 실효값 e

$$e = \sqrt{4KTBR} \ [\text{V}]$$

　　◦ K : 볼츠만상수$(1.38 \times 10^{-23})[\text{J}/{}^{\circ}\text{K}]$
　　◦ T : 절대온도$[{}^{\circ}\text{K}]$
　　◦ B : 대역폭$[\text{Hz}]$
　　◦ R : 저항치$[\Omega]$

　㉡ 산탄잡음

- 전자나 정공은 시간적으로 불규칙하게 나가는데 이와같이 이동할 때 컬렉터 전류가 미소한 변동을 일으켜 생기는 잡음을 말한다.
- 광대역에 걸쳐서 일정하게 존재한다.

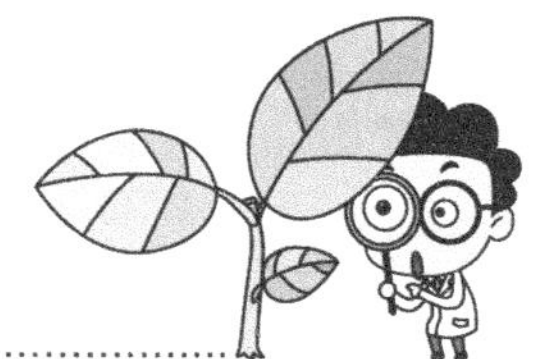

    ⓒ 플리커 잡음

- 저주파 영역에서 이미터로부터 주입시킨 캐리어의 베이스 영역에서의 재결합 속도의 시간적인 변화나 역바이어스 된 컬렉터 차단전류 등에 의한 잡음을 말한다.

- 주파수 f에 반비례해 $\dfrac{1}{f}$ 노이즈라고도 한다.

    ⓔ 분배잡음

- 이미터로부터 주입된 캐리어가 베이스와 컬렉터에 분배되고, 이때 시간적으로 미소 변화하는 것에 의한 잡음을 말한다.
- 고주파 영역에서는 주파수의 제곱에 비례하여 증가한다.

③ **잡음지수**(Noise figure)

    ㉠ 잡음지수 F

$$F = \frac{\text{입력의 신호전압과 잡음전압의 비}}{\text{출력의 신호전압과 잡음전압의 비}}$$

$$= \frac{\dfrac{S_1}{N_1}}{\dfrac{S_2}{N_2}} = \frac{S_1 \times N_2}{S_2 \times N_1} = \frac{1}{A} \cdot \frac{N_2}{N_1} = \frac{N_2}{4KTB}$$

◎ 잡음 특성 ◎

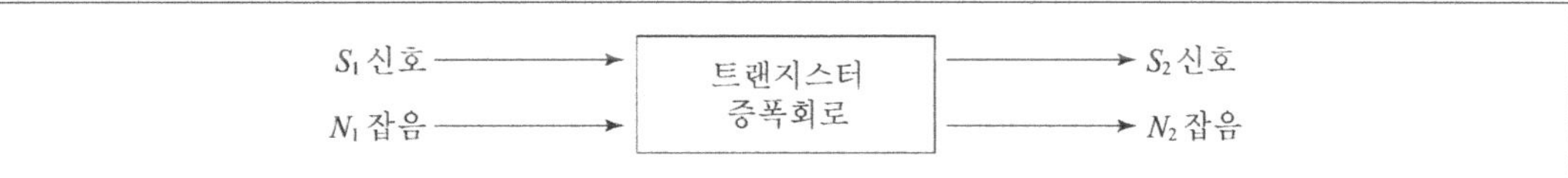

    ㉡ 이상적 증폭기의 잡음지수

- 이상적 증폭기인 경우에는 $F = 1$이 된다.
- 잡음이 많이 발생할수록 F는 1보다 커지게 된다.

    ⓒ 잡음지수 개선방법

- 저잡음 소자와 회로를 사용한다.
- 입력전원의 내부저항에 따라 잡음지수의 크기가 변화하므로 잡음지수가 최소가 되도록 내부저항을 선택한다.
- 적당한 컬렉터 전류를 설정한다.

(4) 일그러짐 특성

① **진폭 일그러짐**(Amplitude distortion)

    ㉠ 개요

- 입력전압이 과대하거나 동작점이 적당하지 않음으로 인해서 그 특성곡선이 비직선 부분을 포함해 발생하는 것으로 비직선 일그러짐이라고도 한다.

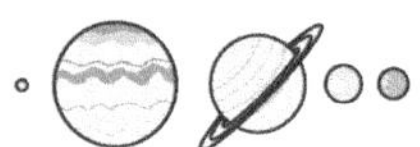

- 트랜지스터에 사용되는 교류 입력신호 : 입력신호의 진폭에 따라 소신호와 대신호로 분류된다.
  - 소신호 : 잡음에 따라 그 입력한계가 정해진다.
  - 대신호 : 일그러짐에 따라 입력의 한계가 정해진다.
- ㉡ 일그러짐률 K

$$K = \frac{\sqrt{V_2{}^2 + V_3{}^2 + \dots}}{V_1} \times 100\,[\%]$$

$$K = 20\log 10 \sqrt{V_2{}^2 + V_3{}^2 + \dots}$$

- V_1 : 기본파의 실효값
- V_2, V_3 : 제 2, 제 3 고조파의 실효값

◎ 진폭 일그러짐의 파형 ◎

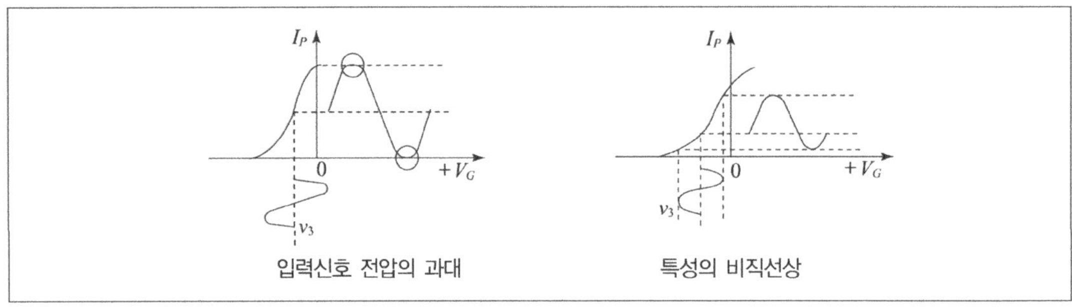

② **주파수 일그러짐**(Frequency distortion)

- ㉠ 개념 : 기본파와 고조파를 포함하는 교류 입력신호에서 증폭기에 있는 리액턴스 성분으로 인해 각 주파수마다 증폭도가 달라 생기는 일그러짐을 말한다.
- ㉡ 증폭기의 특성이 직선적이어도 발생하기 때문에 위상 일그러짐과 함께 직선 일그러짐(Linear distortion)이라고도 한다.

③ **위상 일그러짐**(Phase distortion)

- ㉠ 개념 : 입력전압에 포함된 고조파 성분 사이의 위상관계가 출력측에서 다르게 나타나기 때문에 일어나는 현상을 말한다.
- ㉡ 증폭회로의 각 주파수에 대한 위상이 주파수에 비례하지 않을 경우 일어난다.
- ㉢ 각 주파수에서 시간이 지연되기 때문에 지연 일그러짐(Delay distortion)이라고도 한다.
- ㉣ 가청 주파수 전송에는 문제가 크게 발생하지 않지만 사진전송이나 TV 전송에는 큰 문제가 될 수 있다.

3 ▸ 트랜지스터 바이어스 회로

① 트랜지스터 바이어스 회로

(1) 바이어스 회로

① **개념** ··· 증폭기를 트랜지스터를 이용하여 구성하면 입력단의 베이스와 이미터 간에 순바이어스를 인가하여 사용하지만, 실제 회로에서는 순바이어스인 V_{BB}를 생략하고 대신 회로에 저항을 접속한다. 이 저항의 위치에 따라 바이어스 회로의 명칭이 바뀐다.

② **바이어스 회로의 안정계수**

　㉠ 안정계수(S) : $I_C = \beta I_B + (1 + \beta) I_{CO}$에서 $I_C = f(\beta, I_{CO}, V_{BE})$이며 각각의 변화율을 표현한 것을 말한다.

　㉡ 온도에 대한 안정도 : 안정계수 S는 작을수록 좋고, 회로 형식이나 회로상수에 따라서 변동이 일어난다.

(2) 여러가지 바이어스 회로의 해석

① **고정 바이어스 회로**

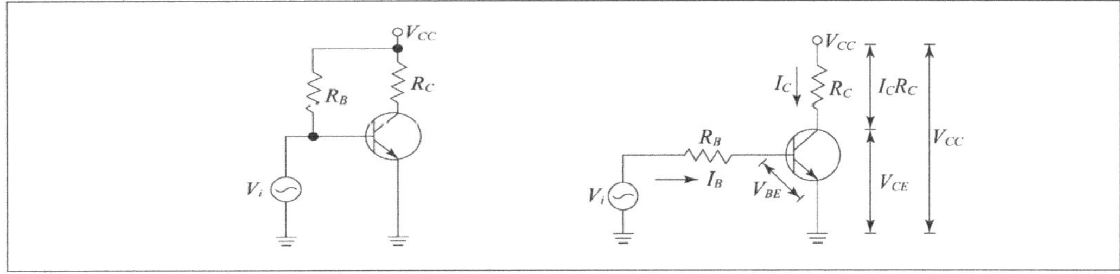

　㉠ 개념 : 저항 R_B를 베이스 회로에 접속한 것을 말하고, 베이스 전류 바이어스 회로라고도 한다.

　㉡ 안정계수(S) : $S = \dfrac{\Delta I_C}{\Delta I_{CO}} = (1 + \beta)$

　㉢ 컬렉터 전류(I_C) : 특성곡선이 주어지지 않고 β와 I_{CO}가 주어졌을 경우로 다음과 같은 관계가 성립된다.

$$I_C = \beta I_B + (1 + \beta) I_{CO}$$

　㉣ 동작점에서의 베이스 전류(I_B) : $I_B = \dfrac{V_{CC} - V_{BE}}{R_B} = \dfrac{V_{CC}}{R_B}$

㉺ 특징
- 동작점이 온도가 변함에 따라서 변한다.
- 구성이 간단하다.
- 안정도가 나쁘다(안정지수 $S = 1 + \beta$).
- 실제로는 잘 사용하지 않는다.

② **전류귀환 바이어스 회로**

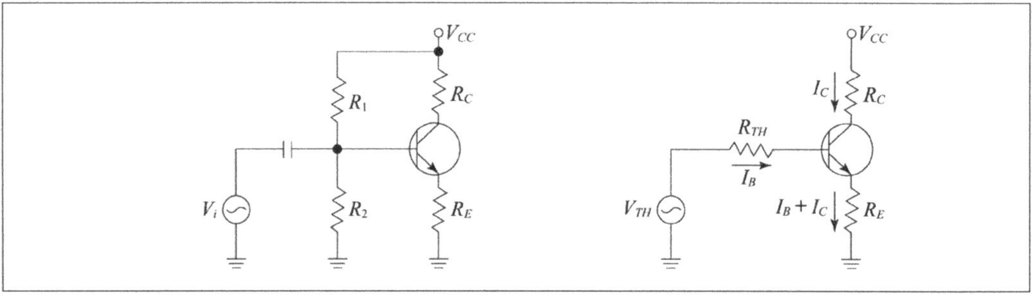

㉠ **개념** : 이미터 바이어스 회로라고도 하는 것으로 이미터 회로에 저항 R_E를 접속한 것이다.

㉡ **동작원리** : 그림과 같이 R_1과 R_2로 직렬회로를 만들어 V_{CC}를 분압하고, 저항 R_E로 직류분의 전류귀환을 걸어 I_C가 증가하면 V_{BE}는 감소하게 된다. 이렇게 V_{BE}의 전압을 변화시켜 다시 I_B를 변화시킬 수 있다.

㉢ **안정계수(S)** :
$$S = \frac{\Delta I_C}{\Delta I_{CO}} = \frac{1 + \beta}{1 - \beta\left(\dfrac{\Delta I_B}{\Delta I_C}\right)} = \frac{1 + \beta}{1 + \beta\left(\dfrac{R_E}{R_B + R_E}\right)}$$

㉣ **특징**
- 동작점이 온도 변화에 영향을 거의 받지 않는다.
- 가장 많이 사용된다.

③ **전압귀환 바이어스 회로**

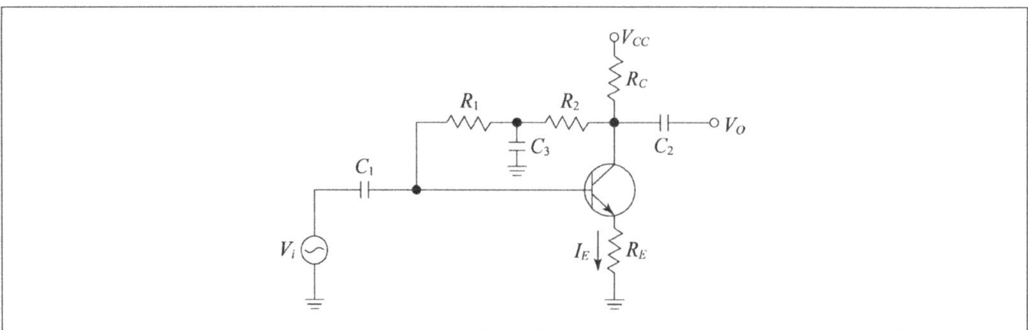

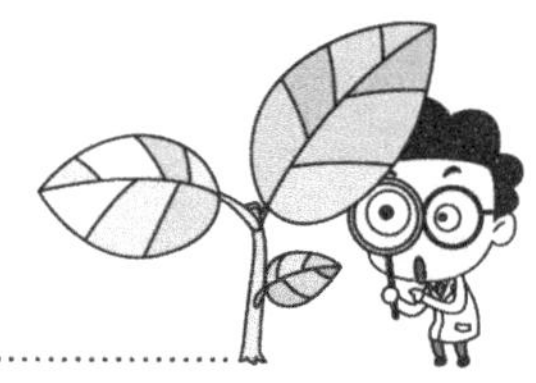

㉠ 개념 : 컬렉터 베이스 바이어스라고도 하는데 컬렉터와 베이스 단 사이에 R_1, R_2를 접속하여 전압귀환이 되도록 한 것이다.

㉡ 동작원리 : 회로의 온도증가로 I_C가 증가할 경우 R_C에서의 전압강하 $R_C I_C$가 증가하여 V_{CE}는 감소하게 되고, 결국 I_B가 작아져 I_C는 다시 감소하게 된다.

㉢ 안정계수(S) : $S = \dfrac{\Delta I_C}{\Delta I_{CO}} = \dfrac{1 + \beta}{1 - \beta\left(\dfrac{\Delta I_B}{\Delta I_C}\right)} = \dfrac{1 + \beta}{1 + \beta\left(\dfrac{R_C}{R_B + R_C}\right)}$

㉣ 직류 바이어스 전류(I_E)

$$I_B = \frac{V_{CC} - V_{BE}}{R_B + (\beta + 1)R_C + R_E}$$ 가 되고 여기에서 I_E는 다음과 같다.

$$I_E = (\beta + 1)\, I_B$$

㉤ 전압 $V_{CE} = V_{CC} - I_E(R_C + R_E)$

㉥ 콘덴서 C_3

- 바이패스 콘덴서로서 AC 전압의 귀환을 막아준다.
- 만약 C_3를 제거하면 귀환량 β가 증가해서 이득이 감소한다

② 바이어스 회로의 보상방법

(1) 다이오드를 이용한 보상방법

① V_{BE}에 대한 다이오드 온도 보상회로

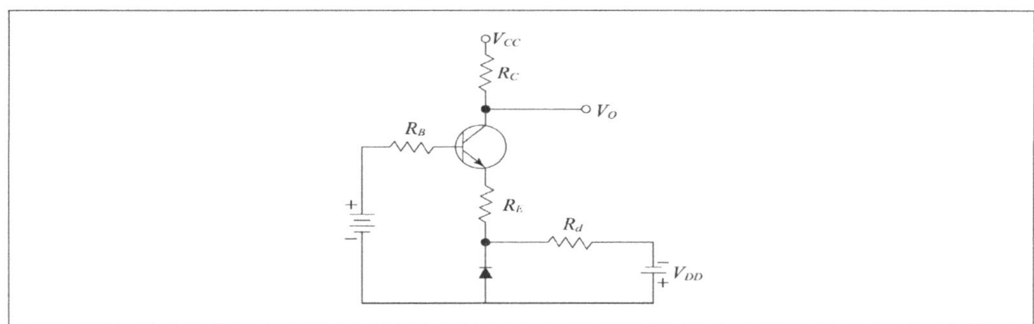

② I_{CO}에 의한 다이오드 온도 보상회로

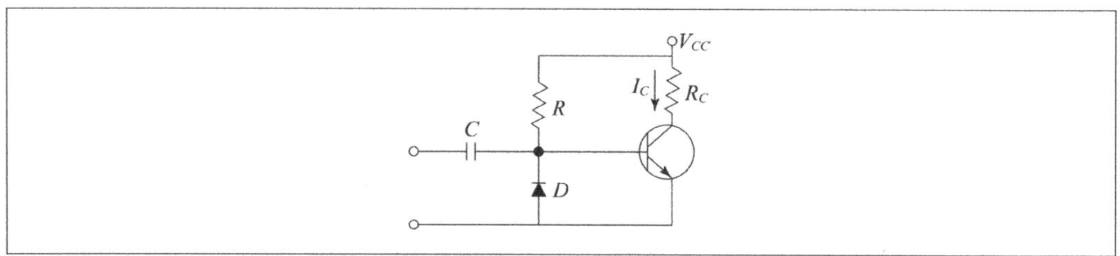

(2) 트랜지스터를 이용한 보상방법

그림에서와 같이 Q_2의 컬렉터 전류에 대한 온도 보상역할을 Q_1이 하고 있다.

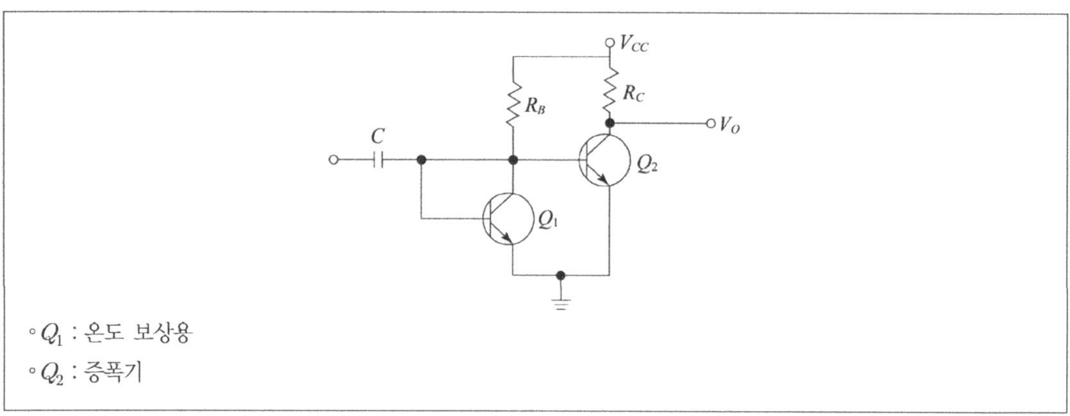

(3) 서미스터를 이용한 보상방법

① **동작원리** … 실온에서 R_E의 전압 V_E는 (−)로 일정하게 유지되다가 온도가 상승하게 되면 서미스터의 저항값이 감소하여 이미터 전류 I_E가 증가해 이미터 전압 V_E가 증가하게 된다.

② **특성 변화**

ㄱ 이미터 전압(V_E) : 증가한다.

ㄴ 바이어스 전압(V_{BE}) : 감소한다.

◎ 서미스터를 이용한 온도 보상회로 ◎

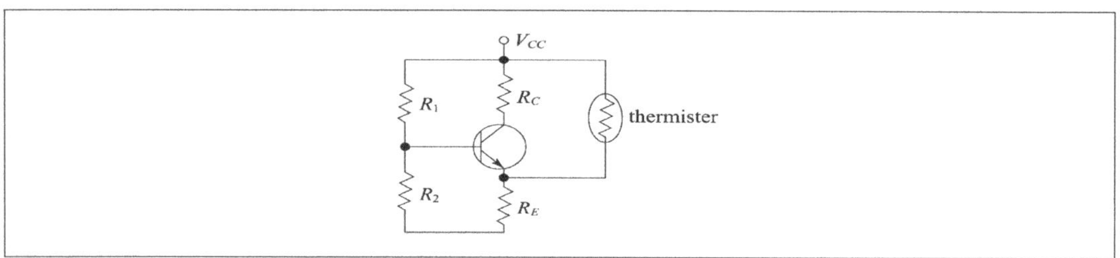

01 출제예상문제

1 다음 h 파라미터 중 옳지 않은 것은?

① 전압 증폭률
② 전류 증폭률
③ 입력 임피던스
④ 출력 어드미턴스

> **note** h 파라미터
> ㉠ h_i : 출력측 단락시 입력 임피던스
> ㉡ h_r : 입력측 개방시 출력전압의 입력측 되먹임률
> ㉢ h_f : 출력측 단락시 전류 증폭률
> ㉣ h_o : 입력측 개방시 출력 어드미턴스

2 이미터 폴로어(Emitter follower)에 대한 설명으로 옳지 않은 것은?

① 전압 증폭도는 약 1이다.
② 컬렉터 접지회로라고도 한다.
③ 컬렉터 저항 R_C 양단에서 출력을 얻는다.
④ 임피던스 변환을 위한 버퍼(buffer)로 사용된다.

> **note** ③ 이미터 폴로어는 이미터가 저항의 양단에서 출력을 얻는다.

3 입력전압이 1mV, 출력전압이 1V일 때 전압이득[dB]은?

① 40dB
② 60dB
③ 80dB
④ 100dB

> **note** $G = 20\log_{10} A_v = 20\log_{10}\dfrac{1,000}{1} = 20\log_{10}10^3 = 60\,\text{dB}$

4 입력파형이 출력에서 상이하게 나타날 때의 일그러짐은?

① 이상 일그러짐 　　　　　　　② 비직선 일그러짐
③ 직선 일그러짐 　　　　　　　④ 파형 일그러짐

> ✰note　진폭 일그러짐(비직선 일그러짐) … 이상적인 증폭기에서는 입력파형과 출력파형이 같고 진폭만 커져야 하는데 그렇지 않을 경우 일그러짐이 발생한다. 출력파형이 입력파형과 닮은 꼴이 되지 않는 것은 직선성이 좋지 않기 때문이므로 진폭 일그러짐을 비직선 일그러짐이라고도 한다.

5 베이스 접지형 증폭기에서 h정수가 다음과 같을 때 h_{ib}의 값으로 옳은 것은?

$$h_{ie} = 1\text{k}\Omega,\ h_{fe} = 24,\ h_{oe} = 5 \times 10^5,\ h_{re} = 16 \times 10^{-4}$$

① 20 　　　　　　　　　　　　② 40
③ 60 　　　　　　　　　　　　④ 80
⑤ 100

> ✰note　h정수의 환산 공식에서 구하면
> $$h_{ib} = \frac{h_{ie}}{1 + h_{fe}} = \frac{1,000}{1 + 24} = 40$$

6 이미터 바이오스 회로에서 $V_E \cong -1$이라 할 때 I_C의 값은?

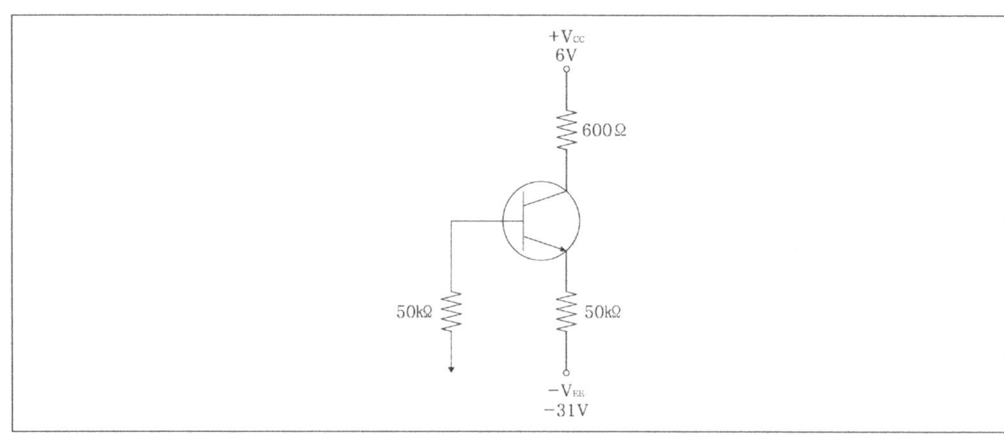

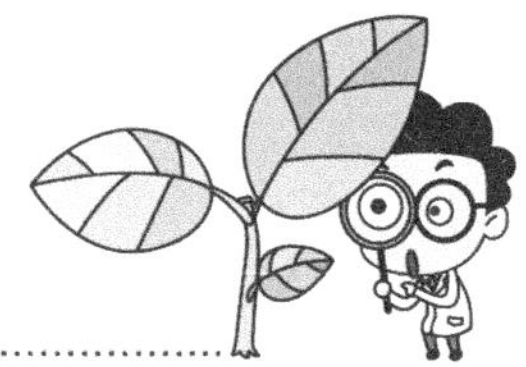

① 10 [mA]　　　　　　　　② 50 [mA]

③ 100 [mA]　　　　　　　④ 200 [mA]

⑤ 500 [mA]

> ✿note　$21V - 1V = 20V$
>
> $$I_C \cong I_E = \frac{V_{Re}}{R_E} = \frac{30}{600} = 0.05$$

7 다음 중 이미터 저항을 가진 CE 증폭기의 특징을 설명한 것으로 옳지 않은 것은?

① 전류이득의 변화가 거의 없다.　　　　② 입력저항이 증대된다.

③ 전압이득이 크게 된다.　　　　　　　④ 출력저항이 증대된다.

> ✿note　③ 이미터 저항 CE 증폭기는 입력저항이 커서 전압이득이 감소한다.

8 다음 중 어느 증폭회로에 입력으로 100mV의 전압을 가했을 때 출력에 10V의 전압을 얻었다면 이 증폭회로의 전압이득[dB]은?

① 30dB　　　　　　　　　② 40dB

③ 60dB　　　　　　　　　④ 80dB

⑤ 120dB

> ✿note
>
> $$A_v = 20\log_{10}\frac{v_0}{v_i} = 20\log_{10}\frac{10}{10 \times 10^{-2}} = 40\,dB$$

9 다음 중 이미터 폴로어(Emitter follower)에 대한 설명으로 옳은 것은?

① 주로 임피던스 변환을 위한 버퍼로 사용된다.

② 전압 증폭도는 약 2이다.

③ 출력은 컬렉터 저항 R_C 한쪽단에서 얻는다.

④ 주파수 특성은 광대역에 걸쳐서 나쁘다.

> ✿note　② 전압 증폭도는 약 1이다.
>
> ③ 이미터 폴로어는 컬렉터 접지회로로서 베이스가 입력단이며 이미터가 출력단이 되므로 이미터가 R_E의 양단에서 출력을 얻게 된다.
>
> ④ 광대역에 걸쳐 주파수 특성은 좋다.

10 다음 그림에서 $\alpha = 0.96$이고 $V_{BE} = 0.7$이라고 할 때, $I_E = 2\text{mA}$가 되게 하기 위한 R_1의 값으로 옳은 것은?

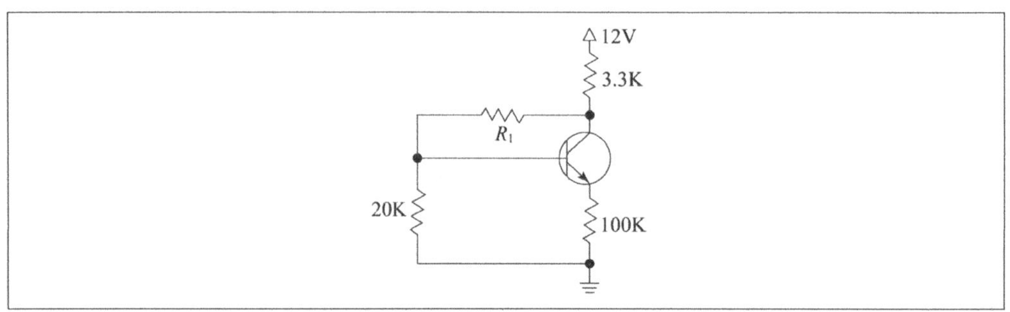

① $11\text{k}\Omega$ ② $14\text{k}\Omega$

③ $31\text{k}\Omega$ ④ $45\text{k}\Omega$

⑤ $51\text{k}\Omega$

note $I_C = \alpha I_E = 1.96\text{mA}$ 이고, $I_B = I_E - I_C = 40\mu\text{A}$ 이므로

$$V_B = V_{BE} + I_E R_E = 0.7 + 2 \times 10^{-3} \times 100 = 0.9\text{V}$$

$I_{R_2} = V_B / R_2 = 0.9 / 20\text{K} = 45\mu\text{A}$ 가 되고 I_{R_1} 은

$$I_{R_1} = I_B + I_{R_2} = 85\mu\text{A}$$

$V_C = V_{CC} - (I_C + R_{R_1} R_C) = 12 - 6.75 = 5.25\text{V}$에서 R_1을 구하면

$$R_1 = \frac{V_C - V_B}{I_{R_1}} = \frac{5.25 - 0.9}{0.085 \times 10^{-3}} \fallingdotseq 51\,\text{k}\Omega$$

11 다음 중 전류이득이 약 1이고, 전압이득은 상당히 높으며, 출력 임피던스가 대단히 높은 증폭기로 옳은 것은?

① 이미터 접지 증폭기   ② 이미터 폴로어

③ 베이스 접지 증폭기   ④ 컬렉터 접지 증폭기

note CB 증폭기의 특징

㉠ 트랜지스터에서 베이스 접지를 사용할 때 차단주파수가 가장 높다.

㉡ 입력저항은 가장 적고 출력저항은 가장 크다.

㉢ 전류이득은 약 1 정도이고, 전압이득은 매우 크다.

Answer   10.⑤   11.③

12 다음 중 이미터 접지회로에서 바이어스 안정계수 S는?

① $1 - \beta$　　　　　　　　　　② $1 + \alpha$

③ β　　　　　　　　　　　　④ α

⑤ $1 + \beta$

> ✍️ **note** 안정계수 $\cdots I_C = \beta I_B + (1 + \beta) I_{CO}$에서 $I_C = f(\beta, I_{CO}, V_{BE})$이며 각각의 변화율을 표현한 것이다.
>
> 이미터 접지회로에서의 안정계수 $S = \dfrac{\Delta I_C}{\Delta I_{CO}} = (1 + \beta)$이다.

13 다음 중 이미터 접지 증폭회로에서 $h_{ie} = 1\text{k}\Omega$, $h_{fe} = 200$, 부하저항 $R = 1\text{k}\Omega$일 경우 전력 증폭도[dB]는?

① 0　　　　　　　　　　　　② 36dB

③ 46dB　　　　　　　　　　④ 56dB

⑤ 66dB

> ✍️ **note**
> $$G_P = 10\log \frac{h_{fe}^{\,2}}{h_{ie}} = 10\log \frac{200^2}{1,000} \times 1,000 = 10\log 40,000 = 10 \times 4.6 = 46\text{dB}$$

14 다음 중 접합 트랜지스터의 스위칭 속도를 빠르게 하기 위한 방법으로 옳은 것은?

① 저항과 콘덴서를 베이스 단에 병렬 접속하여 연결한다.

② 인덕턴스를 베이스 단에 접속한다.

③ 제너 다이오드를 베이스 단에 연결한다.

④ 저항을 베이스 단에 직렬로 연결한다.

⑤ 이미터 단에 저항을 직렬로 연결한다.

> ✍️ **note** 콘덴서를 병렬로 연결하게 되면 스위칭 시간을 가속하는 효과를 얻을 수 있다.

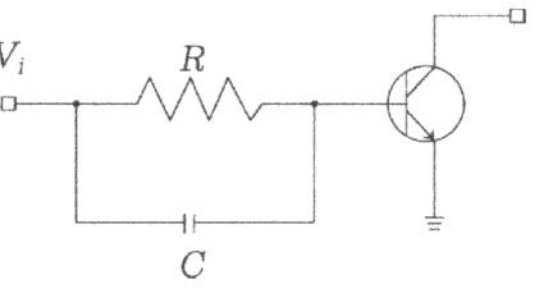

15 다음 CE – CC – CB 증폭회로를 비교한 표에서 ㉠ – ㉡ – ㉢에 들어갈 말을 짝지은 것으로 옳은 것은?

구분	CE	CC	CB
입력저항(R_i)	중간	㉠	작다.
전류 증폭률(A_i)	㉡	크다.	작다(항상 1).
전압 증폭률(A_V)	크다.	작다(1 이하).	작다.
출력저항(R_O)	중간	작다.	㉢

	㉠	㉡	㉢			㉠	㉡	㉢
①	크다.	크다.	크다.		②	작다.	작다.	작다.
③	크다.	작다.	크다.		④	크다.	크다.	작다.

☆note CE – CC – CB 증폭회로의 비교

구분	CE	CC	CB
전류 증폭률(A_i)	크다.	크다.	작다(항상 1).
전압 증폭률(A_V)	크다.	작다(1 이하).	작다.
출력저항(R_O)	중간	작다.	크다.
입력저항(R_i)	중간	크다.	작다.
왜곡	약간 불량	양호	양호
주파수 특성	약간 불량	양호	양호
입출력 전압위상	역위상	동위상	동위상
적용	고주파 증폭	임피던스 정합	저주파 증폭

16 다음 중 캐리어의 베이스 영역에서 재결합 속도의 시간적인 변화 혹은 역바이어스 된 컬렉터 차단전류 등에 의한 잡음은 무엇인가?

① 이온잡음   ② 분배잡음
③ 플리커 잡음   ④ 마이크로닉 잡음
⑤ 열잡음

☆note 플리커 잡음
㉠ 저주파 영역에서 이미터로부터 주입시킨 캐리어의 베이스 영역에서 재결합 속도의 시간적 변화나 역바이어스 된 컬렉터 차단전류 등에 의한 잡음을 말한다.
㉡ $\dfrac{1}{f}$ 노이즈라고도 하는데 주파수 f에 반비례하여 발생한다.

17 다음 중 1단 이미터 폴로어에 비교해서 달링톤 회로의 특징을 설명한 것으로 옳은 것은?

① 전압이득이 커진다.　　　　　　　　② 출력저항이 커진다.

③ 전류이득이 작아진다.　　　　　　　④ 입력저항이 커진다.

> **note** 달링톤 회로의 이미터 폴로어에 대한 비교
> ㉠ 전류이득이 보다 크다.
> ㉡ 출력저항은 약간 작다.
> ㉢ 전압이득이 약간 작다.
> ㉣ 입력저항이 보다 크다.

18 다음 회로에서 Q_1의 역할을 설명한 것으로 옳은 것은? (단, Q_1과 Q_2는 동일 특성이다)

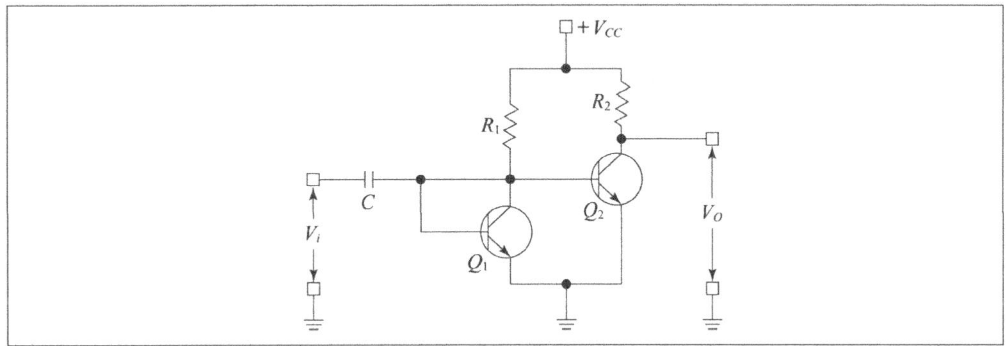

① Q_2 입력단에 접합되어 Q_2의 증폭값을 더욱 높게 한다.

② Q_2의 바이어스를 결정되도록 한다.

③ Q_1의 컬렉터 전류를 온도 변화에 대하여 일정하게 유지하도록 한다.

④ Q_2와 같이 다이오드 역할을 한다.

⑤ 입력 크기를 증폭하여 Q_2를 자극시킨다.

> **note** Q_1의 역할
> ㉠ Q_2의 동작점 변동요인을 감소시킨다.
> ㉡ 바이어스 전압은 Q_1과 Q_2가 같으므로 Q_1의 컬렉터 전류와 Q_2의 컬렉터 전류는 같아야 하고 $I_{C_1} \fallingdotseq \dfrac{V_{CC}}{R_1}$에만 의존하여 결정되기 때문에 I_{B_1}, I_{B_2}, V_{BE}는 I_{C_1}과 V_{CC}에 비교하면 매우 작은 값이므로 무시할 수 있다.

19 다음 귀환 바이어스 회로에서 R_1과 R_2의 병렬 합성저항값을 작게 할 경우의 변화로 옳은 것은?

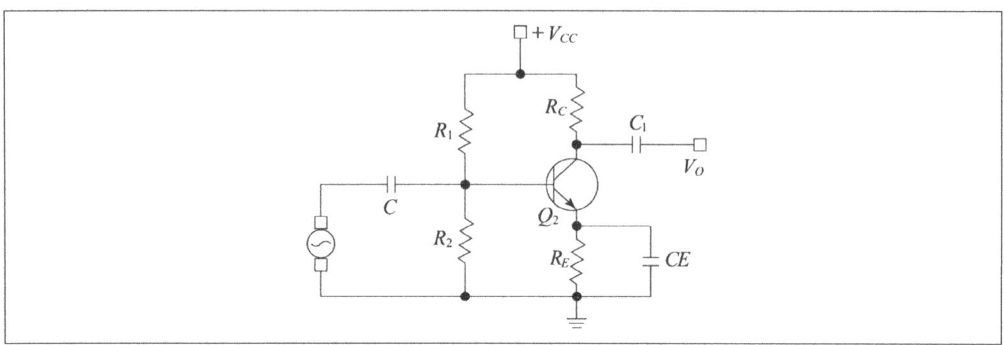

① S가 커져 정지 동작점의 안정성의 변화가 크게 일어난다.

② S에는 영향을 미치지 않는다.

③ S가 감소해 정지 동작이 안정해진다.

④ S가 커져 정지 동작이 보다 불안정해진다.

> ✩**note**
>
> $$S = 1 + \beta \, \dfrac{1 + \dfrac{R_B}{R_E}}{\dfrac{R_B}{R_E} + 1 + \beta} \ \text{이고 여기서 } (1 + \beta) \text{가} \ \dfrac{R_B}{R_E} \text{보다 크면 } S \fallingdotseq 1 + \dfrac{R_B}{R_E} \text{가 된다.}$$
>
> 결국, R_B가 작고 R_E가 크면 바이어스의 상태는 안정하게 된다.
>
> $$\left(R_B = R_1 \mathbin{/\mkern-5mu/} R_2 = \dfrac{R_1 \cdot R_2}{R_1 + R_2} \right)$$

20 다음 중 트랜지스터 바이어스 안정계수를 좌우하는 함수로 옳지 않은 것은?

① I_{CO}

② C_i

③ β

④ V_{BE}

> ✩**note** 안정계수 … $I_C = \beta I_B + (1 + \beta) I_{CO}$에서 $I_C = f(\beta, I_{CO}, V_{BE})$가 되고 각각의 변화율을 표현한 계수를 말한다.

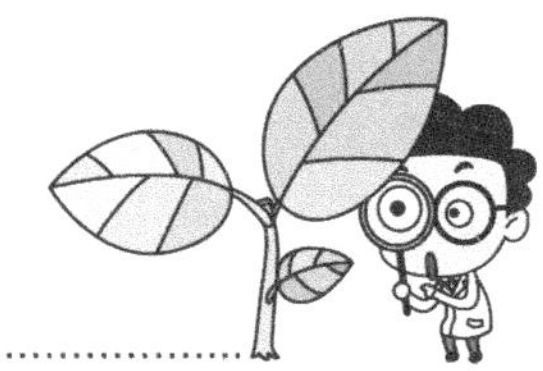

21 다음 바이어스 회로 중 가장 불안한 동작 상태를 나타내는 회로는?

① 자기 바이어스 회로

② 전류 귀환 바이어스 회로

③ 전압 귀환 바이어스 회로

④ 고정 바이어스 회로

> **note** 고정 바이어스 회로
> ㉠ R_B와 V_{CC}가 고정되어 있다.
> ㉡ 전류가 고정되어 있어서 열폭주가 쉽게 일어나 가장 불안한 동작 상태를 보인다.

22 다음 중 값이 클수록 좋은 것이 아닌 것은?

① 동상신호 제거비

② 증폭기 바이어스 회로의 안정계수

③ 정류기의 정류 효율

④ 증폭기의 신호대 잡음비

> **note** ② 증폭기 바이어스 회로의 안정계수는 작을수록 좋다.

23 다음 중 트랜지스터의 h_f 측정시 필요한 조건은?

① 입력단자 개방

② 입력단자 단락

③ 출력단자 단락

④ 출력단자 개방

> **note** h_o와 h_r 측정시에는 입력단자 개방, h_i와 h_f 측정시에는 출력단자 단락이 필요하다.

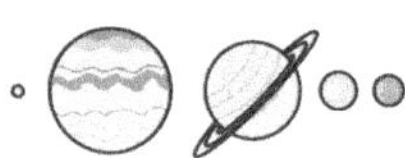

24 트랜지스터의 I_B가 100mA일 때 V_{CE}를 7.5V에서 7.7V로 변화시킨 경우 I_C가 200mA에서 250mA로 되었다면 h_{oe}는?

① 0.25Ω

② 0.5Ω

③ 0.75Ω

④ 1Ω

⑤ 1.5Ω

> **note**
> $$h_{oe} = \frac{\Delta I_C}{\Delta V_{CE}}(I_B\text{는 일정}) = \frac{50\times10^{-3}}{0.2} \fallingdotseq 0.25\,\Omega$$

25 다음 중 위상 일그러짐의 원인으로 옳은 것은?

① 출력의 진폭이 입력신호 진폭에 정비례하지 않기 때문이다.

② C, R, L 등의 영향으로 신호의 주파수에 따라서 시간의 늦어짐이 일정하지 않기 때문이다.

③ 동작 특성이 비직선이기 때문이다.

④ 증폭소자에서 잡음이 발생하기 때문이다.

> **note** 위상 일그러짐(지연 일그러짐)의 발생원인
> ㉠ 입력전압에 포함된 다른 주파수 성분 사이의 위상관계가 출력측에서 다르게 나타나는 경우
> ㉡ 증폭회로의 각 주파수에 대한 위상이 주파수에 비례하지 않을 경우
> ㉢ 각 주파수에 있어 시간의 지연이 발생하는 경우

Answer   24.① 25.②

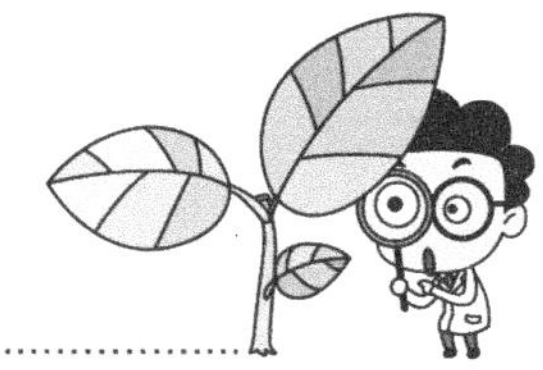

26 다음 중 트랜지스터 잡음에 대한 설명으로 옳지 않은 것은?

① 저주파에서는 반비례한다.

② 중간 주파수대에서는 비교적 일정하다.

③ 고주파에서는 주파수의 제곱에 비례하여 증가한다.

④ 도체 내의 자유전자가 열에 의해 불규칙하게 운동하여 생긴다.

> ✿note 열잡음 … 도체 내의 자유전자가 열에너지에 의해 불규칙하게 운동하여 생기는 잡음으로, 모든
> 주파수대에 평균적으로 존재한다.
> ※ 트랜지스터 잡음의 주파수 특성

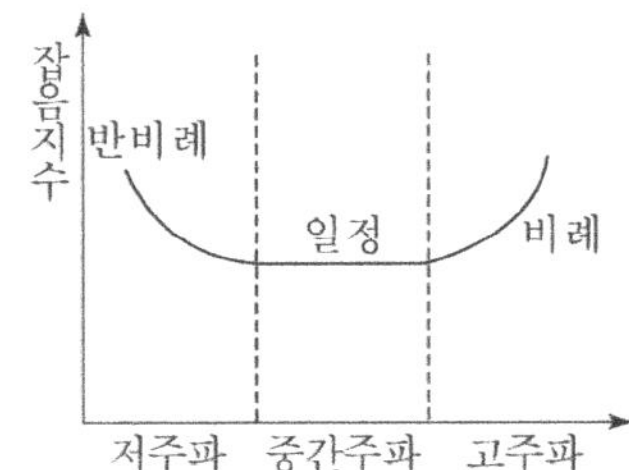

트랜지스터 증폭회로

1 동작점에 따른 증폭회로 분류

① 전력 증폭기의 개론

(1) 전력 증폭기의 개요

① **증폭기** ··· 변환기나 다른 입력전원으로부터 신호를 받아 증폭한 것을 출력장치나 다른 증폭단으로 출력하는 것을 말한다.

② 보통 입력 변환기 신호가 매우 작기 때문에(예 카세트나 cd의 입력은 수 mV, 또는 안테나의 입력은 수 μV), 출력장치(스피커나 다른 전력장비)를 구동시키기 위해서는 증폭이 충분히 이루어져야 한다.

③ **소신호 증폭기**

　㉠ 여기에선 증폭의 선형성과 증폭이득의 크기가 중요 요소가 된다.

　㉡ 신호전압과 전류가 작아서 증폭되는 전력용량과 전력효율은 중요하지 않다.

④ 전압 증폭기는 입력신호의 전압을 증폭시키기 위하여 먼저 전압증폭을 실시하지만 대신호나 전력 증폭기는 스피커나 다른 전력장비를 구동하기 위해 우선 출력부하에 충분한(대개 수～수십 watt) 전력을 공급한다.

⑤ **대신호 증폭기의 중요 요소** ··· 회로의 전력효율, 회로가 취급할 수 있는 최대 전력용량, 출력장치와의 임피던스 정합 등이 있다.

(2) 증폭기의 급

① **증폭기의 급**

　㉠ 증폭기를 분류하는 한 방법으로, 급(class)으로 나눈다.

　㉡ 입력신호의 한 주기에 즉, P점에 대해서 동작의 한 주기에 걸친 출력신호의 변화량을 나타낸다.

② **소신호 증폭기**

　㉠ 신호의 왜곡을 없애기 위해서 A점을 가능한 중앙값에 위치하도록 하였다.

　㉡ 신호의 크기가 매우 적으므로 전력손실의 문제가 중요하지 않다.

③ **대신호 증폭** … 취급신호가 매우 커서 A점에 따라 전력손실의 문제가 매우 중요한 요소가 된다.

② 　A급 증폭회로(A Class amplifler)

(1) 개요

① 출력신호가 최소한 출력신호 스윙의 절반이 공급 전압 레벨에 의해 제한되는 고전압 레벨이나 저전압 레벨, 또는 0V를 넘어서지 않도록 $P-$동작점이 바이어스 되어야 한다.

② P점의 위치는 거의 중앙값이고 신호전압은 이 직선 부분의 범위 내에 있도록 증폭하는 방식이다.

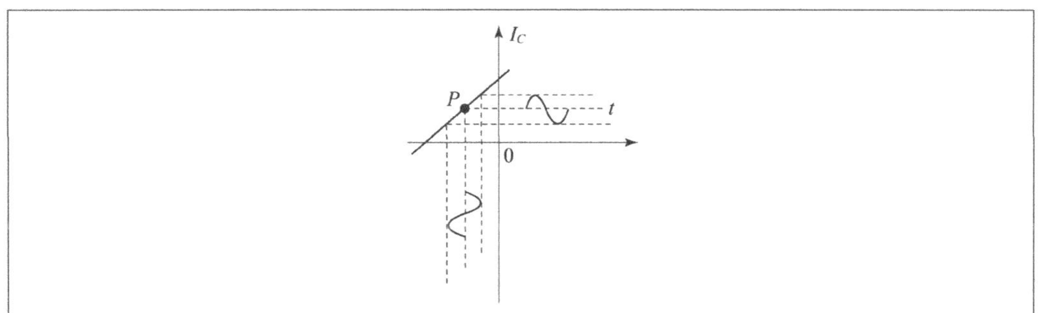

(2) 특성

① 파형의 일그러짐이 적게 일어나는 편이다.

② 효율은 병렬부하 50%, 직렬부하 25%로 낮은 편이다.

③ 전류는 입력전압의 전체 주기(360°)에 걸쳐서 흐른다.

④ **용도**

　㉠ 저주파의 증폭기

　㉡ 피변조파의 증폭기

③ B급 증폭회로(B Class amplifler)

(1) 개요

① B급 회로의 직류 바이어스점은 0V이고, 출력신호는 이 바이어스점에서부터 반주기 동안 변화한다.

② 반주기 신호만 존재하는 것은 입력의 충실한 복원이 아님을 의미한다.

③ **B급 증폭기**

    ㉠ 동작점이 차단 상태[$I_C = 0$, vceq = vce(cut-off)]로 바이어스된 회로이다.

    ㉡ 입력신호가 없을 경우에는 전류가 흐르지 않아서 효율이 매우 높다.

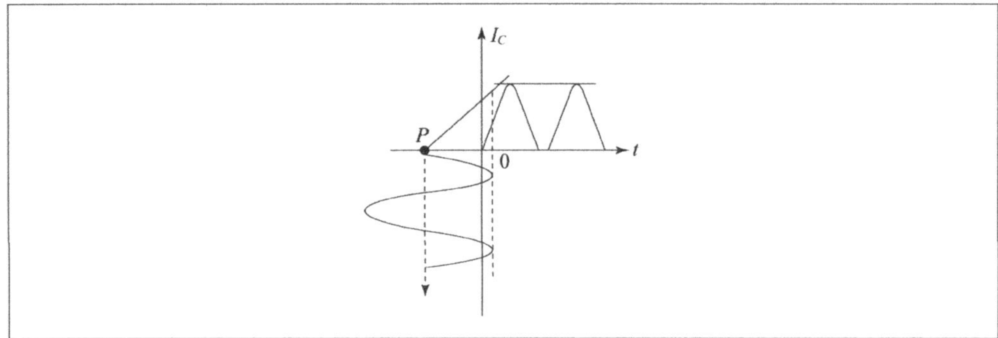

(2) 특성

① 78.5% 이하로 효율이 좋다.

② 중간 정도의 출력을 가진다.

③ 입력전압이 전체 주기 1/2동안 유통각 $180°$에 걸쳐서 전류가 흐른다.

④ 입·출력 파형이 비례적이지 않다.

(3) 용도

① 보통 저주파 전력이 증폭되고, 동조회로를 부하에 접속하면 고주파 전력의 증폭이 가능하다.

② 송신기의 각단 증폭부에 사용된다.

④ AB급 증폭기

(1) 개요

① AB급 동작은 왜곡이 적은 A급 동작과 효율이 높은 B급 동작의 이들 양단의 절충형이라 볼 수 있고, 동작점도 A급과 B급 사이에 오도록 한다.

② 차단점보다 P점의 위치가 약간 위쪽이어서 동작영역이 선형영역의 아래쪽 경계(왜곡되지 않는 곳)까지 미친다. 그러므로 트랜지스터는 입력파형의 50%보다 약간 더 많은 시간동안 0이 아닌 컬렉터 전류를 흘리는 바이어스 상태를 말한다.

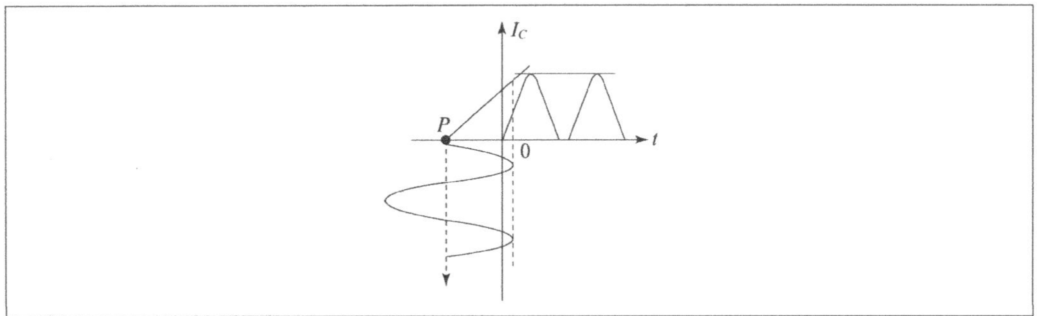

(2) 특성 및 용도

① 입·출력 파형이 비례적이지 못하다.

② 유통각은 $180°$보다 크고 $360°$보다 작다.

③ **용도** ··· 푸시풀 회로로 동작시키고 전력 증폭회로에 사용된다.

⑤ C급 증폭기

(1) 개요

① **C급 증폭기의 출력**

　㉠ 동작이 $180°$보다 더 작은 주기에서 이루어지도록 바이어스되는데, 즉 V_{BE}가 음의 값으로 맞추어져 있다.

　㉡ 동작점을 B급보다 더욱 음쪽으로 잡은 증폭방식이다.

② C급 증폭기의 정현파 입력

　㉠ 같은 주파수의 펄스 모양이 된다.

　㉡ 이 출력파형은 주기적이므로 입력신호와 같은 기본 주파수와 그의 고조파 성분을 포함한다.

　㉢ 신호를 기본 주파수에 공진하도록 되어 있는 인덕터－커패시터 공진회로를 통과시키면 출력
　　의 파형은 입력과 같은 주파수의 정현파와 비슷하게 된다.

　㉣ 순수한 정현파나 제한된 주파수 범위를 갖는 일반적인 파형이 증폭될 신호일 경우 흔히 사용
　　한다.

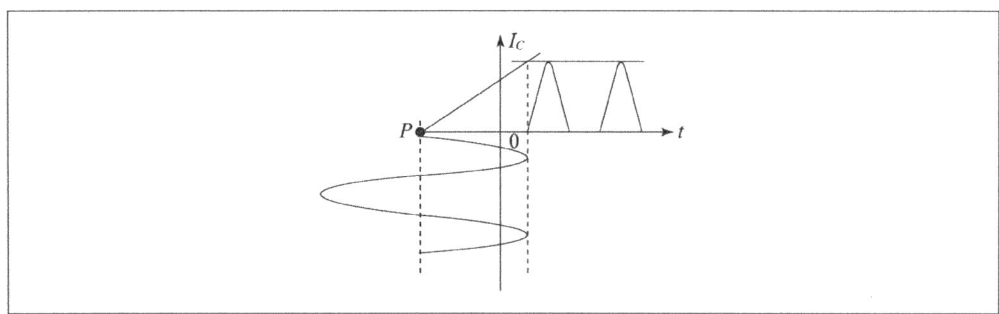

(2) 특성

① 출력신호에 있는 고조파의 제거를 위해 공진형 부하를 사용한다.

② 큰 전력제공이 가능하다.

③ 왜곡이 가장 크다.

④ 출력전류는 $180°$(반주기) 이하에서만 흐른다.

(3) 용도

① 라디오 통신과 같은 동조회로의 특수 분야에 사용된다.

② 송신기 등의 고주파 증폭회로에 사용된다.

※ 트랜지스터 증폭회로의 구분 ※

구분	증폭회로	특성
트랜지스터의 동작점에 따른 분류	A급 증폭회로	입력신호의 1주기를 증폭한다.
	B급 증폭회로	입력신호의 $\frac{1}{2}$ 주기를 증폭한다.
	C급 증폭회로	입력신호의 $\frac{1}{2}$ 주기 미만을 증폭한다.
	AB급 증폭회로	입력신호의 $\frac{1}{2}$ 주기 이상, 1주기 미만을 증폭한다.
사용목적에 따른 분류	전압 증폭회로	출력전압을 증폭한다.
	전류 증폭회로	출력전류를 증폭한다.
	전력 증폭회로	출력전력을 증폭한다.
접지 방식에 따른 분류	이미터 접지 증폭회로	이미터 단이 공통 단자인 회로이다.
	베이스 접지 증폭회로	베이스 단이 공통 단자인 회로이다.
	컬렉터 접지 증폭회로 (이미터 폴로어)	컬렉터 단이 공통 단자인 회로이다.
부하의 성질에 따른 분류	동조 증폭회로	LC 공진회로를 부하로서 사용하고 주로 고주파 증폭기에 사용된다.
	비동조 증폭회로	동조 증폭회로가 아닌 증폭회로를 말한다.
결합 방법에 따른 분류	직접 결합 증폭회로	직접 두 증폭단을 결합시키며 직류 증폭기에 사용된다.
	변압기 결합 증폭회로	변합기로 부하나 다음 증폭단과 결합한다.
	RC 결합 증폭회로	결합 콘덴서를 부하나 다음 증폭단과 결합한다.

2 저주파 전압 증폭회로

① RC 결합 증폭회로

(1) 개요

① **개념** … 저항을 트랜지스터의 컬렉터 측에 접속하고 그 저항 양단의 전압을 결합 콘덴서를 통해 다음 단에 가하여 증폭하는 회로를 말한다.

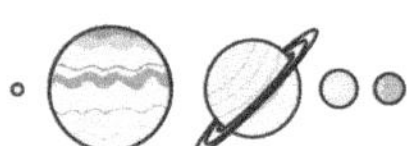

② **RC 결합 증폭회로의 등가회로 해석** … 증폭기 응답의 임계점은 출력전압이 입력의 70.7% $(V_0 = \dfrac{1}{\sqrt{2}} V_i)$일 때가 된다. 결국, 입력 RC 회로에서 보면 $X_{C_1} = R_i$일 때이다. 이 사실은 다음 풀이과정에서 알 수 있다.

$$V_0 = \left(\frac{R_i}{\sqrt{R_i{}^2 + Xc_1{}^2}} \right) V_i \Bigg|_{R_i = Xc_1} = \left(\frac{R_i}{\sqrt{2R_i{}^2}} \right) V_i$$

$$= \left(\frac{R_i}{\sqrt{2} \, R_i{}^2} \right) V_i = \frac{1}{\sqrt{2}} V_i = 0.707 \, V_i$$

◎ RC 결합 증폭회로 ◎

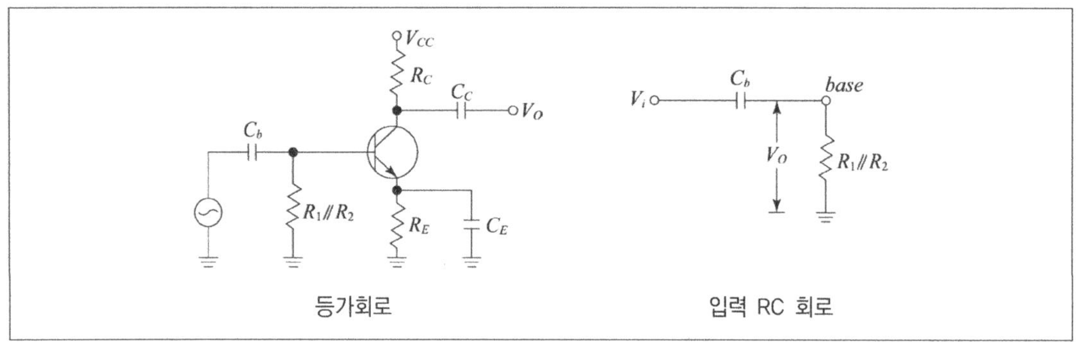

등가회로   입력 RC 회로

(2) 주파수 특성

◎ RC 결합 증폭기의 주파수 특성 ◎

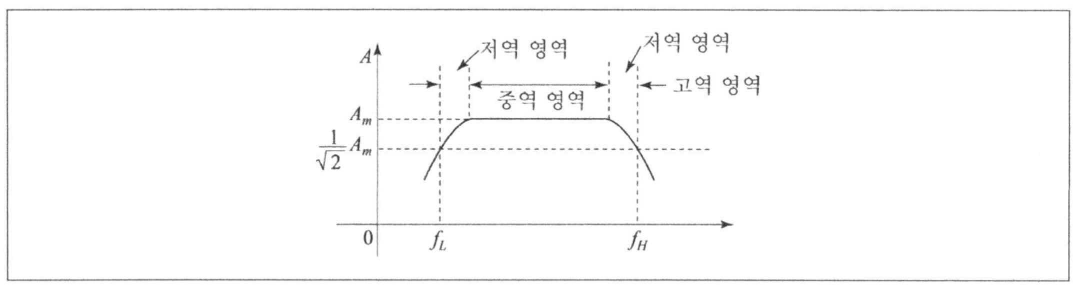

① 증폭기의 전압이득을 [dB]로 나타내면 $20\log\left(\dfrac{V_0}{V_i}\right) = 20\log(0.707) = -3\,\text{dB}$이 된다.

② **차단 주파수**

    ㉠ 입력 RC 회로의 감쇠로 전체 이득이 중역 주파수에서의 이득보다 3dB 감쇠하게 되는 조건을 증폭기 응답의 −3dB점이라 하고, 하한 임계 주파수라고도 한다.

ⓛ $X_{C_1} = \dfrac{1}{2\pi f_C C_1} = R_i$, $f_C = \dfrac{1}{2\pi R_i C_1}$ 이고 입력의 소스저항 R_S를 고려하면,

$f_C = \dfrac{1}{2\pi (R_S + R_i) C_1}$ 이 된다.

(3) RC 결합 증폭기의 대역 제한요소

① **저역 대역 제한요인** … 결합 콘덴서 C_C의 영향을 받는다.

② **중역 대역 제한요인** … 주파수에 따른 이득의 변화가 일정하다(콘덴서의 영향을 받지 않음).

③ **고역 대역 제한요인** … 출력회로의 병렬용량 때문에 주파수가 높아지면 이득이 감소하게 된다.

(4) RC 결합 증폭기의 특징

① **장점**
  ㉠ 주파수 특성이 좋다.
  ㉡ 간단한 회로 구성을 가지고 경제적이다.

② **단점**
  ㉠ 전원 이용률이 좋지 않다.
  ㉡ 임피던스 정합은 입·출력의 각 단자에서 어렵다.

③ **용도** … 광대역 증폭기(저주파 및 영상 주파 증폭)로서 많이 사용된다.

(5) RC 증폭회로의 구성 소자

① **결합 콘덴서**(Coupling condenser)
  ㉠ 용량은 되도록 큰 것을 사용하고, 저역에서 주파수 특성이 나빠진다.
  ㉡ 콘덴서의 용량 : 대부분 수μF ~ 수십μF 정도이다.
  ㉢ 역할 : 직류전압이 이전 단의 회로에 존재하다가 다음 단에 유입되는 것을 막고 다음 단으로
    교류 신호전압을 통과시켜 준다.

② **바이패스 콘덴서**(Bypass condenser)
  ㉠ 바이패스 콘덴서가 제거될 경우에 회로의 이득은 감소한다.
  ㉡ 역할 : 교류성분을 바이패스시켜서 R_E의 전압강하를 일정하게 유지시켜 준다.

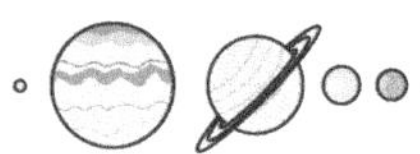

② **변압기 결합 증폭회로**

(1) 개념

변압기를 이용하여 높은 출력 임피던스를 얻은 후, 다음 단의 입력 임피던스와 정합시켜 결합된 증폭회로를 말한다.

(2) 특성

① 다단(2단 이상) 트랜지스터 증폭회로를 종속적으로 접속할 때 사용한다.

② 입출력 임피던스가 각각 다른 트랜지스터 회로를 그대로 접속하면 이득에 손실을 입게 되므로 고 임피던스는 1차 측에, 저 임피던스는 2차 측에 위치시켜 정합하여 결합한다.

③ **바이패스 콘덴서**(C_E) ⋯ 교류를 통과시켜 자기 바이어스를 일정하게 유지하게 해준다.

④ **바이어스 저항**(R_E, R_B) ⋯ 바이어스를 베이스와 이미터 회로에 적당하게 가해주는 저항이다.

ⓢ 변압기 결합 이미터 접지형 증폭회로 ⓢ

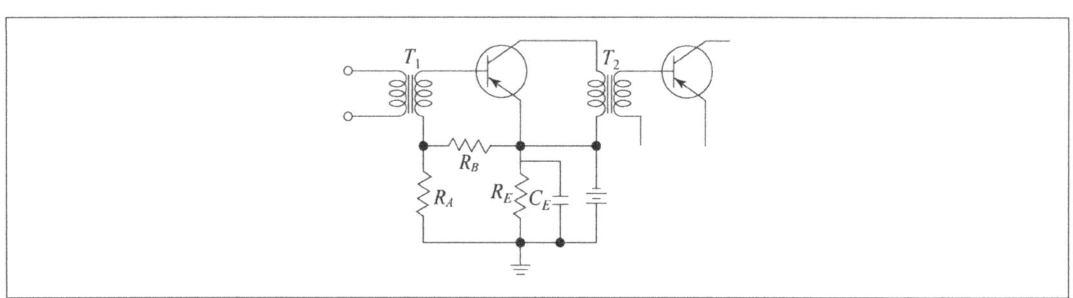

3 저주파 전력 증폭기

① A급 전력 증폭회로

(1) 동작특성

① **동작특성** ⋯ 아래 동작특성 그림에서 동작점 P는 중앙값에 위치되도록 한다(선분 AP의 길이 = 선분 BP의 길이).

② **부하저항**(R_L)**과 교류출력**(P_{ac})

   ㉠ 부하저항 $R_L = \cot\alpha = \dfrac{V_{Cmax} - V_{Cmin}}{I_{Cmax} - I_{Cmin}} = \dfrac{V_C}{I_C}$

   ㉡ 교류출력 $P_{ac} = \dfrac{1}{\sqrt{2}}i_m \times \dfrac{1}{\sqrt{2}}v_m = \dfrac{1}{2}i_m v_m = \dfrac{1}{2}I_C V_C \ (i_m \fallingdotseq I_C, \ v_m \fallingdotseq V_C)$

   ㉢ 각 용어정의

     • V_C : 컬렉터 전압

     • v_m : 교류분의 진폭전압

     • I_C : 컬렉터 전류

     • i_m : 교류분의 진폭전류

③ **직류출력**$(P_{dc}) \cdots P_{dc} = I_C V_C$

④ 효율 η을 교류출력과 직류출력과의 비로 구하면

$$\eta = \dfrac{P_{ac}}{P_{dc}} = \dfrac{\dfrac{1}{2}I_C V_C}{I_C V_C} = \dfrac{1}{2} = 50\%$$

❁ 기본 회로와 동작특성 ❁

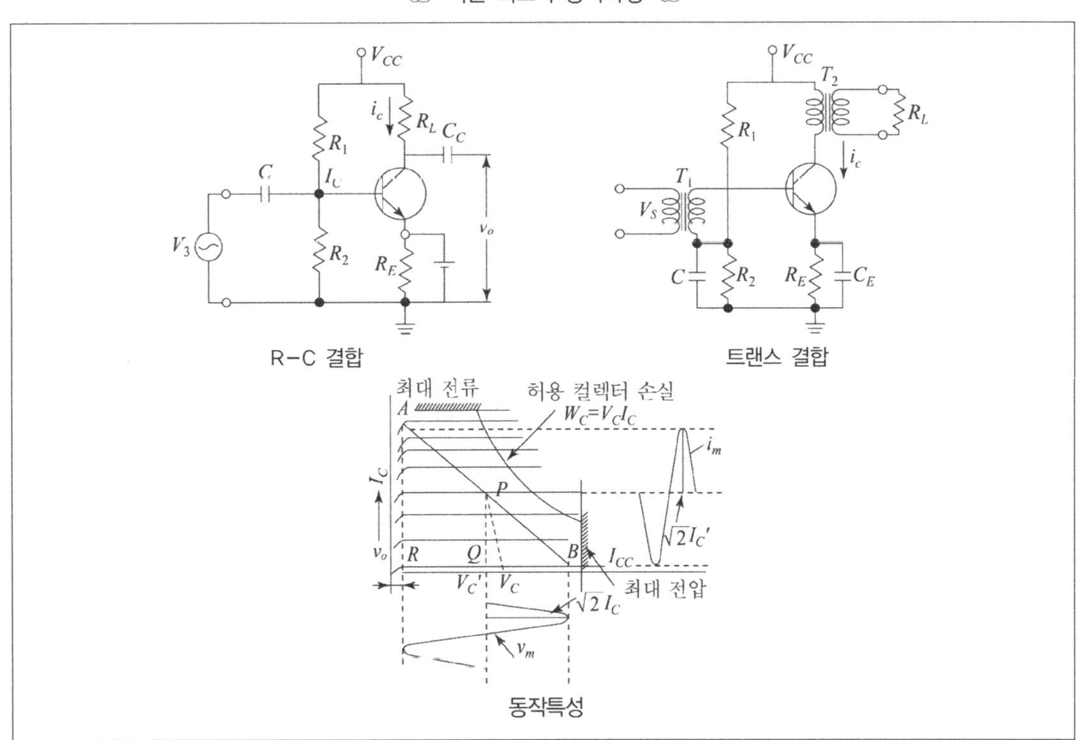

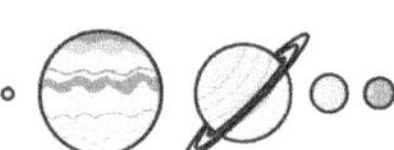

(2) 특징

① 2 ~ 5W까지의 증폭기에 적당한 편이다.

② 회로가 간단하다.

③ 컬렉터 손실이 대단히 크다.

④ 소비전력이 크고 큰 출력 변압기가 있어야 한다.

(3) A급 전력 증폭회로의 왜곡

① **입력 왜곡**

    ㉠ 입력저항의 비직선상에 큰 입력신호를 사용하는 경우에 많이 발생한다.

    ㉡ 포화나 차단에 의해 발생되는 클리핑 왜곡이나 온도 변화에 따른 동작점의 변동이 생길 수 있다.

$$\text{왜곡 } A = \frac{\sqrt{I_2{}^2 + I_3{}^2 + \cdots}}{I_1}$$

- I_1 : 기본파(제1 고조파)
- I_2 : 제2 고조파

② **출력 왜곡** … 정 전류곡선의 간격이 균일하지 않아서 발생하는 왜곡현상을 말한다.

② 푸시풀 증폭회로

(1) 개요

① 같은 특성의 두 개의 트랜지스터를 접속이 대칭적으로 되도록 하여 교번 동작을 시킨 후 출력을 합하여 보다 큰 출력을 얻는 증폭방식이다.

② 베이스 두 개에 반대 극성의 평형 입력신호를 공급해 주기 위해서 변압기 결합을 한다.

③ 푸시풀 접속에서의 동작점은 직류 전류가 거의 흐르지 않는 차단점을 선택해 B급으로 동작시켜야 한다.

④ **출력단의 변압기 결합** … 부하저항에서 두 개의 트랜지스터 평형출력을 합성하는 데 이용된다.

(2) 동작원리

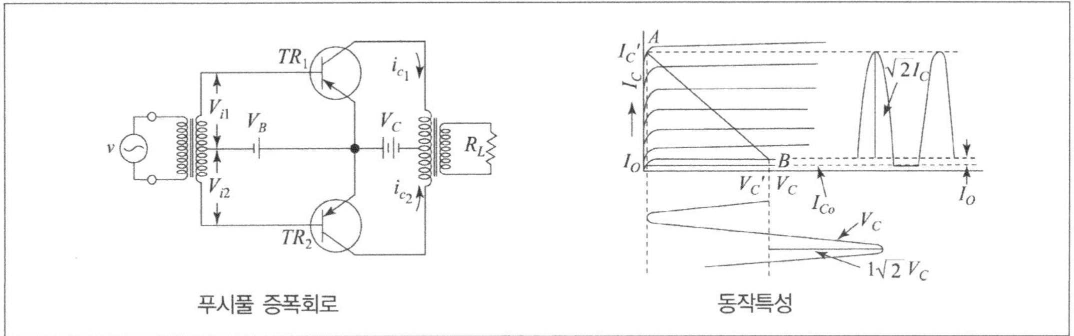

① 입력 v가 위상이 바뀌면서 인가가 되면 먼저 TR_1의 베이스가 (+)가 되어 off 상태가 되고 TR_2의 베이스는 (−)가 되어 on 상태가 된다.

② 반대로 TR_1의 베이스에 (−)가 인가되면 on 상태가 되고 TR_2의 베이스에 (+)가 인가되면 off 상태가 된다.

③ 결국 TR_1, TR_2는 입력의 반주기에 대해서만 동작하게 되는 것이다.

④ 반주기 파형이 TR_1, TR_2에서 출력된 것을 출력측 변압기에서 합성하게 된다.

(3) 특성

① 입력신호가 없을 경우 전력손실이 상당히 작고, 입력신호가 커지면 평균 직류 컬렉터 전류는 증가한다.

② 전파 정류를 할 수 있다.

③ 이 증폭회로에서는 우수 고조파는 제거되고, 기수 고조파만 발생되기 때문에 출력파형의 일그러짐도 작아지게 된다.

④ 컬렉터 손실을 2개로 분신할 수 있기 때문에 출력을 더 크게 얻을 수 있디($\eta = 78.5\%$).

⑤ **교차 일그러짐**(Cross−over distortion)
　㉠ 개념 : 바이어스를 B급 증폭기의 베이스에 전혀 걸지 않고 정현파 입력신호를 가하게 되면 동작점이 차단 영역에 존재하기 때문에 생기는 것을 말한다.
　㉡ 개선방법
　　• 동작점의 위치를 차단 영역에서 벗어나도록 약간 AB급 쪽으로 이동시킨다.
　　• 처음부터 바이어스를 적당하게 가해서 컬렉터 전류가 약하게 흐르도록 한다.

⑥ **용도** … 출력 증폭단에 많이 사용된다.

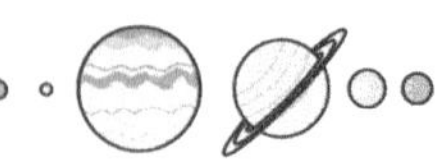

☺ B급 푸시풀 증폭회로의 출력곡선 ☺

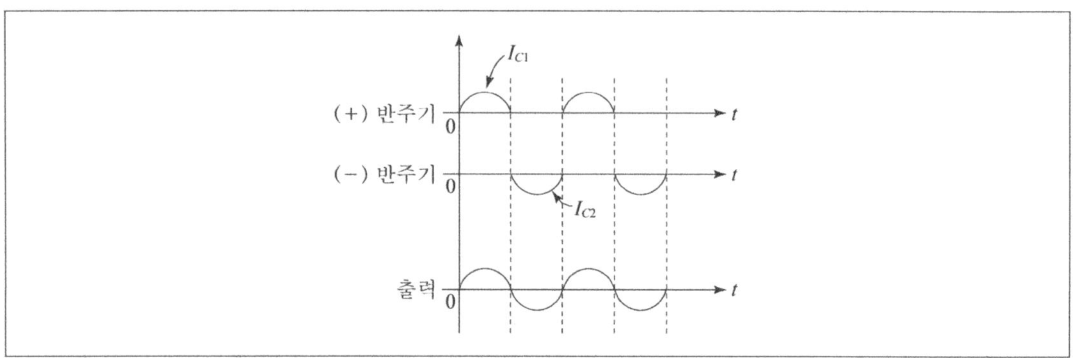

4 고주파 증폭회로

① 고주파 전압 증폭회로

(1) 개요

① **고주파** … 주로 무선 통신에 사용되는 전파로서 보통 30MΩ 이상이 된다.

② **고주파 증폭기**

    ㉠ 수신기의 전단에 마련된 고주파 입력의 전압 증폭회로이다.

    ㉡ 감도를 높일뿐만 아니라 SN비나 선택도도 높인다.

    ㉢ 수신의 안정도를 증대시킨다.

    ㉣ 이상 전파가 발진한 경우 안테나에서 외부로 방사하는 것을 방지하는 데 도움이 된다.

③ **중간 주파 증폭회로** … 안테나로 들어온 전파 중에서 수신할 전파를 선택할 경우에 얻어지는 455kHz의 중간 주파수의 전압을 증폭하는 회로를 말한다.

(2) 트랜지스터 동조 증폭기

① **개념** … LC 공진회로와 R_1이 병렬로 접속한 동조 증폭기로서 LC 공진회로의 임피던스와 트랜지스터 출력단의 내부저항을 병렬로 연결한 경우 임피던스가 전체 회로의 출력 임피던스로 나타나는 것이다.

② 주파수가 높은 경우 컬렉터와 베이스의 극간 용량 때문에 출력 임피던스가 낮아지게 된다.

③ 공진시에 증폭기의 이득과 출력 임피던스가 최대로 된다.

④ 공진 주파수에서의 부하 임피던스는 매우 커서 유도성이 조금 존재한다.

⑤ 좋은 선택도를 갖게 하기 위한 조건은 출력 임피던스에 의한 LC 공진회로의 부하를 최소가 되도록 하는 것이다.

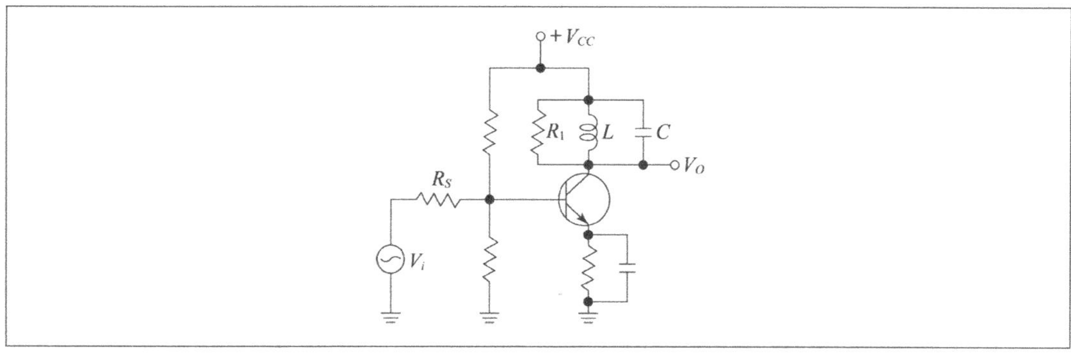

(3) 인덕턴스 동조 증폭회로

① 순수한 인덕턴스에서 전력손실은 없지만 실제로는 이상적 인덕턴스와 저항의 직렬연결과 같아서 이때의 저항이 주파수 함수이고 이 주파수에 따라 전력손실은 달라지게 된다.

② **공진되었을 때의 선택도**(Q) … 동조회로는 LC 병렬회로로서 표현한다.

$$Q = \frac{\omega_0 L}{R} = \frac{f_0}{f_2 - f_1}$$

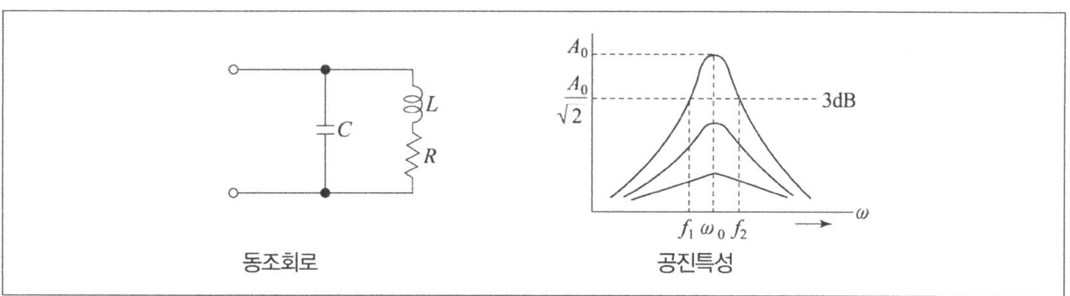

③ **공진 주파수**(f_0)

$$\omega_0 = \frac{1}{\sqrt{LC}} \text{에서 } \omega_0\,2\pi f_0 \text{이므로 } f_0 = \frac{1}{2\pi\sqrt{LC}} \text{[Hz]}$$

④ **공진 임피던스**(Z_0) $\cdots Z_0 = \dfrac{L}{CR}$

⑤ **대역폭**(Band width) B_W

$$B_W = f_2 - f_1$$

- f_1 : 하단의 -3dB점
- f_2 : 상단의 -3dB점

⑥ **임피던스**(Z) $\cdots Z = \dfrac{R + j\omega L}{1 - \omega^2 LC + j\omega RC}$

⑦ 주파수가 많이 높아질 경우(1,000kHz 이상) 저주파 증폭기는 분포 용량이 증가해 동작이 잘 되지 못하지만 고주파 증폭기는 증폭하려는 주파수의 대역폭이 좁아도 가능하기 때문에 LC 회로의 공진현상을 이용한 변압기 결합 증폭기가 많이 사용되고 있다.

② 단일 동조형과 복 동조형 증폭회로

(1) RC 결합 단일 동조형 증폭회로

① **개념** $\cdots$ 콘덴서를 이용하여 공진 주파수를 가변하는 회로를 말한다.

② **유도성 결합 단일 동조형 증폭회로** $\cdots$ 코일을 이용하여 공진주파수를 가변하는 회로이다.

　㉠ 결합계수 x와 동조회로의 선택도 Q의 관계는 반비례이다.

　㉡ 트랜스 결합계수

$$x = \dfrac{M}{\sqrt{L_1 L_2}}$$

- M : 상호 인덕턴스
- $L_1 \cdot L_2$: 동조회로의 코일값

　㉢ 선택도(Q)

- 일정한 공진 주파수에서 C를 크게 할 경우 $Z_R = \dfrac{L}{CR}$ 관계에서 Q가 작아지게 된다.

- L_2의 값을 변동시켜 선택도를 높일 수 있다.

❀ 유도성 결합 단일 동조형 증폭회로 ❀

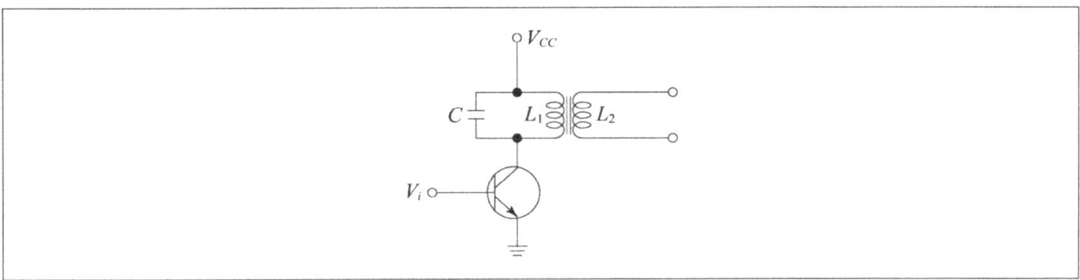

(2) 복 동조형 증폭회로

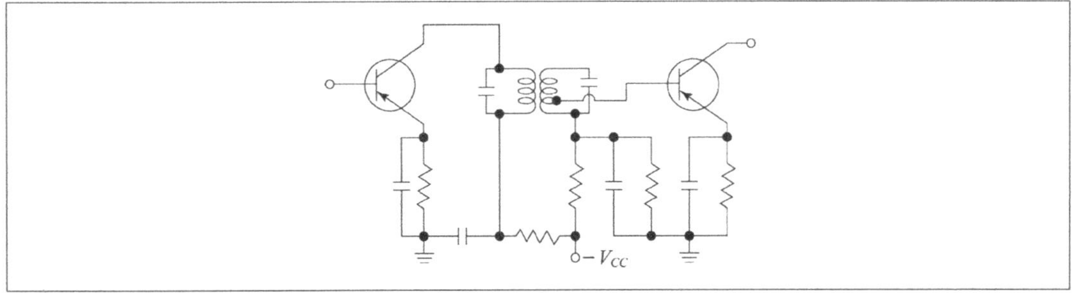

① **개념** ··· 단일 동조회로를 종속하여 접속해도 선택도는 높아지지 않기 때문에 평탄한 선택 특성을 얻기 위해 사용하는 회로를 말한다.

② **용도** ··· 레이더 수신기의 중간 주파 증폭기, 광대역의 무선 주파 증폭기, TV수상기 등에 이용된다.

③ 동조회로의 경우 중간 탭을 내어서 트랜지스터의 입·출력 임피던스와 정합한다.

④ **주파수 대역폭**

　㉠ 동조회로 : 단봉 특성이 있어서 주파수 대역폭을 넓게 하는 것이 힘들다.

　㉡ 복 동조회로 : 동조회로가 2개 존재하기 때문에 결합계수 x를 조절해 주면 주파수 대역과 이득의 조정이 가능하다.

　㉢ 결합 상태에 따른 이득과 주파수 대역폭

　　• 소결합

　　$- x < \dfrac{1}{Q}$ 일 때이다.

　　− 단봉 특성이 있고, 이득과 주파수 대역폭이 최소이다.

　　• 밀결합

　　$- x > \dfrac{1}{Q}$ 일 때이다.

　　− 쌍봉 특성이 있고, 주파수 대역폭이 최대이다.

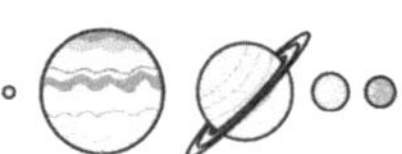

- 임계결합

  - $x = \dfrac{1}{Q}$ 일 때이다.

  - 단봉 특성이 있고, 이득이 최대이다.

복 동조형 증폭회로의 공진곡선

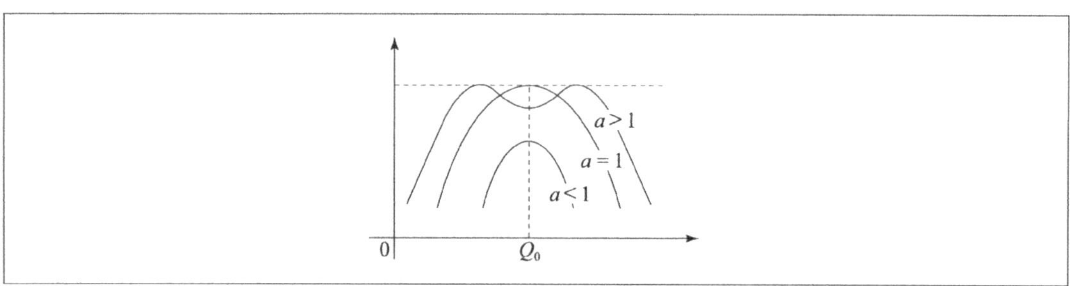

③ 중화회로

(1) 중화회로의 개요

① **중화회로** … 고주파 증폭회로에서는 컬렉터와 베이스의 극간 용량에 의해서 일부 출력전압이 입력에 귀환되어 증폭이 불안정해지고 발진이 일어나게 되는데 일부 출력을 입력측에 결합하여 중화시켜서 자기발진을 제거하여 안정한 동작을 얻는 데 이용되는 회로를 말한다.

② **중화용 콘덴서(C_N)** … 컬렉터와 베이스 단의 극간 용량에 의한 영향을 없애주기 위하여 사용되는 콘덴서이다.

(2) 중화회로의 특성

① 자기 발진과 기생 발진을 방지한다.

② 외부 귀환을 하기 위해 코일을 통하여 귀환되게 한다.

③ 회로 소자를 단일 방향화한다.

④ 컬렉터 용량을 통한 귀환과 위상이 반대되고 크기가 같은 귀환을 시켜준다.

⑤ 베이스 접지에서는 중화를 할 필요성이 없다.

❀ 중화용 등가회로 ❀

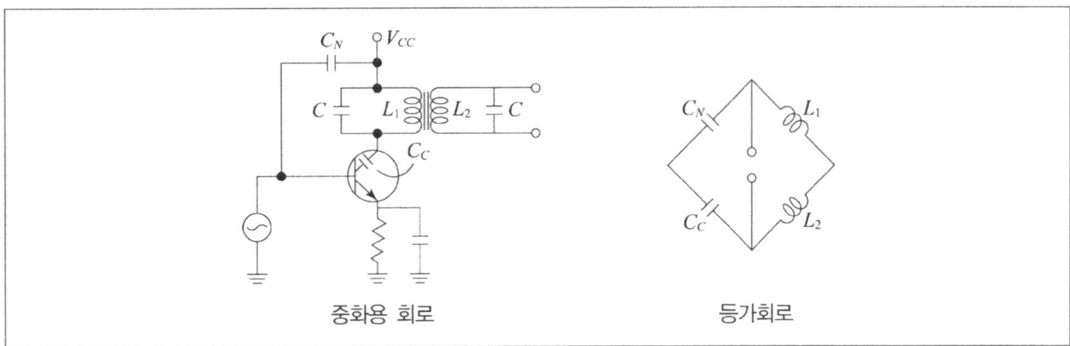

중화용 회로　　　　　　　등가회로

(3) 중화용 콘덴서의 특징

① 발진의 방지

　㉠ 정귀환된 전압이 발진을 일으켜 증폭이 불완전해지면 중화 콘덴서 C_N을 삽입한다.

　㉡ 정귀환된 전압과 위상이 반대이고 크기가 같은 전압을 베이스 단에 가한다.

　㉢ 귀환된 전압은 소거되고 발진을 방지한다.

$$C_N = \frac{L_1}{L_2} C_C$$

② 중화용 콘덴서의 용량이 크면 안 된다.

02 출제예상문제

1 다음 증폭회로의 주파수 특성 중 고역에서 증폭도가 낮아지는 이유는?

① 입력결합 콘덴서의 영향
② 출력결합 콘덴서의 영향
③ 배선 간의 표유용량의 영향
④ 배선 간의 인덕턴스의 영향

> **note** 증폭도의 변화
> ㉠ 고역일 경우 : 출력회로 내의 병렬용량으로 인해 이득이 감소한다.
> ㉡ 저역일 경우 : 결합 콘덴서의 영향을 받아 이득이 감소한다.
> ㉢ 중역일 경우 : 콘덴서의 영향을 받지 않아 주파수에 따른 이득이 일정하다.

2 전류 증폭률 β =14이고, 컬렉터 차단전류 I_{CO} =0.4mA인 이미터 접지형 증폭기에서 베이스 전류 I_B = 0.5mA일 때 컬렉터 전류 I_C 는?

① 12.2mA
② 13.0mA
③ 13.2mA
④ 14.5mA

> **note** $I_C = \beta I_B + (1+\beta)I_{CO}$에서,
> $$I_C = 14 \times 0.5 + (1+14) \times 0.4 = 13\,\text{mA}$$

3 이미터 접지 트랜지스터에서 컬렉터 전압이 15V일 때 컬렉터 전류가 100mA에서 150mA로 변하고 베이스 전류가 1mA에서 3mA로 변하였다면 전류 증폭률 β 는?

① 5
② 15
③ 25
④ 45

> **note** $$\beta = \frac{\Delta I_C}{\Delta I_B} = \frac{50}{2} = 25$$

Answer 1.③ 2.② 3.③

4 다음 중 트랜지스터의 베이스 접지시 전류 증폭률을 α라 하면 이미터 접지시 전류 증폭률 β로 옳은 것은?

① $\beta = \dfrac{\alpha}{1-\alpha}$

② $\beta = \dfrac{\alpha}{\alpha-1}$

③ $\beta = \dfrac{\alpha-1}{\alpha}$

④ $\beta = \dfrac{1+\alpha}{\alpha}$

> **note** 베이스 접지시 전류 증폭률은 1보다 작은 값으로 낮고 이미터 접지시는 수십 배로 높다.
>
> $$\beta = \frac{\alpha}{1-\alpha}, \ \alpha = \frac{\beta}{1-\beta}$$

5 다음 중 RC 결합 증폭회로의 이득이 낮은 주파수에서 감소되는 이유로 옳은 것은?

① 출력회로의 병렬 콘덴서 때문에 감소한다.

② 부성저항이 생기기 때문에 감소한다.

③ 증폭회로 소자의 특성이 변화하기 때문에 감소한다.

④ 결합 콘덴서의 영향 때문에 감소한다.

> **note** RC 결합 증폭회로의 주파수 제한요소
> ㉠ 저역 대역 제한 요인 : 결합 콘덴서 C_C의 영향을 받는다.
> ㉡ 중역 대역 제한 요인 : 주파수에 따른 이득의 변화가 일정하다(콘덴서의 영향을 받지 않음).
> ㉢ 고역 대역 제한 요인 : 출력회로의 병렬 용량으로 인해 주파수가 높아지게 되면 이득이 감소하게 된다.

6 다음 중 AB급 증폭기에 대한 설명으로 옳지 않은 것은?

① 유동각은 $180°$보다 크고 $360°$보다 작다.

② 입 · 출력 파형이 상당히 비례적이다.

③ 푸시풀 회로로 동작시키면서 전력 증폭회로에 널리 적용되고 있다.

④ 동작점은 A급과 B급 사이에 오도록 바이어스를 가한다.

> **note** AB급 증폭기
> ㉠ 특성
> • 입 · 출력 파형이 비례적이지 못하다.
> • 유통각은 $180°$보다 크고 $360°$보다 작다.
> ㉡ 용도 : 푸시풀 회로로 동자시키면서 전력 증폭회로에 폭넓게 적용되고 있다.

Answer 4.① 5.④ 6.②

7 2단 증폭기에서 조건이 다음과 같을 때 종합 잡음지수는?

> 전단의 잡음지수 $F_1 = 10$, 이득 $G_1 = 10$, 후단 잡음지수 $F_2 = 21$, 이득 $G_2 = 20$

① 0 ② 12

③ 24 ④ 33

⑤ 36

> ✦note 종합 잡음지수(F)
>
> ㉠ 잡음지수 F는 항상 1보다 크게 나타나는 값이다.
> ㉡ 무잡음 상태
> • $F = 1$인 상태를 말한다.
> • 무잡음 상태의 dB값은 60dB이다.
> ㉢ $F = F_1 + \dfrac{F_2 - 1}{G_1} + \dfrac{F_3 - 1}{G_1 G_2} + \cdots = 10 + \dfrac{21 - 1}{10} = 12$

8 RC 결합 증폭회로에서 대역폭을 만약 2배로 높인다면 이득은 몇 dB 내려야 하는가?

① -2dB ② -6dB

③ 2dB ④ 6dB

⑤ 12dB

> ✦note $GB = K$로 일정하다.
>
> $G = \dfrac{1}{2}$이 되어야 하므로 $20\log\dfrac{1}{2} = 20\log 1 - 20\log 2 \fallingdotseq -6\,\mathrm{dB}$

9 다음 중 트랜지스터를 쓴 RC 결합 증폭기의 결합 콘덴서 C_C의 용량으로 옳은 것은?

① 일반적으로 $0.1\mu\mathrm{F}$ 이상의 값을 사용한다.

② 일반적으로 $0.1\mu\mathrm{F}$ 이하의 값을 사용한다.

③ 일반적으로 $1\mu\mathrm{F}$ 이하의 값을 사용한다.

④ 일반적으로 $10\mu\mathrm{F}$ 이상의 값을 사용한다.

> ✦note 결합 콘덴서 C_C ··· 진공관보다 트랜지스터의 입력 임피던스가 낮고 결합 콘덴서의 용량은 가능한 큰 것이 좋다(수$\mu\mathrm{F}$ ∼ 수십$\mu\mathrm{F}$).

10 다음 중 A급 증폭기의 특징으로 옳은 것은?

① 파형의 일그러짐이 적은 편이다.

② 효율이 높은 편이다.

③ 입력전압이 반주기(180˚)에 걸쳐서 전류가 흐른다.

④ 입·출력 파형이 비례적이지 못하다.

> **note** A급 증폭기와 B급 증폭기의 특징
> ㉠ A급 증폭기
> • 효율은 병렬부하 50%, 직렬부하 25%로 낮은 편이다.
> • 입력전압이 전체 주기(360˚)에 걸쳐서 전류가 흐른다.
> • 파형의 일그러짐이 적게 일어난다.
> ㉡ B급 증폭기
> • 효율이 78.5% 이하로 매우 좋다.
> • 입력전압이 전체 주기 1/2(180˚)에 걸쳐서 전류가 흐른다.
> • 출력은 중간 정도로 된다.
> • 입·출력 파형이 비례적이지 못하다.

11 다음 중 변압기 결합회로의 특성으로 옳은 것은?

① 왜곡이 가장 크다.

② 회로구성이 복잡하지만 경제적이다.

③ 전원 이용률이 떨어진다.

④ 2단 이상 다단 트랜지스터 증폭회로를 종속적으로 접속해 준다.

⑤ 기생 발진을 방지한다.

> **note** 변압기 결합회로의 특성
> ㉠ 2단 이상 다단 트랜지스터 증폭회로를 종속적으로 접속할 때 사용한다.
> ㉡ 입출력 임피던스가 각각 다른 트랜지스터 회로에서는 그대로 접속하게 되면 이득의 손실을 가져오게 되기 때문에 고 임피던스는 1차측에, 저 임피던스는 2차측에 위치시켜 정합하여 결합한다.
> ㉢ 바이패스 콘덴서(C_E) : 교류를 통과시켜 자기 바이어스를 일정하게 유지할 수 있도록 해 준다.
> ㉣ 바이어스 저항(R_E, R_b) : 베이스와 이미터 회로에 바이어스를 적당하게 가해준다.

Answer 10.① 11.④

12 다음 중 중화회로의 특성으로 옳지 않은 것은?

① 회로 소자를 단일 방향화한다.

② 기생 발진을 방지한다.

③ 외부 귀환이 되도록 코일을 통하여 귀환되게 구성한다.

④ 자기 발진을 방지한다.

⑤ 컬렉터 용량을 통한 귀환보다 크기는 1/2이고 위상이 동일한 귀환을 시켜준다.

note ⑤ 컬렉터 용량을 통한 귀환보다 크기는 같고 반대의 위상을 귀환 시켜준다.

13 다음 중 송신기 등에 가장 많이 사용되는 고주파 증폭기로 옳은 것은?

① A급   ② B급

③ C급   ④ AB급

note C급 증폭기

㉠ 특성

• 왜곡이 가장 크다.

• 전력을 크게 제공할 수 있다.

• 공진형 부하를 사용한다.

• 180°(반주기) 이하에서만 출력전류가 흐른다.

㉡ 용도

• 동조회로의 특수 분야(라디오 통신 등)

• 송신기 등의 고주파 증폭회로

14 다음 중 RC 결합 증폭기의 저역 차단 주파수에서의 입·출력 위상 차이는 얼마인가?

① 0°   ② 45°

③ 90°   ④ 135°

⑤ 270°

note $\theta = \tan^{-1}\dfrac{X_C}{R}$ 이므로 $f = \dfrac{1}{2\pi R_C}$ (차단주파수)에서 $R = \dfrac{1}{2\pi f_C}$, $R = X_C$

$\therefore \dfrac{X_C}{R} = 1$

결국 $\tan^{-1}\dfrac{X_C}{R} = 45°$가 된다.

Answer   12.⑤   13.③   14.②

15 이미터 용량 C_e, 컬렉터 용량 C_c, 상호 컨덕턴스 g_m, CE 증폭기 전류 증폭률이 h_{fe}라 할 때 β 차단 주파수 f_β의 식은?

① $f_\beta = \dfrac{g_m}{2\pi C_e \cdot h_{fe}}$ 　　　　　② $f_\beta = \dfrac{2\pi C_e \cdot h_{fe}}{g_m}$

③ $f_\beta = \dfrac{g_m}{h_{fe}}$ 　　　　　④ $f_\beta = \dfrac{h_{fe}}{g_m}$

☆note $f_\beta = \dfrac{g_m}{2\pi(C_e + C_c)h_{fe}} = \dfrac{g_m}{2\pi C_e \cdot h_{fe}}$

16 다음 중 B급 푸시풀 전력 증폭기의 컬렉터 평균 전류의 상태로 옳은 것은?

① 입력신호가 작으면 흐르지 않는다.

② 입력신호가 커지면 줄어든다.

③ 입력신호가 커지면 증가한다.

④ 입력신호의 크기에 관계없이 항상 일정하다.

☆note B급 푸시풀 전력 증폭기의 평균 직류 컬렉터 전류는 입력신호가 커짐에 따라 증가하게 된다.
　※ 푸시풀 증폭회로
　　㉠ 같은 특성의 두 개 트랜지스터의 접속을 대칭이 되도록 하고 교번 동작을 시킨 후 출력
　　　을 합하여 보다 큰 출력을 얻는 방식이다.
　　㉡ 베이스 두 개에 반대 극성의 평형 입력신호를 공급해 주기 위해 변압기 결합을 한다.

17 다음 푸시풀 증폭회로의 특징을 설명한 것 중 옳은 것은?

① 출력파형의 일그러짐이 커진다.

② 직류 전원 속에 혼입되어 들어온 리플 전압이 더욱 많아진다.

③ 출력을 비교적 크게 얻을 수 있다.

④ 기수 고조파가 제거된다.

☆note ① 출력파형의 일그러짐이 작아진다.
　　② 직류전원 속에 혼입된 리플 전압은 서로 상쇄된다.
　　④ 푸시풀 전력 증폭기로 우수 고조파를 제거 할 수 있다.

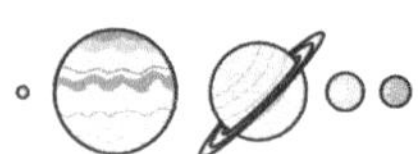

18 다음 중 전력 증폭도가 가장 높은 접지방식은?

① 이미터 접지

② 컬렉터 접지

③ 베이스 접지

④ 이미터−베이스 접지

> ✿**note** 전력 증폭도 ⋯ 이미터 접지는 1,000배 이상, 컬렉터 접지는 10배, 베이스 접지는 100배 정도이다.
> ※ 전압 증폭도와 전류 증폭도
> ㉠ 전압 증폭도 : 이미터 접지는 100 ~ 1,000배, 컬렉터 접지는 1보다 작고 베이스 접지는 100배 정도이다.
> ㉡ 전류 증폭도 : 이미터 접지와 컬렉터 접지는 10배이고, 베이스 접지는 1보다 작다.

19 다음 중 입력저항 및 전류이득이 같은 캐스코드 회로는?

① CE 회로에 직렬로 연결한 CB 회로

② CE 회로에 병렬로 연결한 CB 회로

③ CE 회로에 직렬로 연결한 CC 회로

④ CE 회로에 병렬로 연결한 CC 회로

> ✿**note** 캐스코드(cascode) 회로
> ㉠ CE 회로에 직렬로 CB 회로를 연결한 것이다.
> ㉡ Q_1의 I_{C1}과 Q_2의 I_{E2}는 같고, h_{re}를 무시한 경우 Q_1과 Q_2는 1단 CE 증폭기의 역할과 동일한 동작을 한다.

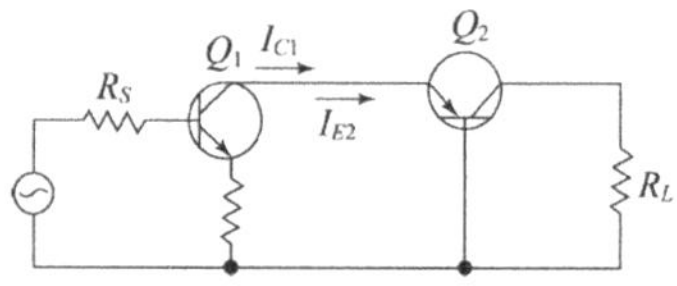

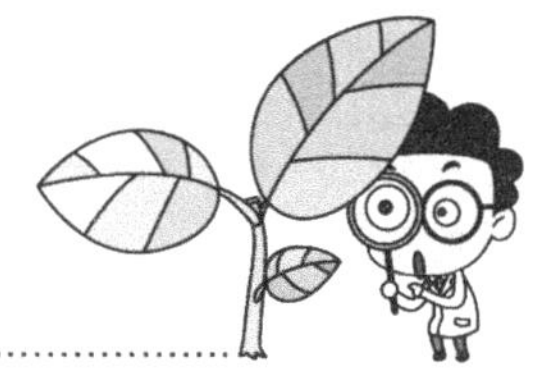

20 다음 그림에서 R_E의 역할로 옳은 것은?

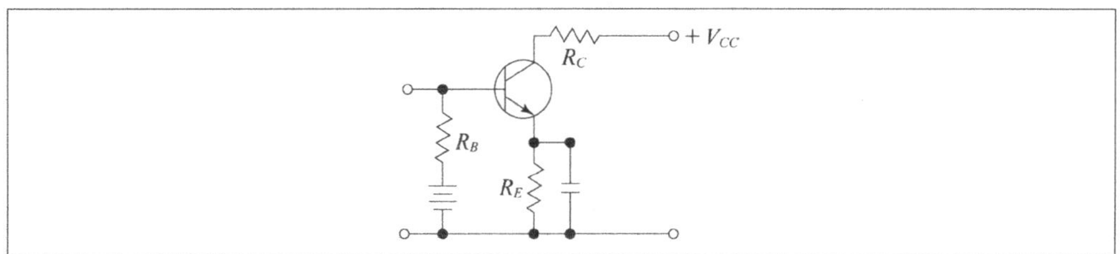

① 출력증대

② 주파수 대역증대

③ 바이어스 전류의 증가

④ 동작점의 안정화

> ☆note 온도가 증가하여 컬렉터 전류 I_C가 증가할 때 R_E, I_C에 의한 전압강화로 베이스 전류 I_B를 제한하여 동작점을 안정시킨다.

21 트랜지스터 증폭에서 부하저항 값의 변화에 전압이득의 변화가 거의 없는 증폭은?

① 이미터 접지 증폭기 ② 베이스 접지 증폭기

③ 소스 접지 증폭기 ④ 이미터 플로워 증폭기

⑤ 소스 플로워 증폭기

> ☆note 이미터 플로워 증폭기는 부하저항 값과는 무관하게 1의 값을 갖는다.

22 이미터 접지(CE) 회로에서 이미터 바이패스 콘덴서를 제거할 때의 현상은?

① 이득 감소 ② 잡음 증가

③ 발진 ④ 신호 증폭

⑤ 정지

> ☆note 이미터 접지(CE) 증폭 회로에서 이미터 바이패스 콘덴서가 제거되었을 경우 이득이 감소한다.

Answer 20.④ 21.④ 22.①

CHAPTER

03 그 밖의 증폭회로

1 ▶ 귀환 증폭회로

① 귀환의 개요

(1) 개념

① 출력의 일부를 입력에 되돌려 보내어 증폭기의 특성을 개선하는 것이다.

② 종류

　㉠ 정귀환(양되먹임) : 귀환전압의 위상이 입력전압의 위상과 동위상이 된다.
　㉡ 부귀환(음되먹임) : 귀환전압의 위상이 입력전압의 위상과 역위상이 된다.

(2) 귀환의 원리

❀ 귀환 증폭회로 ❀

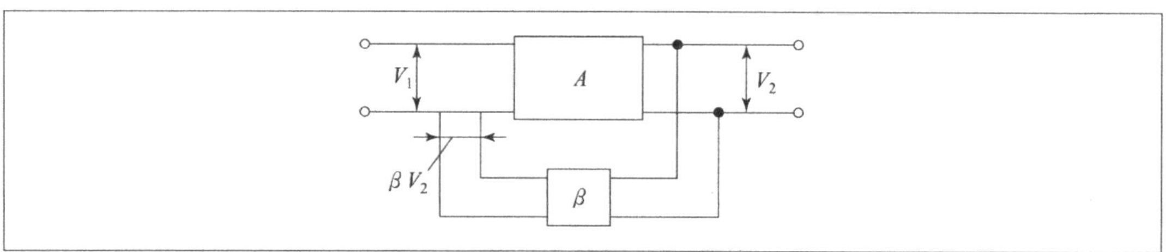

① 출력전압(V_2)

$$V_2 = A\,V_1 = A\,(V_1 + \beta\,V_2) = A\,V_1 + \beta\,V_2\,A \text{ 에서}$$

$$A\,V_1 = V_2 - \beta\,V_2\,A = V_2(1 - A\beta) \text{가 되고,}$$

결국 $V_2 = \dfrac{A\,V_1}{1 - A\beta}$ 이 된다.

여기서 V_1은 입력전압, V_2는 출력전압, A는 무귀환시 전압 증폭도, β는 귀환계수를 뜻한다.

② 귀환전압 증폭도(A_f) $\cdots$ $A_f = \dfrac{V_2}{V_1} = \dfrac{A}{1 - A\beta}$

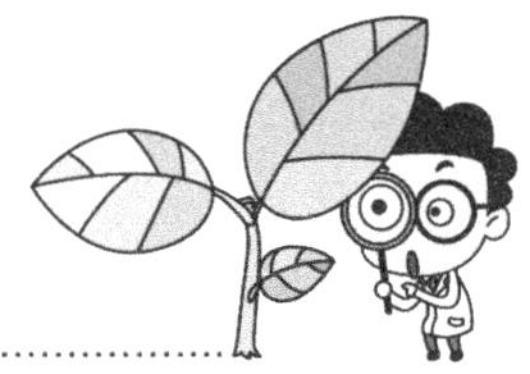

(3) 귀환의 형태

① $|1 - A\beta| < 1$이면 $A_f > A$이 되고 정귀환(PFB)이다.

② $|1 - A\beta| > 1$이면 $A_f < A$이 되고 부귀환(NFB)이다.

③ $|1 - A\beta| = 0$이면 $A_f = \infty$ 가 되고 발진이다.

④ $|1 - A\beta| = 1$이면 $A_f = 1$이 되고 부귀환이다.

② 귀환 증폭회로의 형태

(1) 직렬전압 귀환 증폭회로

① **개념** … 귀환전압이 출력전압에 비례하고, 귀환요인은 전압으로서 직렬귀환이 되므로 전압귀환
이라고 한다.

$V_f = \beta V_0$에서 β에 대해 정리하면

$$\beta = \frac{V_f}{V_0}$$

② **원리도와 기본회로**

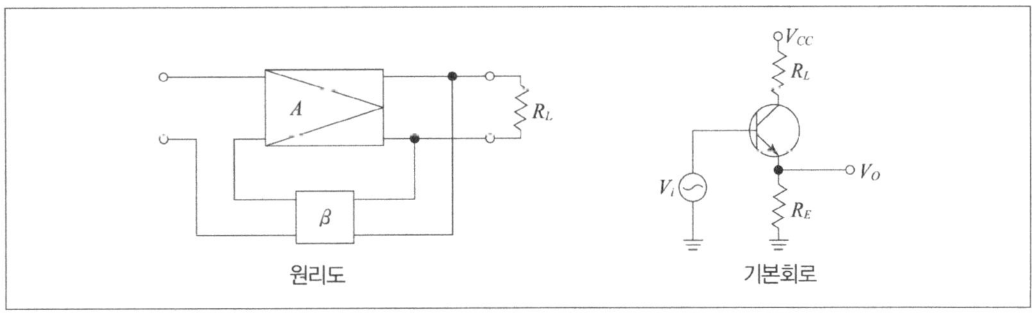

(2) 병렬전압 귀환 증폭회로

① **귀환계수**(β) ··· $I_f = \beta V_0$에서 β에 대해 정리하면

$$\beta = \frac{I_f}{V_0}$$

② **원리도와 기본회로**

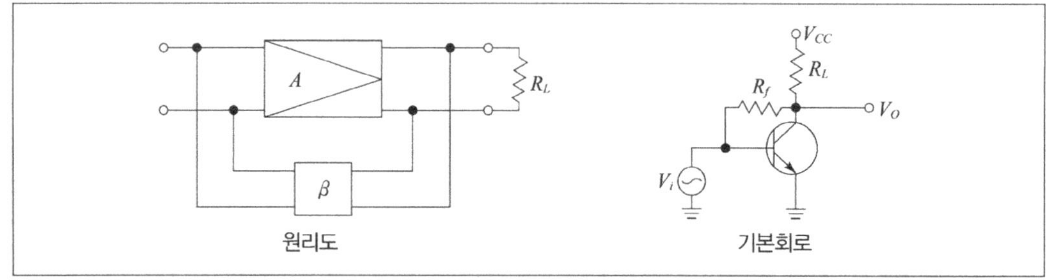

(3) 직렬전류 귀환 증폭회로

① **개념** ··· 귀환요인은 전압으로서 직렬귀환이 되고 귀환전압이 출력전류에 비례하므로 전류귀환이라고 한다.

$$V_f = \beta I_0 \text{에서 } \beta\text{에 대해 정리하면 } \beta = \frac{V_f}{I_0}$$

② **원리도와 기본회로**

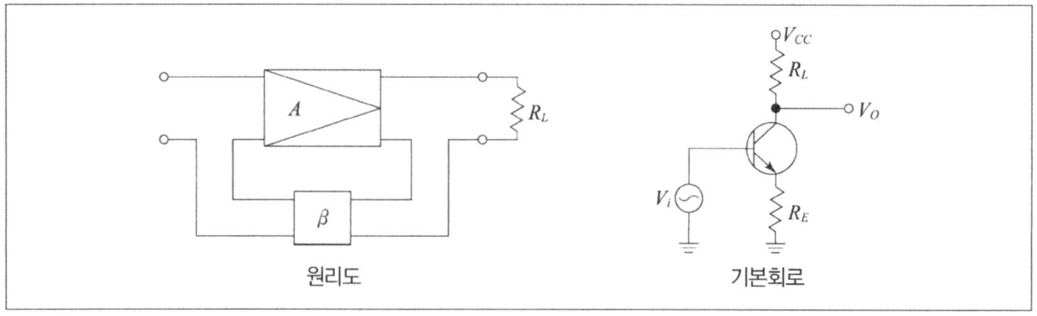

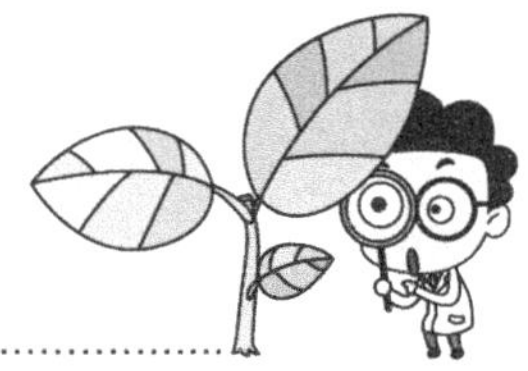

(4) 병렬전류 귀환 증폭회로

① **귀환계수**(β) ⋯ $I_f = \beta I_0$에서 β에 대해 정리하면 $\beta = \dfrac{I_f}{I_0}$

② **원리도와 기본회로**

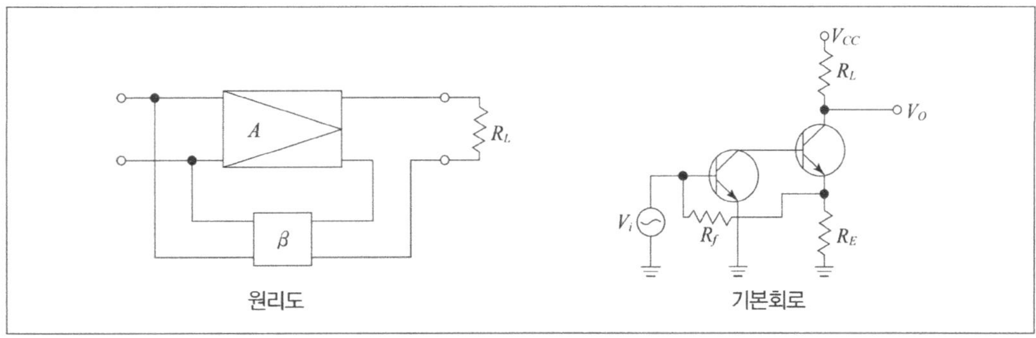

③ 귀환 증폭회로의 해석

(1) 직렬전압 귀환 증폭회로

① **귀환계수**(β) ⋯ $\beta = \dfrac{X_f}{X_0} - \dfrac{V_f}{V_0} = -1$

② **귀환 증폭도**(A_f) ⋯ $A_f = \dfrac{A}{1-A}$

③ **특징**

　㉠ 출력저항은 감소하고 입력저항은 증가한다.

　㉡ 전압 증폭기로서 사용한다.

◎ 직렬전압 귀환 증폭회로 ◎

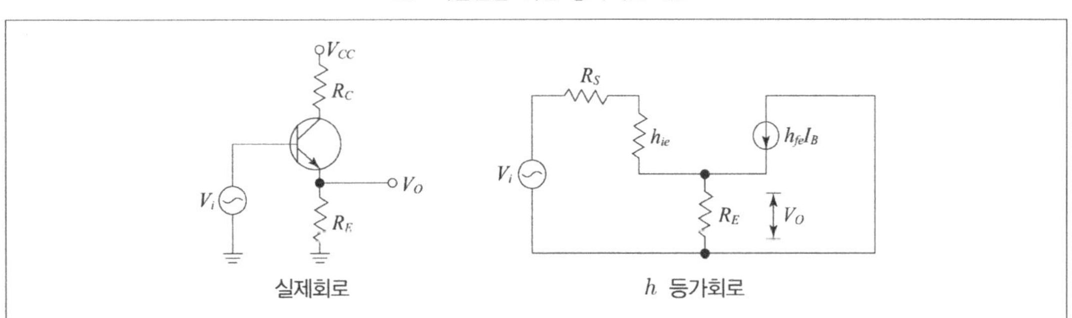

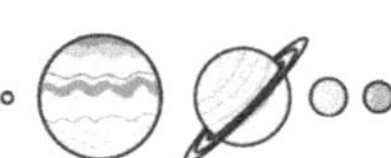

(2) 병렬전압 귀환 증폭회로

① 전류이득은 입출력 임피던스가 감소되기 때문에 적어지게 된다.

② **귀환계수**(β) $\cdots$ $\beta = \dfrac{I_f}{V_0} = -\dfrac{1}{R_f}$

❀ 병렬전압 귀환 증폭회로 ❀

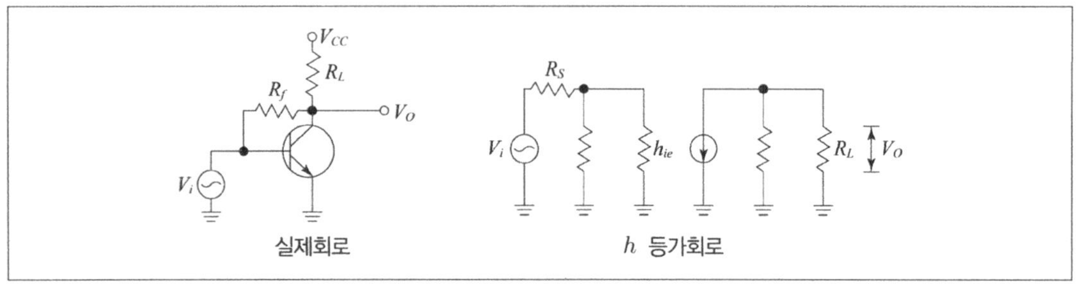

(3) 직렬 전류 귀환 증폭회로

① **귀환계수**(β) $\cdots$ $\beta = \dfrac{V_f}{I_0} = \dfrac{I_0 R_E}{I_0} = -R_E$

② **귀환전압 증폭도**(A_{vf}) $\cdots$ $A_{vf} = \dfrac{V_O}{V_i} = \dfrac{-h_{fe}R_L}{R_S + h_{ie}(1 + h_{fe})R_E} \fallingdotseq -\dfrac{R_L}{R_E}$

❀ 직렬전류 귀환 증폭회로 ❀

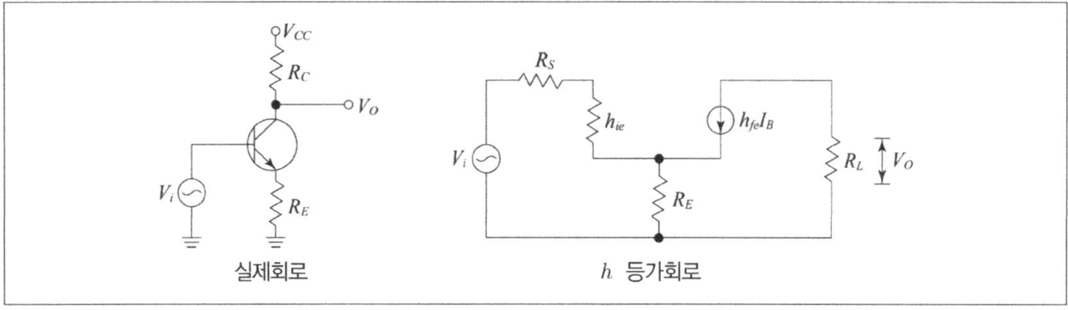

(4) 병렬전류 귀환 증폭회로

① 귀환전류 I_{fb}가 출력전류 I_0에 비례해서 전류귀환이고, 부하회로와 귀환회로가 병렬을 이루어 병렬귀환이 된다.

② 병렬전류 귀환 증폭기를 전류 증폭기로서 많이 사용한다.

◎ 병렬전류 귀환 증폭회로 ◎

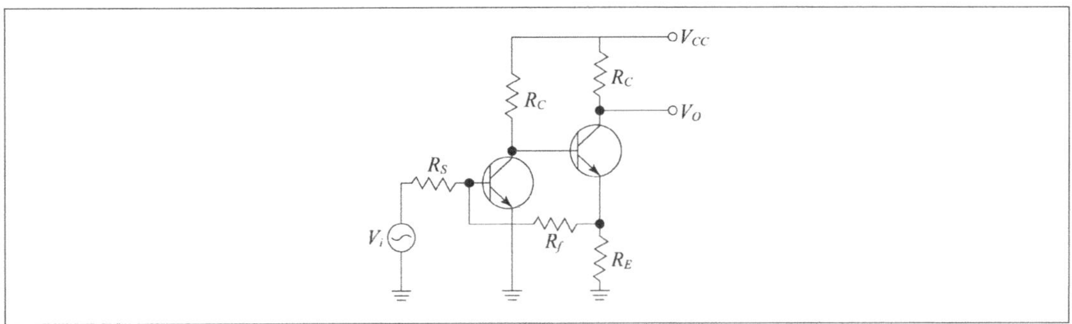

(5) 귀환 증폭회로의 비교와 특성

① 귀환 증폭회로의 비교

구분	직렬전압 귀환	병렬전압 귀환	직렬전류 귀환	병렬전류 귀환
출력 임피던스	$\left(\dfrac{1}{1-A\beta}\right)$배 감소	$\left(\dfrac{1}{1-A\beta}\right)$배 감소	$(1-A\beta)$배 증가	$(1-A\beta)$배 증가
입력 임피던스	$(1-A\beta)$배 증가	$\left(\dfrac{1}{1-A\beta}\right)$배 감소	$(1-A\beta)$배 증가	$\left(\dfrac{1}{1-A\beta}\right)$배 감소
비직선 일그러짐	감소	감소	감소	감소
주파수 대역폭	증가	증가	증가	증가

② 부귀환 증폭회로의 특성

㉠ 주파수 특성이 개선된다.

㉡ 이득의 감소 : $A_f = \dfrac{A}{1+A\beta}$

㉢ 전달 증폭률 감도의 감소

$$감도 = \frac{귀환이\ 있을\ 때의\ 증폭률의\ 변동률}{귀환이\ 없을\ 때의\ 증폭률의\ 변동률}$$

$$= \frac{\dfrac{dA_f}{A_f}}{\dfrac{dA}{A}} = \frac{dA_f}{dA} \cdot \frac{A}{A_f}$$

$$\therefore \frac{dA_f}{dA} \cdot \frac{A}{A_f} = \frac{1}{1+A\beta} \,\text{이고, } |A\beta| \gg 1\text{이면}$$

$$A_f = \frac{A}{1+A\beta} \fallingdotseq \frac{1}{\beta}$$

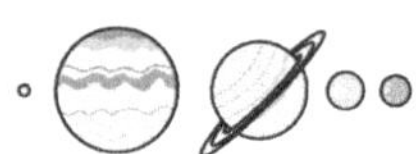

위 식에서 보면 β에 의해 귀환 증폭회로의 이득이 결정되고 증폭기의 특성에 대하여는 크게 관계하지 않는 것을 알 수 있다. 만일 β의 구성요소가 안정한 상태라면 마찬가지로 귀환 증폭회로도 안정할 수가 있는 것이다.

ㄹ 비직선 일그러짐의 감소

- 부귀환 증폭회로에서 차단 주파수가 감소하므로 비직선 일그러짐도 감소한다.

$$\text{부귀환 시의 왜곡}(D_f) = \frac{D}{1 + A\beta} \quad (D : \text{기본 증폭기의 왜곡})$$

- 위에서 보는 것과 같이 일그러짐률은 귀환이 있으면 $\dfrac{1}{1 + A\beta}$ 만큼 감소하게 되는 것이다.

③ 입출력 임피던스의 변화 가능

ㄱ 전압귀환에서의 출력저항 변화 : 부하전압에 비례하는 신호를 귀환하면 출력전압의 일정한 유지를 위해 전압귀환의 출력저항은 감소하게 된다. 그러므로 전압귀환의 상태에서는 출력저항이 $\dfrac{1}{1 + A\beta}$ 배만큼 감소하게 되는 것이다.

$$R_{Of} = \frac{V_0}{I_0} = \frac{R_0}{1 + A\beta}$$

ㄴ 전류귀환에서의 출력저항 변화 : 전류귀환에서의 출력저항은 $(1 + A\beta)$ 배만큼 증가하게 된다.

$$R_{Of} = \frac{R_0}{I_0} = (1 + A\beta) R_0$$

④ 대역폭의 증가

ㄱ 저역 차단 주파수(f_{Lf}) : $f_{Lf} = \dfrac{1}{1 + A\beta} f_L$이고 f_{Lf}는 감소하게 된다.

ㄴ 고역 차단 주파수(f_{Hf}) : $f_{Hf} = (1 + A\beta) f_H$이고 f_{Hf}는 증가하게 된다.

부귀환에서의 대역폭 관계

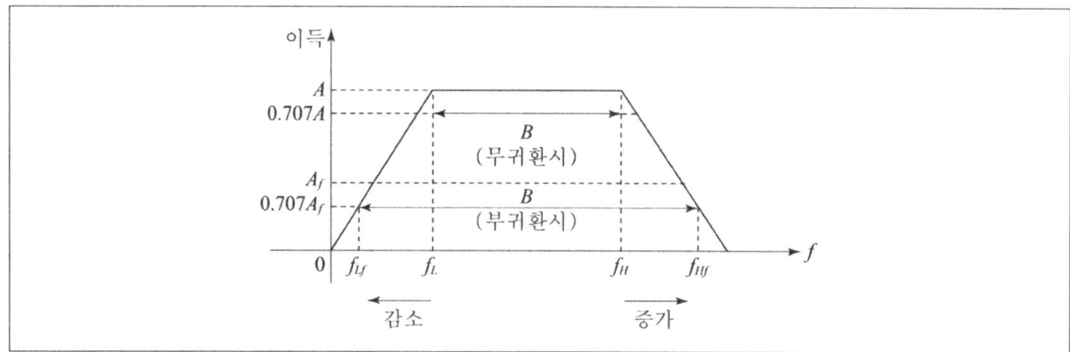

2 **전계효과 트랜지스터 증폭회로**

① **FET의 소신호 모델 해석**

(1) 등가회로

❀ FET의 회로에 대한 등가회로 ❀

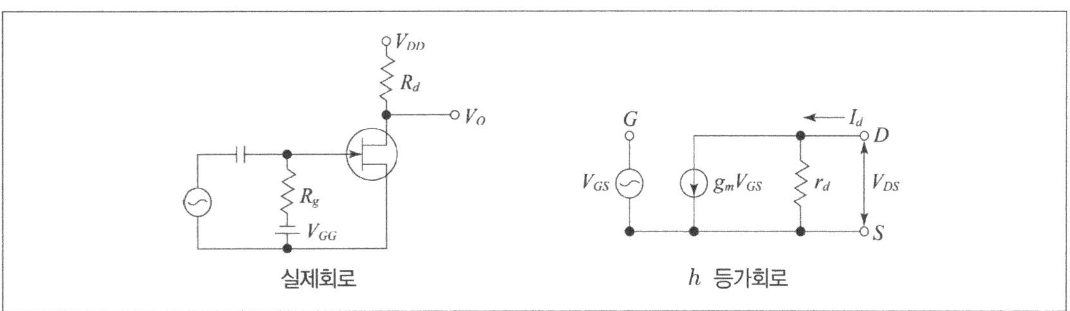

(2) FET의 3정수

① **증폭 정수** ⋯ 온도에 관계없이 일정하다.

$$u = \frac{V_{DS}}{V_{GS}}$$

② **상호 컨덕턴스** ⋯ 온도가 증가하면 함께 증가한다.

$$g_m = \left.\frac{dI_d}{dV_{GS}}\right|_{V_{GS}=\,일정}$$

③ **드레인 저항** ⋯ $r_d = \left.\dfrac{dV_{DS}}{dI_d}\right|_{V_{GS}=\,일정}$

④ **드레인 전류**(I_D) ⋯ $I_D = g_m V_{GS} + \dfrac{V_{DS}}{r_d}$

⑤ **3정수간의 관계** ⋯ $u = r_d \cdot g_m$

⑥ **FET의 소신호 모델 전압이득** ⋯ $A_v = -\,g_m \dfrac{r_d R_L}{r_d + R_L}$

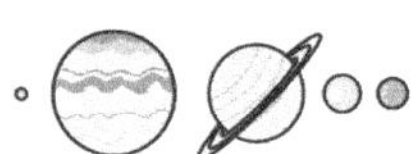

② FET 증폭회로

(1) FET 동작특성

① $V_{ds} - I_d$ 특성 $\cdots V_{ds}$ 가 증가하면 I_d 가 증가한다(단, V_{gs} 는 일정하다).

② **핀치 오프 전압**(Pinch−off voltage)
   ㉠ 개념 : V_{gs} 가 일정한 상태에서 V_{ds} 를 작게 할수록 I_d 가 작아져서 거의 0이 될 때의 게이트 소스 간의 V_{gs} 전압을 말한다.
   ㉡ 드레인 전류의 차단전압 V_p 로 나타낸다.

⊛ FET의 기본 회로 및 동작특성 ⊛

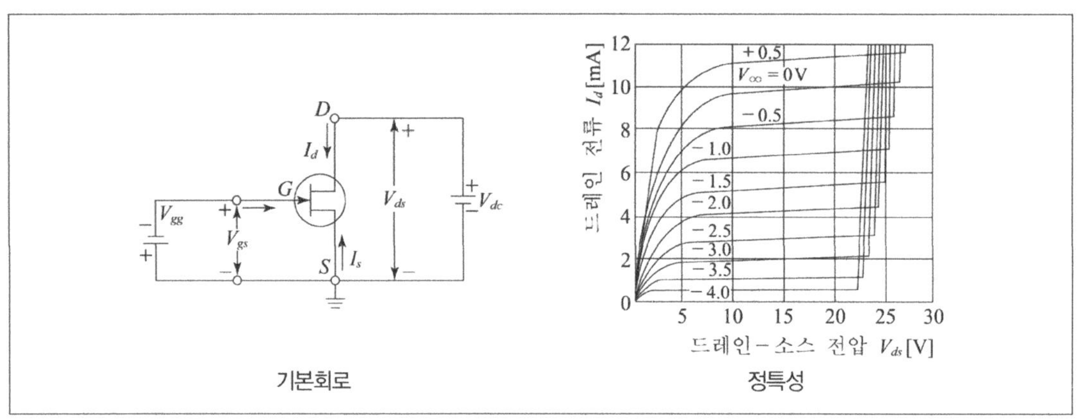

(2) FET 증폭회로의 바이어스 조건

① **직류 부하 직선** $\cdots V_{DD} = V_{DS} + (R_d + R_S) I_D$

② **게이스 − 소스 간 바이어스 전압** $\cdots V_{GS} = - R_S I_D$

③ 동작점에 있어서 V_{GS} 의 값은 0과 $- V_{PO}$ 사이에 있는 것 및 드레인 − 소스 간의 전압 − 전류 특성이 게이트 − 소스 간 전압 V_{GS} 에 관해서 3/2승 특성을 가지는 것을 고려하여 바이어스 저항 R_S 가 결정된다.

❀ FET 증폭회로의 바이어스 ❀

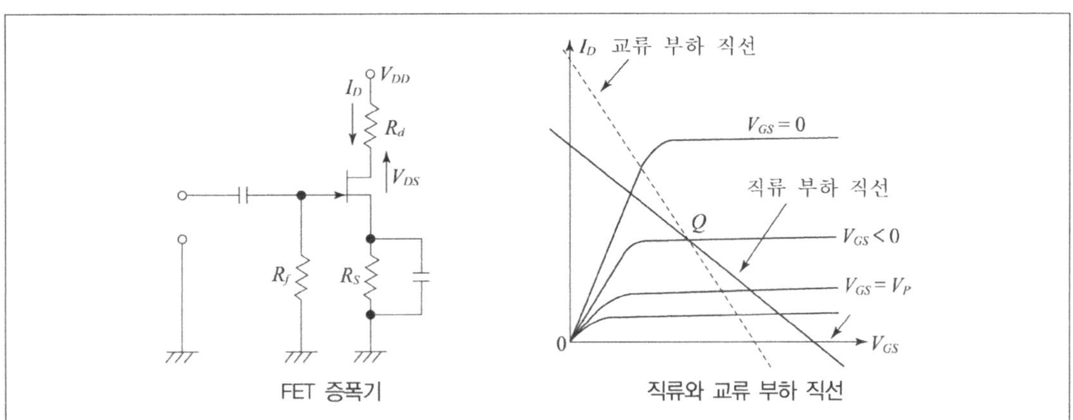

❀ 각 접지방식에 따른 분류 ❀

구분	게이트 접지	소스 접지	드레인 접지
Z_i	낮다.	크다(∞).	크다(∞).
Z_o	$\fallingdotseq r_d$	$\fallingdotseq r_d$	$\dfrac{1}{g_m}$
A_v	$\fallingdotseq g_m \cdot r_d$ (동상)	$-g_m \cdot R_L$ (역상)	$\fallingdotseq \dfrac{u}{1+u} \fallingdotseq 1$ (동상)
응용	고주파용	증폭용	임피던스 변환기

03 출제예상문제

1 트랜지스터를 이용한 음되먹임 증폭회로의 특징으로 옳지 않은 것은?

① 이득을 크게 한다.　　　　　　② 주파수 특성이 개선된다.

③ 잡음이 감소된다.　　　　　　④ 안정도가 높다.

> **note** NFB의 특징
> ㉠ 안정도가 높고 일그러짐이 감소한다.
> ㉡ 주파수 특성이 좋아지고 잡음이 감소하며 이득이 낮아진다.

2 다음 중 효율이 가장 좋은 증폭방식은?

① A급　　　　　　② B급

③ C급　　　　　　④ AB급

> **note** 증폭기의 효율
> ㉠ A급 : 파형 일그러짐이 적고 효율은 직렬일 때 25%, 병렬일 때 50% 정도이다.
> ㉡ B급 : 78.5% 이하로 효율이 좋은 편이다.
> ㉢ C급 : 78.5% 이상으로 효율은 가장 좋으나 왜곡이 가장 크다.
> ㉣ AB급 : A급과 B급 사이이다.

3 다음 중 귀환 증폭회로에서 전압 증폭도가 $A_{vf} = \dfrac{A}{1 - A\beta}$ 라고 할 때 부귀환 조건으로 옳은 것은?

① $1 - A\beta < 1$　　　　　　② $1 - A\beta > 1$

③ $A\beta < 1$　　　　　　④ $A\beta > 1$

> **note** $A_f = \dfrac{A}{1 - A\beta}$ 일 때의 부귀환이 일어나기 위해선 $|1 - A\beta| > 1$ 이어야 한다.

Answer　　1.① 2.③ 3.②

4 다음 그림과 같은 이미터 바이어스 회로에서 가장 안정한 회로의 조건으로 옳은 것은? (단, $R_b = R_1 // R_2$)

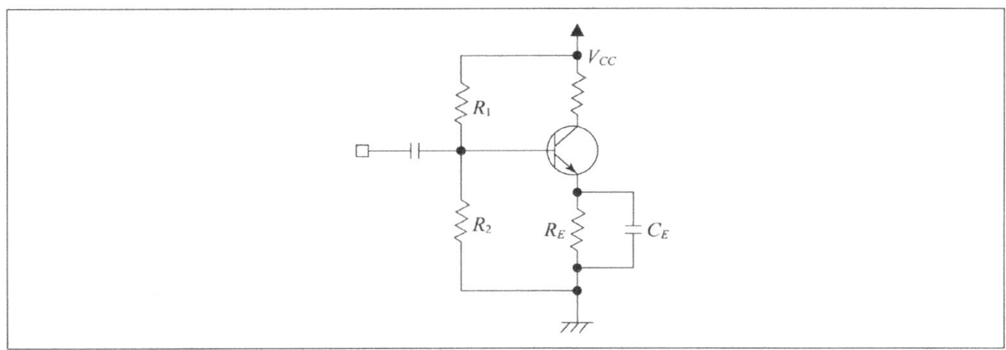

① $R_b = 0$일 경우

② $R_e = 0$일 경우

③ $R_b / R_e = \infty$일 경우

④ $R_b / R_e = 0$일 경우

> **note** 직류 귀환 바이어스에서의 안정계수 S를 구하면
>
> $$S = \frac{1 + \beta}{1 + \beta \dfrac{R_e}{R_b + R_e}} = \frac{(1 + \beta)(R_b + R_e)}{(R_b + R_e + \beta R_e)} \text{에서 } R_e \text{로 나누면}$$
>
> $$S = \frac{(1 + \beta)(R_b/R_e + 1)}{1 + \beta + (R_b/R_e)}$$
>
> 따라서 회로는 S가 작을수록 안정화되어 $R_b / R_e = 0$이 될 때 가장 안정하게 된다.

5 귀환을 걸지 않았을 경우 전압이득이 40이고, 고역 차단 주파수가 20kHz인 증폭기에 귀환을 걸어 전압이득이 20으로 되었을 때 귀환시 고역 차단 주파수는?

① 15kHz

② 30kHz

③ 40kHz

④ 55kHz

⑤ 80kHz

> **note** $f_{Hf} = 1 + A\beta f_H$에서
>
> $$Af_{Hf} = \frac{A}{1 + A\beta} \text{ 가 되고}$$
>
> $$1 + A\beta = \frac{A}{A_f} = \frac{40}{20} = 2$$
>
> $\therefore$ 귀환시의 고역 차단 주파수 $f_{Hf} = (1 + A\beta)f_H = 2 \times 20 = 40\text{kHz}$

Answer   4.④ 5.③

6 다음 중 부귀환 증폭기의 장점으로 옳지 않은 것은?

① 안정도가 개선된다.

② 전력 효율이 개선된다.

③ 이득 변동이 부하 변동에 의해서 감소되어 증폭의 동작이 안정하다.

④ 내부잡음이 감소한다.

> **note** 부귀환 회로의 특징
> ㉠ 일그러짐이 감소한다.
> ㉡ 주파수 특성이 개선된다.
> ㉢ 증폭도가 저하된다.
> ㉣ 안정도가 개선된다.
> ㉤ 실효 내부저항이 변화한다.
> ㉥ 내부잡음이 감소한다.

7 다음 FET에 관한 설명 중 옳지 않은 것은?

① 입력저항이 매우 커서 흐르는 입력전류는 거의 0에 가깝다.

② 증폭 정수는 출력단자를 단락시키고 입력전압에 대한 출력전압의 비를 말한다.

③ 3정수는 $u = r_d \cdot g_m$ 의 관계를 갖는다.

④ 출력 컨덕턴스는 출력단자를 단락시키고 입력전압에 대한 출력전류의 비를 말한다.

> **note** FET의 3정수
> ㉠ 증폭 정수 $u = \dfrac{V_{DS}}{V_{GS}}$ (온도에 관계없이 일정)
>
> ㉡ 상호 컨덕턴스 $g_m = \left.\dfrac{dI_d}{dV_{GS}}\right|_{V_{DS}=\text{일정}}$ (온도의 증가에 따라 증가)
>
> ㉢ 드레인 저항 $r_d = \left.\dfrac{dV_{DS}}{dI_d}\right|_{V_{GS}=\text{일정}}$

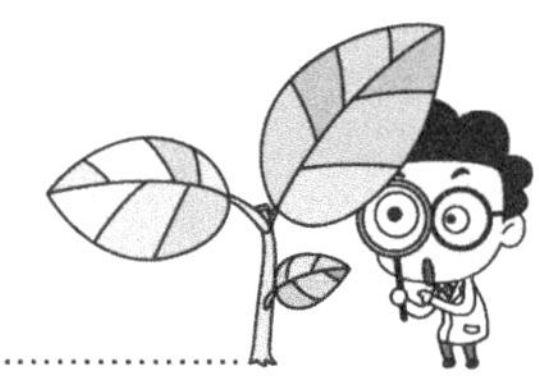

8 다음 이상적인 귀환 증폭기의 기본적 특성을 설명한 것 중 옳지 않은 것은?

① 기본 증폭기는 단방향이어야 한다.

② 귀환회로도 단방향적이어야 한다.

③ 귀환회로의 부하작용이 기본 증폭기에 대해서 일어나는 것은 무시되어야 한다.

④ 이득은 부귀환일 때 커지게 된다.

> **note** ④ 부귀환시 이득에서는 손실을 보게 되지만, 안정성은 좋아진다.

9 부귀환 증폭회로에서 귀환이 없을 때 $\beta = 0.01$이고 전압 이득 = 80dB이라고 할 경우 이 증폭회로에서 귀환이 있을 경우의 전압이득으로 옳은 것은?

① 20dB ② 50dB

③ 80dB ④ 110dB

⑤ 120dB

> **note** $$A_f = \frac{A}{1 + A\beta} = \frac{10,000}{1 + 10,000 \times 0.01} \fallingdotseq 10$$
> $$\therefore \ 전압이득 = 20\log 10 = 20\,dB$$

10 다음 중 FET의 접지 방식에 따라 분류하여 설명하였을 때 옳은 것은?

① 드레인 접지회로는 입력 임피던스가 낮다.

② 게이트 접지회로의 입력 임피던스는 ∞가 된다.

③ 소스 접지회로의 입력 임피던스는 낮다.

④ 드레인 저항과 게이트 접지 및 소스 접지의 출력 임피던스는 동일하다.

> **note** ① 드레인 접지회로에서 입력 임피던스는 ∞가 된다.
> ② 게이트 접지회로의 입력 임피던스는 낮다.
> ③ 소스 접지회로의 입력 임피던스는 ∞가 된다.

11 다음 중 FET 소신호 모델에 사용되는 파라미터로 옳지 않은 것은?

① V_P

② I_D

③ V_G

④ β

☆note ① 핀치 오프 전압
② 드레인 전류
③ 게이트 전압
④ 트랜지스터에 해당하는 파라미터이다.

12 다음 중 음되먹임 증폭기의 장점이 아닌 것은?

① 주파수 일그러짐이 감소한다.

② 잡음 및 비선형 일그러짐이 감소한다.

③ 주파수 대역폭이 증가한다.

④ 전력효율이 개선된다.

⑤ 부하변동에 의한 이득변동의 감소로 증폭동작이 안정된다.

☆note 음되먹임(부귀환)의 경우 이득은 감소하나 ①②③⑤ 특징을 얻을 수 있다.

13 전력 증폭회로의 이상적인 최대 출력을 얻을 수 있는 조건과 관계없는 것은?

① 변성기의 손실을 무시한다.

② R_E에 의한 손실을 무시한다.

③ 동작점은 교류 부하선의 중심에 있는 것으로 한다.

④ i_c, V_{CE}는 직류 부하선의 전체 범위까지 이용한다.

☆note ④ i_c, V_{CE}는 교류 부하선의 전체 범위까지 이용한다.

Answer   11.④ 12.④ 13.④

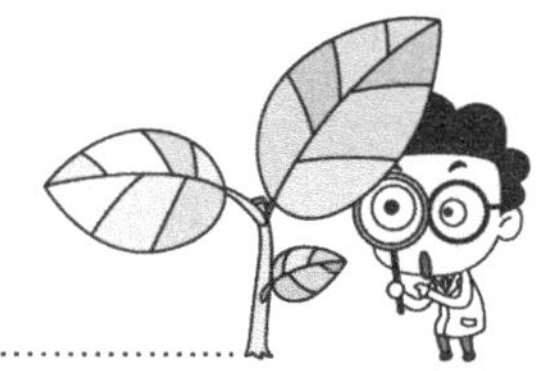

14 고주파 증폭회로에서 중화에 대한 설명으로 옳지 않은 것은?

① 베이스 접지에서는 중화할 필요가 없다.

② 회로 소자를 단일 방향화하는 회로이다.

③ 컬렉터 용량을 통한 되먹임과 위상은 같고 크기가 반대되는 되먹임을 시켜준다.

④ 자기발진을 방지하기 위해 중화회로를 이용한다.

⑤ 중화용 콘덴서의 용량이 커야 한다.

> **note** ⑤ 중화용 콘덴서의 용량이 작아야 한다.
>
> ※ 중화용 콘덴서
>   ㉠ 3극관이나 트랜지스터를 이용하여 고주파 증폭을 하는 경우 출력의 일부를 입력측에 결합하여 중화시키는 것이다.
>   ㉡ 자기발진을 제거함으로써 안정한 동작을 얻는 데 이용한다.

15 교차왜곡이 단점이 되는 증폭회로는 어떤 증폭기인가?

① A급   ② B급

③ C급   ④ AB급

⑤ A, B, C 모두 교차왜곡의 단점이 있다.

> **note** C급 전력증폭기는 효율은 가장 좋지만 교차왜곡의 단점이 있다.

16 전압 증폭도 30[dB]의 증폭기를 2단 종속 접속하였다. 이때의 종합 증폭도는?

① 30[dB]   ② 60[dB]

③ 90[dB]   ④ 120[dB]

> **note** 종합증폭도 = 30[dB] + 30[dB] = 60[dB]

17 낮은 입력 저항을 가지며 전압이득이 CS와 동일한 증폭기는?

① CE 증폭기   ② CS 증폭기

③ CD 증폭기   ④ ED 증폭기

⑤ CG 증폭기

> **note** CG(공통 게이트) 증폭기는 낮은 입력 저항을 가지며 전압이득이 CS와 동일한 증폭기이다.

Answer   14.⑤   15.③   16.②   17.⑤

발진회로

발진회로와 LC 발진회로

1 발진회로의 기초

① 발진의 원리

(1) 발진회로의 개요

① 귀환 증폭회로에서 정귀환이 되면 외부의 입력 없이 증폭작용이 계속되는 것처럼 증폭작용을 이용하여 전기 진동을 발생시키는 귀환회로(되먹임 발진회로)를 말한다.

② 회로 자체에서 교류파형(주파수)을 외부의 입력 없이 얻는다.

(2) 발진회로의 구성

① **발진회로의 구성** … 보통 신호증폭의 기능을 하는 기본 증폭기와 출력신호의 일부를 입력측으로 되돌리는 기능을 하는 귀환회로(되먹임 회로)로 구성된다.

⑱ 발진회로의 블록선도 ⑱

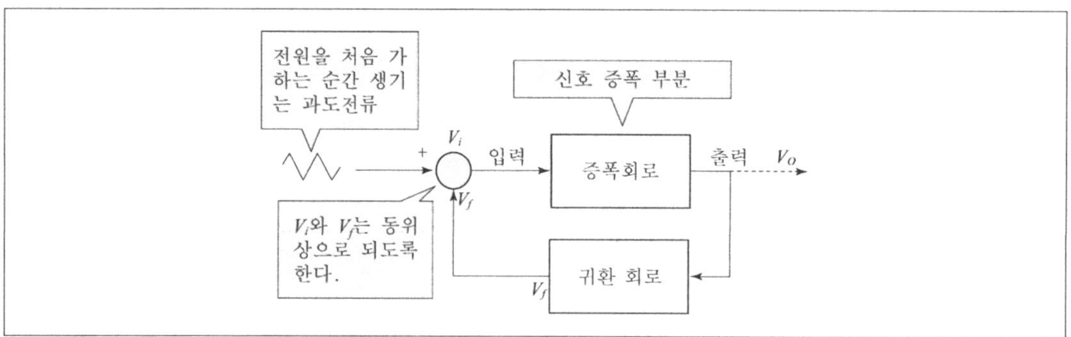

② 귀환율과 증폭도

㉠ 귀환율(되먹임률) : 증폭도가 A인 기본 증폭회로에서 출력전압이 V_O일 때 귀환되는 신호의 크기를 V_f라고 하면 귀환율 β는 $\dfrac{V_f}{V_O}$가 된다.

㉡ 회로의 증폭도 : $A_V = \dfrac{V_O}{V_i} = \dfrac{A}{1 - A\beta}$

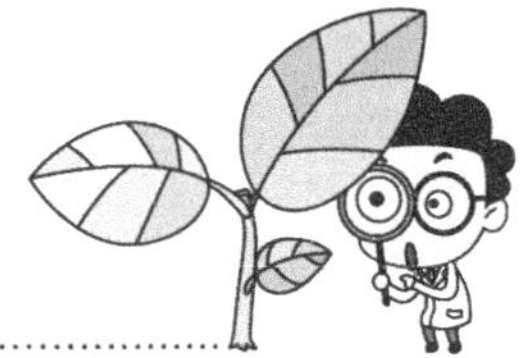

② 발진 조건과 종류

(1) 발진의 조건

① 위상 조건

    ㉠ 증폭회로의 입력전압과 되먹임 회로의 출력전압이 동위상이 되어야만 발진이 된다.

    ㉡ 위상조건에 따라 발진주파수가 결정된다.

② 이득 조건

    ㉠ $A\beta \geq 1$을 만족해야 발진이 일어난다(A : 증폭회로의 증폭도, β : 귀환 회로의 귀환율).

    ㉡ 증폭회로의 입력은 발진이 계속적으로 성장하기 위해서 점차 커지면 안 된다.

    ㉢ 발진이 안정되었을 경우에는 $|A\beta| = 1$이 되어 회로의 평형이 유지되어야 한다.

    ㉣ 바크하우젠(Barkhausen)의 발진 조건

      • 발진 안정 : $|A\beta| = 1$

      • 발진 성장 조건 : $|A\beta| \geq 1$

      • 발진 소멸 조건 : $|A\beta| \leq 1$

③ 발진회로의 형태

    ㉠ 리액턴스 소자는 $X_1 + X_2 + X_3 = 0$이어야 한다.

◎ 발진 기본도 ◎

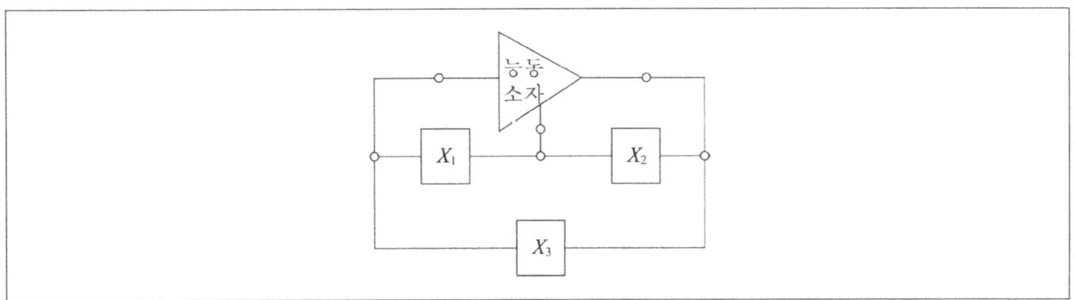

    ㉡ 발진 조건

      • $X_3 < 0$(용량성)일 때 X_1, $X_2 > 0$(유도성)이어야 한다.

      • $X_3 > 0$(유도성)일 때 X_1, $X_2 < 0$(용량성)이어야 한다.

(2) 발진회로의 종류

① 발진회로의 종류

발진기	정현파 발진기	LC 발진기	동조형 발진기	베이스 동조
				컬렉터 동조
				이미터 동조
			하틀리 발진기	
			콜피츠 발진기	
		수정 발진기	피어스 BE형 발진기	
			피어스 CB형 발진기	
		RC 발진기	이상형 발진기	
			비인 브리지	
	비정현파 발진기 (이상형 발진회로)	멀티 바이브레이터		
		블로킹 발진기		
		톱니파 발진기		

② 발진회로의 특성

종류	주파수 정도	Q	안전성	용도
LC 발진기	약 $\pm20\%$	작음	나쁨	라디오, TV, FM 수신기, 고주파 측정용 발진기
수정 발진기	$\pm$수~수십 ppm	큼	좋음	시계, 송신기, PLL 회로
RC 발진기	약 $\pm20\%$	작음	나쁨	저주파 측정용 발진기
세라믹 발진기	$\pm0.2\sim0.5\%$	보통	좋음	저가, 소형 마이크로프로세서, 리모콘

2 LC 발진회로

① 동조형 발진기

(1) 동조형 발진회로의 개요

① **구성** ··· 대부분 코일과 콘덴서, 변압기를 이용하여 귀환회로를 구성한다.

② **특성** ··· 주로 높은 주파수의 발진에 적합하다.

③ 발진 조건 $\cdots A_v \geqq \dfrac{M}{L_1}$

④ 주파수 $\cdots f = \dfrac{1}{2\pi} \sqrt{\dfrac{1}{L_1 C_1}}$ [Hz]

(2) 동조형 발진기의 종류

① **베이스 동조형**

    ㉠ 개념 : 베이스 단에 동조회로가 있는 회로를 말한다.

    ㉡ 베이스 단의 입력 임피던스가 낮기 때문에 동조 코일에서 탭을 내어 임피던스 정합을 시켜야 한다.

⑧ 베이스 동조형 ⑧

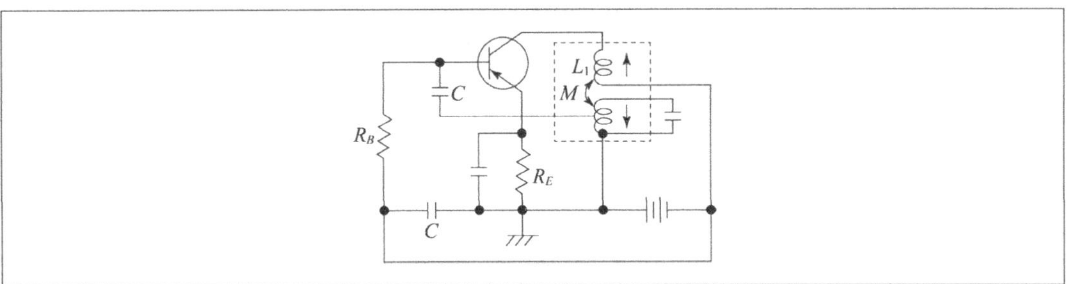

② **컬렉터 동조형**

    ㉠ 개념 : 컬렉터 단에 동조회로가 있는 회로를 말한다.

    ㉡ 트랜지스터의 이미터 접지시의 출력전류가 입력에 대해 역위상 되므로 코일의 L_1, L_2의 극성을 반대로 결합하여 정귀환이 되게 한다.

    ㉢ 양극회로 동조형 발진회로에 대응하며 주로 수신기 국부 발진회로에 이용된다.

⑧ 컬렉터 동조형 ⑧

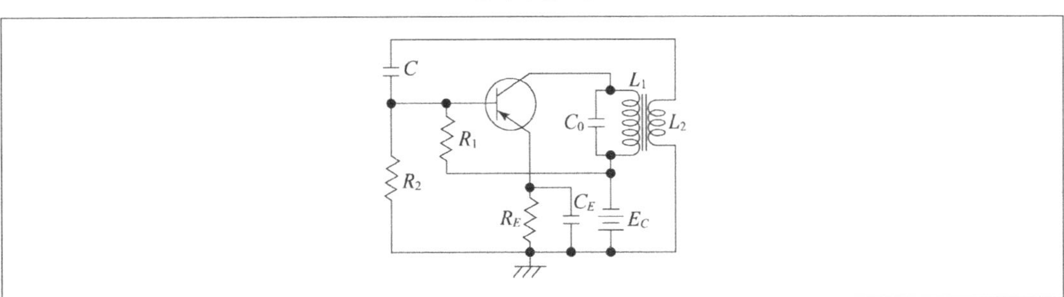

③ 이미터 동조형

㉠ 이미터 접지형으로서 이미터 저항의 양단에 나타난 입력전류의 증폭으로 인해 컬렉터 단에 나타난다.

㉡ 컬렉터 단에 생기는 에너지는 L_1, L_2의 결합을 통해서 이미터 단에 입력신호가 가해져 발진을 지속하게 된다.

◎ 이미터 동조형 ◎

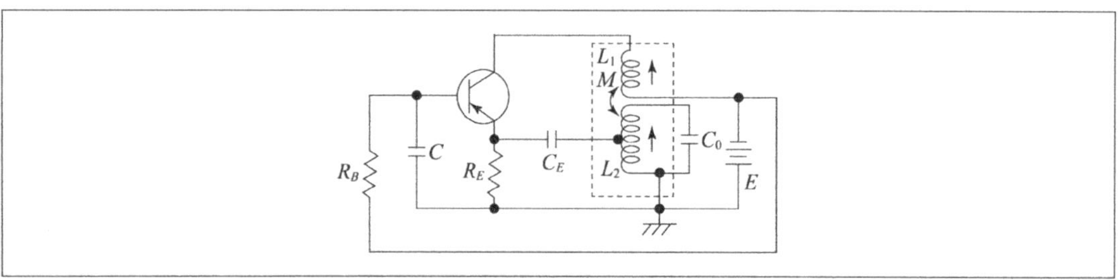

② 3소자 발진기

(1) 하틀리(hartley) 발진회로

① 특징

㉠ 이미터와 컬렉터 사이의 리액턴스가 유도성일 때 발진을 가장 안정하게 지속한다.

㉡ 하틀리 발진회로는 인덕터 분할 발진회로로서, 그 원리는 코일의 일부분에 걸린 전압이 귀환되는 것이고, 귀환요소는 인덕턴스(L)이다.

㉢ 가변 발진기를 쉽게 사용할 수 있다.

◎ 하틀리 발진회로 ◎

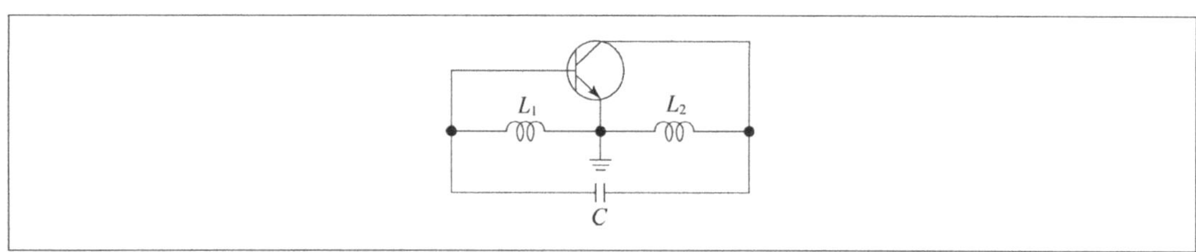

② 발진 주파수

㉠ 인덕턴스(L) : $L_T = L_1 + L_2 + 2M$

㉡ 발진 주파수(f) : $f = \dfrac{1}{2\pi\sqrt{L_T C}} = \dfrac{1}{2\pi\sqrt{(L_1 + L_2 + 2M)C}}$

③ 발진 조건

　㉠ 귀환률(β) : $V_f = \beta V_O$에서

$$\beta = \frac{V_f}{V_O} = \frac{I \times L_2 \, 리액턴스}{I \times L_1 \, 리액턴스} = \frac{2\pi f_0 L_2}{2\pi f_0 L_1} = \frac{L_2}{L_1}$$

　㉡ 발진 조건

- $A\beta = 1$에서 $A_V = \dfrac{L_1}{L_2}$이 되고, 발진을 하기 위해 A_V는 $\dfrac{1}{\beta}$ 보다 커야 하므로 $A_V > \dfrac{L_1}{L_2}$
- 베이스(B) – 이미터(E) 간 : 유도성
- 베이스(B) – 컬렉터(C) 간 : 용량성
- 이미터(E) – 컬렉터(C) 간 : 유도성
- 이미터와 컬렉터 간의 리액턴스가 유도성이므로 코일 L_1, L_2가 상호 유도결합되어 있고 코일을 가변하여 발진 진폭에 변화를 줄 수 있다.

(2) 콜피츠(colpitt) 발진회로

① **구성** … 원하는 발진 주파수만을 통과시키거나 위상지연을 공급하는 공진 필터로 동작하기 위하여 되먹임 회로에 콘덴서와 코일로 구성된 LC 회로를 사용하는 구조로 되어 있다.

② **특성**

　㉠ C_1, C_2의 값이 바뀌게 되면 발진 주파수에 변화가 생긴다.

　㉡ 귀환율은 C_1, C_2의 용량비에 의해서 변화한다.

　㉢ 발진 주파수의 파형이 좋고 코일의 인덕턴스를 작게 하는 것이 가능하기 때문에 매우 높은 주파수를 얻을 수 있다.

콜피츠 발진회로

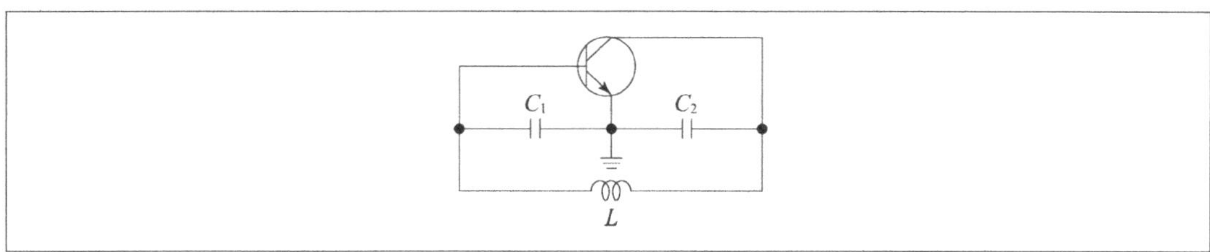

③ **발진 주파수**

　㉠ 콘덴서(C) : $C = \dfrac{C_1 C_2}{C_1 + C_2}$

　㉡ 발진 주파수(f) : $f = \dfrac{1}{2\pi \sqrt{L \left(\dfrac{C_1 C_2}{C_1 + C_2} \right)}}$

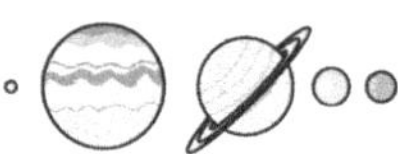

④ **발진 조건**

㉠ 귀환율(β) : $V_f = \beta V_O$에서

$$\beta = \frac{V_f}{V_O} = \frac{I \times C_2 \, 리액턴스}{I \times C_1 \, 리액턴스} = \frac{\dfrac{1}{2\pi f C_2}}{\dfrac{1}{2\pi f C_1}} = \frac{C_1}{C_2}$$

㉡ 발진 조건

- $A\beta = 1$에서 $A_V = \dfrac{C_2}{C_1}$가 되고, 발진을 하기 위해 $A_V\beta$는 1보다 커야 하므로 $A_V > \dfrac{C_2}{C_1}$
- 베이스(B) – 이미터(E) 간 : 용량성
- 베이스(B) – 컬렉터(C) 간 : 유도성
- 이미터(E) – 컬렉터(C) 간 : 용량성

(3) 클랩(clapp) 발진회로

① **발진 주파수** … 공진회로에 L과 직렬로 C_3를 첨가한 회로로서,

$$f = \frac{1}{2\pi\sqrt{LC_T}}, \quad C_T = \frac{1}{\dfrac{1}{C_1} + \dfrac{1}{C_2} + \dfrac{1}{C_3}} \, 에서 \; C_3 가 \; C_1, \; C_2 보다 \; 작을 \; 경우$$

거의 C_3에 의해서 공진 주파수가 제거되므로

$$f = \frac{1}{2\pi\sqrt{LC_3}} \, 이 \; 된다.$$

◎ 클랩 발진회로 ◎

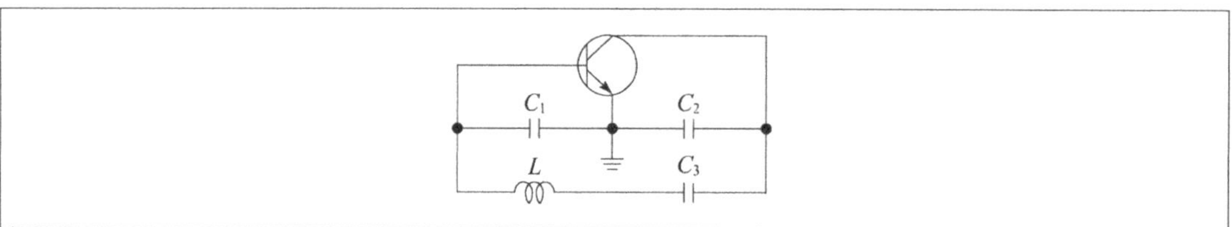

② **특징**

㉠ 주파수의 안정도가 좋다.

㉡ 콜피츠 발진회로의 변형이다.

㉢ 출력이 약하고, 주파수 범위가 작다.

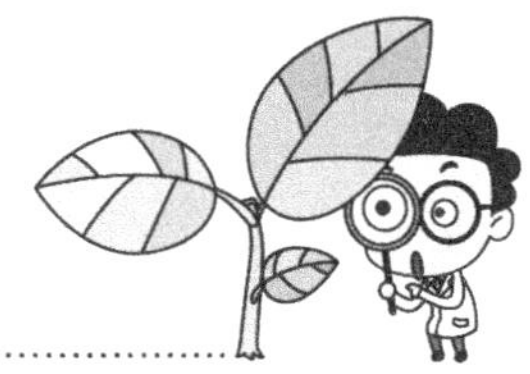

③ LC 발진회로의 이상현상

(1) 이상현상

① **기생진동**(Parastic oscilation.)

    ㉠ 개념
- 발진회로에서 원하는 발진 주파수 이외의 발진이 일어나는 현상을 말한다.
- 발진이나 증폭회로에서는 주 진동회로 이외의 회로에서 정규의 주파수와 관계없는 낮은 주파수 (VLF)나 높은 주파수(VHF)의 발진을 말한다.

    ㉡ 현상
- 주파수 대역폭이 넓어진다.
- 불필요한 전력의 소비가 있다.
- 출력파형이 찌그러지게 된다.
- 동조점이 일치하지 않는다.

    ㉢ 발생 원인
- 플레이트 회로와 그리드 회로 사이에의 결합이 표유용량으로 될 때 발생한다.
- 회로 정수의 불평형으로 발생한다.
- 코일의 인덕턴스와 분포용량에 의한 국부적인 발진으로 발생한다.
- 다른 주파수에 RFC와 바이패스 콘덴서가 공진될 때 발생한다.

    ㉣ 대책
- 커플링 콘덴서의 용량을 바꾼다.
- 저항을 커플링 콘덴서, 바이패스 콘덴서, 초크 코일 등에 직렬로 적설하게 삽입한다.
- VHF대의 높은 기생진동을 방지하기 위해 그리드 측과 플레이트 측에 수Ω 정도의 저항과 작은 인덕턴스를 병렬로 삽입한다.
- 그리드 회로의 배선을 짧게 한다.
- 그리드 회로와 플레이트 회로의 배선위치를 바꾸어 본다.
- 부품의 접지를 완벽하게 하고 증폭단 사이의 실드(shield)를 철저히 한다.

② **인입현상**

    ㉠ 자려 발진기(LC 발진기)에 다른 동조회로를 결합했을 때 일어난다.

    ㉡ LC 발진기의 주파수가 외부 주파수로 끌려가는 현상을 말한다.

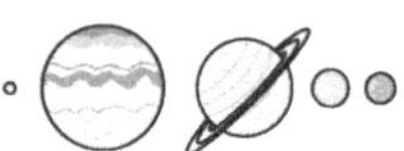

(2) 발진 주파수의 변동 원인과 대책

① 전원전압의 변화

- ㉠ 원인 : 트랜지스터의 동작점이 전원전압의 변화에 따라서 같이 변화하므로 발진 주파수가 변화한다.
- ㉡ 대책 : 직류 안정화 바이어스 회로(정전압 안정회로)를 사용한다.

② 부하의 변동

- ㉠ 원인 : 발진기에서 고주파 전력을 얻으려고 할 경우에 부하를 발진 코일에 결합한 출력 코일에 직접 연결하게 되면 발진 코일의 회로 정수는 부하의 변동에 따라서 변하여 발진 주파수가 변하게 된다.
- ㉡ 대책 : 발진부 종단에 완충 증폭기(Buffer amp)를 삽입한다.

③ 온도의 변화

- ㉠ 원인 : 주위 온도가 변하면 트랜지스터의 파라미터 및 회로 소자의 값이 변화하여 발진 주파수가 변화한다.
- ㉡ 대책
  - 항온조에 회로를 넣는다.
  - 온도계수가 작은 소자를 사용한다.

④ 부품의 불량 ⋯ Q값이 높은 수정 공진자를 사용하고 양질의 부품을 사용한다.

01 출제예상문제

1 증폭도 A 인 증폭기에 되먹임률 β 로 양되먹임을 걸 경우, 발진이 이루어지는 조건은?

① $A\beta = 0$　　　　　　　② $A\beta \geqq 0$
③ $A\beta < 0$　　　　　　　④ $A\beta = 1$

> **note** 발진이 일어나기 위해서는 $A\beta = 1$을 만족해야 한다.

2 다음 발진기의 명칭은?

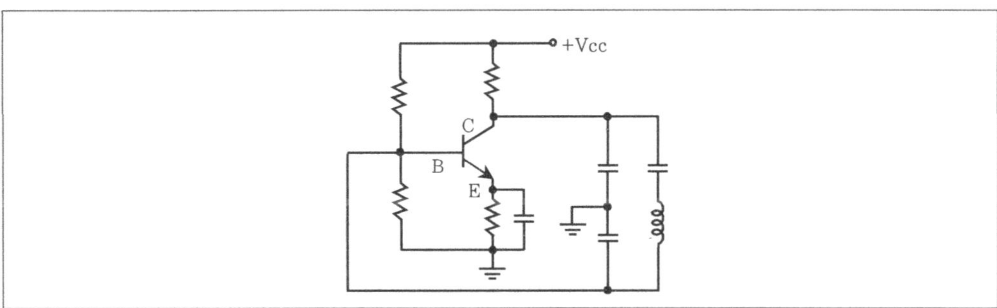

① 클랩 발진기　　　　　　② 콜핏츠 발진기
③ 하틀리 발진기　　　　　④ 이완 발진기

> **note** 클랩 발진기의 기본 회로도이다.

3 되먹임(feedback)이 없을 때의 증폭도가 100인 증폭기에 되먹임률 0.01의 음(negative) 되먹임을 걸었을 때의 증폭도는?

① 50　　　　　　　　　　② 100
③ 5000　　　　　　　　　④ 10000

> **note**
> $$A_f = \frac{A}{1 - \beta A} = \frac{100}{1 - (-0.01 \times 100)} = \frac{100}{2} = 50$$

Answer　　　1.④　2.①　3.①

4 귀환 증폭기에서 기본 증폭기의 전압이득을 A_v라고 하고 귀환율을 β라고 할 때 안정도가 가장 낮고 발진을 일으킬 수 있는 것으로 옳은 것은?

① $A_v = 50$, $\beta = -5$

② $A_v = 5$, $\beta = -\dfrac{1}{50}$

③ $A_v = 10$, $\beta = -10$

④ $A_v = 50$, $\beta = -\dfrac{1}{50}$

⑤ $A_v = 10$, $\beta = -\dfrac{1}{100}$

> ☆note 발진이 일어나기 위해선 $|A_v\beta| = 1$이 되어야 한다.

5 다음 중 하틀리 발진회로에 대한 설명으로 옳지 않은 것은?

① 발진 주파수는 $f = \dfrac{1}{2\pi\sqrt{LC_3}}$이다.

② 컬렉터와 이미터 사이의 리액턴스가 유도성이면 가장 안정하게 지속한다.

③ 탭의 위치에 따라 발진강도의 조정이 가능하다.

④ 비교적 넓은 주파수 범위에서 콘덴서 C를 변화시켜도 출력을 안정하게 얻을 수 있다.

> ☆note ① 발진 주파수는 $f = \dfrac{1}{2\pi\sqrt{L_T C}} = \dfrac{1}{2\pi\sqrt{(L_1 + L_2 + 2M)C}}$ 이 된다.

6 다음 중 출력이 정현파일 경우 바크하우젠의 발진 판정 조건으로 옳은 것은?

① 증폭기와 귀환회로를 거치는 루프 이득의 크기는 1이어야 한다.

② 위상 크로스 오버 주파수와 이득 크로스 오버 주파수는 같지 않다.

③ 증폭기와 귀환회로를 거치는 위상편이는 180°이어야 한다.

④ 정현파 발진기의 동작 주파수를 표시하는 식은 $T(j2\pi f_0) = 1$이다.

> ☆note 바크하우젠의 발진 조건
> ㉠ 증폭기와 귀환회로를 거치는 루프 이득($A\beta$)의 크기는 1이어야 한다.
> ㉡ 증폭기와 귀환회로를 거치는 위상편이는 360°이어야 하고
> $$A_f = \frac{A}{1 + T} \text{에서}$$
> $T = A\beta = -1$이 된다.

♥Answer　　4.④　5.①　6.①

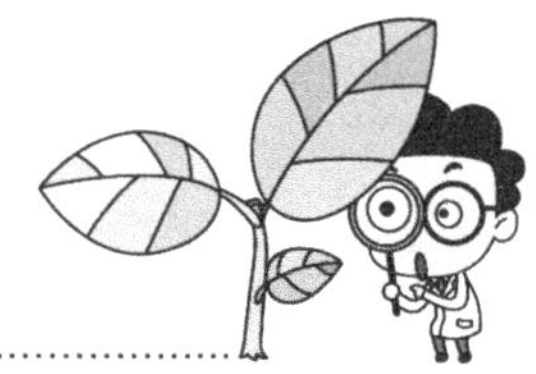

7 다음 중 콜핏츠 발진기의 발진 주파수로 옳은 것은?

① $f = \dfrac{1}{2\pi RC}$

② $f = \dfrac{1}{2\pi \sqrt{LC_3}}$

③ $f = \dfrac{1}{2\pi \sqrt{(L_1 + L_2 + 2M)C}}$

④ $f = \dfrac{1}{2\pi \sqrt{L\left(\dfrac{C_1 C_2}{C_1 + C_2}\right)}}$

note ① 윈브리지 발진기의 발진 주파수
② 클랩 발진기의 발진 주파수
③ 하틀리 발진기의 발진 주파수

8 다음 중 하틀리 발진회로를 콜핏츠 발진회로에 비교했을 때 장점으로 옳은 것은?

① 발진 파형이 양호하다.
② 전극간 용량 등의 영향이 적다.
③ 발진 주파수의 변화를 간단히 일으킬 수 있다.
④ 고주파에서 임피던스가 낮다.

note 하틀리 발진회로와 콜핏츠 발진회로의 비교

하틀리 발진회로	콜핏츠 발진회로
• 콜핏츠보다 발진출력이 크다. • 낮은 주파수에서 높은 주파수까지의 발진을 할 수 있다. • 저주파에서 발진출력이 안정하다.	• 주파수 안정도가 좋고 전극간 용량 등의 영향이 적다. • 인덕턴스를 작게 할 수 있어서 높은 주파수 발진이 가능하다. • 고주파에서 임피던스가 낮고 발진파형이 양호하다.

9 다음 발진회로에 관한 설명 중 옳지 않은 것은?

① 증폭에 응용하는 것은 부귀환이고, 발진기에는 정귀환을 이용한다.
② 부귀환을 시키면 발진 주파수가 증가한다.
③ 발진기에는 공진회로가 있는 이상적인 능률이 좋은 방식을 택한다.
④ 발진기의 동작은 일반적으로 C급 바이어스로 한다.

note ② 부귀환을 시키면 발진 주파수는 감소하게 된다.

Answer 7.④ 8.③ 9.②

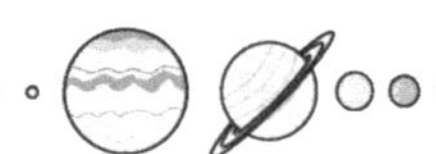

10 다음 중 기생진동의 발생 원인으로 옳지 않은 것은?

① 플레이트 회로와 그리드 회로 사이에 표유용량으로 결합될 때 발생한다.

② RFC와 바이패스 콘덴서가 어떤 다른 주파수에 공진될 때 발생한다.

③ 커플링 콘덴서의 용량이 작을 때 발생한다.

④ 코일의 인덕턴스와 분포용량에 의한 부분적인 발진에 의하여 발생한다.

> note ③ 기생진동의 방지책으로 커플링 콘덴서의 용량을 바꾸는 방법이 있다.
> ※ 기생진동(Parastic osc.)
> ㉠ 발진회로에서 원하는 발진 주파수 이외의 발진이 일어나는 현상이다.
> ㉡ 발진이나 증폭회로에서는 주 진동회로 이외의 회로에서 정규의 주파수와 관계가 없는 낮은 주파수(VLF)나 높은 주파수(VHF)의 발진을 말한다.

11 다음 중 발진의 안정 조건으로 옳지 않은 것은?

① 발진회로를 일정한 온도의 항온조 안에 넣는다.

② 전원 안정화 회로를 사용한다.

③ 완충 증폭기를 넣는다.

④ 양극 전류가 최소가 되도록 조절한다.

> note 발진의 안정 조건
> ㉠ 부하의 변화 : A급 증폭단인 완충 증폭기를 넣는다.
> ㉡ 주위 온도의 변화 : 발진회로를 온도가 일정한 항온조 안에 넣거나 온도 보상회로를 추가한다.
> ㉢ 전원전압의 변화 : 전원 안정화 회로를 써서 전압의 안정도를 높인다.
> ㉣ 능동소자의 상수 변화 : 전원, 온도에 의한 변동이므로 ㉡㉢의 조치로 해결한다.

12 다음 중 발진회로의 주파수 변동 요인으로서 옳지 않은 것은?

① 부하의 변동　　　　　　② 온도의 변화

③ 기생진동　　　　　　　④ 전원전압의 변동

⑤ 동조점 불안정

> note 발진 주파수 변동 원인과 대책
> ㉠ 주위 온도의 변화 : 항온조 또는 온도계수가 작은 재료 등을 사용한다.
> ㉡ 전원전압의 변동 : 안정도를 높이기 위해 정전압 안정회로를 사용한다.
> ㉢ 부하의 변화 : 완충 증폭기(Buffer amp)를 사용한다.
> ㉣ 동조점 불안정 : 발진강도가 최고인 점에서 약간 벗어난 곳에서 사용한다.

Answer　　10.③　11.④　12.③

13 다음 중 발진회로에 대한 설명으로 옳지 않은 것은?

① 부귀환 특성을 가지고 있다.

② 정귀환 특성을 가지고 있다.

③ 발진 주파수는 위상 조건에 따라 결정된다.

④ 크게 정현파 발진기와 비정현파 발진기로 구분한다.

> **note** 발진회로는 정귀환으로 외부입력 없이 증폭작용이 계속되어 주파수를 얻는 회로이며 부귀환은 증폭기의 특성을 개선시키기 위하여 부가되는 것으로 발진회로와 관계가 없다.

14 다음 초고주파 발진기에 대한 설명 중 옳지 않은 것은?

① 파장이 1 ~ 10cm이다.

② 3 ~ 30GHz 정도의 주파수를 갖는다.

③ 쌍극성 집합 트랜지스터를 이용하였다.

④ 직류로서 가속한 전자의 운동 에너지를 고주파 에너지로 변환시킨 것이다.

> **note** ③ 쌍극성 집합 트랜지스터를 이용한 회로는 LC 발진회로 중 동조형 발진회로이다.

15 되먹임(feedback)이 없을 때의 증폭도가 400인 증폭기에 되먹임률 0.01의 음(negative) 되먹임을 걸었을 때의 증폭도는?

① 30　　　　　　　　　　　　② 80

③ 120　　　　　　　　　　　④ 200

> **note** $A_f = \dfrac{A}{1-\beta A} = \dfrac{400}{1-(-0.01 \times 400)} = \dfrac{400}{5} = 80$

16 L(리액턴스) 성분으로 구성된 회로에서 전압과 전류의 위상관계는?

① 전압이 전류보다 90°뒤진다.　　　② 전압이 전류보다 180°앞선다.

③ 전류가 전압보다 90°뒤진다.　　　④ 전류가 전압의 위상각이 같다.

> **note** R(저항) 성분 회로 : 전압과 전류의 위상각이 같다.
> L(리액턴스) 성분 회로 : 전류가 전압보다 90°뒤진다.
> C(커패시티) : 전류가 전압보다 90°앞선다.

Answer　　13.①　14.③　15.②　16.③

CHAPTER
02

RC 및 수정 발진회로

1 RC 발진회로

① 이상형 발진회로

(1) 이상형 발진회로의 개요

① 위상 이동 발진기라고도 하는 것으로 위상차를 이용한 발진회로이다.

② R, C에 의해 위상을 이동시키는 기능이 이루어지고 콘덴서 1개는 일반적으로 90°의 위상을 지연시킬 수 있다.

> ♣TIP│ RC 발진회로의 사용 … R, C를 사용하여 정귀환을 이용한 발진회로로서 저주파를 얻기 어려운 LC 발진회로에서 L 대신 R을 이용한 발진회로이다.

(2) 이상형 병렬 R 발진회로

① **개념**
  ㉠ 컬렉터 단의 출력전압의 위상을 콘덴서 C와 저항 R로 바꾸고 베이스 단에 정귀환으로 걸어서 발진시키는 회로를 말한다.
  ㉡ 병렬저항형은 고역 통과형이 된다.

② **발진 주파수** … $f = \dfrac{1}{2\pi\sqrt{6}\,RC}$ [Hz]

③ **전류 증폭률** … $AV \geq 29$

④ **특징**
  ㉠ 안정적인 주파수를 가지고, 파형이 깨끗하다.
  ㉡ 코일이 없어서 구조가 간단하고 소형으로도 사용할 수 있다.
  ㉢ 가청 주파수 이하의 발진기로 사용한다.

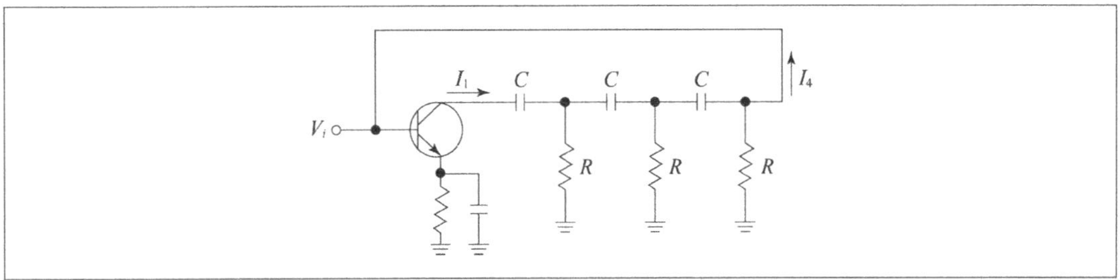

(3) 이상형 병렬 C 발진회로

① **발진 주파수** $\cdots f = \dfrac{\sqrt{6}}{2\pi RC}[\mathrm{Hz}]$

② **전류 증폭률** $\cdots AV \geqq 29$

③ **특징**

    ㉠ 병렬 C형은 저역 통과형이다.

    ㉡ 가변 주파 발진기로 사용이 힘들지만, 분포 정수회로의 이용과 대지 용량 등의 이용으로 수 M[Hz]의 가변 주파 발진기를 만들 수 있다.

    ㉢ 이미터 폴로어의 사용으로 M[Hz]의 FM 발진기로 이용할 수 있다.

    ㉣ 소자 형태의 크기상 1,000Hz 이상에서 사용된다.

이상형 병렬 C형 발진회로

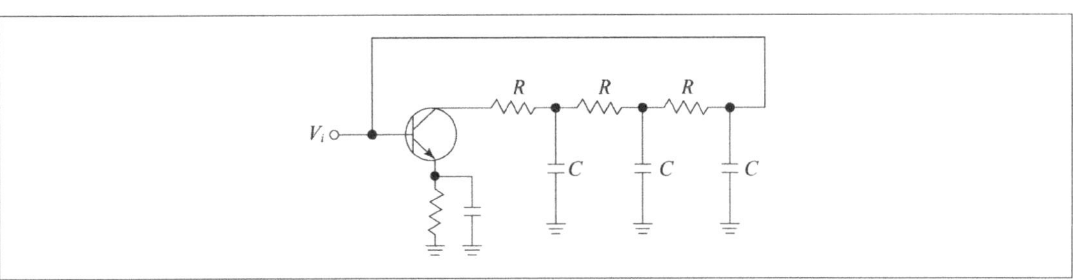

② 윈 브리지형 발진회로

(1) 윈 브리지(Wien-Bridge) 발진회로의 개요

① **개념** … 부귀환 회로에 평형 브리지를 이용하여 주파수 선택성을 갖도록 하고, 정현파의 발진은 정귀환에 의하여 일으키는 회로를 말한다.

② 발진 주파수 가변이 용이하다$(A_V > 3)$.

③ 가청 주파수 발진으로서 주파수 안정도가 매우 좋다.

④ 발진 주파수가 안정하고 A급으로 동작하기 때문에 파형이 좋다.

⑤ 발진 주파수는 LC 발진기에서는 평방근에 비례하지만, RC 발진기에서는 용량에 직접 반비례하기 때문에 눈금이 직선적으로 비례에 가깝다.

⑥ **용도** … 저주파 발진기 등에 많이 사용된다.

(2) 동작 원리 및 발진 주파수

① **동작 원리** … RC 결합 2단 증폭기의 출력신호를 브리지 입력에 정·부귀환을 시키면 발진이 동위상으로 지속되고 부귀환 회로에 평형 브리지를 통해 증폭기를 이용하고 정귀환에 의하여 정현파의 발진을 일으키게 된다.

② **발진 조건 및 발진 주파수**

㉠ 발진 조건 : $\dfrac{1}{3}$의 컬렉터 출력신호가 베이스 입력으로 되기 때문에 증폭도 A는 3배 이상이 필요하게 된다. 그러므로, $A = 1 + \dfrac{R_1}{R_2} + \dfrac{C_2}{C_1}z$에서 $R_1 = R_2$, $C_1 = C_2$이면 $A \geq 3$이 된다.

㉡ 발진 주파수 : $f = \dfrac{1}{2\pi\sqrt{C_1 C_2 R_1 R_2}}$ 에서

$R_1 = R_2 = R$, $C_1 = C_2 = C$일 경우 $f = \dfrac{1}{2\pi RC}$ [Hz]

⊛ 윈 브리지형 발진회로 ⊛

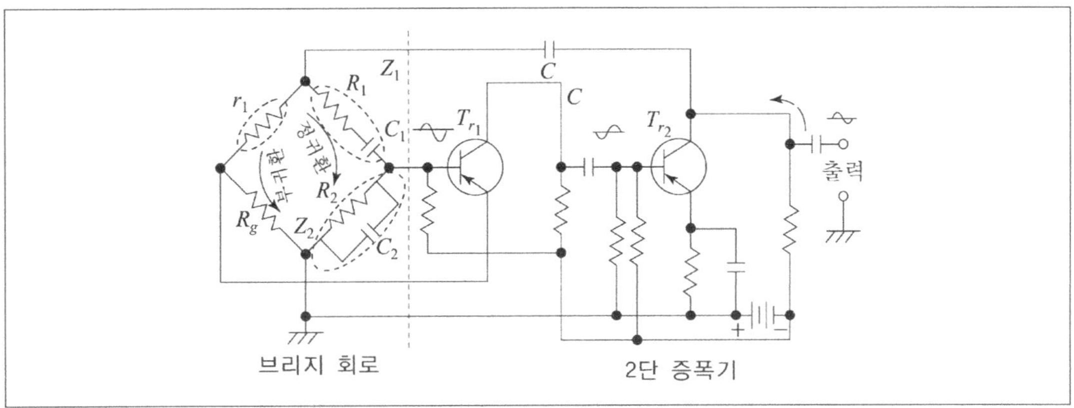

2 수정 발진회로

① 수정 발진회로의 특성

(1) 수정 발진기의 특징

① 발진 조건을 만족하는 유도성 주파수 범위가 상당히 좁다.

② 수정 진동자는 기계적·물리적으로 안정하다.

③ Q의 값이 상당히 크다($10^4 \sim 10^6$).

④ 수정편에 항온조 등을 이용하기 때문에 주위 온도에서 받는 영향이 적다.

⑤ 수정 발진자(S_iO_2)를 이용한다.

(2) 수정 발진기의 이용

① RC 발진기나 LC 발진기는 그 소자값들을 변동시켜서 주파수 변화를 쉽게 할 수 있다.

② 주파수의 안정성이 크게 떨어져서 시계 등의 기준시간을 만드는 발진회로나 무선통신기기와 전자기기 같은 주파수 안정성이 중요한 기기에는 사용할 수 없다.

③ 수정 발진기는 안정된 주파수를 얻기 위하여 R, L, C 등의 소자 대신 압전 소자를 사용한다.

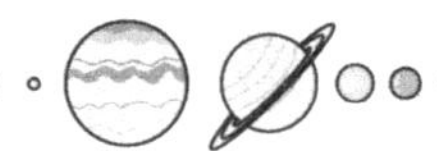

② 수정 발진회로

(1) 피어스 BE형 발진회로(Pierce BE oscillator circuit)

① **동작 원리**
- ㉠ 트랜지스터의 이미터와 베이스 사이에 수정 진동자를 접속한 것이다.
- ㉡ 컬렉터 단의 동조회로의 C를 유도성이 되도록 조절하면 하틀리 발진회로와 유사하게 동작한다.
- ㉢ 수정편은 동작이 유도성으로 되기 때문에 부하의 병렬 공진회로는 유도성 성분으로 동작되어야만 한다.
- ㉣ 발진이 공진점보다 약간 낮은 주파수로 되도록 해야 안정하게 동작될 수 있다.

② **특징**
- ㉠ 수정 진동자의 진동이 감소된다.
- ㉡ 파형의 일그러짐이 적다.
- ㉢ 발진은 입력 임피던스와 수정의 임피던스가 같으면 안정하게 이루어진다.

◎ 피어스 BE형 발진회로 ◎

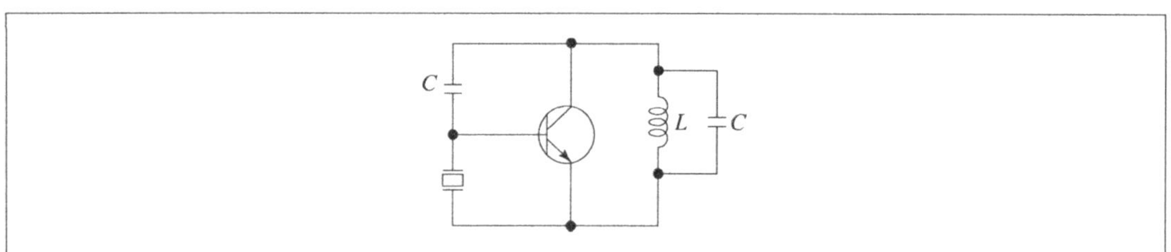

(2) 피어스 BC형 발진회로(Pierce BC oscillator circuit)

① **동작 원리** … 컬렉터 단에 있는 동조회로가 용량성이 되도록 조정하여 콜피츠 발진회로와 유사한 동작을 하게 한다.

② **특징**
- ㉠ 컬렉터 단의 부하를 큰 임피던스로 해서 출력을 크게 얻을 수 있다.
- ㉡ 용도 : 주로 송신기에서 사용한다.

⊚ 피어스 BC형 발진회로 ⊚

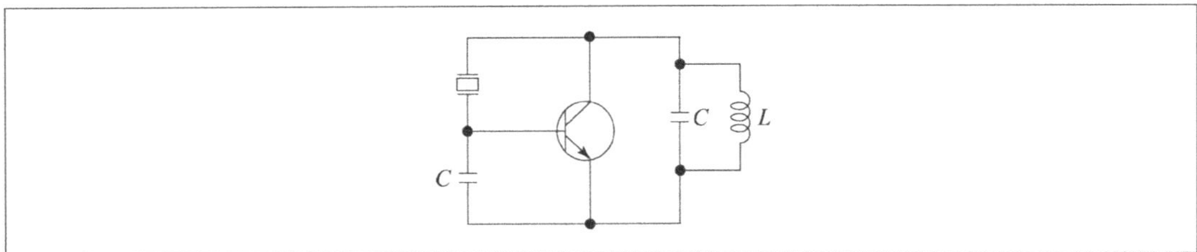

(3) 무조정 Rc형 발진회로(Not adjusting Rc oscillator circuit)

① **개념** … 피어스 BC 발진회로의 변형으로 동조회로가 필요없다.

② **특징**

    ㉠ 간단한 회로로 되어 있다.

    ㉡ 여러 개의 수정 진동자를 바꿔가면서 사용하면 편리하다.

    ㉢ 발진 주파수의 안정도가 크다.

    ㉣ 발진자의 고조파 성분이 많이 발생한다.

⊚ 무조정 Rc 발진회로 ⊚

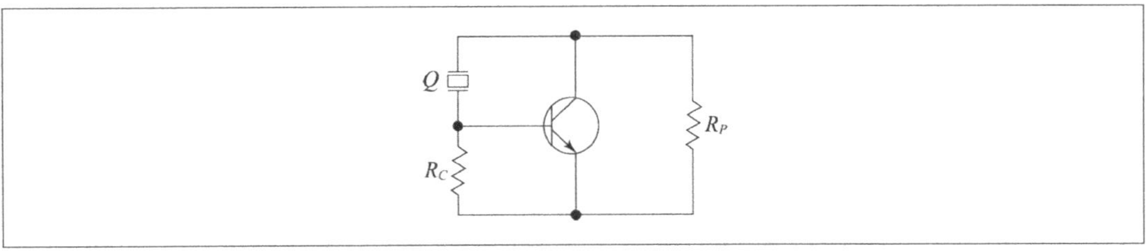

02 출제예상문제

1 다음 중 수정 발진회로의 설명으로 옳은 것은?

① 수정 진동자의 안정된 발진 조건은 유도성 부분이다.
② 발진 주파수의 안정도가 매우 높다.
③ 항온조를 사용하면 주파수의 변동을 방지한다.
④ 수정 진동자의 과도 현상을 이용한다.

> **note** 수정 발진기
> ㉠ 수정판의 압전 효과를 이용한 발진회로로 정확한 주파수를 유지하는 데 적합한 발진기이다.
> ㉡ 발진 주파수의 범위가 한정되어 있으며 항온조를 사용해서 온도 변화에 의한 영향이 적다.

2 다음 중 A급으로 동작시키는 발진기로 옳은 것은?

① 컬렉터 동조 발진기　　　　　② 콜피츠 발진기
③ 하틀리 발진기　　　　　　　④ RC 발진기

> **note** ①②③ LC 고주파 발진기로서 출력의 증가를 위하여 C급 동작을 시킨다.
> ④ 저주파 발진기에 사용되기 때문에 찌그러짐을 감소시키기 위해서는 A급 동작을 시켜야 한다.

3 다음 중 RC 발진기에 대한 설명으로 옳은 것은?

① 위상을 변화시켜서 발진한다.
② 증폭률이 10 이상이면 발진이 가능하다.
③ 양극 – 음극 간의 전극간 용량
④ 구조가 복잡하고 대형으로 사용된다.

> **note** ② 증폭률은 FET나 진공관의 경우에 29 이상이면 발진이 가능하다.
> ③ 동작 주파수가 저주파이기 때문에 전극간 용량은 관계가 적다.
> ④ 구조가 간단하다.

Answer　　1.④　2.④　3.①

4 다음 보기의 회로는 어떤 회로인가?

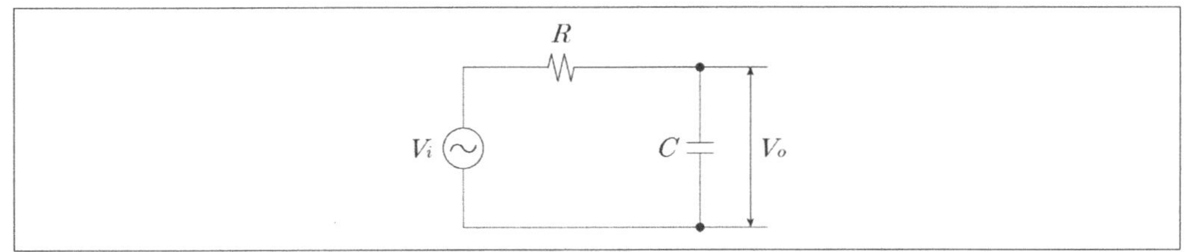

① 블록킹 회로
③ 세그먼트 회로
⑤ 클리핑 회로

② 미분 회로
④ 적분 회로

> **note** 보기의 회로는 적분 회로 이다.
> $$v_o = \frac{1}{CR} \int_0^t v_i\, dt$$

5 다음 중 무조정 Rc 발진기의 특성으로 옳은 것은?

① 효율이 우수하다.
③ 회로구성이 복잡하다.

② 주파수의 안정도가 좋다.
④ 출력이 크다.

> **note** 무조정 Rc 발진회로의 특징
> ㉠ 안정도가 좋다.
> ㉡ 회로구성이 간단하다.
> ㉢ 출력이 적어 효율이 나쁘다.

6 다음 중 수정 발진회로가 갖는 특징으로 옳은 것은?

① 발진 주파수가 불안정하다.
③ 유도성 주파수 범위가 상당히 좁다.

② 잡음이 경감된다.
④ 효율이 증대된다.

> **note** 수정 발진기의 특징
> ㉠ Q가 상당히 크다($10^4 \sim 10^6$).
> ㉡ 수정 발진자(S_iO_2)를 이용한다.
> ㉢ 유도성 주파수 범위가 상당히 좁다.
> ㉣ 기계적 · 물리적으로 안정하다.
> ㉤ 주위 온도의 영향을 적게 받는다.

Answer   4.④   5.②   6.③

7 다음 그림의 발진회로에서 Z_3에 수정 발진기를 연결했을 때 회로가 발진할 조건으로 옳은 것은?

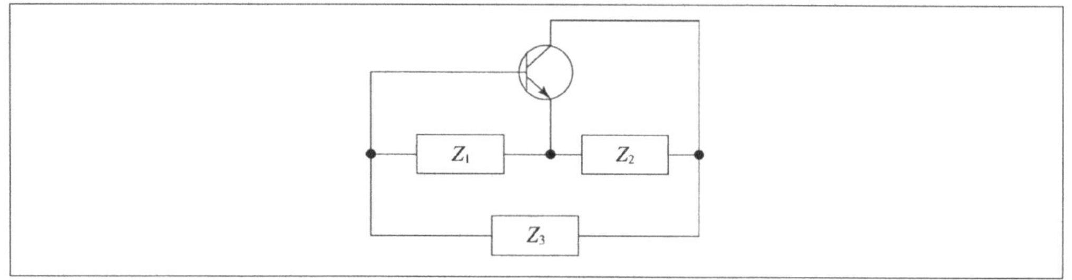

① Z_1 – 유도성, Z_2 – 유도성
② Z_1 – 용량성, Z_2 – 용량성
③ Z_1 – 용량성, Z_2 – 유도성
④ Z_1 – 유도성, Z_2 – 용량성

> ✭**note** 수정이 유도성일 때 안정된 발진을 하게 되므로 Z_1, Z_2는 용량성이어야 한다.

8 다음 그림의 이상 발진기의 발진 주파수로 옳은 것은? (단 R = 1kΩ, C = 0.001μF)

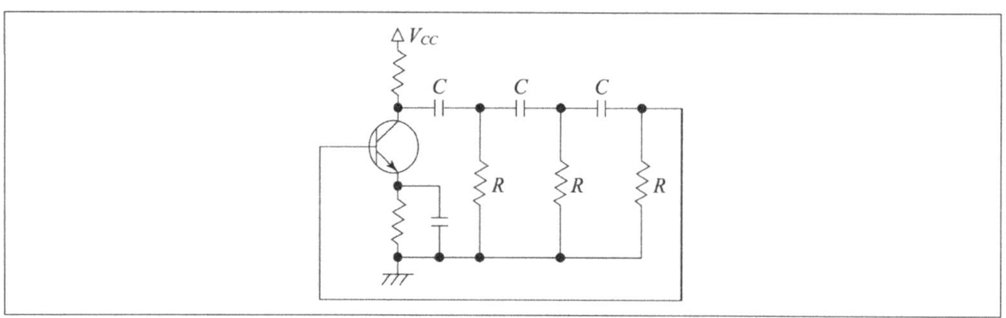

① 2.7kHz
② 4kHz
③ 6.5kHz
④ 9.4kHz
⑤ 10.8kHz

> ✭**note** 위 그림은 이상형 병렬 R 발진회로이므로
>
> 발진 주파수는 $f = \dfrac{1}{2\pi\sqrt{6}\,RC} = \dfrac{1}{2\pi \times \sqrt{6} \times 10 \times 10^3 \times 0.001 \times 10^{-6}} = 6.5\,\text{kHz}$

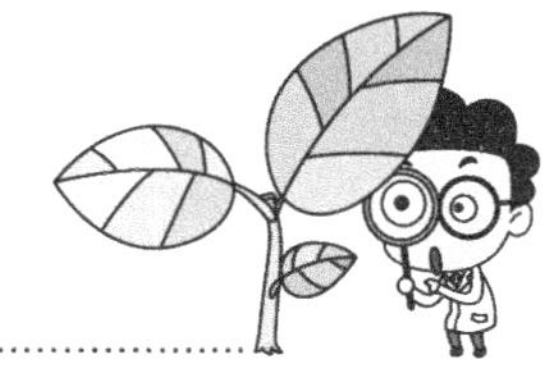

9 다음 중 수정 발진기의 피어스 BE형 발진기의 설명으로 옳지 않은 것은?

① 파형의 일그러짐이 적은 편이다.

② 수정 진동자의 진동을 감소시킨다.

③ 입력 임피던스와 수정 임피던스가 같으면 발진을 안정하게 한다.

④ 가청 주파수 발진으로서 주파수 안정도가 상당히 좋다.

> ☆▌note 피어스 BE형 발진기의 특징
> ㉠ 파형의 일그러짐이 적다.
> ㉡ 수정 진동자의 진동을 감소시킨다.
> ㉢ 입력 임피던스와 수정의 임피던스가 같으면 발진을 안정하게 한다.

10 다음 중 수정 진동자에 대한 설명으로 옳지 않은 것은?

① 수정을 얇게 잘라 전체면을 도금시킨 다음 리이드선을 붙인 것이다.

② 진동자 전극에 전압을 가하면 기계적인 일그러짐이 발생한다.

③ 전압을 가했다가 전압을 없애면 진동은 즉시 멈추게 되어 전하가 발생하지 않는다.

④ 수정 진동자 전극에 전압을 가하여 나타나는 전하를 LC 발진회로의 L 변화에 이용하면 주파수는 안정된 발진을 한다.

> ☆▌note 수동 진동자는 진동자 전극에 전압을 가하면 기계적인 일그러짐이 생겨 전압을 없애도 진동이 계속되면서 그 진동에 맞추어 전극에 전하가 나타나는 성질이 있다.

11 다음 중 압전 현상을 이용한 발진기로 송수신기나 표준용의 측정기 등에 사용하는 것은?

① 하틀리 발진회로 ② 콜피츠 발진회로

③ 브리지 발진회로 ④ 수정 발진회로

> ☆▌note 압전 현상 … 수정에 기계적인 압력을 가하면 표면에 전하가 나타나 전압이 발생하고 외부에서 전하를 갖도록 전장을 가하면 기계적인 변형을 일으키는 현상이다.
> ※ 발진회로의 종류
> ㉠ LC 발진회로 : 하틀리 발진회로, 콜피츠 발진회로
> ㉡ RC 발진회로 : 브리지형 발진회로
> ㉢ 수정 발진회로

Answer 9.④ 10.③ 11.④

변 · 복조 회로

CHAPTER 01

진폭 변조

1 진폭 변조의 개요

① 변조 및 복조의 원리

(1) 변조(modulation)

일반적인 통신 시스템에서 음성, 화상 등의 정보신호를 거리가 먼 곳으로 전송할 때, 그 정보신호(변조파) 그대로 보내지 않고 주파수가 높은 정현파(반송파)의 진폭, 주파수 또는 위상의 하나로 변화시킨 신호를 전송하는 과정을 말한다.

(2) 복조(demodulation)

변조된 신호를 수신측에서 수신하여 원래의 신호를 검출하는 조작을 말한다.

(3) 변조 및 복조의 목적

① 통신로에 혼입되는 잡음과 간섭의 영향을 감소하게 하기 위해서이다.

② 시스템의 소형화를 가능하게 하기 위해서이다.

③ 다중 통신(multiplexing) 및 원거리 통신이 가능하도록 하기 위해서이다.

④ 송수신 안테나 길이를 축소시키기 위해서이다.

② 진폭 변조의 원리

(1) 진폭 변조(AM) 방식의 원리

① 음악이나 음성·영상 등을 전기신호로 바꾸어 무선이나 유선으로 먼 곳에 보낼 때 반송파의 진폭 V_c를 신호파의 진폭에 따라 변화시키는 변조방식이고, 신호파는 여러가지 사인(sine) 파의 합으로 생각할 수 있다.

◎ 진폭 변조 ◎

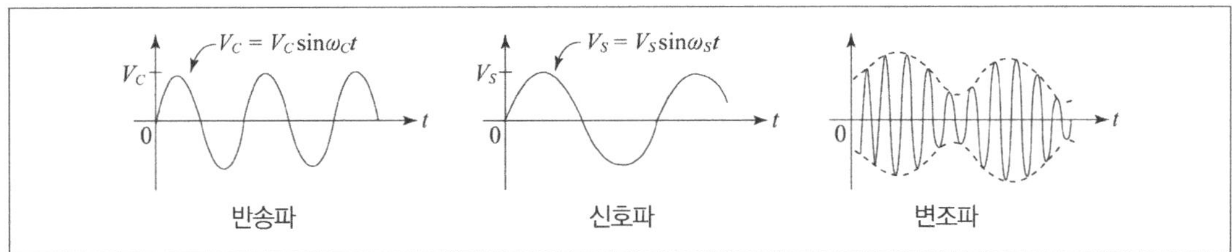

② **피변조파**

  ㉠ 개념 : 변조된 반송파의 파형을 말한다.

  ㉡ 피변조파 V_m

  반송파와 신호파를 각각 $v_c = V_c\cos\omega_c t\,[\mathrm{V}]$, $v_s = V_s\cos\omega_s t\,[\mathrm{V}]$라고 하면,

$$V_m = (V_c + v_s)\cos\omega_c t$$
$$= (V_c + V_s\cos\omega_s t)\cos\omega_c t$$
$$= V_c\left(1 + \frac{V_s}{V_c}cos\,\omega_s t\right)\cos\omega_c t$$
$$= V_c(1 + m\cos\omega t)\cos\omega_c t$$
$$= V_c\cos\omega_c t + \frac{m}{2}V_c\cos(\omega_c + \omega_s)t - \frac{m}{2}V_c\cos(\omega_c - \omega_s)t \quad (m:\text{변조도})$$

③ **변조도**(Modulation degree)

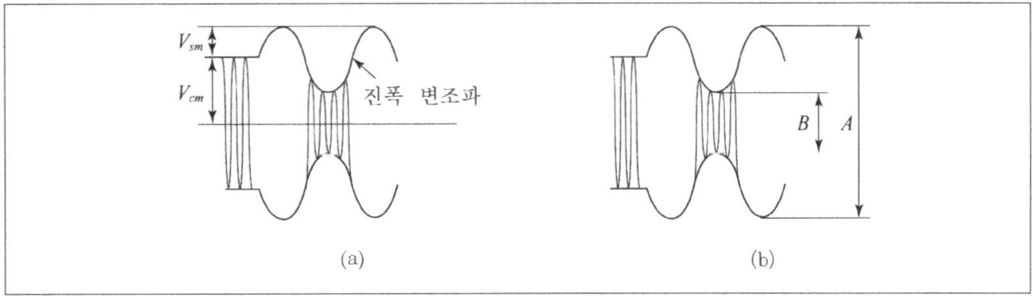

  ㉠ 변조도$(m) : m = \dfrac{V_{sm}}{V_{cm}} = \dfrac{A - B}{A + B} \times 100\,[\%]$

  • $m < 1$: 이상 없다.

  • $m = 1$: 100% 변조(완전 변조)이다.

  • $m > 1$: 과변조이다.

  ㉡ **과변조의 특징**

  • 짐유 주파수 대역이 넓어지고, 위상반전이 일어난다.

  • 신호의 무한한 고조파를 포함하여 반송파를 중심으로 인접 주파수 대역에 방해되고 자체의 신호로 일그러짐이 발생한다.

④ **측파대**(Side band)

㉠ **측파** : 반송파에 음성 등과 같이 신호파가 실릴 경우 변조된 피변조파에 생기는 반송파와 또 다른 주파수 성분을 말한다.

㉡ **측파대** : 측파가 차지하는 대역을 말한다.

㉢ 피변조파의 주파수 성분은 주파수가 $f_c + f_s [\omega_c + \omega_s = 2\pi(f_c + f_s)]$인 신호와 $f_c - f_s$ $[\omega_c - \omega_s = 2\pi(f_c - f_s)]$인 신호가 각각 $\dfrac{m}{2}V_c$만큼 있게 되는데, 주파수가 $f_c + f_s$인 신호는 상측파이고, 주파수가 $f_c - f_s$인 신호는 하측파이다.

㉣ f_s로 고정되어 있지 않은 신호파의 주파수가 어떤 대역을 갖게 되면 주파수 스펙트럼이 아래 그림과 같이 나타나게 되는데, 이때 상측파는 상측파대(Upper side band), 하측파는 하측파대 (Lower side band)라고 한다.

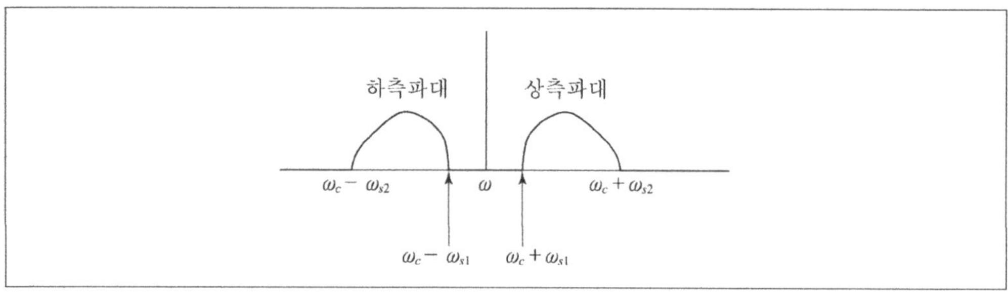

⑤ **진폭 변조파의 전력**

㉠ 반송파의 소비전력 : $P_C = \left(\dfrac{V_c^{\,2}}{R}\right)$[W]

㉡ 상측파의 소비전력 : $P_{USB} = \dfrac{\left(\dfrac{m}{2}V_c\right)^2}{R} = \dfrac{m^2}{4}P_C$[W]

㉢ 하측파의 소비전력 : $P_{LSB} = \dfrac{\left(\dfrac{m}{2}V_c\right)^2}{R} = \dfrac{m^2}{4}P_C$[W]

㉣ 피변조파의 소비전력 : $P_m = P_C + P_{USB} + P_{LSB}$

$$= \left(1 + \dfrac{m^2}{4} + \dfrac{m^2}{4}\right)P_C = \left(1 + \dfrac{m^2}{2}\right)P_C\text{[W]}$$

㉤ 변조도에 따른 전력

변조도 $m = 1$일 때의 변조파 전력은 아래와 같다.

$$P_m = \left(1 + \dfrac{m^2}{2}\right)P_C, \quad P_m = \dfrac{3}{2}P_C$$

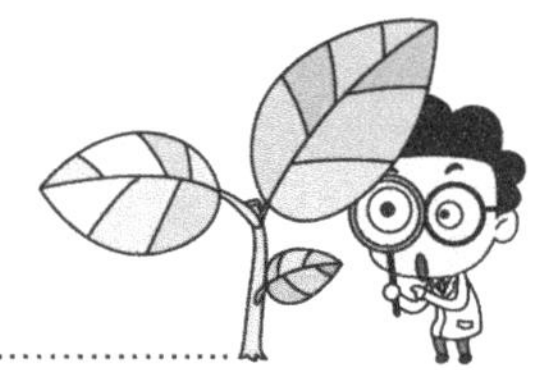

그러므로 $m = 1$일 때 전체 전력에서 반송파가 차지하는 비중은 $\dfrac{2}{3}$이고, 이 이외는 상측파대와 하측파대가 차지하는 전력이 된다.

(2) 진폭 변조 방식의 구분

① 양측파대(DSB) 통신 방식

㉠ 전송방식 : 비변조와 모두를 전송한다.

㉡ 주파수 대역폭 : 비교적 대역폭이 넓다.

㉢ 소비전력 : $\left(1 + \dfrac{m^2}{2}\right)P_c$

㉣ S/N비(신호대 잡음비) : 비교적 좋지 않다.

㉤ 송수신 장치 : 비교적 간단하다.

② 단측파대(SSB) 통신 방식

㉠ 전송방식 : 상측파와 하측파 중 하나만 전송한다.

㉡ 주파수 대역폭 : 대역폭이 DSB의 $\dfrac{1}{2}$ 이하이다.

㉢ 소비전력 : $\dfrac{m^2}{4}P_C$로 DSB보다 전력소모가 적다.

㉣ S/N비(신호대 잡음비) : DSB보다 개선됐다.

㉤ 송수신 장치 : DSB보다 복잡하다.

2 진폭 변조회로의 종류

① 직선 변조회로

(1) 개요

① TR, diode 등 능동 소자의 특성 중 차단 부분 이하까지 이용한 것이다.

② 큰 진폭의 반송파를 사용하여 변조 소자를 통전과 차단 2가지 상태로 스위칭하는 변조 방식이다.

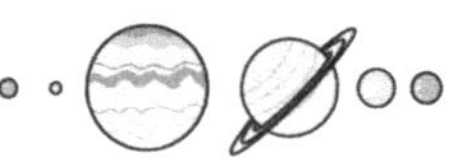

◎ 직선 변조회로의 원리 ◎

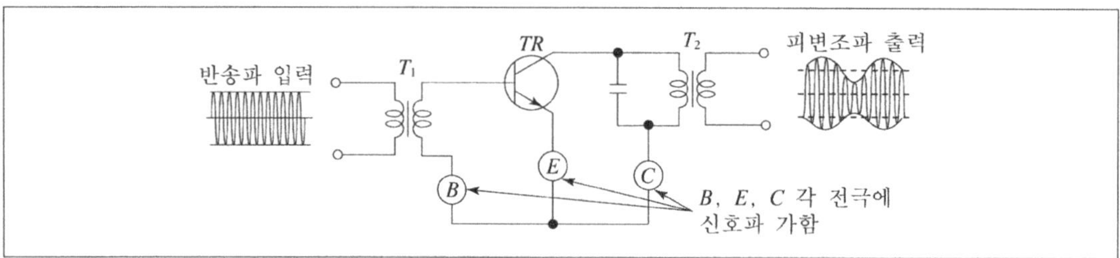

(2) 특징

① C급 증폭기의 특징이 있어서 신호파의 전압을 충분히 크게 해서 변조를 할 수 있다.

② 높은 효율을 갖는다.

(3) 분류

① **컬렉터 변조회로**(Collector modulation circuit)

  ㉠ 동작원리

- 이미터 – 컬렉터 특성이 비직선인 것을 이용하는 변조 방식이다.
- TR의 베이스 단에 진폭이 큰 반송파가 인가되면 컬렉터 전류는 진폭이 일정한 출력을 내지만 컬렉터 단에서 신호파가 반송파의 주파수보다 낮게 실리기 때문에 TR의 V_{CC}가 변화되는 현상이 나타나고, 이 현상에 의하여 진폭이 일정한 컬렉터 전류는 신호파에 비례하여 그 진폭이 변화하게 된다.

  ㉡ 특징

- 컬렉터 피변조파 효율이 좋고 직선성이 좋다.
- 트랜스에 의한 찌그러짐이 많다.
- 변조를 100%까지 할 수 있다.
- 단점 : 큰 전력이 필요하다.
- 주로 대전력 송신기에 사용한다.

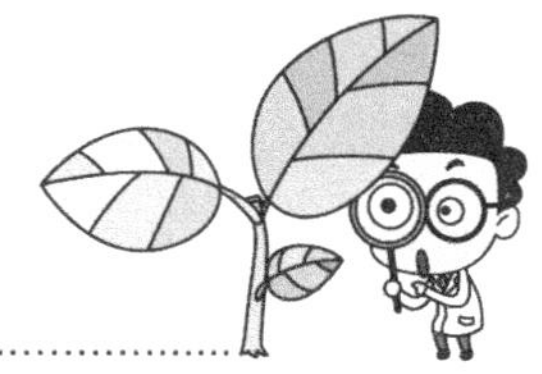

◈ 컬렉터 변조회로와 동작특성 ◈

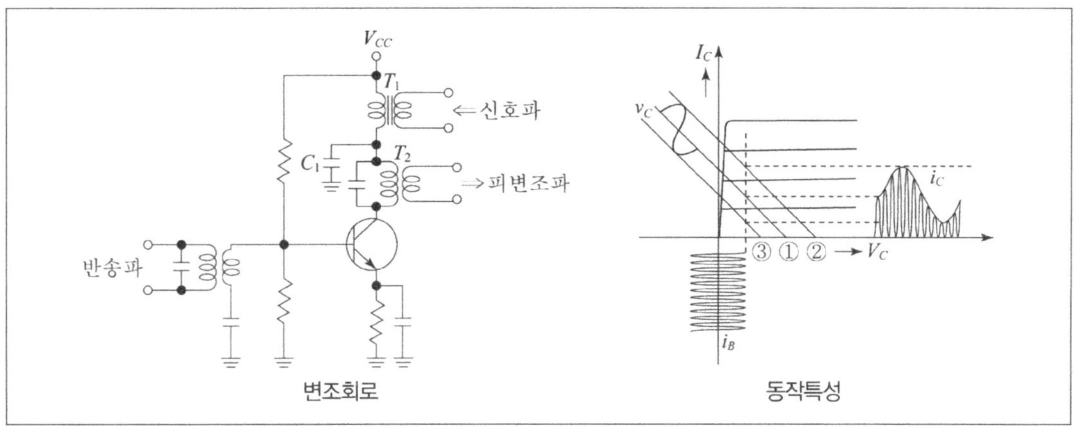

② **베이스 변조회로**(Base modulation circuit)

　㉠ **동작원리** : TR의 베이스에 반송파와 신호파를 동시에 가하여 비직선 증폭을 행해서 얻은 일그
러진 컬렉터 전류 중 반송파와 상하측파대만을 추출하여 DSB파가 얻어지게 된다.

　㉡ 특징

- 변조전력이 적다.
- 컬렉터 변조의 약 1/4 정도로 출력이 된다.
- 변조특성이 좋다.
- 변조파의 변형이 적다.
- 광대역 변조를 하기에 적합하다.
- 바이어스 변화나 전원전압에 의하여 변화한다.
- 일그러짐이 커서 조정하기 어렵다.

◈ 컬렉터 변조회로와 동작특성 ◈

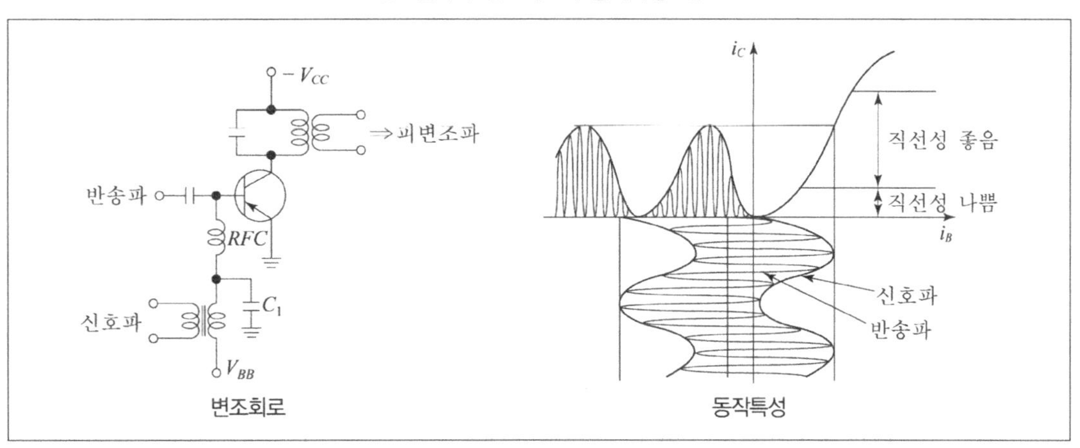

③ **이미터 변조회로**(Emitter modulation circuit)

 ㉠ 동작원리 : TR의 베이스 단에 반송파 입력을 인가하고 이미터에는 변조신호를 가하여 부하의
  동조회로에서 피변조파 출력을 얻는다.

 ㉡ 특징

  • 직진성이 크다.

  • 동작이 베이스 변조회로와 비슷하지만 베이스 전류보다 이미터 전류가 커서 더욱 큰 변조신호 전
   력이 필요하다.

◎ 이미터 변조회로 ◎

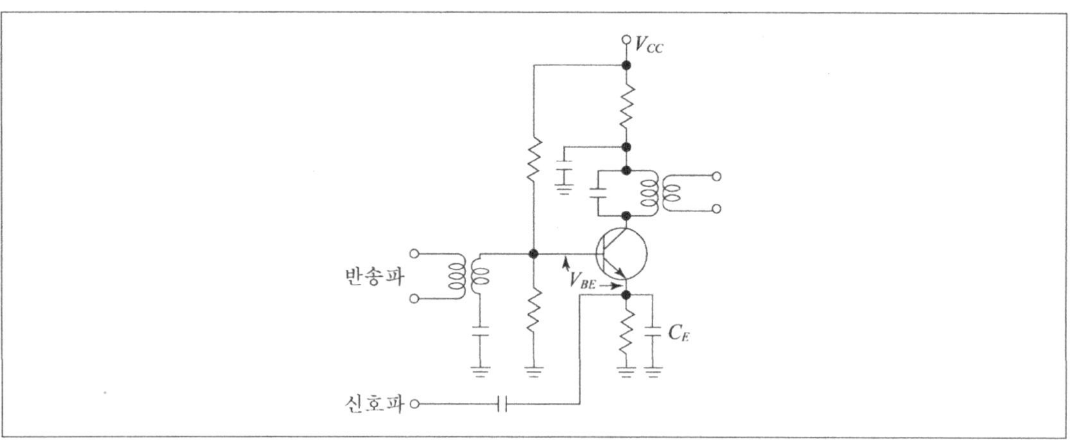

②   제곱 변조회로

(1) 개념

입출력 관계가 비직선인 소자나 증폭기에 반송파와 신호파를 같이 가해 주면, 출력단에 그 진폭이
신호파의 제곱에 가까운 출력신호가 얻어진 것에서 저주파 성분을 제거해 진폭이 신호파에 가까운
출력신호, 즉 피변조파를 얻게 된 변조방식을 말한다.

◎ 제곱 변조 ◎

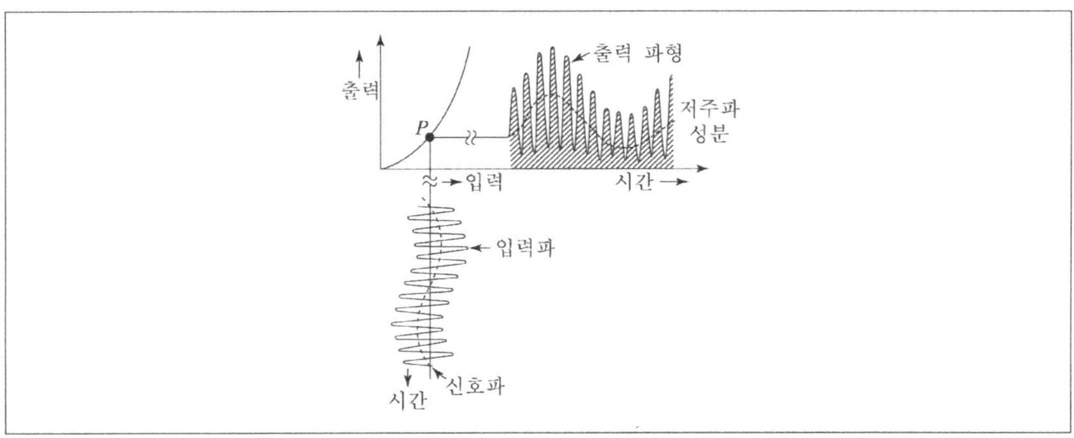

(2) 특징

① 진폭 변조의 기능을 가지고 있다.

② 출력신호파의 왜곡이 크다.

③ 변조도가 제한된다.

④ 소전력용 출력이 필요한 경우에 많이 사용한다.

③ 평형 변조회로

(1) 개념

① SSB 통신방식에서 많이 사용되는 변조방식이다.

② 이 회로는 반송파가 없는 상·하측파의 출력을 목적으로 한다.

(2) 동작원리

① 피변조파에서 반송파와 하나의 측파대의 제거는 이들 사이에 근접한 주파수와 큰 반송파의 출력 때문에 필터로 반송파를 완전하게 제거하는 것이 불가능하다.

② 이로 인해 변조과정에서 반송파가 출력 쪽에 나타나지 않도록 하는 평형 변조회로를 사용하고 평형 변조회로 출력단에 나타난 양측파대 중 필터를 사용하여 하나의 측파대를 제거하면 SSB 통신에 적합한 출력파형을 얻게 된다.

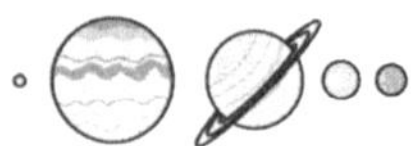

(3) 분류

① 다이오드 평형 변조회로

　㉠ 동작 원리

- 신호파가 입력 되지 않았을 경우
- (+)의 반송파 : 다이오드 D_1, D_2가 ON이 되고 T_2의 1차측에 전류가 흐르지만 서로 방향이 반대이기 때문에 상쇄되어 결국 T_2의 2차측에는 출력이 없게 된다.
- (−)의 반송파 : 다이오드 D_1, D_2가 OFF가 되고, 결국 T_2의 2차측에는 출력이 없게 된다.
- 신호파가 입력 되었을 경우
- (+)의 신호파 : 전류는 D_1쪽이 D_2쪽보다 더 흐르게 되고 T_2의 2차측에는 출력이 나타나게 된다.
- (−)의 신호파 : 신호파는 (+)인 경우의 반대현상이 일어나서 T_2에는 이번 출력의 역전압이 출력되게 된다.
- 출력측에서 얻어지는 전압은 신호파에 의한 전류차에 해당하는 변화분이다.

◎ 다이오드 평형 변조회로와 동작파형 ◎

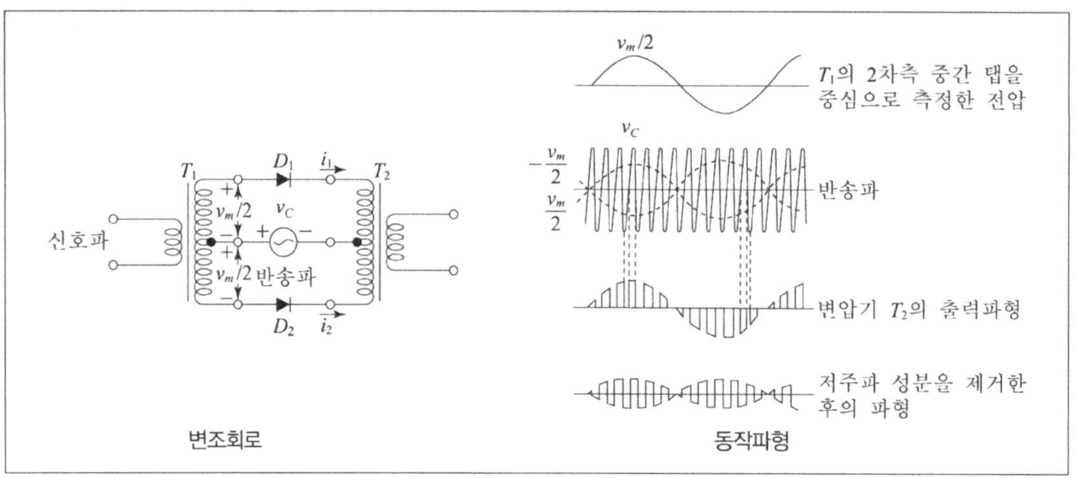

　㉡ 다이오드 D_1, D_2에 제곱특성이 있고, 제곱변조의 원리에 의해 저주파 성분을 제거하면 진폭이 신호파에 비례하는 출력을 얻을 수 있다.

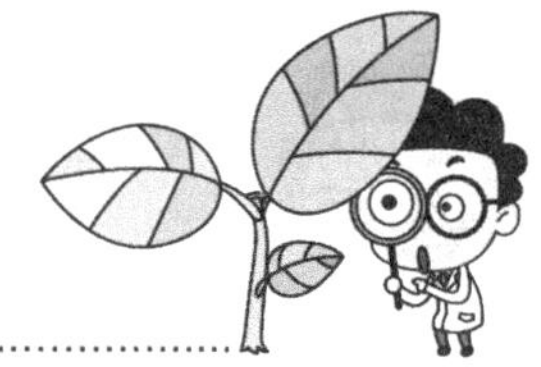

② 링 평형 변조회로

㉠ 동작원리

- 원리가 다이오드 평형 변조회로와 비슷하지만 반송파가 음인 경우에도 다이오드 D_3, D_4를 통해 전류가 흐를 수 있다는 차이점이 있다.
- 링 평형 변조회로에 신호파 입력이 없을 경우 트랜스에 흐르는 전류가 평형을 이루게 되어 T_2의 2차측에는 변화가 없다.

㉡ 신호파 및 반송파에 대해서도 평형이 되어 있어서 2중 평형이 되어, 여파기 없이도 신호파까지 제거된다. 결국 출력에는 제곱 변조된 양측파대만 나타나게 된다.

㉢ 특징

- 전원을 필요로 하지 않는다.
- 기계적으로 견고하여 수명이 길다.
- 큰 출력을 얻을 수 없다.
- 소형 중량으로 될 수 있다.

❀ 링 평형 변조회로와 출력파형 ❀

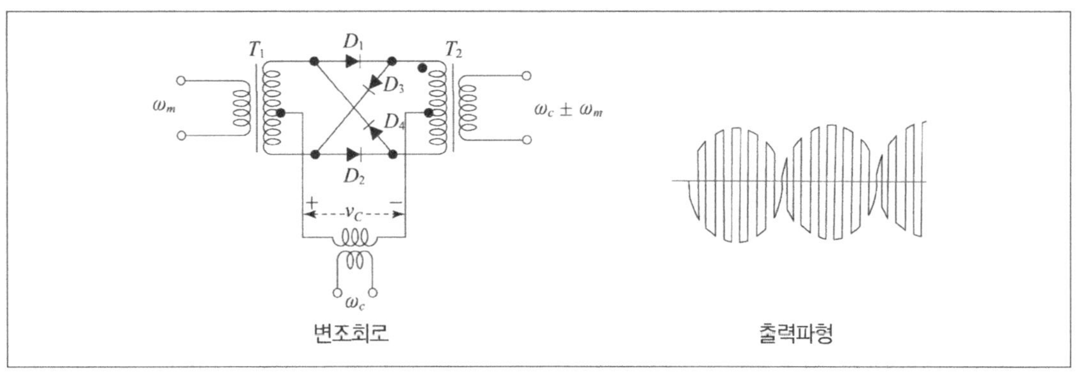

01 출제예상문제

1 신호 주파수가 5kHz, 최대 주파수 편이가 20kHz이면, 변조지수는?

① 2 ② 3
③ 4 ④ 5

⭐**note** $m_f = \dfrac{\text{최대 주파수 편이}}{\text{변조주파수}} = \dfrac{20}{5} = 4$

2 반송파 1,500kHz를 5kHz의 변조 신호파로 진폭 변조했을 때 생기는 대역폭은 얼마인가?

① 2.5kHz ② 5kHz
③ 7.5kHz ④ 10kHz

⭐**note** 주파수 대역폭 $B = f_2 - f_1$ 이므로

$f_1 = 1,500 - 5 = 1,495$ 이고, $f_2 = 1,500 + 5 = 1,505$ 에서 B를 구하면

$B = 1,505 - 1,495 = 10\,\text{kHz}$

3 다음 중 진폭 변조에서 변조를 깊게 하면 나타나는 현상으로 옳은 것은?

① 반송파가 커진다. ② 대역폭이 넓어진다.
③ 대역폭이 좁아진다. ④ 변조파의 주파수 특성이 좋아진다.

⭐**note** 변조도의 깊고 얕음에 대하여 반송파는 무관하며 변조파 전력, 출력파형, 대역폭 등에 관계가 된다. 100% 이상 변조를 했을 때를 과변조라고 하는데, 과변조 상태가 되면 대역폭이 넓어지고 변조파형의 일부가 어느 구간에서 잘려 일그러짐이 발생한다. 변조를 깊게 하면 검파된 저주파 출력은 커지게 된다.

Answer 1.③ 2.④ 3.②

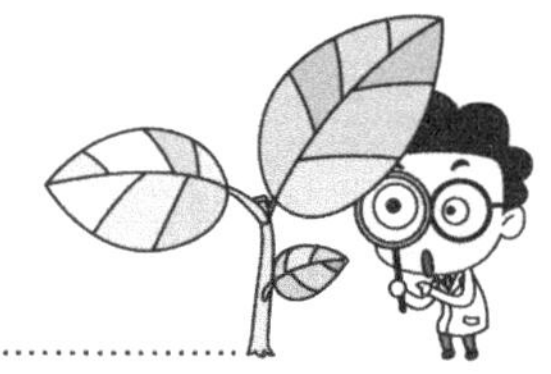

4 다음 중 직선 변조에 대한 설명으로 옳지 않은 것은?

① 송신기의 마지막 증폭단에서 실시하는 것은 베이스 변조회로이다.

② 직선 변조는 동일한 소자의 특성 중에서 직선 부분에서 차단 부분 이하까지를 이용한 것이다.

③ 직선 변조에는 이미터 변조회로와 컬렉터 변조회로 등이 해당된다.

④ 직선 변조는 변조 소자를 통전과 차단의 두가지 상태로 스위칭하는 방식이다.

> **note** ① 컬렉터 변조회로에 대한 설명이다.
>
> ※ 베이스 변조회로 … TR의 베이스에 반송파와 신호파를 동시에 가하여 비직선 증폭을 하여 얻은 일그러진 컬렉터 전류 중 반송파와 상하측파대만을 추출하여 DSB파가 얻어진다. 광대역 변조를 하기에 적합하다.

5 다음 중 어떤 진폭 변조파가 $e = (50 + 20\cos 2 \times 600\pi t)\cos 2 \times 10^6 \times \pi t$일 때 변조도로 옳은 것은?

① 0.2

② 0.4

③ 0.5

④ 0.8

⑤ 0.9

> **note** 변조도 $m = \dfrac{E_m}{E_c}$ 이므로 이 공식으로 구하면 $m = \dfrac{E_m}{E_c} = \dfrac{20}{50} = 0.4$

6 다음 중 진폭 변조도 $m > 1$일 때 변조의 상태로 옳은 것은?

① 무변조

② 50% 변조

③ 100% 변조

④ 과변조

> **note** 변조도
> - ㉠ $m < 1$: 무변조
> - ㉡ $m = 1$: 100% 변조(완전 변조)
> - ㉢ $m > 1$: 과변조

Answer   4.① 5.② 6.④

7 다음 중 20% 변조된 진폭 변조파의 출력이 1,000W일 때 반송파 성분의 전력은 얼마인가?

① 325.21W

② 463.71W

③ 719.63W

④ 835.47W

⑤ 980.39W

☆note $P_m = P_c(1 + \dfrac{m_a^2}{2})$ 이므로 P_c에 대해 정리하면

$$P_c = \frac{P_m}{(1 + \dfrac{m_a^2}{2})} = \frac{1,000}{(1 + \dfrac{0.04}{2})} = 980.39\,\text{W}$$

8 다음 중 단일 측파대 통신에 대한 설명으로 옳지 않은 것은?

① 점유 주파수 대역이 좁다.

② 신호대 잡음비가 나쁘다.

③ 송수신 장치가 비교적 복잡하다.

④ 페이딩에 의한 신호의 왜곡이 적다.

⑤ 전력소모가 적다.

☆note ② 양측파대 통신보다 좋다.

※ 양측파대 통신과 단측파대 통신의 비교

전송방식	양측파대(DSB) 통신방식	단측파대(SSB) 통신방식
전송방식	피변조파 모두 전송한다.	상측파와 하측파 중 하나만 전송한다.
주파수 대역폭	비교적 대역폭이 넓다.	대역폭이 DSB의 $\frac{1}{2}$ 이하이다.
송수신 장치	비교적 간단하다.	DSB보다 복잡하다.
S/N비	비교적 좋지 않다.	DSB보다 개선됐다.

9 정현파의 $v(t) = 300\sin 500t$ 이다. 첨두값은?

① 100

② 300

③ 500

④ 1,500

⑤ 2,000

☆note 첨두값은 최대값으로 앞에 있는 300이다.

Answer 7.⑤ 8.② 9.②

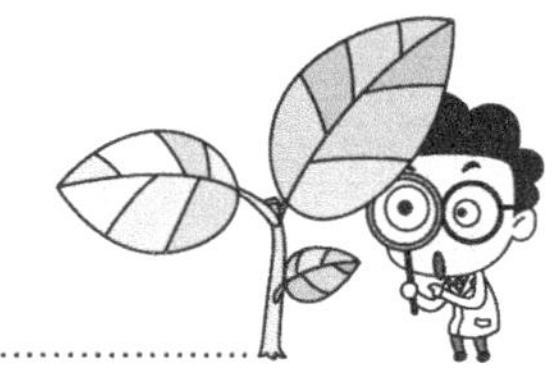

10 다음 중 무선 주파 전압의 최대값이 100V일 때 최대값이 30V인 가청 주파수 전압으로 진폭 변조할 경우의 변조도는?

① 0% ② 15%

③ 30% ④ 50%

⑤ 65%

> **note** 변조도는 변조파의 최대치 전압을 반송파의 최대치 전압으로 나눈 값으로 여기에서 변조도를 구하면 $\dfrac{30}{100} \times 100 = 30\%$가 된다.

11 다음 중 베이스 변조회로의 특징으로 옳지 않은 것은?

① 광대역 변조에 적합하다.

② 출력이 컬렉터 변조의 약 $\dfrac{1}{4}$ 정도로 된다.

③ 주로 대전력 송신기에 사용한다.

④ 전압이 적어도 깊은 변조가 가능하다.

> **note** ③ 컬렉터 변조회로에 대한 설명이다.
>
> ※ 직선 변조회로의 종류와 특징

컬렉터 변조회로	베이스 변조회로	이미터 변조회로
• 주로 대전력 송신기에 사용한다. • 컬렉터 피변조파 효율이 좋고 직선성이 크다. • 트랜스에 의한 찌그러짐이 많다. • 변조가 100%까지 가능하다. • 큰 전력이 필요하다.	• 컬렉터 변조의 약 1/4 정도로 출력된다. • 광대역 변조에 적합하다. • 전압을 적게해도 깊은 변조를 할 수 있다. • 변조파의 변형이 적다. • 변조전력이 적다. • 변조특성이 좋다. • 일그러짐이 크다.	• 직진성이 크다. • 큰 변조신호 전력이 필요 하다.

Answer 10.③ 11.③

12 다음 중 제곱 변조에 관한 설명으로 옳지 않은 것은?

① 대전력용 출력이 필요한 경우에 사용된다.

② 진폭 변조를 할 수 없다.

③ 능동 소자의 특성 곡선상의 비직선성을 이용한다.

④ 출력신호파의 왜곡이 작다.

> ☆note 제곱 변조의 특징
> ㉠ 진폭 변조의 기능을 가지고 있다.
> ㉡ 출력신호파의 왜곡이 크다.
> ㉢ 변조도가 제한된다.
> ㉣ 소전력용 출력이 필요한 경우에 많이 사용한다.

13 다음 중 반송파를 제거하기 위한 변조방식은?

① 진폭 변조　　　　　　② 펄스 변조

③ 평형 변조　　　　　　④ 위상 변조

⑤ 링 변조

> ☆note 평형 변조 … 반송파를 제거하고 측대파만을 꺼내는 변조방식이다. 보통 AM방식은 반송파와 상·하 양측대파를 동시에 송출하게 되면 피변조파 전력의 대부분을 반송파가 차지하여 큰 전력이 소비된다. 따라서 한쪽 측대파를 제거하고 나머지 한쪽 측대파만을 사용하는 SSB 방식에서는 링 변조기나 평형 변조기를 사용하여 반송파를 제거하고 대역 여파기로 한쪽 측대파만 꺼내어 SSB 통신을 하게 된다. 이와 같이 반송파를 제거시키는 변조방식을 말한다.

14 다음 중 평형 변조회로에 대한 설명으로 옳지 않은 것은?

① SSB 통신방식에서 사용한다.

② 반송파가 없는 상·하측파의 출력을 목적으로 한다.

③ 출력 측에 나타난 양측파대 중 필터를 사용해 하나의 측파대를 제거한 후 사용한다.

④ 진폭 변조회로의 종류가 아니다.

> ☆note 진폭 변조회로에는 직선 변조, 제곱 변조, 평형 변조방식이 있다.

15 다음 중 어떤 진폭 변조파의 방정식이 다음과 같이 표시되는 경우 이 전파의 상측파대 주파수와 변조도는?

$$V_{AM} = (10 + 6\cos 2\pi \times 10^3 t)\cos 2\pi \times 10^6 t$$

① 999kHz, 50%
② 999kHz, 60%
③ 1,001kHz, 50%
④ 1,001kHz, 60%
⑤ 1,000kHz, 60%

☆∎note

변조도 $m = \dfrac{V_m}{V_c} = \dfrac{6}{10} = 0.6$　∴ 60%

반송파 성분은 $2\pi \times 10^6 t$ 에서 $f_c = 1\,\text{MHz}$

변조파 성분은 $2\pi \times 10^3 t$ 에서 $f_c = 1\,\text{kHz}$

그러므로 상측파대 주파수는 $f_c + f_m$ 이므로 $1,000 + 1 = 1,001\,\text{kHz}$

16 다음 그림은 AM 변조된 DSB-LC(Double-Side-Band Large-Carrier) 파형이다. 변조 지수(modulation index)를 m이라 하고, 총 송신 전력 중 캐리어가 차지하는 전력의 비율을 R이라고 할 때, m과 R을 구하면? (단, 그림에서 캐리어 주파수는 신호보다 매우 높다고 가정한다)

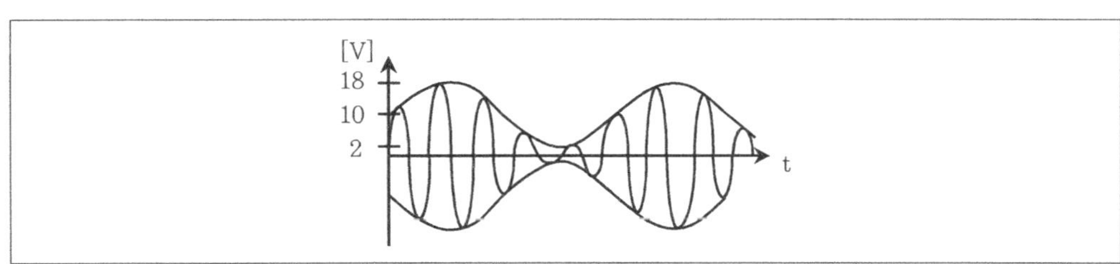

	m	R		m	R
①	0.8	$\dfrac{2}{m^2 + 2}$	②	1.6	$\dfrac{2}{m^2 + 2}$
③	0.8	$\dfrac{m^2}{m^2 + 2}$	④	1.6	$\dfrac{m^2}{m^2 + 2}$

☆∎note

변조지수 m은 $m = \dfrac{A - B}{A + B} \times 100 = \dfrac{36 - 4}{36 + 4} \times 100 = \dfrac{32}{40} \times 100 = 0.8$

R은 $R = \dfrac{2}{m^2 + 2}$

☘Answer　　15.④　16.①

02 주파수 변조·위상 변조·펄스 변조

1 주파수 변조

① 주파수 변조의 개요

(1) 주파수 변조

① **개념** ··· 신호파의 진폭에 의해 반송파의 주파수를 변화시키는 변조방식을 말한다.

② **특징**

- ㉠ S/N비가 개선된다.
- ㉡ 잡음을 쉽게 제거할 수 있고 음질이 좋다.
- ㉢ 측파대가 많이 생겨서 초단파대에서 사용을 많이 한다.
- ㉣ 수신의 충실도가 좋다.
- ㉤ 페이딩 영향이 적고 혼신이 적다.
- ㉥ 기기 구성이 복잡하다.
- ㉦ 용도 : 라디오, TV음성, 무선 마이크 등에 이용된다.

(2) 기본 원리

① **반송파** ··· $v_c(t) = V_c \sin\omega_c t$

② **신호파** ··· $v_m(t) = V_m \sin\omega_m t$

③ **최대 주파수 편이**

- ㉠ 순시 주파수(f)

$$f(t) = f_c + k_f V_m(t) = f_c + k_f V_m \cos\omega_m f = f_c + \Delta f \cos\omega_m t$$

$$v_m(t) = V_m \sin\omega_m t$$

- ㉡ 최대 주파수 편이(Δf_c)

- 신호파가 최대일 때 중심 주파수로부터 얼마나 벗어났는가를 나타낸다.
- 신호파의 진폭에 관계하여 비례한다.

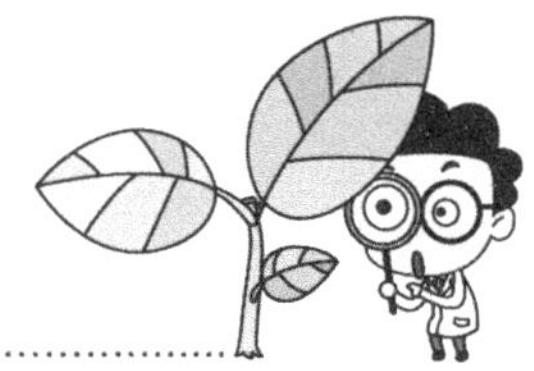

④ 변조지수

$$m_f = \frac{\text{최대 주파수편이}}{\text{변조주파수}} = \frac{\Delta\omega_c}{\omega_m} = \frac{\Delta f_c}{f_m}$$

㉠ 광대역 FM 변조 : $m_f > 1$
㉡ 협대역 FM 변조 : $m_f < 1$

⑤ 주파수 대역폭(BW)

$$2(\Delta f_c + f_m) = 2f_m(m_f + 1)\,[\text{Hz}]$$

⑥ 피변조파

$$V_{FM} = V_c\sin\left(\omega_c t + k_f\int V_m\sin\omega_m t\,dt\right)$$
$$= V_c\sin\left(\omega_c t + \frac{k_f V_m}{\omega}\sin\omega_m t\right)$$

② 주파수 변조회로

(1) 직접 FM 변조회로

① **개념**

㉠ 신호파의 진폭에 비례하여 반송파를 직접 변조하는 방식을 말한다.
㉡ 정보 신호의 크기에 직접 비례하여 반송파의 주파수를 변화시킨다.

② **특징**

㉠ 변조의 직선성이 양호하다.
㉡ 회로가 간단하다.
㉢ LC 발진기의 공진 주파수가 불안정하므로 AFC 회로를 이용하여 소요 주파수의 안정도를 얻도록 한다.

③ **직접 FM 변조회로의 종류**

㉠ 리액턴스 트랜지스터를 사용한 변조회로 : 리액턴스 소자들을 LC 동조회로에 사용하게 되면, 신호파에 의해 TR의 h_{ie}, h_{fe}가 변화되어 신호파에 따라 발신 주파수를 변화시킬 수가 있다.

❁ 리액턴스 트랜지스터 ❁

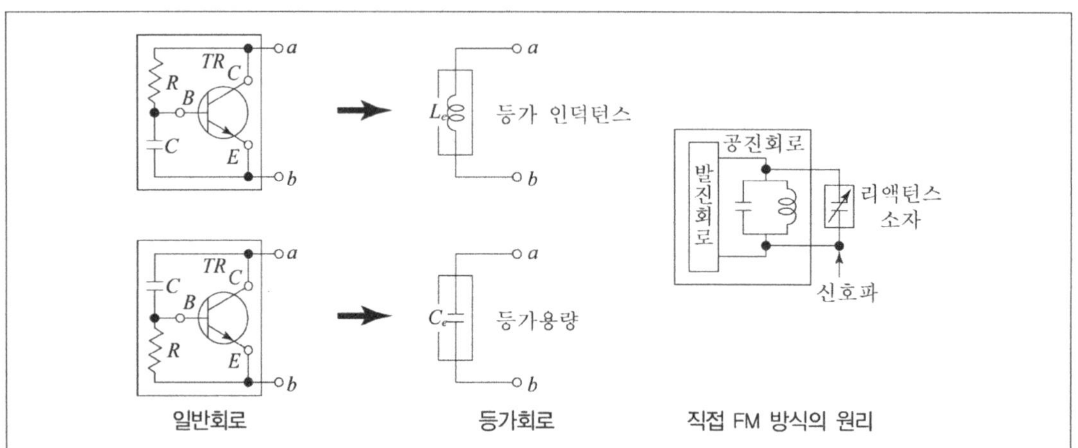

ⓛ 가변용량 다이오드를 사용한 변조회로

- 개념 : 역방향 전압이 가변용량 다이오드에 가해지는 것을 음성신호에 따라 변화시켜, 동조회로의 C값을 바꾸게 되면 발진 주파수가 변화하여 직접 주파수를 변조할 수 있는 것을 말한다.

❁ 실제 회로 ❁

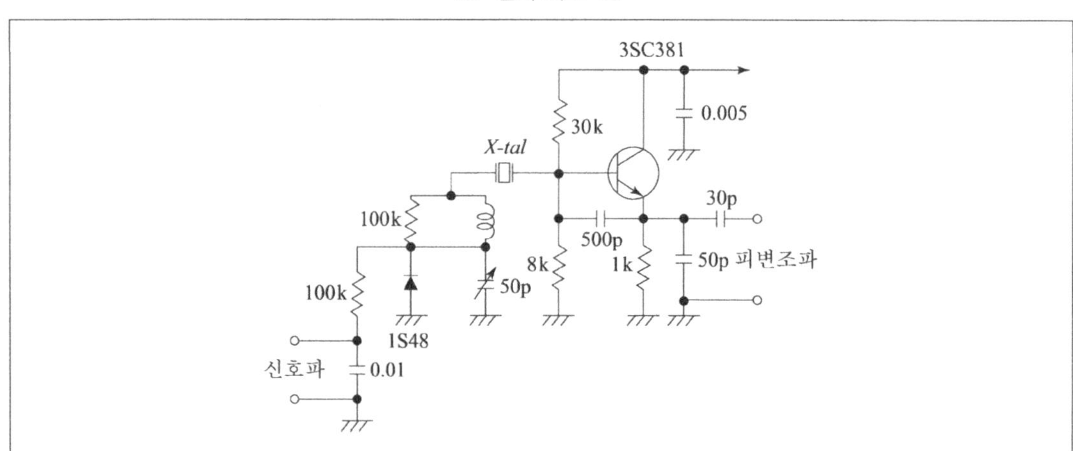

- 위 그림에서 신호파가 입력되면 가변용량 다이오드의 용량이 바뀌게 되고 LC 동조회로의 공진 주파수도 같이 변화한다. 따라서 수정 발진기에 의한 발진 주파수는 동기화 현상에 의하여 변화되고, 신호파에 의해 직접 주파수가 변조된 출력을 얻을 수 있는 것이다.
- 가장 단순한 리액턴스 회로이다.
- 단점 : 2단자 장치로 사용해야 하기 때문에 응용에 제한이 있다.
- 용도 : 주로 자동 주파수 제어분야에서 사용된다.

ⓒ 콘덴서 마이크로폰을 사용한 변조회로

- 개념 : 발진회로에 콘덴서 마이크로폰을 이용하여 음의 변화에 따라 발진 주파수가 변화하는 직접 FM 변조회로를 얻을 수 있다.

- 비교적 주파수 특성이 좋고, 회로가 간편하다.
- 용도 : 주로 무선 마이크에 사용된다.
- 아래의 회로 그림은 마이크로폰을 이용해 하틀리 발진회로의 발진 주파수를 바꾸어 주고 TR_2는 부하의 변동이 발진회로에 영향을 미치지 않도록 하면서 피변조파의 증폭도 하고 있다.

◎ 실제 회로 ◎

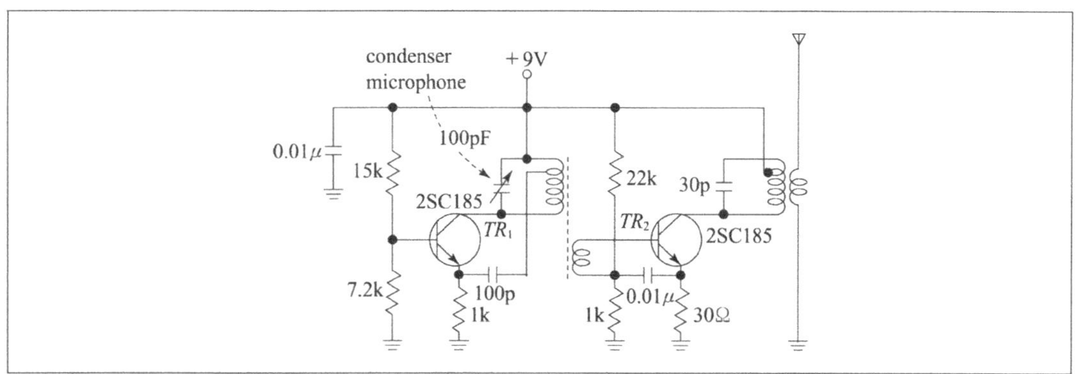

(2) 간접 FM 변조회로

① 개념

㉠ 변조신호에 따라 반송파를 위상 변조해서 등가적으로 주파수 변조를 하는 방식을 말한다.

㉡ 주파수 변조는 위상 변조를 사용하여 간접적으로 수행한다.

◎ 간접 FM 방식의 원리 ◎

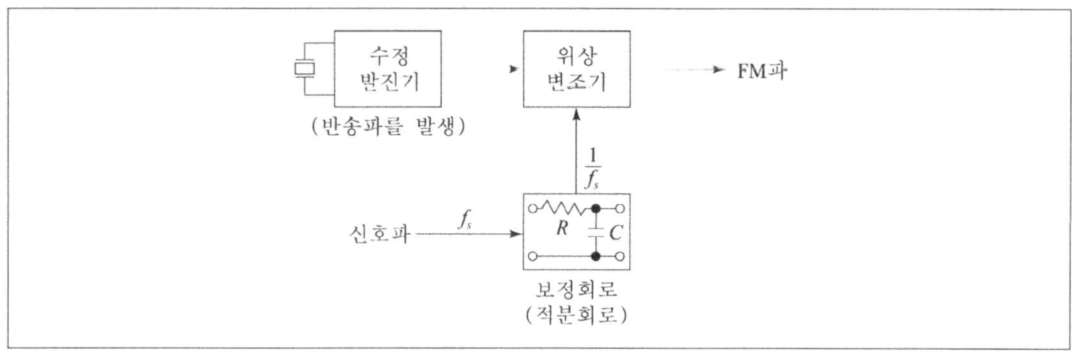

② 특징

㉠ 전치 보상회로가 필요하다.

㉡ AFC 회로가 필요하지 않다.

㉢ 주파수 안정도는 수정 발진기의 사용으로 인해 높은 편이다.

㉣ 용도 : 고정국이나 이동국 등에 사용된다.

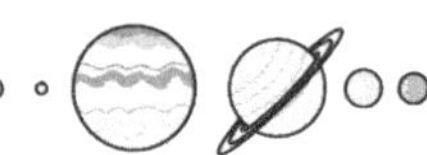

　　㉺ FM 보조회로
- 프리엠퍼시스(미분기)
- 전치 보상기(적분기)
- AGC(자동이득 제어회로)
- 디엠퍼시스(적분기)
- AFC(자동 주파수 제어회로)

③ **종류**
　　㉠ AM−C 합성방식
　　㉡ 암스트롱 변조
　　㉢ AM−AM 합성방식
　　㉣ 포화 변압기 방식
　　㉤ 세라소이드 변조

④ **전치 보정회로**(Pre−distorter)
　　㉠ 개요
- 전치 왜곡회로라고도 하는데, 간접 FM 변조방식에 있어서 PM 변조회로를 써서 FM파를 만들어 내기 위해 신호파를 적분해 주는 적분회로이다.
- PM 변조시 주파수에 비례해 최대 주파수 편이가 커지기 때문에 신호파에 변화를 주지 않은 상태에서 PM파를 복조하면 고주파 신호 성분이 강조된 신호파를 얻을 수 있다. 결국 신호파인 저주파 신호를 제대로 재생하기 위해선 PM 변조를 하기 전에 저주파 신호의 진폭을 주파수에 역비례하게 감소시켜둘 필요가 있는 회로를 말한다.

◎ 전치 보정회로 ◎

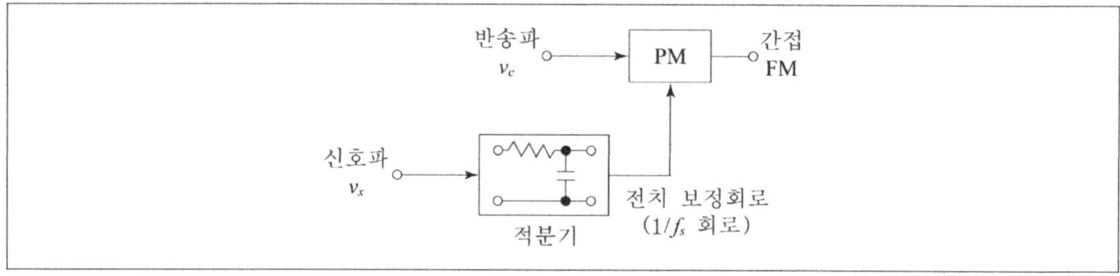

　　㉡ 특징
- 출력전압 e_0

$$e_0 = \frac{\dfrac{1}{j\omega_m C}}{R + \dfrac{1}{j\omega_m C}} \cdot e_i \frac{1}{1 + j\omega_m CR} \cdot e_i$$

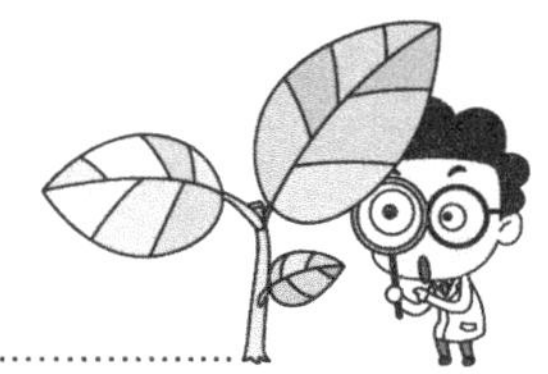

- R, C를 $\omega_m CR \gg 1$이 되도록 선정하면 $e_0 = e_i \dfrac{1}{1 + j\omega_m CR}$이 되는데, 이는 신호 주파수에 반비례하고 j로서 $90°$ 위상변화가 일어나서 저주파 증폭기 앞단에 전치 보정회로를 넣으면 등가적인 FM파를 얻을 수 있게 된다.
- 용도 : 주파수에 역비례하는 출력을 얻을 때 사용한다.

2 위상 변조와 펄스 변조

① 위상 변조

(1) 위상 변조의 개요

① **개념** … 반송파의 진폭은 일정하나 반송파의 위상을 신호에 따라서 변화시키는 방식의 회로를 말한다.

② **변조지수**

ㄱ $m_p = \Delta\theta$ ($\Delta\theta[\text{rad}]$: 최대 위상 편이)

ㄴ 신호파의 진폭에 비례하지만 신호의 주파수에는 상관이 없다.

③ **반송파**(v_c) … $v_c = V_c \sin(\omega_c t + \theta)$

④ **신호파**(v_m) … $v_m = V_m \cos\omega_m t$

⑤ **피변조파**(v_{PM}) … $v_{PM} = V_c \sin(\omega_c t + \Delta\omega\cos v_m t)$

$$= V_c \sin(\omega_c t + m_p \cos v_m t)$$

(2) PM 변조와 FM 변조의 비교

	FM 변조	PM 변조
변조지수	신호 주파수에 비례한다.	신호 주파수에는 무관하고, 신호파의 최대 진폭에 비례한다.
위상차	FM파보다 PM파의 변조위상이 $\pi/2$만큼 빠르다.	
관계	미분과 적분의 관계를 가진다. PM → 적분 → FM → 미분 → PM	

② 펄스 변조

(1) 펄스 변조의 개요

① 개념

    ㉠ 주기적인 펄스의 진폭, 주파수, 위상 등을 신호파(음성 등)에 따라서 변화시키는 것을 말한다.

    ㉡ 펄스 변조는 아날로그 신호를 표본화하여 디지털 정보로 변환한다.

    ㉢ 원거리 통신의 신호 일그러짐이나 잡음의 영향을 덜 받게 하기 위해선 정보 신호모양을 펄스 열이 일정하도록 바꾼 후 정보의 내용만 펄스 진폭, 펄스 시간폭, 펄스 상대위치 등으로 변환해야 한다.

② 특징

    ㉠ 시분할 다중 전송을 할 수 있다.

    ㉡ 심벌간 간섭이 발생한다.

    ㉢ 데이터 처리와 에러 수정이 수월하다.

(2) 펄스 변조의 종류

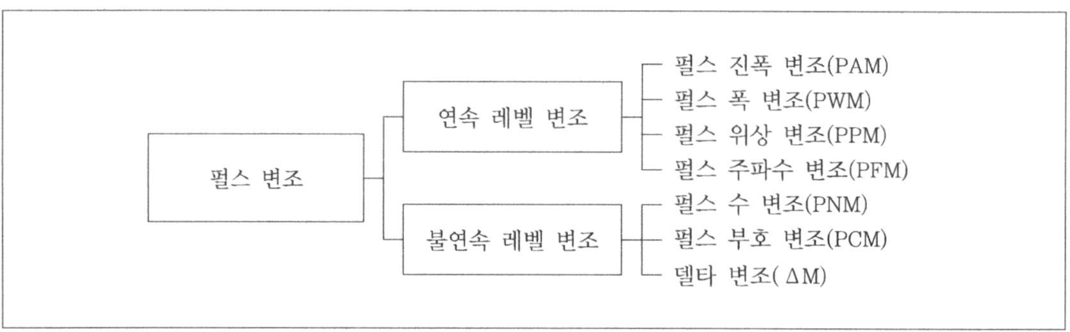

① 연속 레벨 변조

    ㉠ 펄스 진폭 변조(Pulse Amplitude Modulation ; PAM)

      • 개념 : 펄스의 반복주기와 크기가 일정한 펄스의 열을 변조신호에 대응하여 변화시킨 것이다.

      • 원리 : 단속이 표본화 펄스에 따라서 되는 게이트 회로에 의하여 출력단에서는 출력을 표본화 펄스가 있는 동안에만 얻을 수 있고 출력단에 나타난 파형은 펄스의 진폭이 신호파의 진폭으로 변조된 PAM파가 출력된다.

      • 다중화, 복조 등이 간단하나 잡음의 영향을 쉽게 받아서 단독으로 사용하기보다는 다른 펄스 변조의 앞단에 많이 사용된다.

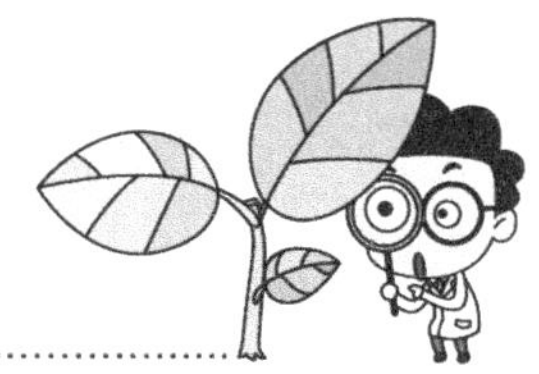

◎ 표본화와 PAM 변조원리 ◎

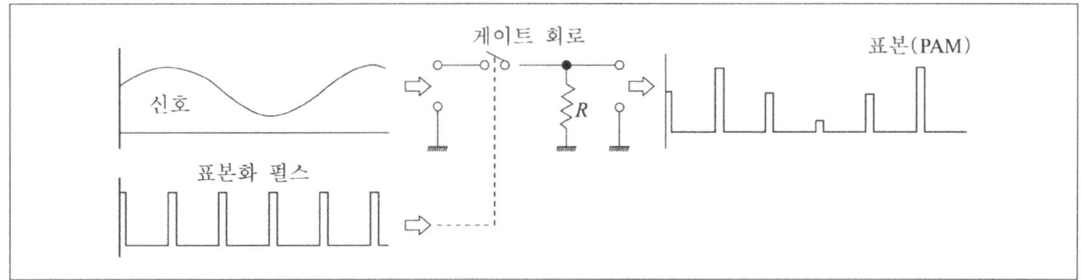

- 특징
- 신호파는 펄스 진폭이 0일 경우에 증폭되어 PAM이 행하여지므로 신호파의 표준화에 의해 PAM을 얻을 수 있다.
- S/N비가 떨어져서 거의 사용하지 않는다.

ⓛ 펄스 폭 변조(Pulse Width Modulation ; PWM)
- 개념 : 신호파의 진폭으로 펄스의 폭을 변화시키는 것이다.
- 원리
- 신호파에 톱날파를 더한 것을 슬라이서 회로를 이용하여 일정한 레벨로 자른 후 증폭하여 만든다.
- 신호파의 파고값보다 톱날파의 진폭이 커야 한다.
- 특징
- 진폭에 신호성분이 포함되어 있지 않아 진폭 제한기를 사용할 수 있어서 잡음에 강하다.
- PWM은 보통 PPM의 앞단에 사용되고 단독으로 사용되지 않는다.

◎ PAM 변조원리 ◎

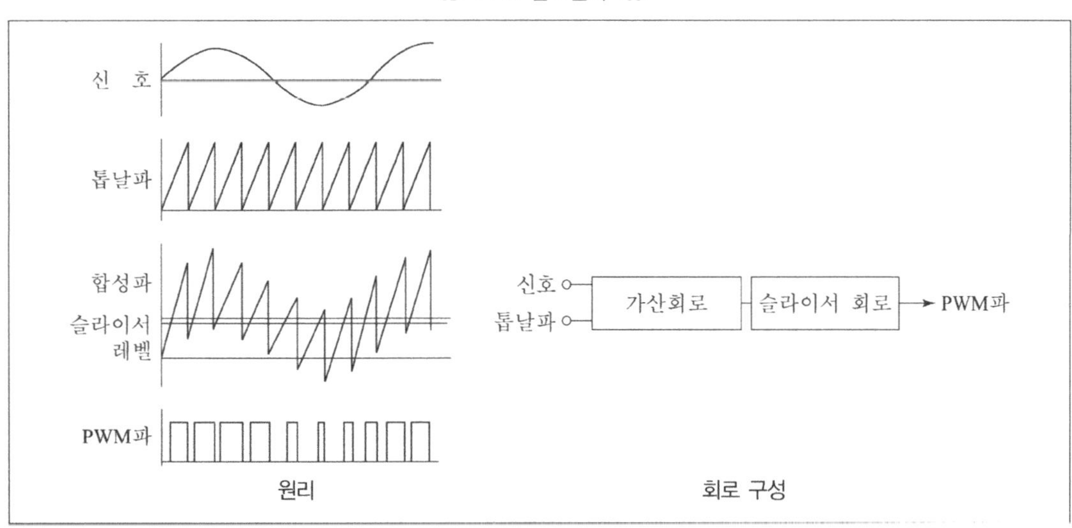

ⓒ 펄스 주파수 변조(Pulse Frequency Modulation ; PFM)

• 개념

- 펄스의 주파수를 신호파의 진폭으로 변환시키는 것으로 PPM과 유사하다.

- 만일 신호파가 사인파이면 PPM파와 PFM파는 위상차만 90˚가 난다.

• 원리 : 적분한 신호파를 변조시키면, 출력단에서 신호파로 직접 PFM 변조한 PFM파를 얻을 수 있다.

❀ PPM 변조원리 ❀

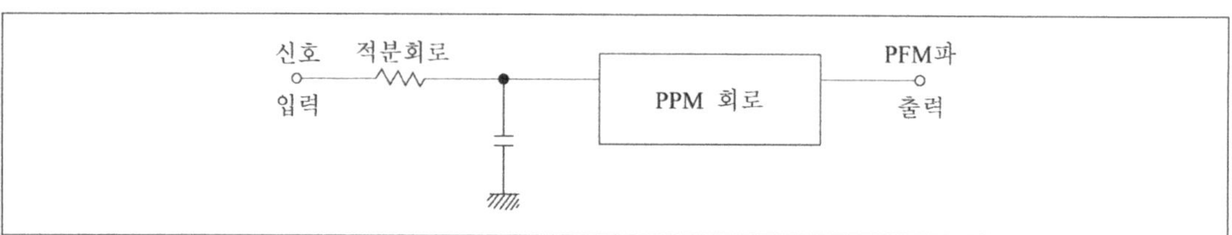

ⓓ 펄스 위상 변조(Pulse Phase Modulation ; PPM)

• 개념 : 신호파의 진폭을 이용하여 펄스 위상을 변화시키는 것을 말한다.

• 원리 : PWM 변조회로로서 PWM 변조파를 만들고 다시 이것을 미분한 후 다이오드를 이용해 양의 펄스만을 출력시킨다.

• 특징 : 펄스의 진폭과 폭이 일정하여 평균 전력이 일정하고 잡음에 강하다.

❀ PPM 변조원리 ❀

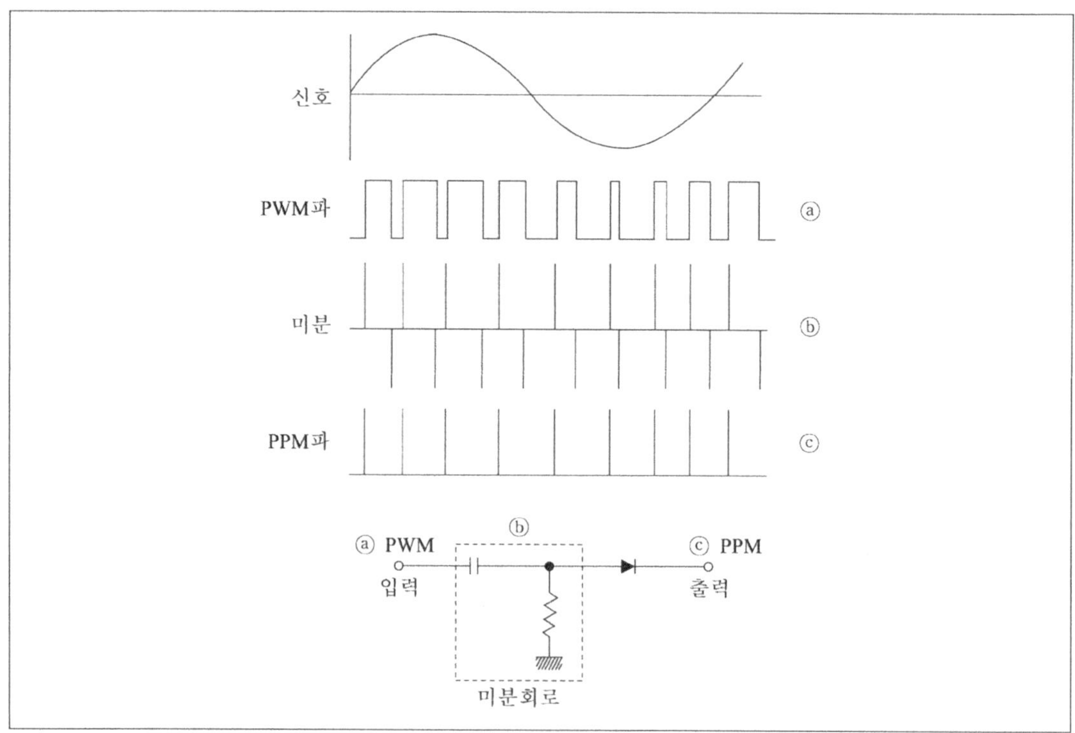

② 불연속 레벨 변조

　㉠ 펄스 수 변조(Pulse Number Modulation ; PNM)

　　• 개념 : 신호파의 진폭을 시간 내의 펄스 수로 바꾸어 주는 변조방식을 말한다.

　　• 원리 : PWM파를 AND 회로의 한쪽 단자에 인가하고, 주파수가 PWM파보다 훨씬 높은 펄스를 AND 회로의 다른 한쪽에 가하게 되면, 출력단에서는 펄스의 진폭에 비례한 PNM파를 얻는다.

　　• 단점 : 펄스의 수를 크게 할 수 없고 발생되는 펄스의 간격이 일정하다.

⑥ PNM파 변조방법 ⑥

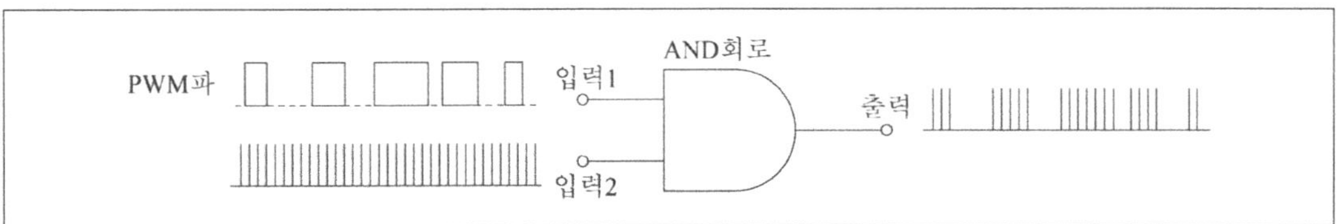

　㉡ 펄스 부호 변조(Pulse Code Modulation ; PCM)

　　• 개념 : 신호파로부터 표본화한 것을 양자화 한 후 이 개개의 펄스의 진폭이 부호화되는 것을 말한다.

　　• 구성 : 펄스 시간의 표본화, 펄스 진폭의 표본화, 표본화 신호를 근접한 디지털 값으로 바꾸는 양자화, 양자화 신호를 축소하는 부호화로 이루어져 있다.

⑥ PCM 변조회로의 구성 ⑥

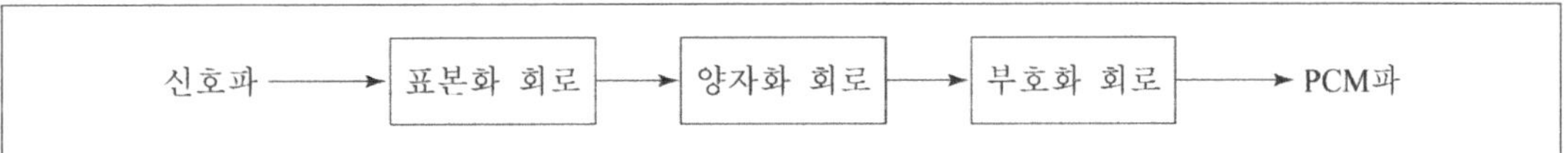

• 특징
- 신호 대 잡음비가 높다.
- 신호 왜곡이 작다.
- 구현하면 회로가 복잡해진다.
- 큰 대역폭이 필요하다.
• 표본화 회로
- PAM 변조회로로서 펄스의 진폭이 신호파의 진폭에 비례하는 PAM파를 만들어 낸다.
- 표본화 주파수 : 보통 8kHz이다.
- PAM이 끝난 후 다중화 통신이 이루어진다.
• 양자화 회로
- PAM파의 각 펄스 열의 값을 주어진 레벨 수로 나누는 회로이다.
- 연속적인 신호를 이산적인 신호로 변환한다.
• 부호화 회로(encoder)
- 양자화된 각각의 레벨 값을 하나의 2진 부호로 변환시키는 회로이다.
- A-D 변환기가 사용된다.

02 출제예상문제

1 다음 변조의 효과에 대한 설명 중 옳지 않은 것은?

① 잡음을 감소시킬 수 있다.

② 안테나 길이의 축소가 가능하다.

③ 다중통신이 가능하다.

④ 한 개의 안테나로 여러 개의 주파수 수신이 가능하다.

> **note** 변조의 효과
> ㉠ 변조 없이 가청 주파수 신호 전송시 안테나의 길이는 대단히 길어지므로 안테나 길이를 축소한다.
> ㉡ 다중통신을 가능하게 한다.
> ㉢ 통신로에 혼입되는 잡음과 간섭을 줄인다.
> ㉣ 회로 소자의 단순화, 시스템의 소형화가 가능하다.

2 다음 중 펄스 부호 변조(PCM)와 직접적인 관계가 없는 것은?

① 등화기(equalizer) ② 부호화기(encoder)

③ 양자화기(quantizer) ④ 표본기(sampler)

> **note** 펄스 부호 변조
> ㉠ 표본화 회로 : 신호파의 진폭에 펄스의 진폭이 비례하는 PAM파를 만들어 내는 PAM 변조기이다.
> ㉡ 양자화 회로 : PAM파의 각 펄스 값을 주어진 레벨 수로 나누는 회로로, 연속적인 신호를 이산적인 신호로 변환하여 양자화 회로라 한다.
> ㉢ 부호화 회로 : 양자화된 각각의 레벨 값을 하나의 2진 부호로 변환하는 회로이다.
> ※ 변조 과정
> 신호파 → 표본화 회로 → 양자화 회로 → 부호화 회로 → PCM파

Answer 1.④ 2.①

3 다음 중 신호 레벨을 일정한 계단파에 근사화시켜 레벨이 커져 갈 때에는 양의 펄스로 바꾸고, 작아져 갈 때에는 음의 펄스로 바꾸는 변조방식은?

① PAM

② PWM

③ PPM

④ ΔM

> ⭐note 펄스 변조회로의 종류
> ㉠ 연속 레벨 변조
> • PAM : 신호파의 진폭으로 펄스파의 진폭을 변화
> • PWM : 신호파의 진폭으로 펄스의 폭을 변화
> • PPM : 신호파의 진폭으로 펄스 위상을 변화
> • PFM : 신호파의 진폭으로 펄스 주파수를 변화
> ㉡ 불연속 레벨 변조
> • PNM : 신호파의 진폭을 일정 시간 내의 펄스 수로 변화
> • PCM : 신호파의 진폭을 일정 시간 내의 펄스 열로 변화
> • ΔM : 신호파를 계란파로 근사화시켜 증가할 경우 양의 펄스, 감소할 경우 음의 펄스를 발생시켜 변화

4 주파수 변조방식이 VHF대 이상의 통신에 사용되는 주된 이유는?

① 점유 주파수 대역폭이 넓기 때문에

② 가시거리 전송을 해야 하므로

③ 다른 방식으로는 변조가 곤란하기 때문에

④ 변조회로가 간단하므로

> ⭐note 주파수 변조방식(FM)은 주파수 대역폭을 넓게 취할 수 있기 때문에 VHF 및 그 이상의 주파수 영역에서 많이 사용한다.

5 최고 주파수가 20kHz인 신호파를 표본화하여 펄스 변조하고자 할 때, 표본화 주파수의 최소 주기[μs]는?

① 25μs

② 50μs

③ 75μs

④ 100μs

> ⭐note $T = \dfrac{1}{2f_m} = \dfrac{1}{(2 \times 20 \times 10^3)} = 25\mu s$

🌱Answer 3.④ 4.① 5.①

6 다음 중 어떤 신호 S의 크기가 1V이고 이 신호에 포함된 잡음 N의 크기가 1mA일 때 S/N비는 얼마인가?

① 15dB   ② 30dB

③ 60dB   ④ 80dB

> ☆ **note**   신호 잡음비 $20\log\dfrac{S}{N} = 20\log\dfrac{1}{1\times10^{-3}} = 60\,\mathrm{dB}$

7 다음 중 펄스 변조방식으로 신호 레벨에 따라 펄스의 위상을 변화시키는 변조방식은?

① PAM   ② PPM

③ PWM   ④ PNM

> ☆ **note**   ① 신호 레벨에 따라 펄스의 진폭을 변화시키는 변조방식이다.
> ③ 신호 레벨에 따라 펄스의 폭을 변화시키는 변조방식이다.
> ④ 신호 레벨을 일정 시간 내에 펄스 수로 변화시키는 변조방식이다.

8 다음 중 주파수 변조방식을 진폭 변조방식과 비교했을 때의 특징으로 옳지 않은 것은?

① S/N비가 좋아진다.   ② 에코의 영향이 많아진다.
③ 초단파대의 통신에 적합하다.   ④ 점유 주파수 대역폭이 넓다.

> ☆ **note**   주파수 변조방식
> ㉠ 반송파의 주파수를 변조파의 진폭에 따라 변화시키는 방식이다.
> ㉡ 특징
> • 넓은 주파수 대역을 필요로 하므로 초단파대에 사용한다.
> • S/N비가 개선된다.
> • 페이딩에 대한 영향이 적고 잡음이 적다.

9 다음 중 텔레비전의 영상전송에 사용되는 진폭 변조의 방식은?

① DSB − AM   ② DSB − SC

③ SSB   ④ VSB

> ☆ **note**   VSB(Vestigial Side Band) ··· 잔류 측파대 변조방식이라 하고, SSB와 DSB의 절충방식으로 텔레비전 영상전송에 사용한다.

❣ **Answer**   6.③   7.②   8.②   9.④

10 다음 중 FM 변조방식에 대한 설명으로 옳지 않은 것은?

① 저전력 변조가 가능하다.   ② 충실도가 좋아진다.

③ 에코의 영향이 적어진다.   ④ 점유 주파수 대역폭이 좁다.

⑤ 초단파대 이상의 변조방식에 사용된다.

> **note** ④ 점유 주파수 대역폭이 넓다.
>
> ※ FM 변조의 특징
> - ㉠ S/N비가 개선된다.
> - ㉡ 충실도가 좋아진다.
> - ㉢ 진폭 제한기의 이용으로 수신 전계강도의 대소에도 불구하고 항상 저주파 출력을 일정하게 얻을 수 있다.
> - ㉣ 저전력 변조를 할 수 있다(송신기가 소형으로 된다).
> - ㉤ 페이딩에 의한 영향이 적어진다.
> - ㉥ 점유 주파수 대역폭이 넓기 때문에 주로 초단파대 이상의 변조방식에 사용된다.
> - ㉦ AM보다 동일 주파수인 타국으로부터의 혼신 방해가 훨씬 크다.
> - ㉧ 에코의 영향이 적어진다.

11 다음 중 최대 위상 편이가 3일 경우 변조도는 얼마인가?

① 3   ② 4.5

③ 6   ④ 9

⑤ 12

> **note** 최대 위상 편이$(\Delta\theta)$ = 변조도(m_P) = 3

12 다음 중 직접 FM 변조방식에서 사용될 수 없는 소자는?

① SCR   ② 리액턴스 TR

③ 콘덴서 마이크로폰   ④ 가변용량 다이오드

> **note** 직접 FM 방식에서 사용이 가능한 소자는 신호파에 의해서 리액턴스가 바뀌는 소자들이다.
>
> ※ SCR … 전력제어용 반도체 소자로서 pnpn 구조를 이루고 게이트에 흐르는 전류에 의해서 양 단자 간의 전압·전류를 제어한다.

13 다음 중 펄스 진폭 변조(PAM)에 해당되는 설명으로 옳은 것은?

① 시간적으로 원신호에 따라서 각 펄스의 위치는 전후로 이동한다.

② 원신호의 높이에 따라 각 펄스의 폭이 변화한다.

③ 원신호의 높이에 각 표본 펄스의 높이가 비례한다.

④ 원신호의 표본점에서 높이를 몇 개의 펄스 유무조합으로 표현한다.

> **note** PAM
> ㉠ 펄스의 반복주기와 크기가 일정한 펄스의 열을 변조신호에 대응하여 변화시킨 것이다.
> ㉡ 다중화 복조 등이 간단하지만 잡음의 영향을 쉽게 받을 수 있어서 단독사용 보다는 다른 펄스 변조의 앞단에서 많이 사용된다.
> ㉢ 표본 펄스의 높이가 원신호의 높이에 비례한다.

14 다음 중 간접 FM 방식에서 전치 보정기를 사용하는 이유로 옳은 것은?

① 신호파의 저주파 성분을 고르게 증폭시킨다.

② 신호파의 저주파 성분을 감소시킨다.

③ 신호파의 고주파 성분을 고르게 증폭시킨다.

④ 신호파의 고주파 성분을 감소시킨다.

> **note** 전치 보정기 … PM 변조시 주파수에 비례하여 최대 주파수 편이가 커지기 때문에 PM파를 신호파에 변화를 가하지 않은 상태에서 복조하면 고주파 신호성분이 강조된 신호파를 얻을 수 있게 된다. 결국 신호파인 저주파 신호를 재생이 제대로 일어나게 하기 위해선 PM 변조를 하기 전에 미리 저주파 신호의 진폭을 주파수에 역비례하게 감소 시켜둘 필요가 있는 회로를 말한다.

15 다음 중 간접 FM 방식에 대한 설명으로 옳은 것은?

① FM파를 PM 변조를 이용하여 만들어 낸다.

② FM파를 다른 FM 변조를 이용하여 만들어 낸다.

③ FM파를 AM 변조를 이용하여 만들어 낸다.

④ FM파를 AM과 PM 변조를 이용하여 만들어 낸다.

> **note** 간접 FM 방식 … 신호파를 한번 적분하여 그 적분한 것으로 반송파를 PM 변조하여 FM파를 얻는 방식을 말한다.
> ※ 직접 FM 방식 … 직접 반송파를 FM 변조하여 FM파를 얻는 방식을 말한다.

Answer 13.③ 14.④ 15.①

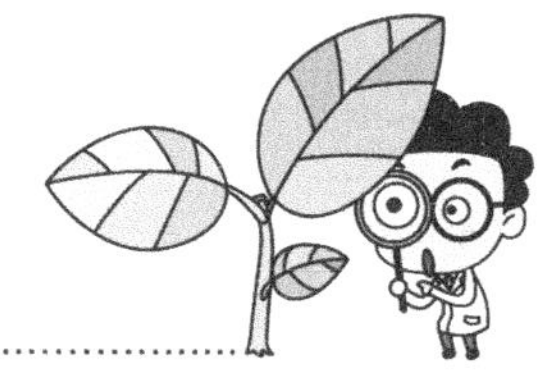

16 PM을 이용하여 FM파를 만들기 위해 필요한 회로로 옳은 것은?

① 프리엠퍼시스 회로

② 미분회로

③ 적분회로

④ 등가회로

☆note　FM에 의해 PM을 행하기 위해선 미분회로가 필요하고 반대로 PM에 의해 FM을 행하기 위해선 적분회로가 필요하다.

17 다음 펄스 변조방법 중 불연속 레벨 변조방식으로 옳은 것은?

① PPM

② PNM

③ PFM

④ PWM

⑤ PAM

☆note　①③④⑤ 연속 레벨 변조방식이다.
※ 펄스 변조의 종류

연속 레벨 변조방식	펄스 진폭 변조(PAM)
	펄스 폭 변조(PWM)
	펄스 위상 변조(PPM)
	펄스 주파수 변조(PFM)
불연속 레벨 변조방식	펄스 수 변조(PNM)
	펄스 부호 변조(PCM)
	델타 변조(ΔM)

18 다음 중 PAM 변조방식에 대한 설명으로 옳지 않은 것은?

① 다른 펄스 변조의 앞단에 많이 사용된다.

② 다중화가 복잡하다.

③ 점유 주파수 대역폭을 좁게 할 수 있다.

④ 잡음의 영향을 쉽게 받는다.

☆note　② 다중화, 변·복조 등이 간단하다.

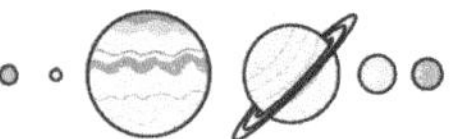

19 다음 회로에 의해 얻어지는 파형으로 옳은 것은?

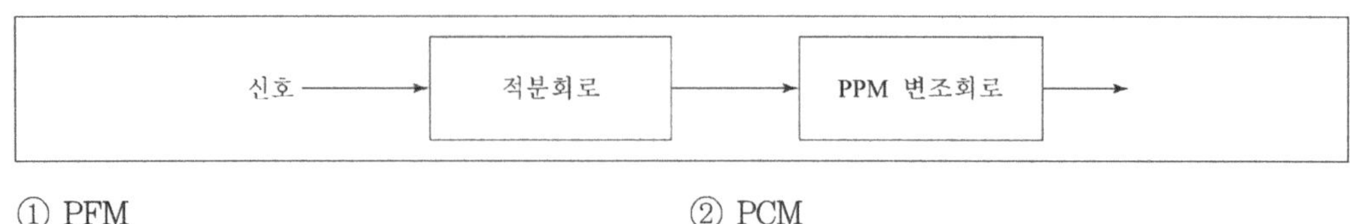

① PFM
② PCM
③ PWM
④ PAM
⑤ ΔM

> ☆note 펄스 주파수 변조(PFM)
> ㉠ 개념
> • 신호파의 진폭으로 펄스의 주파수를 변환시키는 것으로 PPM과 유사하다.
> • 신호파가 사인파인 경우에 PPM파와 PFM파는 위상차만 90° 난다.
> ㉡ 원리 : 신호파를 적분해서 변조시키면, 출력단에서 신호파로 직접 PFM 변조한 PFM파를 얻을 수 있다.

20 다음 설명 중 옳지 않은 것은?

① PAM은 진폭을 입력 신호전압에 따라 변화시키는 변조방식이다.
② PWM을 펄스에 대한 주기 및 진폭은 일정하게 하고, 펄스의 폭만을 입력 신호전압에 따라 변화시키는 방식이다.
③ PNM은 신호파의 진폭을 양자화하고 그 양자화 된 값을 2진수로 표시하여 2진 부호에 따른 펄스의 진폭이 부호화되는 변조방식이다.
④ PFM은 펄스의 진폭 및 폭은 일정하게 하고, 펄스의 반복 주파수에 대한 입력 신호전압에 따라 변화시키는 변조방식이다.

> ☆note ③ PNM은 변조된 신호파의 진폭에 따른 단위 펄스를 일정한 시간 내에 펄스 수로 변화시키는 변조방식이다.

21 다음 중 PCM 변조과정으로 옳은 것은?

① 양자화→표본화→부호화
② 표본화→부호화→양자화
③ 부호화→표본화→양자화
④ 표본화→양자화→부호화
⑤ 부호화→양자화→표본화

> ☆note PCM 변조과정
> ㉠ PAM파를 만들기 위한 표본화를 한다.
> ㉡ 표본화한 것을 양자화하여 일정 레벨로 나눈다.
> ㉢ 양자화된 값을 부호화하여 전송한다.

Answer 19.① 20.③ 21.④

22 다음 중 주파수 변조회로에 해당하지 않는 것은?

① 콘덴서 마이크로폰을 사용하는 방법　　② 가변저항 다이오드를 사용하는 방법

③ 리액턴스만을 사용하는 방법　　　　　④ 위상변조에 의한 간접법

> **note** ② 가변저항 다이오드가 아니라 가변용량 다이오드를 사용해야 한다.
> ※ 주파수 변조회로
> 　㉠ 직접 FM 변조회로
> 　• 가변용량 다이오드를 사용한 변조회로
> 　• 리액턴스 트랜지스터를 사용한 변조회로
> 　• 콘덴서 마이크로폰을 사용한 변조회로
> 　㉡ 간접 FM 변조회로
> 　• 전치 보정회로(Pre-distortor)
> 　• PM 변조회로

23 반송파의 진폭을 정보 신호에 따라서 변화시키는 방식은 어떤 것인가?

① PSK　　　　　　　　　　　　　② PSK

③ FM　　　　　　　　　　　　　④ AM

⑤ FSK

> **note** AM(진폭변조 : Amplitude modulation)는 반송파의 진폭을 정보 신호에 따라서 변화시키는 방식이다.

24 오실로 스코프의 20div에서 10개의 사이클이 표시되고 있다. SEC/DIV가 25us/div로 설정되었다면 주파수는 얼마인가?

① 5kHz　　　　　　　　　　　　② 20kHz

③ 33kHz　　　　　　　　　　　　④ 45kHz

⑤ 50kHz

> **note**
> $$\frac{20\,div}{10\,cycle} = 2\,div/cycle$$
> $$T = 2\,div/cycle \times 25us/div = 50us$$
> $$f = \frac{1}{T} = \frac{1}{50us} = 20kHz$$

03 AM 검파회로와 FM 검파회로

1 AM 검파회로

① 직선 검파와 제곱 검파

(1) 직선 검파(포락선 검파)

① **개념** ··· 다이오드의 전압·전류 특성의 직선 부분을 이용할 수 있도록 입력전압을 크게 하여 복조하는 방식을 말한다.

② **특징**
  ㉠ 신호파를 피변조파로부터 정류하여 검출한다.
  ㉡ 다이오드의 전압·전류 특성의 직선부분을 이용해서 발진회로를 이용하지 않는다.
  ㉢ 진폭이 큰 변조파를 검파할 때 검파출력의 왜곡이 가장 적다.
  ㉣ 감도가 나쁘지만 찌그러짐은 적다.

③ **효율과 왜곡률**

  ㉠ 검파효율(η) : $\eta = \dfrac{검파\ 출력전압}{입력\ 신호전압} = \dfrac{R_L}{\pi(rd + R_L)}$

  ㉡ 왜곡률(K) : $K = \dfrac{제2고조파\ 출력}{기본파\ 출력} = \dfrac{\dfrac{\alpha_2 v_c{}^2 m^2}{4}}{\alpha_2 v_c{}^2 m} = \dfrac{m}{4} \times 100[\%]$ (m : 변조도)

(2) 제곱 검파회로

① **개념** ··· 비직선 소자의 제곱특성을 이용한 검파방식이다.

② **특징**
  ㉠ 검파감도는 좋지만 찌그러짐이 크다.
  ㉡ 검파 출력전압이 피변조파 전압의 제곱에 비례한다.
  ㉢ 진폭 변조파의 진폭이 비교적 적을 때 이용한다.
  ㉣ 정류특성을 갖는 소자의 곡선 부분을 이용한다.

③ **용도** ··· 비교적 진폭이 적은 AM 검파에 이용된다.

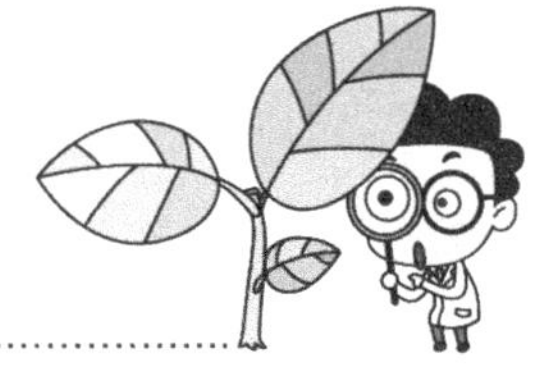

② 다이오드 검파와 트랜지스터 검파

(1) 다이오드 검파

① **개념** … 다이오드 입력에 대한 출력전류가 직선성을 가지고 있고, 입력전압이 적을 때의 출력전류는 제곱특성으로 되어 있어서 신호파 입력이 적으면 제곱 검파로서 동작한다.

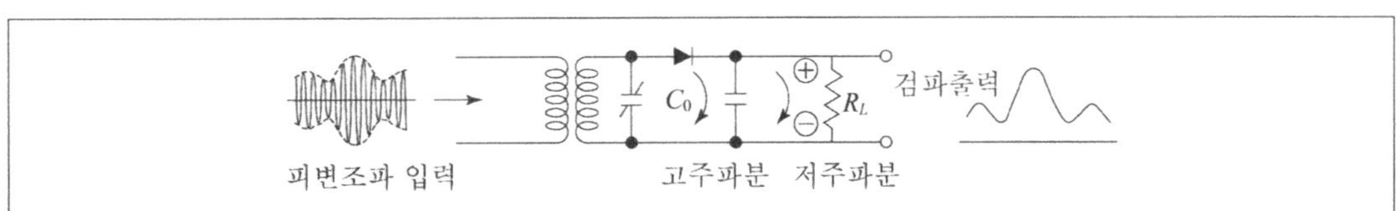

다이오드 검파회로

② **특성**

　㉠ 실제적으로 입력신호 제한이 없고 상대적으로 높은 전력신호를 다룰 수 있다.

　㉡ 왜곡 레벨들은 대부분 AM에 적용하기 위해 적용된다.

　㉢ 설계를 적당히 하면 90%의 효율을 얻을 수 있어서 효과적이다.

　㉣ 신호의 크기가 증가할수록 왜곡은 감소된다.

　㉤ 다이오드 회로에 의해 동조회로로부터 전력이 소모되는데 이때 동조 입력회로의 선택도와 Q를 감소시킨다.

　㉥ 자동이득 제어회로를 위해, 유용한 dc전압을 쉽게 만들어낼 수 있다.

　㉦ 이 검파회로에서는 증폭이 일어나지 않는다.

(2) 트랜지스터 검파

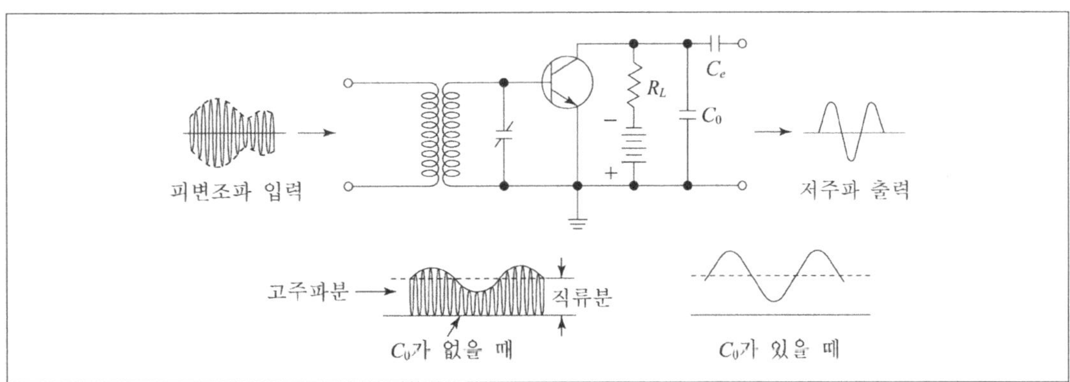

다이오드 검파회로

① 바이패스 콘덴서를 넣어서 고주파분을 제거하게 되면 신호파인 포락선의 변화와 직류분만 남게 된다.

② 직류 성분은 출력단에서 결합 콘덴서에 의해 차단되기 때문에 출력단에는 음성신호 성분만 남게 된다.

③ B급 바이어스로 검파회로가 되어 있다.

④ 입력 피변조파를 베이스에 인가하게 되면 부(−)반주기 동안만 고주파가 나타나게 된다.

③ 헤테로다인 검파와 슈퍼 헤테로다인 검파

(1) 헤테로다인 검파(Heterodyne detection)

① **개요**

　㉠ 개념 : 수신하려는 반송파와 그 주파수에 가까운 수신기 국부 발진 출력을 중첩시켜서 그 때의 주파수 차이를 갖는 검파전류를 얻는 방식을 말한다.

　㉡ 특징
　　• 미약한 입력신호에도 높은 감도로 검파된다.
　　• 두 개의 주파수를 혼합하였을 때 얻은 그 차가 되는 저주파는 검파출력 반송파와 신호파 진폭의 곱에 비례한다.
　　• 주파수를 혼합하기 위해 제곱 검파특성으로 동작한다.

⊛ 헤테로다인 수신기의 구성 ⊛

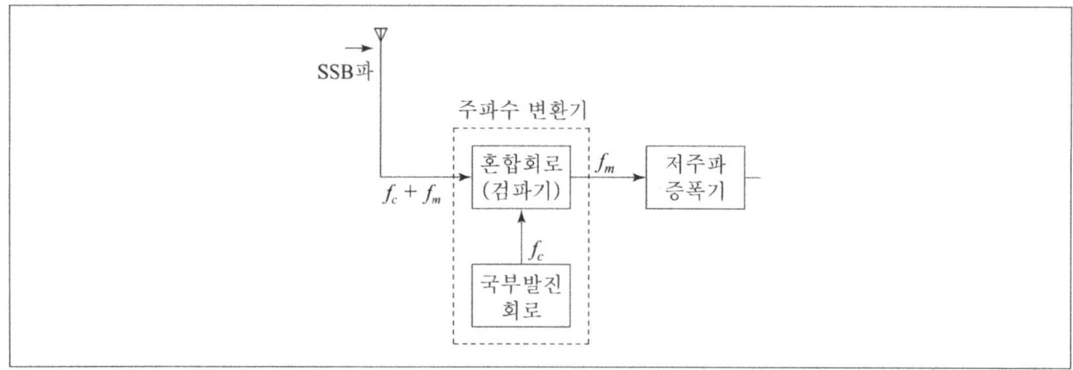

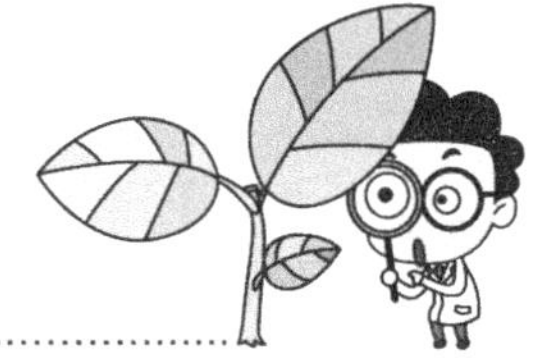

② **종류**

　㉠ grid 검파회로

　• 회로를 사용할 때 그리드 리크 바이어스로 동작한다.

　• 3극관으로서 검파된 전압을 증폭시키면서 $E_g - I_p$ 특성곡선 중에서 곡선부분을 이용하여 제곱 검파를 한다.

⊛ 그리드 검파회로 ⊛

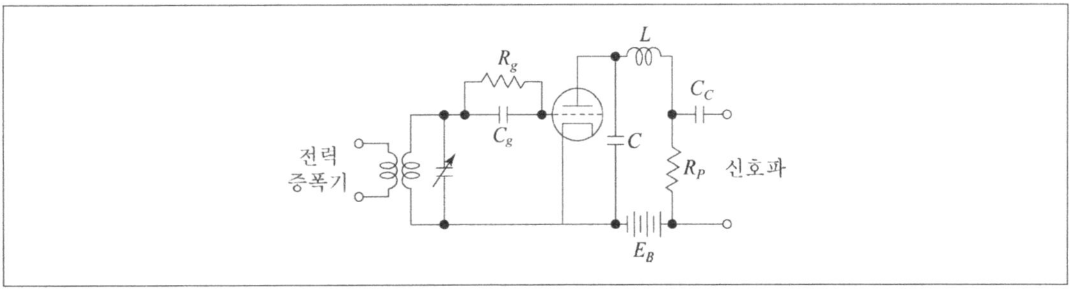

　㉡ plate 검파회로 : $E_g - I_p$ 특성곡선 중 하부의 곡선 부분을 이용하여 동작하는 회로를 말한다.

⊛ plate 검파회로와 동작파형 ⊛

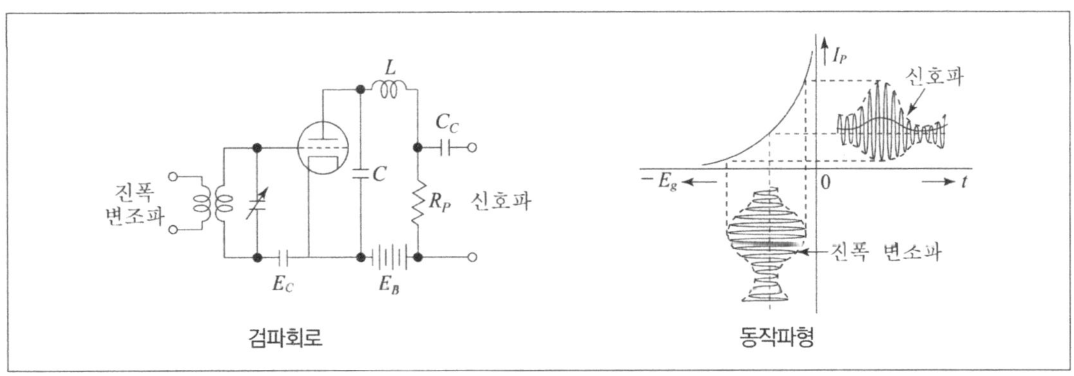

　㉢ 2극관 검파회로

　• 2극관의 동작특성 중 비직선 부분을 이용하여 동작한다.

　• 왜곡률(K) : $K = \dfrac{\text{고조파의 실효치}}{\text{기본파의 실효치}} \times 100 [\%]$

$$= \dfrac{m_a}{4} \times 100 [\%]$$

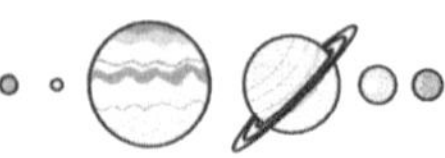

◎ 2극관 검파회로와 동작파형 ◎

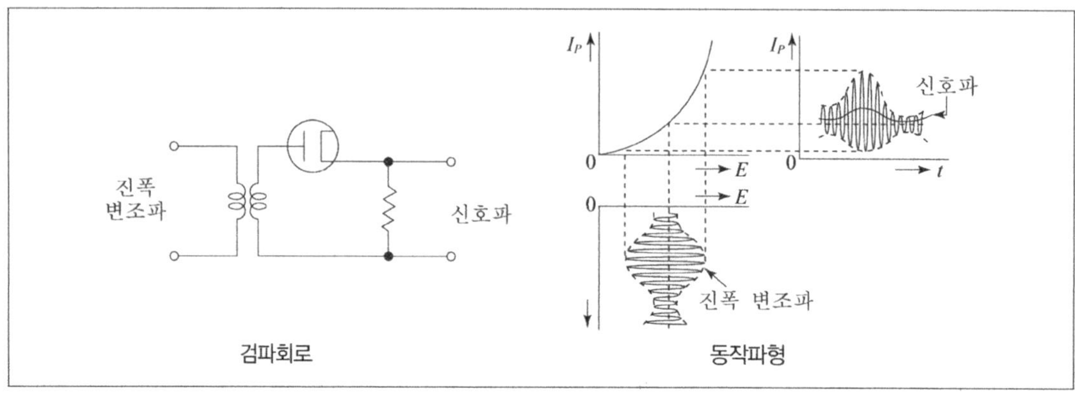

(2) 슈퍼 헤테로다인 검파(Super heterodyne detection)

① 개요

　㉠ 같은 검파기에 서로 다른 2개의 주파수 신호를 인가했을 경우 출력단에서 두 주파수의 차이
　　인 중간 주파수를 얻을 수 있는 특성을 이용한 검파기이다.

　㉡ 검파된 중간 주파수를 다시 증폭한 후에 음성신호를 얻을 수 있다.

② 특성

　㉠ 장점 : 고감도·고선택도·고충실도이기 때문에 대부분의 AM 수신기에 사용된다.

　㉡ 단점

　　• 수신기가 전원전압의 영향을 많이 받는다.
　　• 영상신호가 생긴다.
　　• BETA 잡음이 생긴다.

◎ 슈퍼 헤테로다인 수신기의 구성 ◎

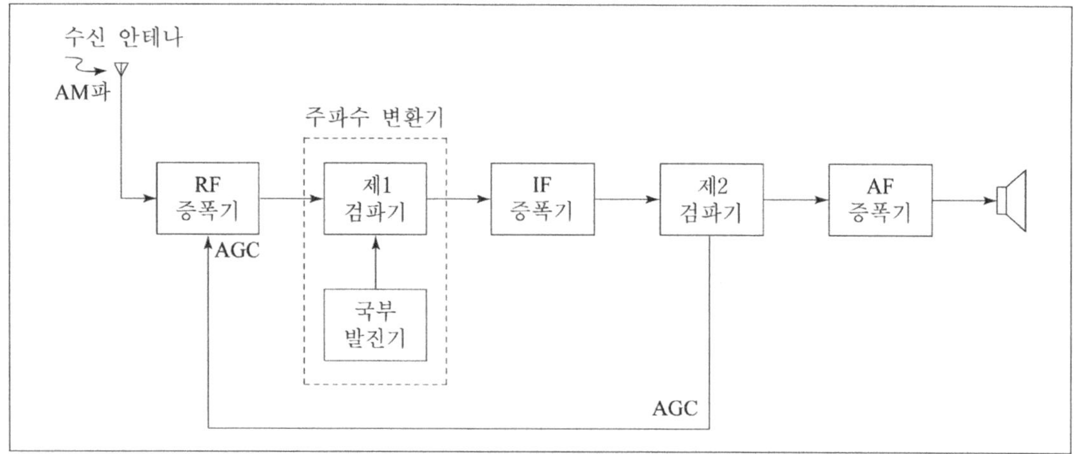

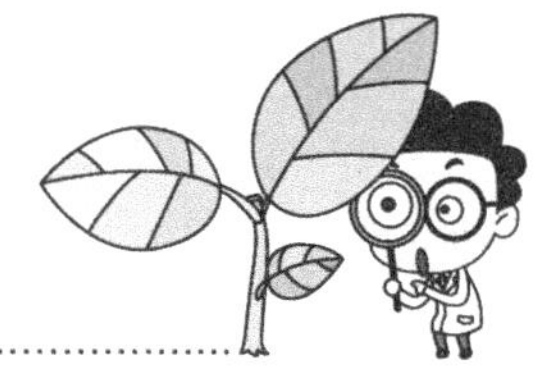

2 ▶ FM 검파회로

① 주파수 변별기(Frequency discriminator)

(1) 개념

FM파는 음성신호를 직접적으로 얻어 낼 수 없어서 AM파로의 변환이 필요한데 이때 사용되는 회로를 말한다.

(2) 주파수 복조기

① 주파수 복조기는 동조회로의 주파수 특성을 이용한 것과 동조회로의 임피던스 특성을 이용한 것이 있다.

② 반송파의 주파수 f는 동조회로의 공진 특성 곡선의 경사부분 중앙 P에 있고, 주파수 변조신호가 동조회로에 입력되면 $\pm\Delta f$만큼 주파수 편이가 되고 출력전압은 변하게 된다.

③ 일정한 진폭의 주파수 변조신호를 진폭 변조신호로 바꾼 후 직선 검파를 하면 원래의 정보 신호로 된다.

⚛ 주파수 복조기의 원리 ⚛

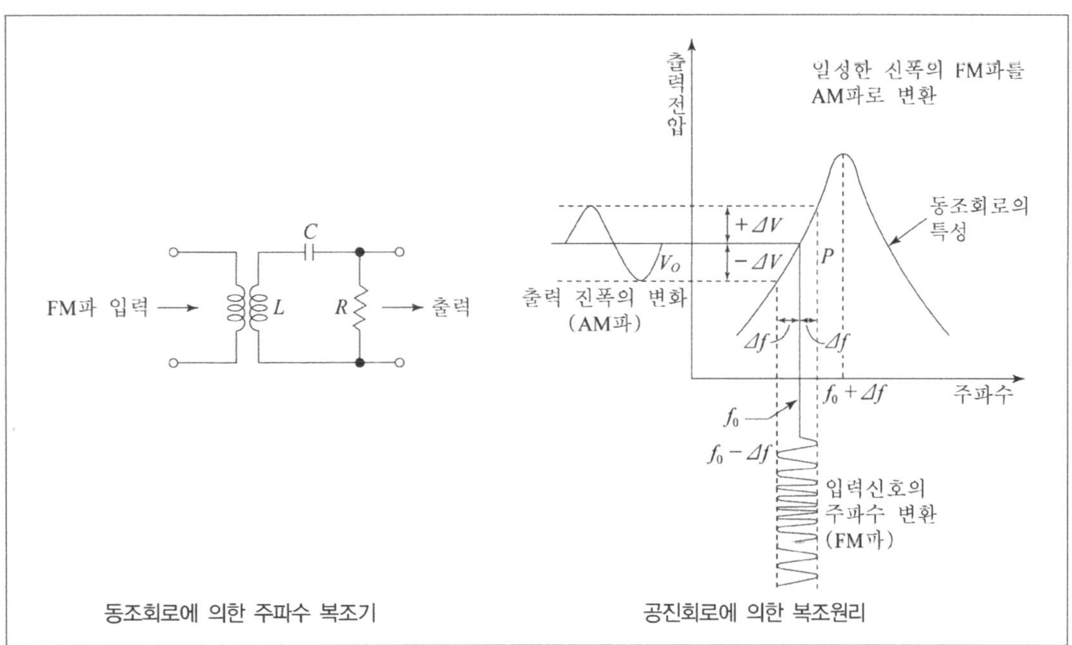

(3) 주파수 변별기의 종류

① 슬로우프 검파기

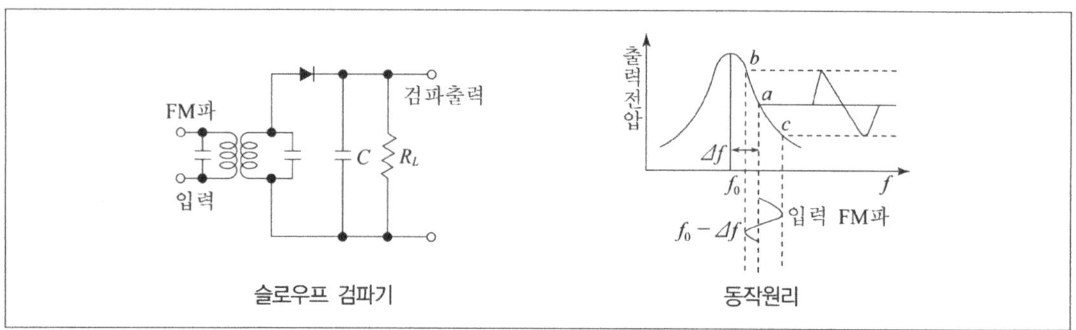

㉠ 동작 원리 : FM파의 중간 주파수를 AM 검파기의 입력에 가한 다음 2차측의 동조 주파수를 FM의 중심 주파수보다 조금 높거나 낮은 주파수로 정하면, 출력은 입력신호의 주파수 편이에 따라서 진폭이 변해 나타나게 된다.

㉡ 특징

• 진폭 변조분이 이전 단의 리미터 작용의 불완전함으로 인해서 섞여 있을 때는 잡음이 나타나게 된다.

• 비직선 부분을 이용해서 왜곡이 생긴다.

② 포스터 실리(Foster-seely) 복조회로

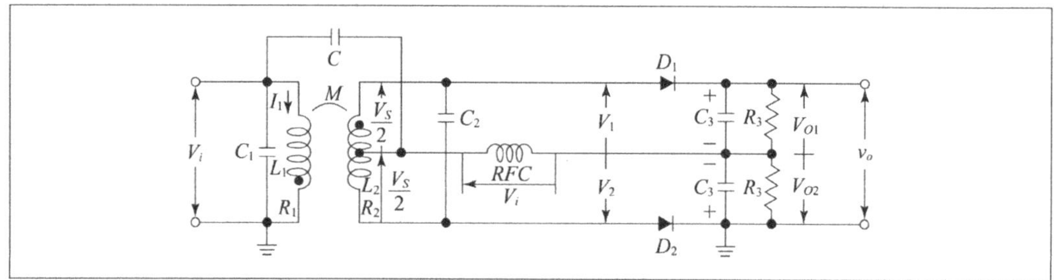

㉠ 중심 주파수보다 FM파가 높아지면 출력전압이 (+)가 되고, 낮아지면 (−)가 되는데, 포스터 실리 회로는 FM파를 AM파로 바꾸고 바꾼 것을 2개의 직선 검파회로를 이용하여 저주파인 신호파를 얻어 낼 수 있게 된다.

㉡ 동조회로의 임피던스 특성을 이용했다.

㉢ 진폭 제한작용은 변별기 자체에 있지 않으므로 FM파의 입력단에 진폭 제한기를 달아야 한다.

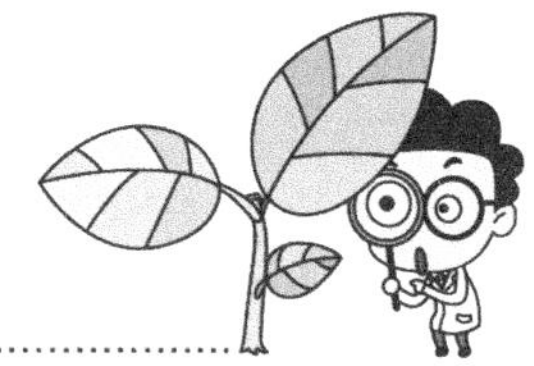

③ **비검파 회로**(Ratio detector)

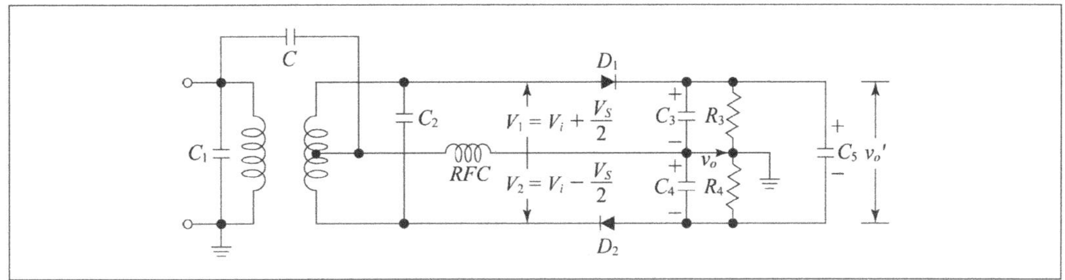

㉠ 포스터 실리 검파기를 개량한 회로이다.

㉡ 포스터 실리 검파기와 동작원리는 비슷하나 다이오드 D_2의 극성이 반대로 되어 있고 두 다이오드 사이에 큰 용량의 콘덴서 C_5가 들어 있다.

㉢ 진폭 제한기가 있어서 전단에 리미터 회로가 필요 없다.

㉣ AM 성분이 입력 FM파에 포함되어 있어도, 출력전압은 일정해서 진폭 제한작용을 하게 된다.

㉤ 불필요한 진폭 변조에 반응이 없고 주파수 변화에만 응답한다.

㉥ 포스터 실리 검파방식에 1/2 출력이 된다.

㉦ FM파의 일그러짐을 가장 작게 복조한다.

㉧ FM 방송이나 TV에서 사용한다.

◎ 주파수 복조기의 분류 ◎

동조회로의 주파수 특성을 이용한 회로	동조회로의 임피던스 특성을 이용한 회로
슬로우프 검파기(Slope detector)	포스터 실리 복조회로
스태거 동조 검파기	비검파 회로

② 프리엠퍼시스 회로(Pre-emphasis circuit)

(1) 개념

신호파의 주파수가 높으면 변조가 깊게 걸리지 않아 잡음의 영향을 쉽게 받는 특징을 개선하기 위하여 FM 변조방식에서 변조시 주파수가 높은 쪽을 강하게 해 높은 주파수에 대한 신호대 잡음비의 저하를 방지하는 회로를 말한다.

(2) 특징

① 전압이득은 주파수가 높을수록 큰 출력을 갖고, 변조회로의 전단에 사용된다.

② 프리엠퍼시스 회로는 HPF인 미분회로로 주어질 수 있다.

③ **용도** ··· 주로 FM 송신기에 사용된다.

◎ 프리엠퍼시스 회로와 특성곡선 ◎

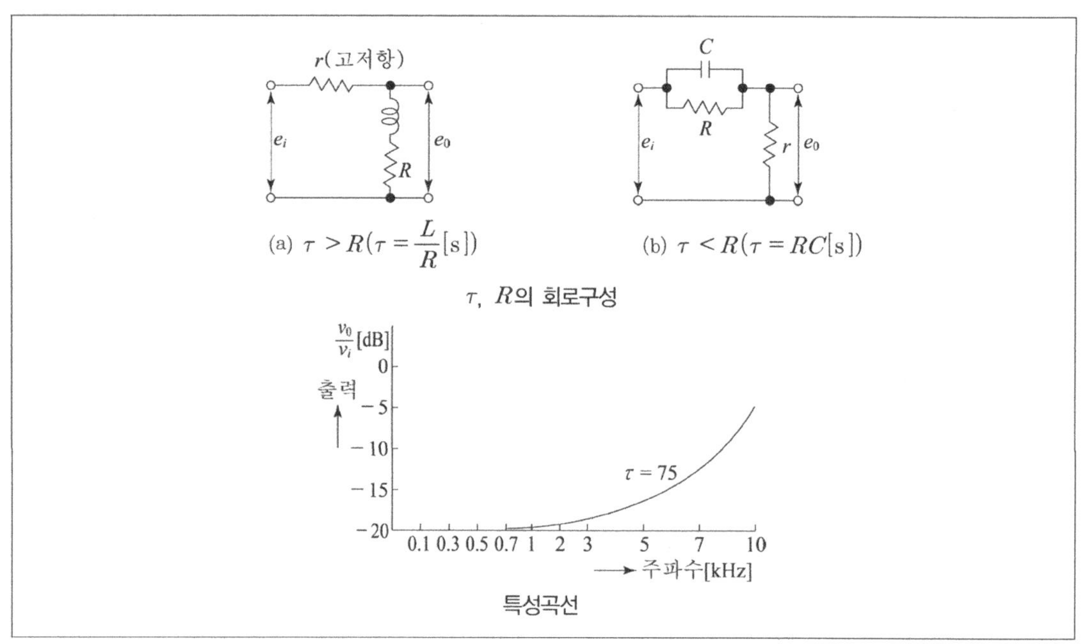

③ 디엠퍼시스 회로(De-emphasis circuit)

(1) 개념

신호가 송신측에서 프리엠퍼스시된 것을 수신측에서 원래대로 돌려놓기 위해 높은 주파수의 출력을 저하시키는 데 사용하는 회로를 말한다.

(2) 특징

① 변별기의 후단에 있다.

② 디엠퍼시스 회로는 LPF인 적분회로로 주어질 수 있다.

③ **용도** ··· 일반적으로 FM 수신기에 사용된다.

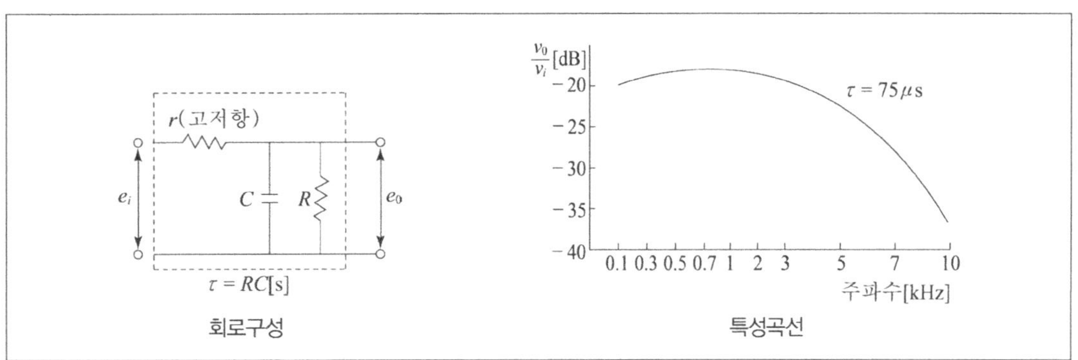

◎ 디엠퍼시스 회로의 구성과 특성곡선 ◎

④ PLL 검파기 회로

(1) 개념

수신기의 국부 발진 주파수를 주파수 변조된 반송파에 정합시키는 변조방식으로 사용되는 회로이다.

(2) 구성

저역 통과기, 저이득 증폭기, 위상 비교기, 전압 제어 발진기로 이루어져 있다.

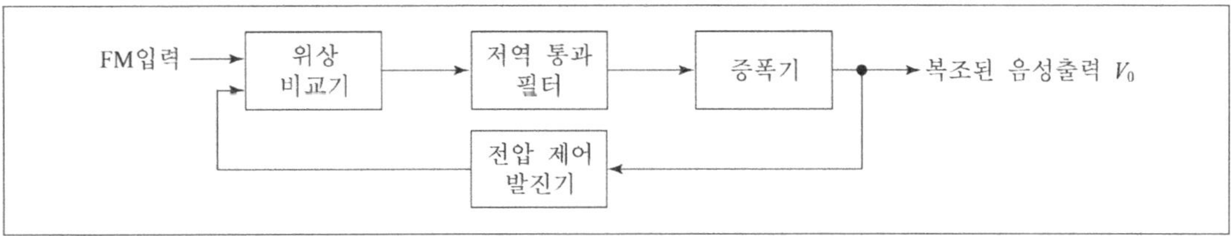

◎ PLL 검파회로의 구성도 ◎

(3) 용도

① 주파수 합성기, FM 복조, AM 복조 등에 사용된다.

② 여러 전자기기의 제어회로 등에 사용된다.

03 출제예상문제

1 다음 중 직선 검파회로의 특성으로 옳은 것은?

① 감도는 좋으나 찌그러짐이 많다.

② 신호파를 피변조파로부터 정류하여 검출한다.

③ 다이오드의 전압, 전류 특성의 비직선부분을 이용해서 발진회로를 이용하지 않는다.

④ 진폭이 큰 변조파를 검파할 때 검파출력의 왜곡이 가장 크다.

> **note** 직선 검파와 제곱 검파의 비교
>
> | 직선 검파 | 제곱 검파 |
> |---|---|
> | 충분히 큰 입력전압에서는 신호파의 출력전류가 반송파의 진폭과 변조도의 곱에 비례한다. | 출력전류는 입력전압의 반송파 진폭의 제곱과 변조도의 곱에 비례한다. |
> | 신호파의 파형에 왜곡이 적다. | 출력에 왜곡이 생긴다. |
> | 입력신호가 크면 사용한다. | 입력신호가 작으면 유리하고 효율이 좋다. |

2 다음 중 프리엠파시스 회로를 사용하는 목적으로 옳은 것은?

① 잡음비를 개선시키기 위해서

② 전송효율을 증대시키기 위해서

③ 찌그러짐을 감소하기 위해서

④ 감도를 좋게하기 위해서

> **note** 프리엠파시스는 FM 변조방식에서 변조시 주파수가 높은 쪽을 강하게 변조하여, 높은 주파수에 대한 신호대 잡음비의 저하를 방지하는 회로이다.

Answer 1.② 2.①

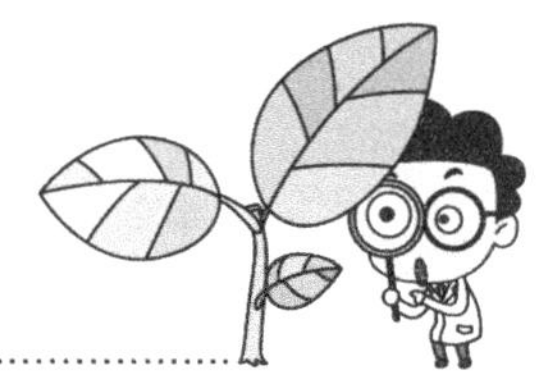

3 다음 중 FM 비검파회로에 대한 설명으로 옳지 않은 것은?

① 출력전압이 일정하여 진폭 제한작용을 하므로 전단에 리미터 회로가 필요없다.

② 포스터 실리 검파방식에 비해 출력이 커 많이 사용된다.

③ 대용량의 콘덴서에 의해 반송파 진폭에 해당하는 전압을 충전하고 있다.

④ 부하저항을 작게 하여 검파전류를 크게 하도록 한다.

✿note ② 비검파회로의 출력은 포스트 실리 검파방식의 $\frac{1}{2}$ 이다.

4 반송파의 전력이 50[kW]일 때 변조율 20[%]로 진폭변조를 하였을 경우 상측파대의 전력은?

① 0.5[kW]　　　　　　　　　　② 1[kW]

③ 5[kW]　　　　　　　　　　④ 10[kW]

⑤ 20[kW]

✿note 상측파대 $P = \dfrac{m^2}{4} \times P_C = \dfrac{0.2^2}{4} \times 50 = 0.5$

5 다음 중 여러 복조회로에 대한 설명으로 옳지 않은 것은?

① PLL 회로는 FM 검파기에서 이용할 수 있다.

② 다이오드 직선 검파회로에서 부하 R_L에 검파효율이 비례한다.

③ 포락선 검파기의 부하회로의 시정수가 과대하면 다이아고날 크리핑이 생긴다.

④ 자연 표본화한 PAM파는 복조 과정에서 대역 여과기를 사용해야 한다.

✿note ④ 자연 표본화한 PAM파는 복조 과정에 저역 여과기를 사용해야 한다.
※ 다이아고날 크리핑(Diagonal clipping) … 반송파 진폭의 포락선이 하강 중일 때 시상수 RC가 너무 클 경우 출력전압이 포락선을 따라가지 못하는 데서 일그러짐이 생기는 현상을 말한다.

Answer　　　3.② 4.① 5.④

6 다음 검파방식 중 왜율이 가장 작은 것은?

① 제곱 검파

② 재생 검파

③ 다이오드 검파

④ 컬렉터 검파

> ✿ note 다이오드 검파 … 입력전압이 충분히 크고 신호파의 출력전류가 반송파의 진폭과 변조도의 곱에
> 비례하므로 신호파의 파형에 왜곡이 적다.

7 다음 중 헤테로다인 검파방식에 대한 설명으로 옳지 않은 것은?

① 두 개의 주파수를 혼합해서 그 차가 되는 저주파는 검파출력 반송파와 신호파 진폭의 곱에
비례한다.

② 주파수를 혼합하여야 하기 때문에 제곱 검파특성으로 동작하게 된다.

③ 자동이득 제어회로를 위해, 유용한 dc전압을 쉽게 만들어낼 수 있다.

④ 미약한 입력신호에도 감도가 높게 검파된다.

> ✿ note ③ 다이오드 검파의 특성이다.

8 다음 중 중간 주파수가 355Hz인 수신기에서 700Hz의 방송 주파수에 대한 영상 주파수로 옳은
것은?

① 245Hz   ② 700Hz

③ 1,055Hz   ④ 1,217Hz

⑤ 1,410Hz

> ✿ note 상측 헤테로다인 방식이라 가정하면,
> 국부 발진 주파수 = 중간 주파수 + 수신 주파수 = 355 + 700 = 1,055Hz
> 수신 주파수(영상 주파수) − 국부 발진 주파수 = 중간 주파수
> 그러므로 영상 주파수 = 중간 주파수 + 국부 발진 주파수 = 355 + 1,055
> 혹은 영상 주파수 = 수신 주파수 + (2 × 중간 주파수) = 700 + 2 × 355 = 1,410Hz

9 다이오드 검파회로에 변조율 80%의 AM 피변조파를 가했을 경우 실효치 4V의 저주파 출력 전압이 얻어졌다면 검파효율은? (단, 반송파 전압의 실효치 = 25V)

① 20%

② 25%

③ 30%

④ 35%

⑤ 40%

> **note** 검파효율 $\eta = \dfrac{검파된\ 출력의\ 진폭}{피변조파에\ 포함된\ 신호\ 진폭} \times 100$ 이므로
>
> $\eta = \dfrac{4}{0.8 \times 25} \times 100 = 20\%$

10 다음 중 포스터 실리 검파기를 설명한 것으로 옳지 않은 것은?

① FM파를 AM파로 바꾸고 이것을 2개의 직선 검파회로를 이용하여 저주파인 신호파를 얻어 낼 수 있다.

② 동조회로의 특성상 비직선 부분을 이용하기 때문에 왜곡이 생긴다.

③ 동조회로의 임피던스 특성을 이용한다.

④ 변별기 자체에는 진폭 제한작용이 없으므로 진폭 제한기를 FM파의 입력단에 달아야 한다.

> **note** ② 슬로우프 검파기의 특성이다.

11 다음 중 송신측에서 고역을 강조시킨 만큼 수신측에서 억압하여 깨끗한 음을 재생시키는 회로는?

① Foster-seeley

② De-emphasis

③ Pre-emphasis

④ Ratio detector

> **note** Pre-emphasis … 적분회로로 송신측에서 강조한 고역을 FM 수신기에서 원 상태로 환원시키는 회로이다.

12 다음 중 FM 방송파를 왜율이 가장 낮게 복조하는 데 적합한 것은?

① Slop 검파

② Gated Beam 검파

③ Foster–Seeley 검파

④ Ratio 검파

> **note** ① 가장 간단한 FM 검파회로방식으로, 앞단의 이미터 작용이 불완전하여 잡음 등의 진폭 변조분이 섞여 들면 잡음이 출력으로 나타난다.
> ② 검파출력이 크고 좋은 진폭 제한작용을 하지만, 입력신호가 작거나 동작점이 적당하지 않으면 버즈음이 난다.
> ③ 변별기 자체에 진폭 제한작용이 없으므로 진폭 제한기가 필요하다.

13 진폭변조 방식에서 반송파의 진폭이 100[V]이고 신호파의 진폭이 50[V] 일 때 변조도는?

① 0.1

② 0.2

③ 0.5

④ 1

⑤ 5

> **note** $변조도(m) = \dfrac{신호파}{반송파} = \dfrac{50}{100} = 0.5$

14 다음 중 AM 변조기에서 발생하는 측파대의 수는?

① 0개

② 1개

③ 2개

④ 3개

⑤ 무수히 많다.

> **note** AM 변조기에서 정(+) 주파수와 부(−) 주파수에 각각 하나씩 측파대가 존재한다.

Answer 12.④ 13.③ 14.③

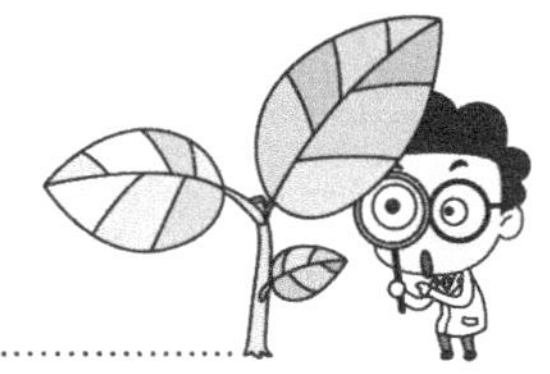

15 Slope detector에 관한 설명으로 옳은 것은?

① 주파수 특성 비직선 부분을 이용하므로 약간의 왜곡이 생긴다.

② 전단의 limiter가 불필요하다.

③ 오직 주파수 변화에만 응답한다.

④ FM 방송이나 TV는 Slope detector 방식을 사용한다.

> **note** ②③④ 비검파기에 대한 설명이다.

16 FM 변조에서 주파수 편이는 무엇에 비례하는가?

① 반송파의 진폭

② 반송파의 주파수

③ 신호파의 진폭

④ 신호파의 주파수

> **note** 최대 주파수 편이 $\Delta f = k_f V_m$로 신호파의 진폭에 비례한다.

17 발진 회로의 발진 주파수를 신호파의 진폭에 비례시켜 직접 변조하는 방식은?

① AM

② FM

③ PM

④ ASK

> **note** FM(주파수변조 : Frequency modulation)는 발진 회로의 발진 주파수를 신호파의 진폭에 비례시켜 직접 변조하는 방식이다.

펄스회로

펄스와 미 · 적분 회로

1 펄스

① 펄스의 개요

(1) 펄스의 개념

① **펄스**(pulse) ··· 충격적인 전압 또는 전류 등과 같이 크기가 짧은 시간 동안에만 존재하는 신호를 말한다.

② **펄스파형**(Pulse wave) ··· 일정 시간에 전압 또는 전류의 진폭이 급격하고 주기적으로 변화하는 파형을 말한다.

③ **임펄스**(impulse) ··· 펄스 중에서 급격한 변화가 일어나고 지속시간이 상당히 짧은 펄스를 말한다.

(2) 펄스의 해석

① **펄스의 명칭**

⑥ 이상적 펄스파형 ⑥

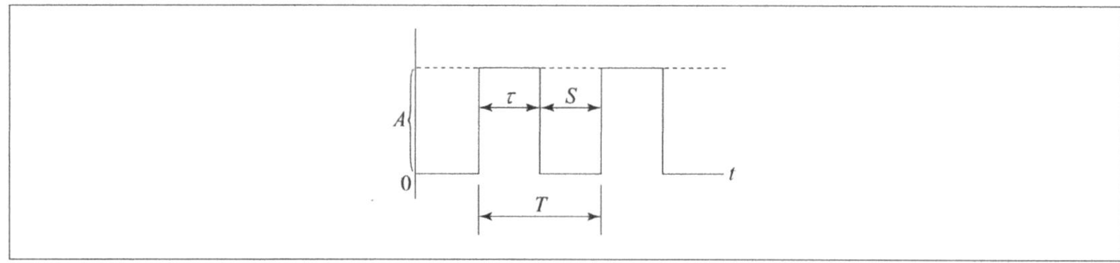

- ㉠ T : 반복 주기
- ㉡ S : 펄스의 간격
- ㉢ A : 펄스의 진폭
- ㉣ τ : 펄스 폭
- ㉤ f : 펄스 반복 주파수

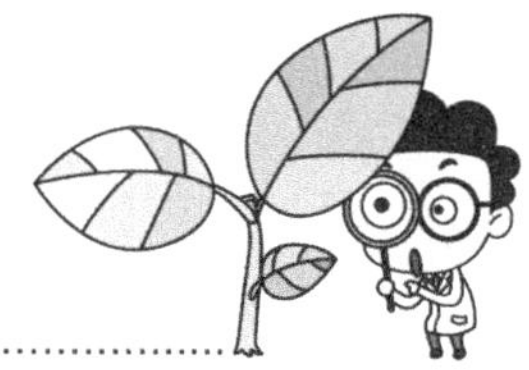

② **듀티 사이클**(Duty cycle)

   ㉠ 점유율 또는 충격계수라고도 한다.

   ㉡ 듀티 사이클

$$D = \frac{\tau(\text{점유시간})}{T(1\text{주기시간})} \times 100[\%]$$

   ㉢ 방형파 : 듀티 사이클이 50%인 경우의 파형을 말한다.

   ㉣ 구형파 : 기본 펄스파 중 $\tau = S$인 경우의 파형을 말한다.

   ㉤ 구형파의 지속시간을 줄이면 진폭크기는 감소하고 대역폭은 늘어나게 된다.

   ㉥ 평균 전력 = 첨두 전력 × 충격계수(D)

② 펄스파형

⑳ 펄스 응답파형 ⑳

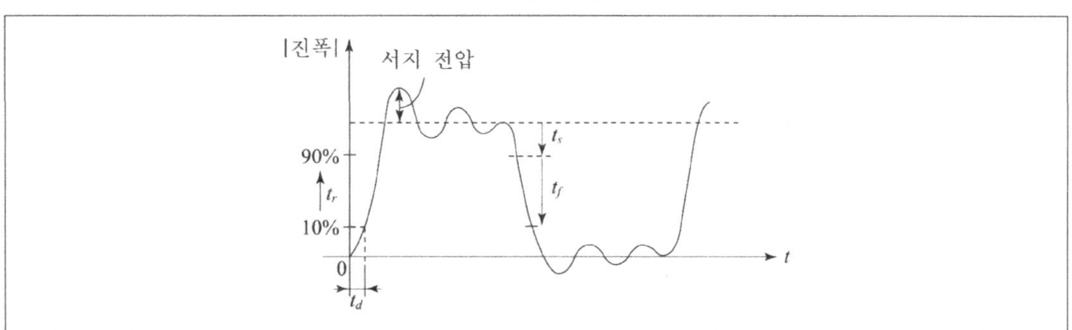

(1) 상승 시간(Rise time)

① **개념** ⋯ 펄스파형에 있어서 진폭의 10%에서 90%까지 상승하는 데 걸리는 시간을 말한다.

② 상승 시간은 회로의 시정수에 관련된다.

③ 고속 스위칭 소자에서는 상승 시간이 짧을수록 좋다.

(2) 하강 시간(Fall time : t_f)

펄스파형에 있어서 진폭의 90%에서 10%까지 하강하는 데 걸리는 시간을 말한다.

(3) 축적 시간(Storage time : t_s)

이상적인 펄스의 하강 시각에서 실제 펄스의 최대 진폭의 90%가 되기까지 감소하는 시간을 말한다.

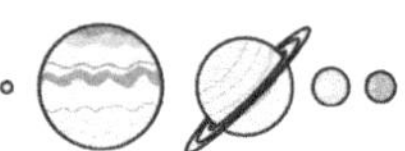

(4) 지연 시간(Delay time : t_d)

상승 시각에서부터 진폭 10%에까지 이르는 실제 펄스 시간을 말한다.

(5) 턴 온 시간(Turn-on time)

① 상승 시간 + 지연 시간이 된다.

② 이상적 펄스의 상승 시각에서 최대 진폭의 90%까지 상승하는 데 걸리는 시간을 말한다.

(6) 턴 오프 시간(Turn-off time)

① 축적 시간 + 하강 시간이 된다.

② 이상적 펄스의 하강 시각에서 최대 진폭의 10%까지 하강하는 데 걸리는 시간을 말한다.

(7) 새그(sag)

① 펄스의 가장 윗부분의 경사도, 하강 속도의 비를 나타낸 것이다.

② 낮은 주파수 성분이나 직류분이 잘 통하지 않아서 생기는 것으로, 내려가는 부분의 정도를 말한다.

(8) 펄스 폭(Pulse width)

펄스파형의 상승이나 하강 진폭의 50%가 되는 구간의 시간을 말한다.

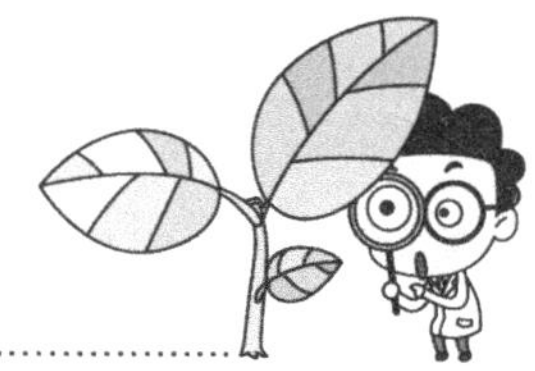

2 미·적분 회로의 입·출력 파형

① 펄스회로의 형태

(1) RC 회로

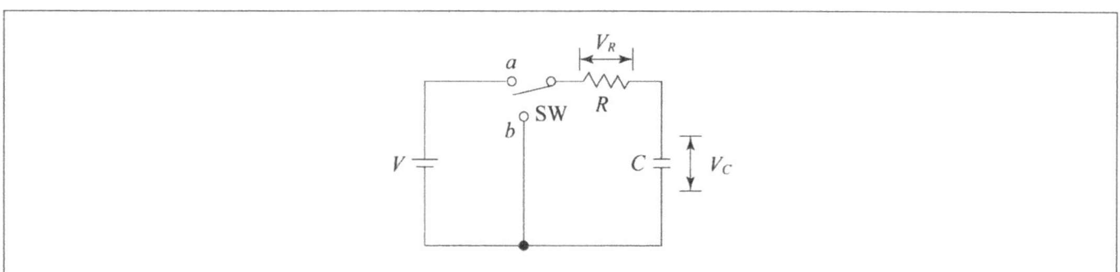

◎ RC 회로의 충·방전 회로 ◎

① 충전

㉠ 동작 상태

- a쪽에 최초 SW를 접속하게 되면 C는 단락 상태가 되어 단락전류가 흐르면서 C는 충전되기 시작한다.
- C가 충전되기 시작하면 단락전류는 점점 감소하게 되고, C 양단의 충전전압이 최대가 되면 단락전류는 0이 된다.

㉡ 충전전류 : $i = \dfrac{V}{R} e^{-\frac{1}{RC}t}$ [A]

㉢ 저항 R의 양단전압(v_R) : $v_R = Ri = V \cdot e^{-\frac{1}{RC}t}$ [V]

㉣ 콘덴서 C의 양단전압(v_c) : $v_c = \dfrac{1}{C}\displaystyle\int_o^{\tau} i dt = V\left(1 - e^{-\frac{1}{RC}t}\right)$ [V]

㉤ 시정수(Time constant)

- $T = CR$ [sec]
- 전압을 RC 회로에 가해서 C에 전하가 충전될 때, 정상값의 $(1 - e^{-1})$ 배가(약 63.2%) 될 때까지의 시간을 나타낸 것을 말한다.

② 방전

㉠ 동작 상태 : 위의 회로도에서 b의 위치에 SW를 놓았을 때 R을 통하여 충전되었던 전하가 방전되게 된다.

ⓛ 충전전류 : $i = -\dfrac{V}{R}e^{-\frac{1}{RC}t}$ [A]

ⓒ 저항 R의 양단전압(v_R) : $v_R = Ri = -V \cdot e^{-\frac{1}{RC}t}$ [V]

ⓔ 콘덴서 C의 양단전압(v_c) : $v_c = \dfrac{1}{C}\displaystyle\int i\,dt = Ve^{-\frac{1}{RC}t}$ [V]

(2) RL 회로

① **시정수** T ⋯ $T = \dfrac{L}{R}$ [sec]

② **RL 직류회로의 해석**

◎ RL 직렬회로 ◎

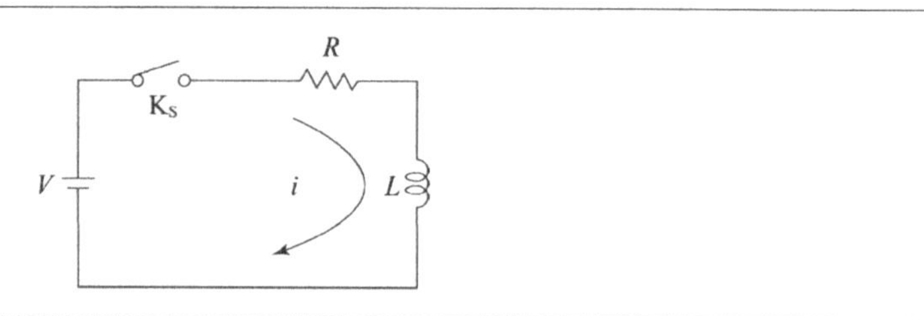

ⓐ 기본 방정식

$$V = v_R + v_L = -R_i + L\dfrac{di}{dt}$$ 에서 v_R과 v_L을 구하면

$$v_R = R_i = V\left(1 - e^{-\frac{R}{L}t}\right) [V]$$

$$v_L = V - v_R = Ve^{-\frac{R}{L}t} [V]$$

ⓑ 직류 전압을 가했을 때 흐르는 전류 : $i = \dfrac{V}{R} - \dfrac{V}{R}e^{-\frac{R}{L}t} = \dfrac{V}{R}\left(1 - e^{-\frac{R}{L}t}\right)$ [A]

- 최초값 $t = 0$이면 $i = \dfrac{V}{R}(1 - e^{-0}) = 0$ [A]

- 최종값 $t = \infty$ 이면 $i = \dfrac{V}{R}(1 - e^{-\infty}) = \dfrac{V}{R} = I$ [A]

- 시정수 T 후의 전류값은 $i_t = \dfrac{V}{R}(1 - e^{-1}) = 0.632I$가 되므로 최종값은 $I = \dfrac{V}{R}$의 63.2%가 된다.

② 미분회로와 적분회로

(1) 미분회로

① 개념

    ㉠ 좁은 트리거 신호를 얻으려고 할 때 사용하는 회로이다.

    ㉡ 폭이 좁은 트리거 신호는 구형파로부터 얻을 수 있다.

❀ 미분회로 및 출력파형 ❀

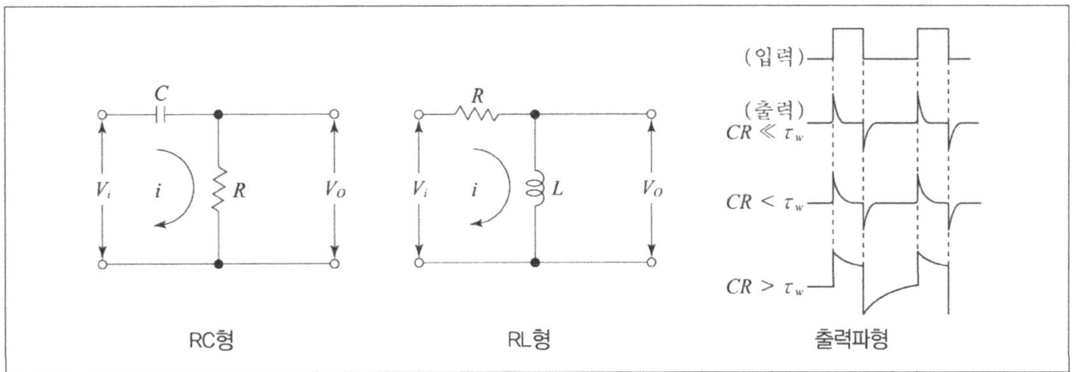

② 고역통과 RC 회로($CR \gg \tau_W$일 때)의 경우

    ㉠ $i = \dfrac{dV_i}{dt}\,[\text{A}]$

    ㉡ $V_O = R \cdot i = CR\dfrac{dV_i}{dt}\,[\text{V}]$

③ RL 회로($\dfrac{L}{R} \ll \tau_W$일 때)의 경우

    ㉠ $i = \dfrac{V_i}{R}\,[\text{A}]$

    ㉡ $V_0 = L\dfrac{di}{dt} = \dfrac{L}{R} \cdot \dfrac{dV_i}{dt}\,[\text{V}]$

(2) 적분회로

① **개요**

　㉠ 적분회로는 보통 저역통과 RC 회로를 사용한다.

　㉡ 적분회로의 시정수는 응답의 상승속도를 표시한다.

◎ 미분회로 및 출력파형 ◎

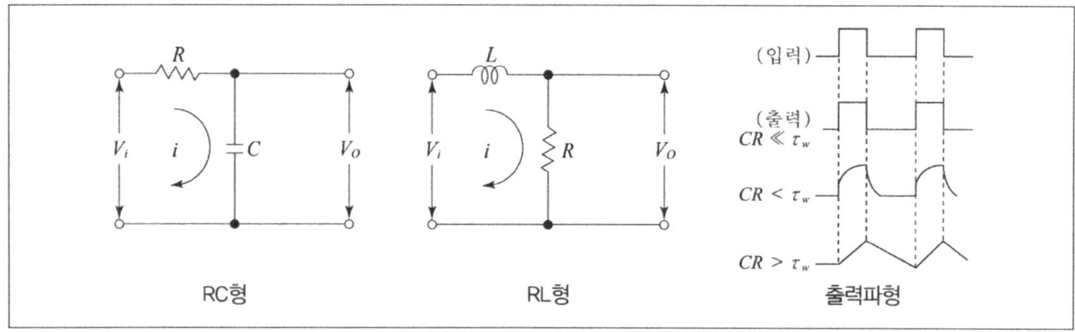

② **저역통과 RC 회로($CR \gg \tau_W$일 때)의 경우**

　㉠ $i = \dfrac{V_i}{R}\,[\mathrm{A}]$

　㉡ $V_O = \dfrac{1}{C}\displaystyle\int i\,dt = \dfrac{1}{CR}\displaystyle\int V_i\,dt\,[\mathrm{V}]$

③ **RL 회로($\dfrac{L}{R} \ll \tau_W$일 때)의 경우**

　㉠ $i = \dfrac{1}{L}\displaystyle\int V_i\,dt\,[\mathrm{A}]$

　㉡ $V_0 = Ri = \dfrac{R}{L}\displaystyle\int V_i\,dt\,[\mathrm{V}]$

01 출제예상문제

1 다음 중 RC 직렬회로에서 펄스 하강 시간에 대하여 옳게 설명한 것은?

① V_C가 공급전압의 100%에서 0%까지 도달하는 데 걸리는 시간이다.

② V_C가 공급전압의 10%까지 도달하는 데 걸리는 시간이다.

③ V_C가 공급전압의 50%에서 0%까지 도달하는 데 걸리는 시간이다.

④ V_C가 공급전압의 90%에서 10%까지 도달하는 데 걸리는 시간이다.

> **note** 실제 펄스 파형
> ㉠ 상승 시간(Rise time) : V_C가 10%에서 90%까지 상승하는 데 걸리는 시간을 말한다.
> ㉡ 하강 시간(Fall time : t_f) : 펄스 파형에 있어서 진폭의 90%에서 10%까지 하강하는 데 걸리는 시간을 말한다.
> ㉢ 축적 시간(Storage time : t_s) : 이상적인 펄스의 하강 시각에서 실제 펄스의 최대 진폭의 90%가 되기까지 감소하는 시간을 말한다.
> ㉣ 지연 시간(Delay time : t_d) : 상승 시각에서부터 진폭 10%에 이르기까지 실제 펄스 시간을 말한다.

2 다음 중 트랜지스터의 스위칭 turn-on, turn-off 시간에 대해서 옳게 짝지은 것은?

① turn-on = 축적 시간, turn-off = 상승 시간 + 지연 시간

② turn-on = 상승 시간 + 지연 시간, turn-off = 축적 시간 + 하강 시간

③ turn-on = 상승 시간 + 지연 시간, turn-off = 하강 시간 + 지연 시간

④ turn-on = 상승 시간 + 축적 시간, turn-off = 축적 시간 + 하강 시간

⑤ turn-on = 하강 시간 + 축적 시간, turn-off = 상승 시간 + 지연 시간

> **note** turn on time = 상승 시간 + 지연 시간
> turn off time = 축적 시간 + 하강 시간

Answer 1.④ 2.②

3 다음 중 트랜지스터 회로에서 펄스파형을 얻을 때 그 값이 작을수록 좋은 것은?

① 상승 시간　　　　　　　　　② 축적 시간
③ 지연 시간　　　　　　　　　④ 하강 시간

> ✿note　상승 시간 … 펄스가 최대 진폭의 10%에서 90%까지 상승하는 시간을 말한다.
> ※ 고속 스위칭 소자가 요구하는 조건은 상승 시간이 짧아야 하는 것이다.

4 RC 직렬회로에서 직류전압을 인가하였을 때, 전류의 시간적인 변화를 나타낸 것으로 옳은 것은?

① 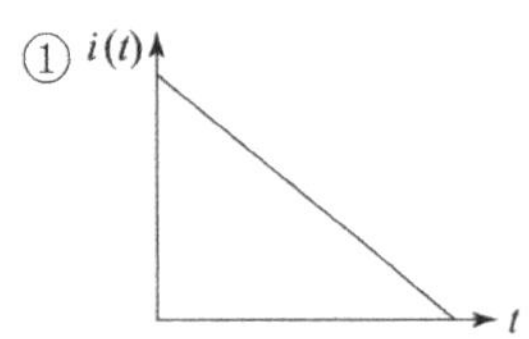　　　② 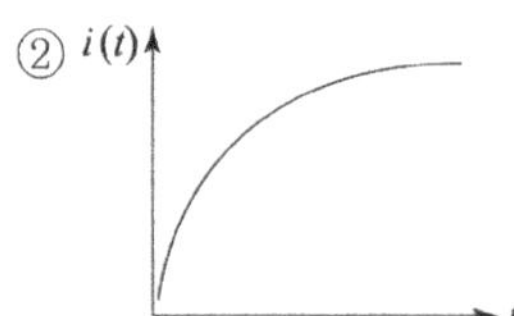

③ 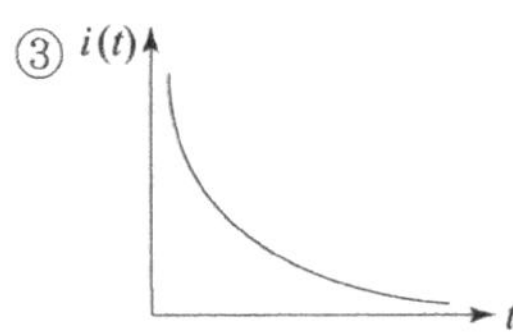　　　④ 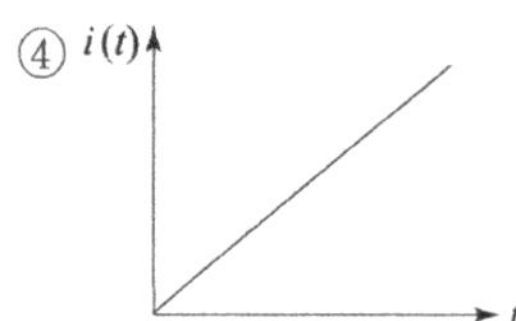

> ✿note　인가된 전압의 경우 $t = 0$에서 콘덴서는 단락 상태가 되기 때문에 흐르는 전류값은 $\dfrac{V}{R}$가 되어 버린다. 만일 이때 $t = \infty$일 경우 임피던스가 무한대로 되고, 흐르는 전류는 0에 가까워진다.
>
> $$i_t = \frac{V}{R}e^{-\frac{1}{RC}t}\,[\mathrm{A}]$$

5 다음 중 펄스의 머리 부분이 작아지는 현상으로 하강속도의 비를 나타내는 것은?

① 오버 슈트　　　　　　　　　② 언더 슈트
③ 새그　　　　　　　　　　　④ 링잉

> ✿note　새그
> ㉠ 펄스의 가장 윗부분의 경사도로, 하강속도의 비를 나타내는 것이다.
> ㉡ 내려가는 부분의 정도를 말하는데 낮은 주파수 성분이나 직류분이 잘 통하지 않아서 생긴다.

6 다음 중 적분회로로 사용이 가능한 것은?

① 저역통과 RC 회로
② 대역통과 RC 회로
③ 고역통과 RC 회로
④ 대역소거 RC 회로

> ✿▌note 저역통과 RC 회로($CR \gg \tau_W$일 때)의 경우
>
> ㉠ $i = \dfrac{V_i}{R}$ [A]
>
> ㉡ $V_O = \dfrac{1}{C} \displaystyle\int i\,dt = \dfrac{1}{CR} \int V_i\,dt$ [V]

7 다음 같은 CR 회로에서 지수함수적으로 증가하는 경우로 옳은 것은?

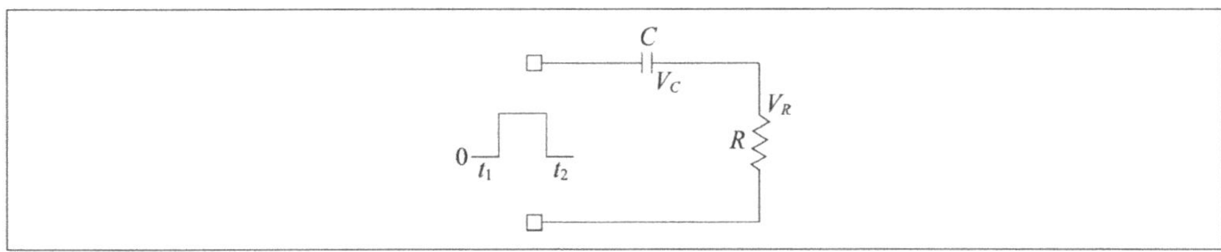

① t_1에서의 V_C
② t_2에서의 V_C
③ t_1에서의 V_R
④ t_2에서의 V_R

> ✿▌note 그림은 RC 미분회로 또는 고대역 통과 필터를 나타낸 것이다.
>
> C 양단의 전압은 $V_C = V - e_R = V - Ve^{-\frac{t}{CR}} = V(1 - e^{-\frac{t}{CR}})$ 이므로
>
> C 양단의 전압 V_C가 지수함수적으로 증가하고 $t = \infty$ 이면, $V_C = V$가 된다.

8 다음 중 스위칭 파형에서 컬렉터 전류파형이 최종치 $I_{C(sat)}$의 10%로 상승하는 데 걸리는 시간은 무엇인가?

① Storage time
② Rise time
③ Delay time
④ Fall time

> ✿▌note Delay time … 입력 펄스가 들어온 다음 출력 펄스가 진폭의 0에서 10%까지 도달하는 데 걸리는 시간을 말한다.

❤❤Answer   6.① 7.① 8.③

9 다음 중 펄스의 상승 부분에서 발생하는 진동의 정도를 말하는 링깅(ringing)에 대한 설명으로 옳은 것은?

① RC 회로의 시상수가 짧기 때문에 생긴다.

② 낮은 주파수의 성분에서 공진하기 때문에 생기는 것이다.

③ 높은 주파수의 성분에서 공진하기 때문에 생기는 것이다.

④ RL 회로에서 그 시상수가 매우 짧기 때문에 생기는 것이다.

> **note** 링깅(ringing) … 펄스의 상승 부분에서 나타나는 진동의 정도를 말하며, 높은 주파수의 성분에서 공진하기 때문에 발생한다.

10 다음 중 미분회로에 대한 설명으로 옳지 않은 것은?

① RL 회로의 $V_O = \dfrac{L}{R} \cdot \dfrac{dV_i}{dt}$ [V]이다.

② 좁은 트리거 신호를 얻으려고 할 때 사용한다.

③ RC 회로의 $i = \dfrac{V_i}{R}$ [A]이다.

④ RC 회로의 $V_O = CR\dfrac{dV_i}{dt}$ [V]이다.

> **note** ③ 저역통과 RC 회로(적분회로)의 i값이다.

11 펄스회로에서 펄스가 0에서 최대 크기로 상승될 때를 100이라고 하면 상승 시간은?

① $1 \sim 99$　　　　　　　　② $20 \sim 80$

③ $10 \sim 70$　　　　　　　　④ $10 \sim 90$

> **note** Rise time … 실제의 펄스가 이상적 펄스 진폭의 $10 \sim 90\%$까지 상승하는 데 걸리는 시간을 말한다.

Answer　　9.③　10.③　11.④

12 아래와 같은 CR 회로에 펄스 전압을 가한 경우의 응답이 다음과 같다면, 이때 사용하는 시정수로 옳은 것은?

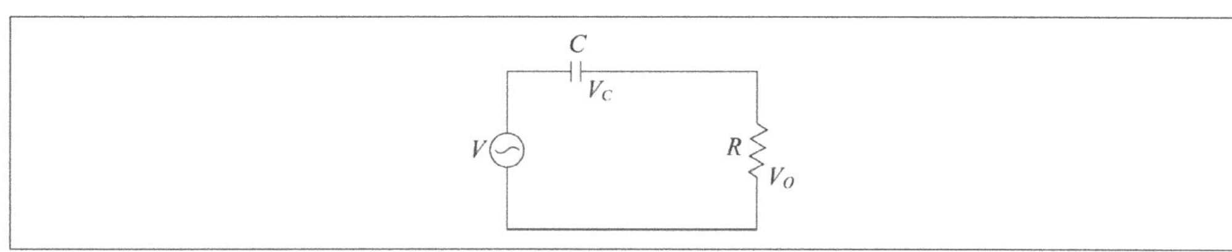

$$V_O = V(1 - e^{-0.2t})\,[\text{V}]$$

① 0초   ② 5초

③ 10초   ④ 20초

⑤ 25초

✪ **note**

CR 회로의 펄스 전압응답 $V_O = V\left(1 - e^{-\frac{1}{CR}}\right)[\text{V}]$에서 $\dfrac{1}{CR} = 0.2$로부터

시정수 $\tau = RC = 5$초가 된다.

13 RC 적분회로에서 입력전압이 구형파일 때 출력파형은? (단, 회로의 시정수는 입력파형의 주기보다 크다)

① 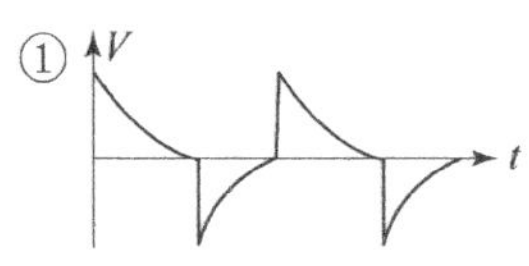

② 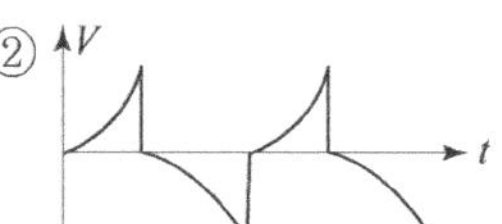

③ 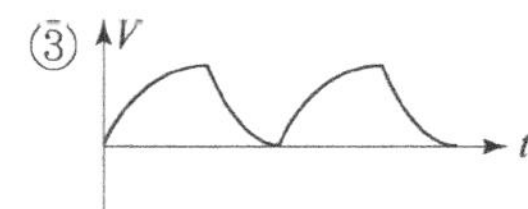

④ 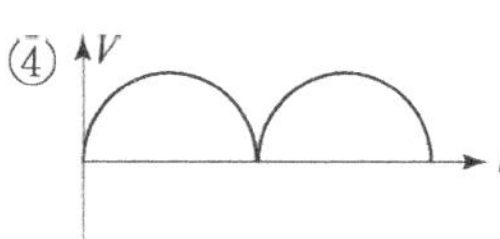

✪ **note** 적분회로의 출력파형

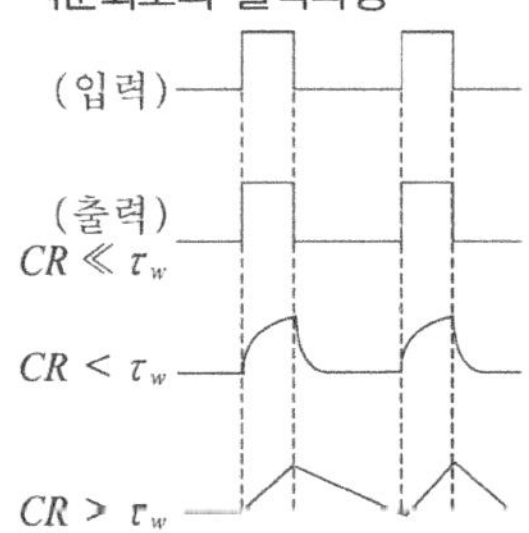

02

펄스 발생회로와 파형 조작회로

1 펄스 발생회로

① 멀티바이브레이터(multivibrator)

(1) 개요

① **개념** ⋯ 회로의 구성이 트랜지스터 증폭기를 2단 접속하고 그 출력을 입력으로 정귀환시키는 것으로 되어 있는 발진기를 말한다.

② 출력파형이 거의 구형이 되어서 일반적으로 펄스파 생성을 위한 발진기로 사용된다.

③ **종류**

　㉠ 단안정 멀티바이브레이터 : 입력을 할 때마다 펄스를 발생시키는 회로를 말한다.

　㉡ 비안정 멀티바이브레이터 : 펄스를 입력이 없는 경우에도 지속적으로 발생시키는 회로를 말한다.

　㉢ 쌍안정 멀티바이브레이터 : 출력 상태를 입력 상태에 따라서 안정하게 유지시키는 회로를 말한다.

(2) 멀티바이브레이터의 성질

① **특징**

　㉠ 전원전압이 변동해도 발진 주파수의 변화는 크게 일어나지 않는다.

　㉡ 출력시 구형파를 발생하기 때문에 고차의 고조파를 포함한다.

　㉢ 펄스 발진회로로 정귀환의 일종이고 주기는 회로의 시정수에 의해서 결정된다.

② **결합구분에 따른 분류**

　㉠ 비안정 멀티바이브레이터

　　• 결합 소자 : C(콘덴서), C(콘덴서)

　　• 결합 상태 : AC 결합

　　• 안정 상태수 : 없다.

　㉡ 단안정 멀티바이브레이터

　　• 결합 소자 : C(콘덴서), R(저항)

- 결합 상태 : AC, DC 결합
- 안정 상태수 : 1개

ⓒ **쌍안정 멀티바이브레이터**

- 결합 소자 : R(저항), R(저항)
- 결합 상태 : DC 결합
- 안정 상태수 : 2개

(3) 단안정(monostable) 멀티바이브레이터

① **개념** … 단일 쇼트라고 하기도 하는데 안정한 상태와 불안정한 상태가 있고, 불안정한 상태는 일정 시간이 지난 뒤 다시 안정 상태가 되는 회로이다.

② 입력단자에 펄스가 들어올 경우에만 특정한 폭의 펄스를 만들어 내고, 스스로는 발진을 하지 않는다.

③ **반복주기**

$$T \fallingdotseq 1.1RC\,[\mathrm{sec}]$$

④ **반복 주파수**

$$f \fallingdotseq \frac{0.909}{RC}\,[\mathrm{Hz}]$$

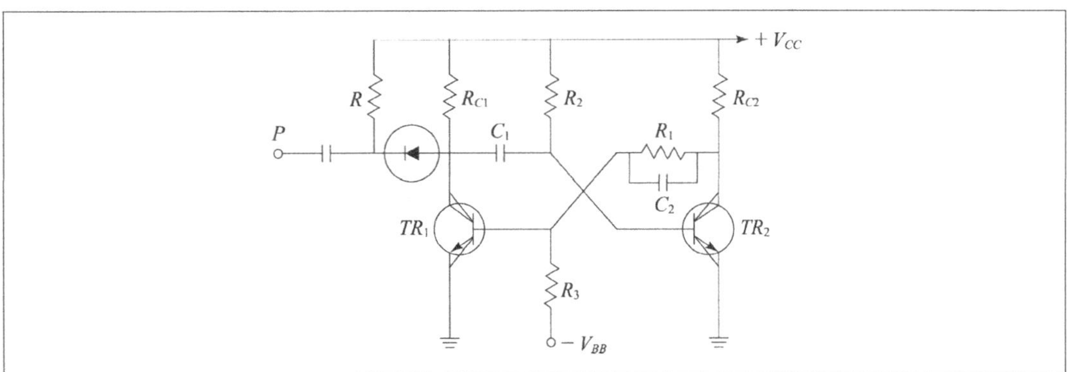

◎ 단안정 멀티바이브레이터 ◎

⑤ **특징**

㉠ 트리거가 없으면 원 상태로 되돌아간다.

㉡ 1개의 트리거 펄스가 입력단자에 들어올 때마다 특정 폭의 출력 펄스가 발생한다.

㉢ Z_1과 Z_2가 어느 한쪽은 C로, 다른 한쪽은 R로 하는 직교류 결합 2단 증폭기이다.

⑥ 용도

   ㉠ 펄스의 신장

   ㉡ 펄스의 지연 및 타이밍 회로

   ㉢ 펄스 발생회로

(4) 비안정 멀티바이브레이터

① 개요

   ㉠ 펄스 폭과 주기가 반복되는 펄스를 발진하는 회로로, 방형파 발진에 많이 이용된다.

   ㉡ 두 개의 불안정한 상태가 일정한 주기를 반복하여 동작되는 비안정형 회로이다.

◎ 비안정 멀티바이브레이터 ◎

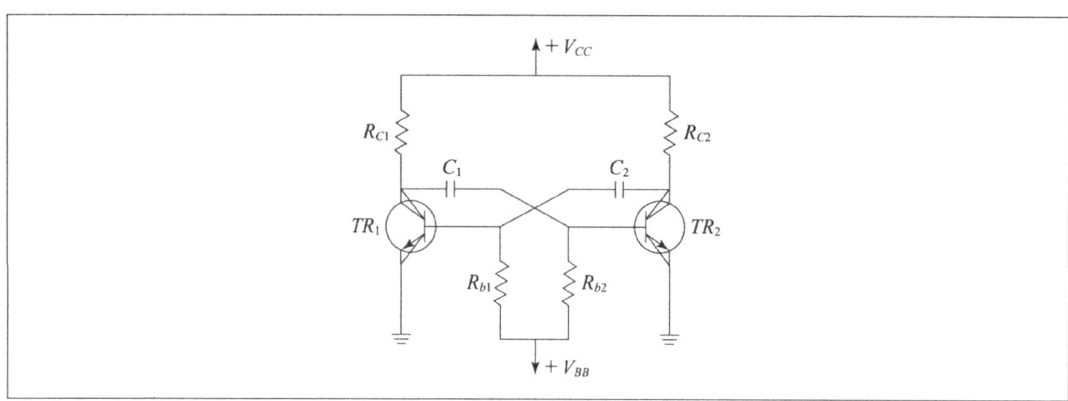

② 반복주기(T) ··· $T = \tau_{w1} + \tau_{w2}$

③ 펄스 폭

   ㉠ $\tau_{w1} = C_1 R_{b2} 0.693$

   ㉡ $\tau_{w2} = C_2 R_{b1} 0.693$

④ 반복 주파수(f) ··· $f = \dfrac{1}{T} = \dfrac{1}{\tau_{w1} + \tau_{w2}} = \dfrac{1}{0.693\,(C_1 R_{b2} + C_2 R_{b1})}$ [Hz]

⑤ 특징

   ㉠ 외부로부터 트리거 펄스가 없는 경우에도 출력 펄스를 얻는다.

   ㉡ 두 개의 TR과 CR로 결합되어 on, off 동작을 하여 어떤 폭과 주기의 반복 펄스를 발생한다.

   ㉢ Z_1과 Z_2가 C인 교류결합 2단 RC 증폭기로서 V_{B1}과 V_{B2}는 +바이어스가 된다.

⑥ 용도

   ㉠ 타이밍 회로

   ㉡ 구형파 발진기

(5) 쌍안정 멀티바이브레이터

① 개요

 ㉠ 플립플롭(Flip-flop)이라고도 하는데 스스로 발진하지 않고 0의 의미인 리셋과 1의 의미인 세트의 안정된 두 가지 상태를 유지하는 회로이다.

 ㉡ 펄스가 외부로부터 들어올 때마다 상태가 교대되는 쌍안정형이다.

 ㉢ 입력 펄스가 2개 들어오면 1개의 펄스를 얻어낼 수 있다.

 ㉣ 데이터의 기억 소자로서 많이 사용된다.

     ⊛ 쌍안정 멀티바이브레이터 ⊛

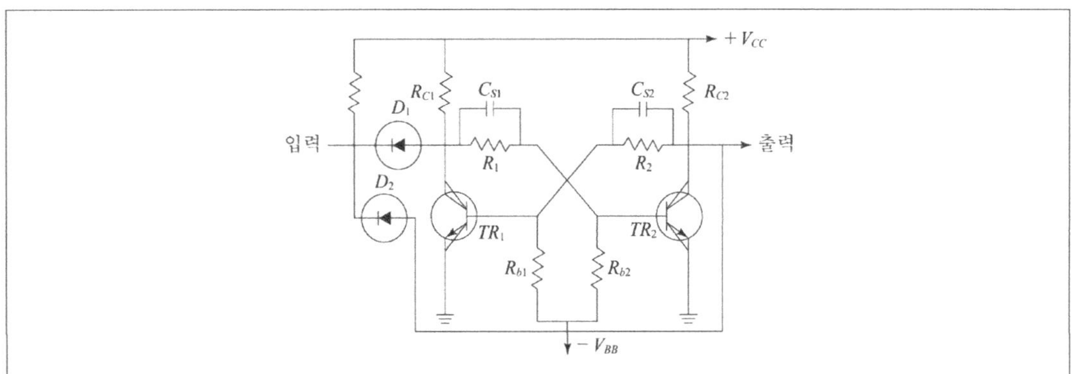

② 특징

 ㉠ 트리거 펄스 2개가 들어오면 입력단자에 1개의 출력 펄스가 발생한다.

 ㉡ Z_1과 Z_2가 모두 R인 직류결합 2단 증폭기이다.

③ 용도

 ㉠ 디지털 기기

 ㉡ 2진 계수 기억회로(계수 기억회로)

 ㉢ 전자 계산기

② 슈미트 트리거

(1) 개요

① 입력진폭의 값이 어느 값을 넘으면 작동을 급격하게 해 일정한 출력을 얻고, 어느 값 이하가 되면 즉시 복구하는 동작을 하게 되는 회로를 말한다.

② 입력전압값에 따라서 민감하게 동작한다.

③ 동작은 낮은 트리거 전압에서 하고, 트리거 신호는 서서히 변하는 교류전압과 같다.

④ 입력파형은 서서히 변하는 사인곡선과 같고, 출력파형은 높고 낮은 두 개의 논리 상태를 형성하는 구형파이다.

⑤ 쌍안정 멀티바이브레이터와 같이 상반된 두 가지의 동작 상태를 가지며, 일반적으로 파형 발생에 많이 사용된다.

(2) 동작원리

① **구성** ··· 트랜지스터 2개와 결합용 저항(TR의 컬렉터에서 다른 TR의 베이스 결합)으로 되어 있다.

② **동작원리**

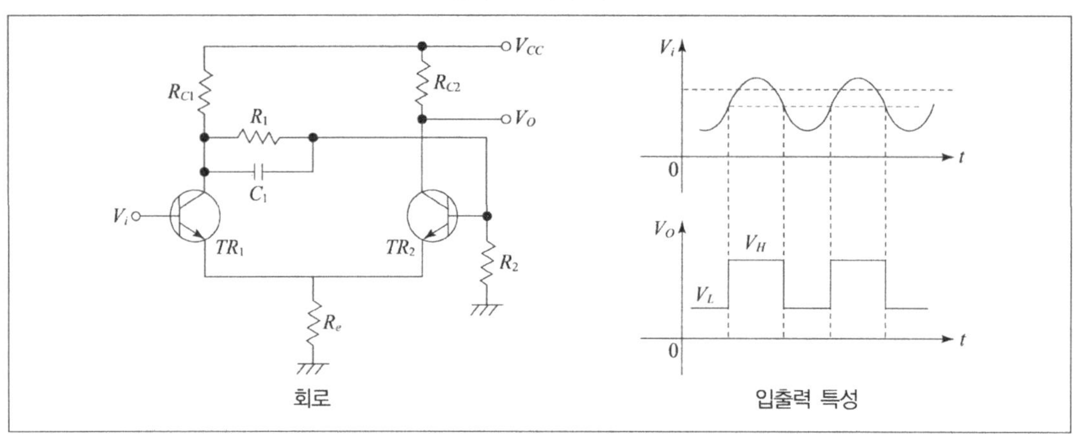

◎ 슈미트 트리거 회로 ◎

㉠ TR_1은 off가 되고, TR_2는 on이 되면 V_O가 V_{CC}에서 R_{C2}의 전압 강하만큼 감소되어 $V_O = V_L$의 안정 상태가 된다.

㉡ V_i가 증가되면 활성영역에 TR_1이 위치하게 되어 재생 스위치가 작동되어서 TR_1은 on, TR_2는 off가 되면서 두 번째 안정 상태가 된다.

㉢ 여기에서 이 회로는 쌍안정 멀티바이브레이터와 비슷하게 TR_1과 TR_2가 on, off를 번갈아 교대한다.

㉣ 이 회로는 2개 증폭기의 접지단자를 공통으로 접속한 후 정귀환을 걸어서 입력신호의 진폭에 의하여 2가지 안정된 상태를 이루게 한다.

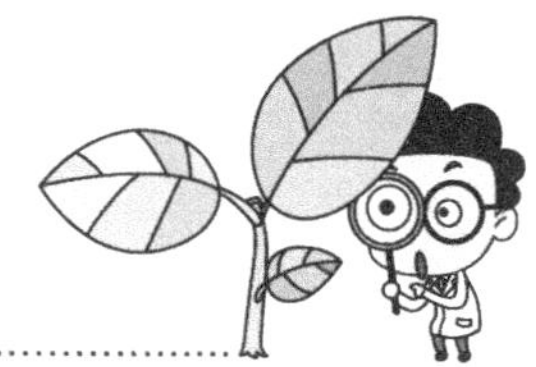

(3) 슈미트 트리거 회로의 특성

① 특징

　ㄱ 쌍안정 멀티바이브레이터의 일종이다.

　ㄴ 입력전압의 크기로 회로의 포화, 차단 상태가 결정된다.

　ㄷ 출력은 입력파형에 상관없이 항상 구형파이다.

② 용도

　ㄱ 왜곡된 펄스를 정형화하는 데 사용한다.

　ㄴ 임의의 파형을 구형파로 바꿀 때 사용한다.

　ㄷ 아날로그 신호에서 디지털 신호로 변환하는 데 사용한다.

　ㄹ 어떤 정해놓은 레벨에 이르는 신호를 검출할 때 사용한다.

2　파형 조작회로

① 파형 조작회로의 개요

(1) 개념

일부분의 파형을 수정하거나 가공하여 원하는 펄스 파형으로 변화시키는 것을 말한다.

(2) 용도

다이오드가 순방향 전압일때 통전하고 역방향일때 차단하는 전자 스위치의 역할을 한다.

② 파형 조작회로의 종류

(1) 클리퍼(clipper)

① **개념** ··· 입력파형에 대해서 일정 진폭 이상이나 이하를 잘라낸 출력파형을 얻는 회로를 말한다.

② **피크 클리퍼**(Peak clipper)

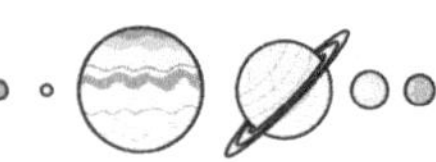

🍃 피크 클리퍼 회로 🍃

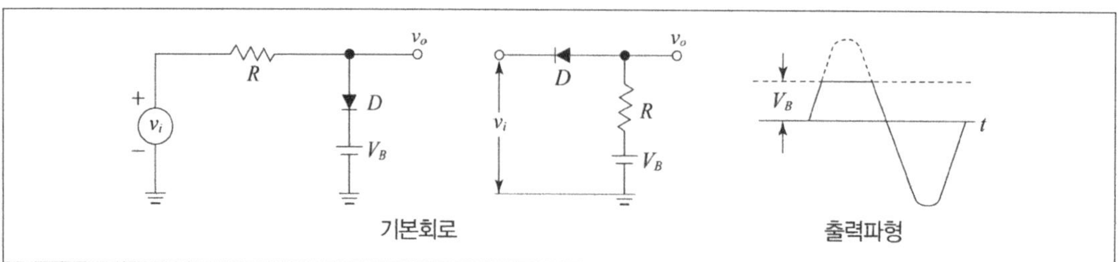

㉠ 개념

- 파형의 윗부분을 잘라내는 회로이다.
- 입력파형이 정(+)방향으로 어떤 레벨 이상이 되지 않도록 제한한 것이다.

㉡ 출력전압(v_o)

- $v_i < V_B$일 때 : 다이오드는 off, $v_o = v_i$
- $v_i > V_B$일 때 : 다이오드는 on, $v_o = V_B$

③ **베이스 클리퍼**(Base clipper)

🍃 베이스 클리퍼 회로 🍃

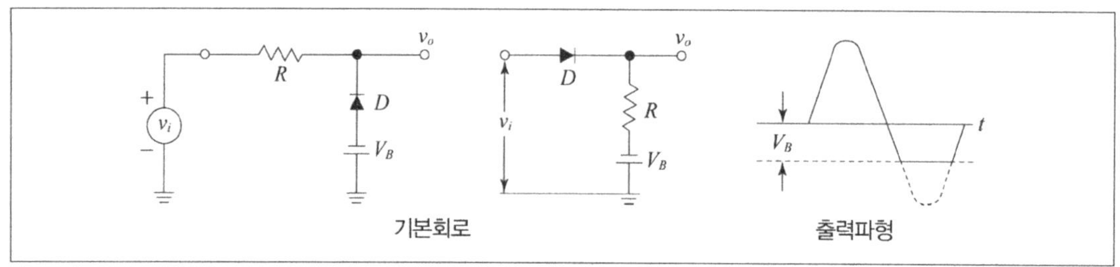

㉠ 개념 : 파형의 아랫부분을 잘라내는 회로로서 입력파형이 부(−)방향으로 어떤 레벨 이하가 되지 않도록 제한한 것이다.

㉡ 출력전압(v_o)

- $v_i < V_B$일 때 : diode는 on, $v_o = V_B$
- $v_i > V_B$일 때 : diode는 off, $v_o = v_i$

(2) 슬라이서

① **개념** ⋯ 입력신호파에서 임의의 두 레벨 V_A와 V_B 사이의 성분만 잘라내는 회로를 말한다.

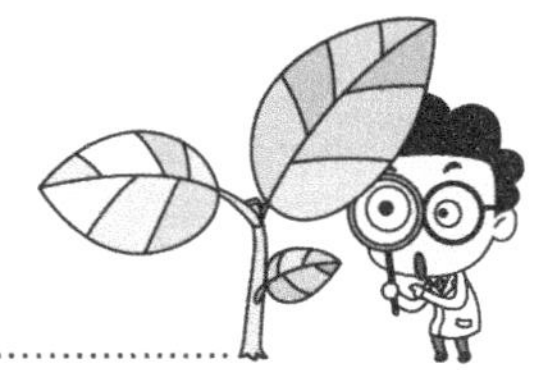

② **직렬 슬라이서**

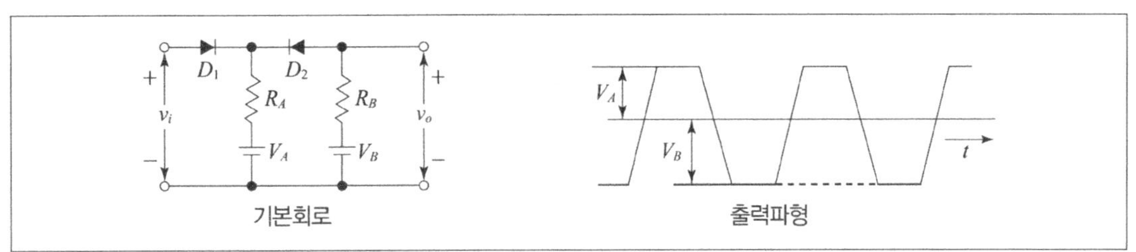

ㄱ 개념 : 진폭 제한회로로서 피크 클리퍼와 베이스 클리퍼의 결합으로 입력파형의 위, 아래를 잘라 버린 회로를 말한다.

ㄴ 출력전압(v_o)

- $v_i \leqq V_A$일 때 : $v_o = V_A$
- $V_A < v_i < V_B$일 때 : $v_o = v_i$
- $v_i \geqq V_B$일 때 : $v_o = V_B$

③ **병렬 슬라이서**

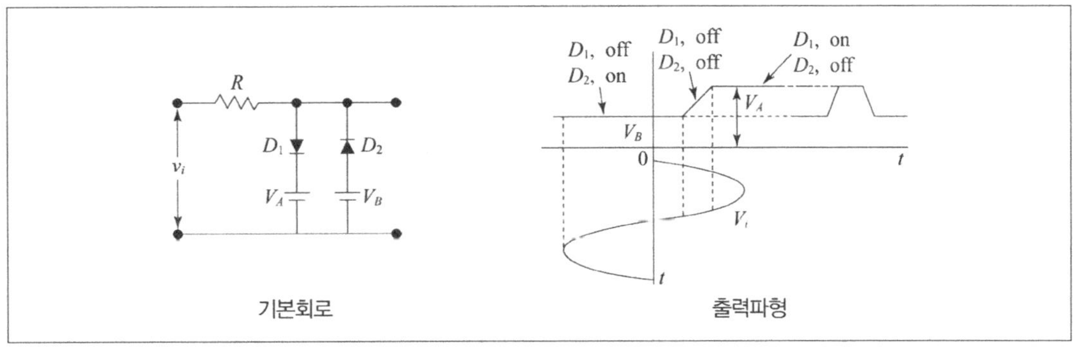

ㄱ 개념 : 클리핑 회로의 위, 아래 레벨 사이의 간격을 더 좁게 하여 입력파형의 원하는 부분을 잘라내는 회로이다.

ㄴ 출력전압(v_o)

- $v_i \leqq V_B$일 때 : $v_o = V_B$
- $V_B < v_i < V_A$일 때 : $v_o = v_i$
- $v_i \geqq V_A$일 때 : $v_o = V_A$

(3) 클램퍼(clamper)

① 개념

　㉠ 원하는 레벨 상태로 입력파형을 고정시키는 회로를 말한다.

　㉡ 입력 펄스 파형을 그 상태 그대로 유지하거나, 직류분 재생능력을 갖는다.

② 종류

　㉠ 레벨 클램퍼

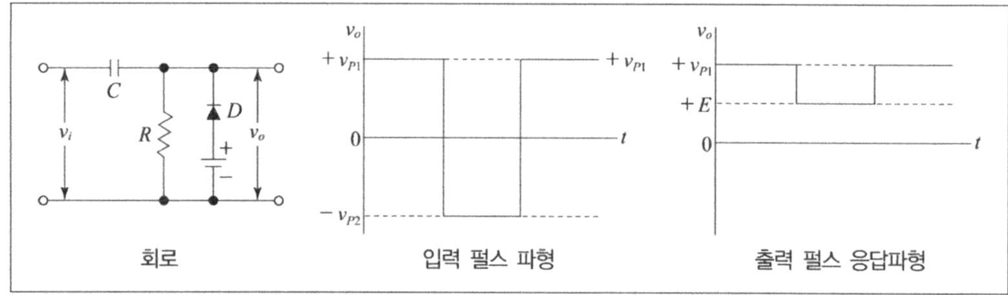

• 개념 : 출력 펄스 응답파형을 원하는 레벨값으로 고정시키는 회로를 말한다.

• 위 그림의 회로에 사각형 파를 입력시키게 되면

－$v_i < E$일 때 diode on(통전)이 되어 콘덴서에는 $V_{peak2} + E$가 충전되고, $v_o = E$가 된다.

－$v_i > E$일 때 diode off(차단)가 되어 콘덴서는 방전을 시작하고, $v_o = v_{peak1} + v_{peak2} + E$가 된다.

　㉡ 양 클램퍼

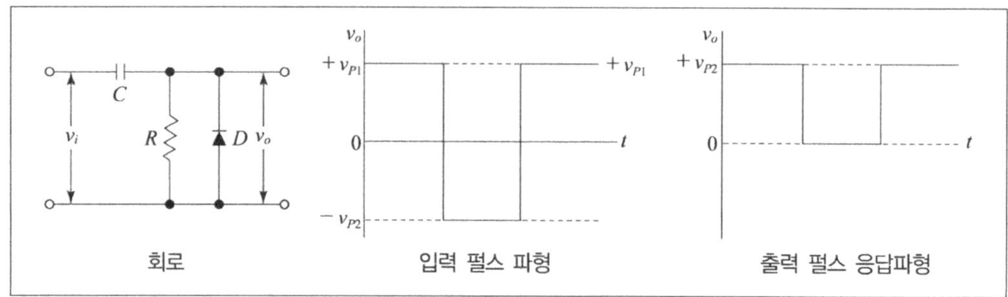

• 개념 : 출력 펄스 응답파형의 아랫부분을 0V로 고정하는 회로를 말한다.

• 그림의 회로에 사각형 파를 입력시키게 되면

－$v_i < 0$일 때 diode on(통전)이 되어 콘덴서에는 v_{peak2}가 충전되고 $v_o = 0$이 된다.

－$v_i > 0$일 때 diode off(차단)가 되어 콘덴서는 방전을 시작하고, $v_o = v_{peak1} + v_{peak2}$가 된다.

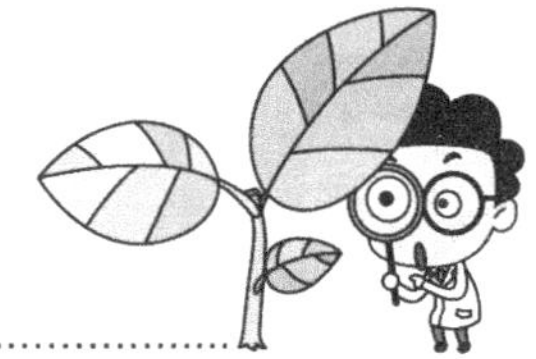

ⓒ 음 클램퍼

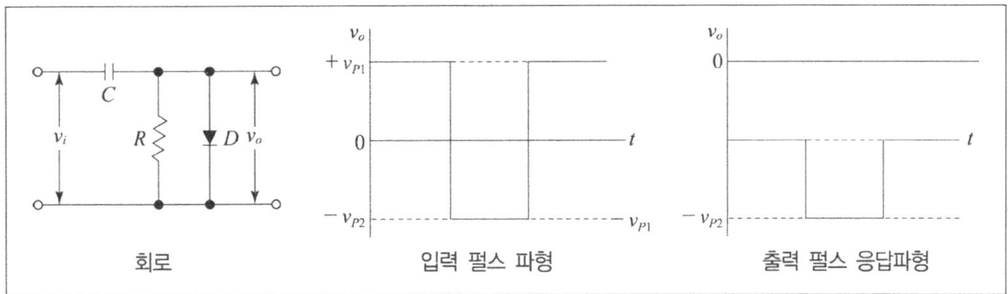

• 개념 : 출력 펄스 응답파형의 윗부분을 0V로 고정하는 회로를 말한다.

• 그림의 회로에 사각형 파를 입력시키게 되면

– 입력 펄스 파형이 상승하면 순방향 전압이 diode에 흘러 콘덴서(C)는 충전이 시작되고 저항(R)이 단락 상태가 되며 결국 $v_i = v_{peak1}$ 일 때 $v_o = 0$이 된다.

– 입력 펄스 파형이 하강하면 역방향 전압이 diode에 흘러 콘덴서(C)는 방전이 시작되고 저항(R)에 전류가 흐르며 결국 $v_i = -v_{peak2}$ 일 때 $v_o = -v_{peak1} - v_{peak2}$ 가 된다.

02 출제예상문제

1 다음 [그림 A]의 정현파를 [그림 B]의 구형파로 변환시키는데 가장 적합한 회로는?

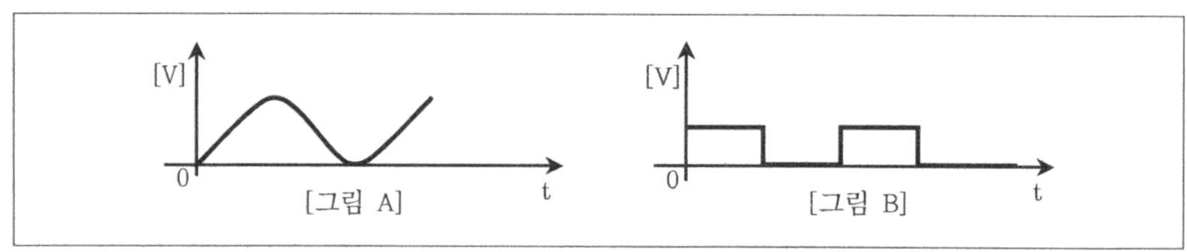

① 부츠트랩 회로
② 블로킹 발진기
③ 슈미트 트리거
④ LC동조회로

> **note** 입력 전압에 잡음 신호가 섞여 있는 경우, 출력 전압이 불안정하게 된다. 슈미트 트리거 회로는 입력 전압의 작은 변동에 관계없이 출력 전압을 안정화할 수 있으므로 구형파를 발생시키는 회로로 사용된다.

2 다음 회로에 관한 설명 중 옳은 것은?

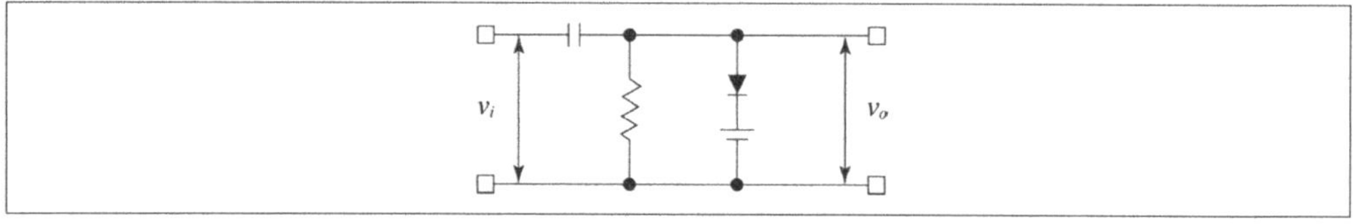

① 리미터 회로이며 일정값 이상으로 출력신호의 위상을 제한한다.
② 클리퍼 회로로 출력신호의 크기를 일정값 이하로 제한한다.
③ 일정하게 출력신호의 하단 레벨을 유지한다.
④ 일정하게 출력신호의 상당 레벨을 유지한다.

> **note** 위의 회로는 클램프 회로로 입력신호를 다양한 직류 레벨로 고정시킨다.

Answer 1.③ 2.④

3 다음 중 멀티바이브레이터 회로에서 비안정, 단안정, 쌍안정 회로의 구분을 하는 것은?

① 결합회로의 구성 상태

② 전원전류의 크기

③ 바이어스되는 전압의 크기

④ 콘덴서의 개수

> **note** 결합회로의 구성 상태
> ㉠ 비안정 : 2단 RC 증폭기로서 AC 결합이 된다.
> ㉡ 단안정 : AC − DC 결합이다.
> ㉢ 쌍안정 : DC 결합이다.

4 다음 중 쌍안정 멀티바이브레이터에 대한 설명으로 옳지 않은 것은?

① 외부로부터 트리거 펄스가 공급되지 않아도 출력 펄스를 얻는다.

② 데이터 기억 소자로 많이 이용된다.

③ 직류결합 2단 증폭기이다.

④ 입력 트리거 펄스 2개마다 1개의 펄스 출력을 얻을 수 있다.

> **note** ① 출력 상태는 입력 펄스가 공급되기 전에는 바뀌지 않는다.
> ※ 쌍안정 멀티바이브레이터
> ㉠ 2개의 펄스가 공급되면 1개의 펄스가 출력된다.
> ㉡ 펄스의 주파수를 낮추는 데 이용하고 기억 소자에 많이 사용된다.

5 다음 중 슈미트 트리거 회로를 응용한 회로로서 옳지 않은 것은?

① 전압 비교회로

② 쌍안정 회로

③ 펄스 발생회로

④ 방형파 발생회로

> **note** 슈미트 트리거 회로
> ㉠ 왜곡된 펄스를 정형화하는 데 사용하고, 방형파 발생회로이면서 쌍안정의 특성을 가진다.
> ㉡ 용도
> • 어떤 정해놓은 레벨에 이르는 신호를 검출할 경우에 사용한다.
> • 임의의 파형을 구형파하고 바꿀 경우에 사용한다.
> • 왜곡된 펄스를 정형화할 경우에 사용한다.
> • 아날로그 신호에서 디지털 신호로 변환할 경우에 사용한다.

Answer   3.① 4.① 5.③

6 다음 중 멀티바이브레이터의 동작을 설명한 것으로 옳지 않은 것은?

① 발진 주파수는 전원전압이 변동하면 변화가 크게 일어난다.

② 펄스 발진회로로 정귀환의 일종이다.

③ 출력시 구형파를 발생한다.

④ 출력파형의 주기는 회로의 시정수에 의해 결정된다.

> **note**　① 전원전압이 변동해도 발진 주파수의 변화는 크게 일어나지 않는다.

7 슈미트 트리거 회로의 특징으로 옳은 것은?

① 출력은 항상 삼각파이다.

② 결합용 콘덴서는 트랜지스터의 컬렉터에서 다른 트랜지스터의 베이스로만 있다.

③ 입력전압의 크기로 회로의 포화ㆍ차단 상태가 결정된다.

④ 비안정 멀티바이브레이터의 일종이다.

> **note**　슈미트 트리거 회로의 특징
> ㉠ 입력파형에 상관없이 출력은 항상 구형파이다.
> ㉡ 쌍안정 멀티바이브레이터의 일종이다.
> ㉢ 입력전압의 크기가 회로의 포화ㆍ차단 상태를 결정하여 준다.

8 파형 조작회로로서 옳지 않은 것은?

① 게이트 회로　　　　　　　　　② 슈미트 트리거 회로

③ 직렬 슬라이서 회로　　　　　　④ 음 클램프 회로

> **note**　② 구형파를 발생시키는 파형 발생회로이다.

9 입력파형을 임의의 두 레벨로 잘라 내는 기능을 가진 회로는?

① 슬라이서 회로　　　　　　　　② 클램프 회로

③ 클리퍼 회로　　　　　　　　　④ 슈미트 트리거 회로

> **note**　슬라이서 … 입력신호파에서 임의의 두 레벨 V_A와 V_B 사이의 성분만을 잘라내는 회로이다.

Answer　6.①　7.③　8.②　9.①

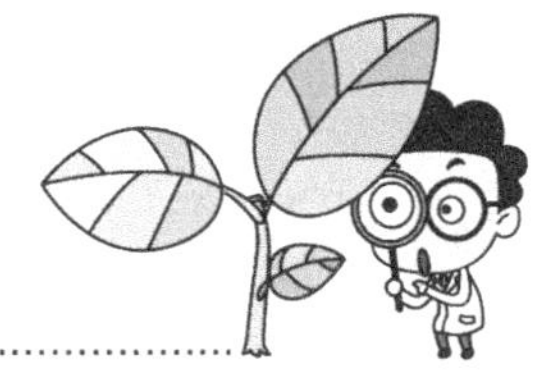

10 다음 중 클램프 회로에 대한 설명으로 옳지 않은 것은?

① 음 클램퍼는 출력 펄스 응답파형의 윗부분을 0V로 고정한다.

② 양 클램퍼는 출력 펄스 응답파형의 아랫부분을 0V로 고정한다.

③ 교류분 재생능력을 갖는다.

④ 바이어스 전압과 클램핑 기준전압은 동일하다.

   note ③ 클램프 회로는 입력 펄스 파형을 그대로 유지하거나 직류분 재생능력을 갖는다.

11 다음 그림이 나타내는 회로로 옳은 것은?

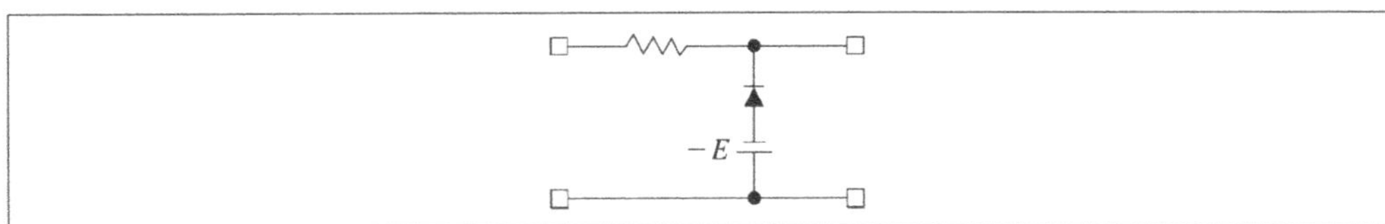

① 베이스 클리퍼 회로   ② 병렬 슬라이서 회로

③ 피크 클리퍼 회로   ④ 레벨 클램프 회로

   note 다이오드는 $v_i < -E$인 경우에 on이 되어 출력이 $-E$가 되므로 입력파형의 하단이 $-E$로 잘려진다.

      ※ 베이스 클리퍼(Base clipper)

        ㉠ 파형의 하단을 잘라내는 회로로서, 입력파형이 부(−)방향으로 어떤 레벨 이하가 되지 않도록 제한한 것이다.

        ㉡ 출력전압(v_o)

         • $v_i < V_B$일 때 : diode on이 되고, $v_o = V_B$가 된다.

         • $v_i > V_B$일 때 : diode off가 되고, $v_o = v_i$가 된다.

12 다음 중 비안정 멀티바이브레이터 회로에서 베이스 전압의 파형은?

① 임펄스(삼각) 파형   ② 구형파형

③ 정현파형   ④ 스텝 파형

   note 두 개의 결합 콘덴서가 번갈아 충전하기 때문이며, 오버슈트라고 하는 적은 전압의 임펄스가 발생한다.

Answer   10.③   11.①   12.①

13 다음 중 멀티바이브레이터와 그 용도의 연결로 옳은 것은?

① 쌍안정 멀티바이브레이터 – 구형파 발진기 타이밍 회로

② 단안정 멀티바이브레이터 – 펄스의 지연 및 타이밍 회로

③ 비안정 멀티바이브레이터 – 2진 계수의 기억회로

④ 비안정 멀티바이브레이터 – 펄스의 신장, 펄스 발생회로

> **note** 멀티바이브레이터의 용도
> ㉠ 비안정 멀티바이브레이터 : 구형파 발진기 타이밍 회로
> ㉡ 단안정 멀티바이브레이터
> • 펄스의 지연 및 타이밍 회로
> • 펄스 발생회로
> • 펄스의 신장
> ㉢ 쌍안정 멀티바이브레이터
> • 전자 계산기
> • 2진 계수 기억회로
> • 디지털 기기

14 그림은 UJT를 이용한 펄스 발생회로이다. UJT에 전류가 흘러 펄스를 발생할 때 콘덴서 C_T의 동작은 어떤 상태인가?

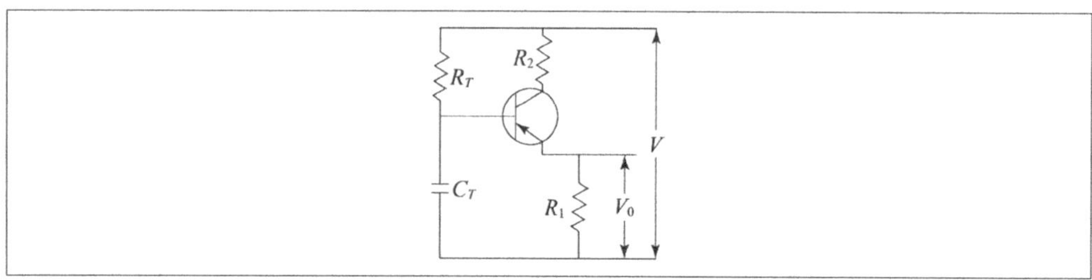

① 충전 상태　　　　　　　　② 방전 상태

③ 단락 상태　　　　　　　　④ 접지 상태

> **note** UJT를 이용한 펄스 발생회로의 동작원리 … R_T를 통하여 C_T(콘덴서)가 충전된 후 충전전압이 UJT를 on시킬 전압만큼 커지면 UJT는 on 상태가 된다. 이때 C_T는 R_1을 통해 방전이 되고 방전에 의해 충전전압이 낮아지면 다시 UJT가 off 되어 C_T는 충전을 하게 된다.

Answer　　13.② 14.②

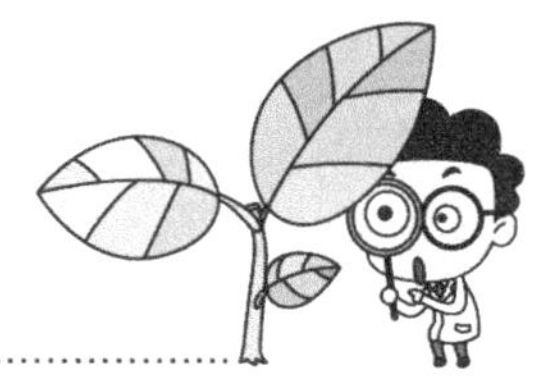

15 다음 중 입력파형에 관계없이 항상 구형파를 출력시키는 회로는?

① 래치 회로　　　　　　　　　　　　② 슈미트 트리거 회로

③ 쌍안정 멀티바이브레이터　　　　　④ 단안정 멀티바이브레이터

> ☆note　슈미트 트리거 회로 … 쌍안정 멀티바이브레이터의 일종인 슈미트 트리거는 입력파형에 관계없이 출력파형은 항상 구형파이며, 입력전압의 크기로 회로의 개폐(on / off)를 결정한다.

16 일반적으로 쌍안정 멀티바이브레이터에 필요한 가속(Speed up) 콘덴서는 몇 개인가?

① 2개　　　　　　　　　　　　　　　② 4개

③ 6개　　　　　　　　　　　　　　　④ 8개

> ☆note　베이스 단자에 인가된 펄스 파형은 2개의 트랜지스터를 각각 포화 또는 차단영역에서 활성영역으로 끌어내어 스위치 작용을 하는데 2개의 가속 콘덴서는 쌍안정 멀티바이브레이터의 결합 저항과 병렬로 접속되어 on, off 반전, 동작시간을 빠르게 한다.

17 다음 회로에서 정현파 입력이 들어갔을 때 출력에 나오는 파형으로 옳은 것은?

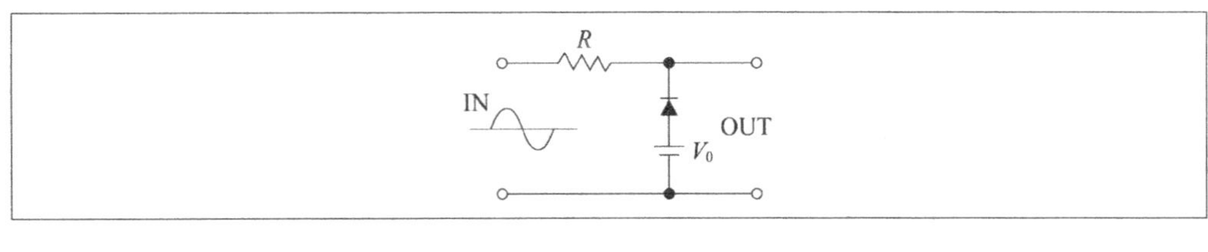

① 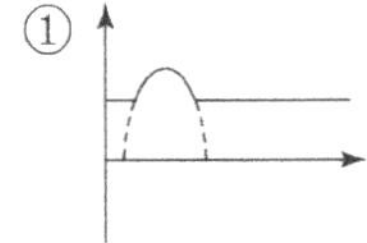　　　② 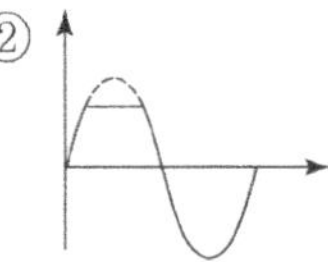

③ 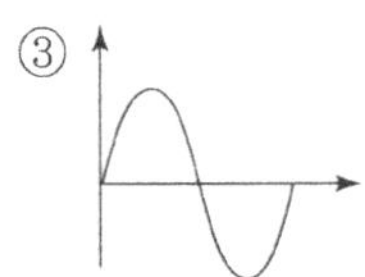　　　④ 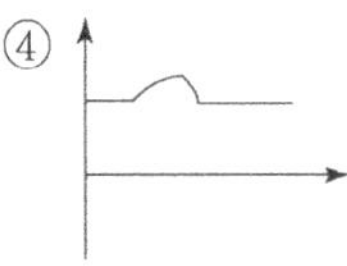

> ☆note　클리퍼 회로의 일종으로, 부(−)입력파일 때에는 다이오드에 의해 단락되어 출력이 나타나지 않는다.

회로이론

CHAPTER 01

회로망의 기초와 이론

1 회로망의 기초

① 회로망의 개요

(1) 물질의 전기적 성질

① **자유전자** … 원자의 핵으로부터의 결합력이 약해져서 쉽게 핵으로부터 이탈되어 원자와 원자 사이를 자유롭게 이동할 수 있는 전자를 말한다.

② **도체** … 자유전자가 많은 물질을 말한다.

③ **부도체** … 자유전자가 거의 없거나 그 수가 적은 물질을 말한다.

④ **반도체** … 자유전자의 수가 도체와 부도체의 중간쯤인 것을 말한다.

(2) 전하와 전류

① **전하**

  ㉠ 개념 : 전기적 성질을 규정하는 가장 기본적인 양으로 단위는 [C]이다.

  ㉡ 정전하 : 양자나 양이온이 갖는 전하를 말한다.

  ㉢ 음전하 : 전자나 음이온이 갖는 전하를 말한다.

  ㉣ 전자의 전하량 : $e = -1.602 \times 10^{-19} \mathrm{C}$

  ㉤ 전자의 질량 : $m = 9.109 \times 10^{-31} \mathrm{kg}$

② **전류** … 전하의 이동이나 흐름을 말한다.

  ㉠ 전류의 크기 : 단위 시간에 이동하는 전하량을 나타낸다.

$$i = \frac{dq}{dt}\,[\mathrm{A}], \ \ 1\,\mathrm{A} = 1\,\mathrm{C/s}$$

  ㉡ 전류의 방향은 정전하의 이동 방향이다.

(3) 전위와 전압

① **전위** … 임의점의 전위는 무한 원점으로부터 단위점 전하를 임의점까지 이동시키는 데 필요한 에너지를 말한다.

$$V = -\int_{-\infty}^{r} E \cdot dl \,[\text{V}] \quad (E : 전계, \ 1\text{V} = 1\text{J/C})$$

② **전압**

   ㉠ 개념 : 두 점 사이의 전위의 차이다.

   ㉡ 전압이 주어져야 전류가 흐른다.

   ㉢ 전압 1V : 두 점의 사이를 1C의 전하가 이동할 때 잃거나 얻는 에너지가 1J이 되는 두 점 사이의 전위차를 말한다.

   ㉣ 보통 미소전하 $dq[\text{C}]$가 이동할 때 수반되는 에너지 변화가 $dw[\text{J}]$이라면

      전위차는 $v = \dfrac{dw}{dq}[\text{V}]$가 되고 에너지는 $w = \int v\,dq$가 된다.

◎ 전위차의 발생 ◎

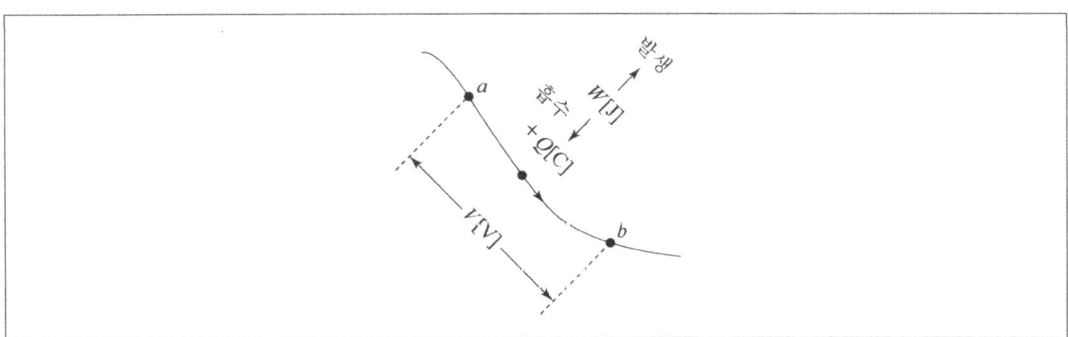

③ **전압상승과 전압강하**

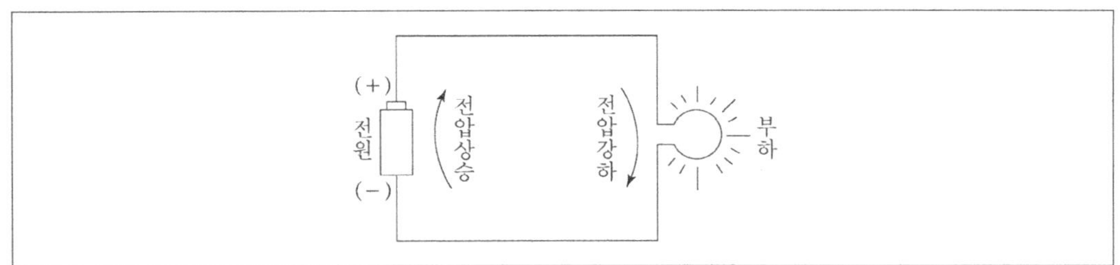

   ㉠ 전압상승 : 전하가 전원을 지나면 에너지를 얻고, 전압상승이 일어난다.

   ㉡ 전압강하 : 전원부하를 지날 때의 전하는 에너지를 잃어서 전압강하가 일어난다.

   ㉢ 기전력 : 전원의 경우 구성되어 있지 않은 상태의 회로에서 전원의 개방전압을 말한다.

(4) 전력 및 전력량

① **전력** … 단위 시간에 변환되거나 전송되는 에너지를 말한다.

$$P = \frac{dw}{dt} = vi\,[\mathrm{W}] \quad (\text{실용단위}:\mathrm{kW},\ 1\mathrm{W} = 1\mathrm{J/s})$$

② **전력량** … 사용한 에너지의 양이 된다.

$$W = \int p\,dt = \int vi\,dt\,[\mathrm{J}] \quad (\text{실용단위}:\mathrm{kWh},\ 1\mathrm{J} = 1\mathrm{W}\cdot\mathrm{s})$$

② 회로망의 관계법칙

(1) 옴의 법칙

① **개념** … 전류가 흐르는 도체 양단에 나타나는 전압강하 v는 어느 정도 미만의 전류값에서 전류 i에 대하여 비례관계, 즉 $v = Ri$ 또는 $i = \dfrac{v}{R}$ 또는 $R = \dfrac{v}{i}$가 성립하는 법칙이다.

② **표시방법**

   ㉠ R : 저항을 나타낸다.

   ㉡ 단위 : Ω을 사용한다.

(2) 줄의 법칙

① 도체에 흐르는 전류에 의해 단위 시간에 발생하는 열량은 I^2R에 비례하므로 줄의 법칙은 $H = kI^2Rt$로 표시하고, M.K.S 단위계에서 $k = 1$로 하여 $H = I^2Rt\,[\mathrm{J}]$를 쓴다.

② $1\mathrm{cal} = 4.2\mathrm{J}$이므로 $H = \dfrac{1}{4.2}I^2Rt = 0.24I^2Rt\,[\mathrm{cal}]$가 된다.

(3) 키르히호프의 법칙

① **제1법칙**(전류법칙 ; K.C.L) … 회로 내의 임의의 점에서 그 점으로 유입되는 전류의 합은 유출되는 전류의 합과 같다.(임의의 집합점에 유입이나 유출되는 전류의 총합이 0이다.)

◎ 전류법칙 ◎

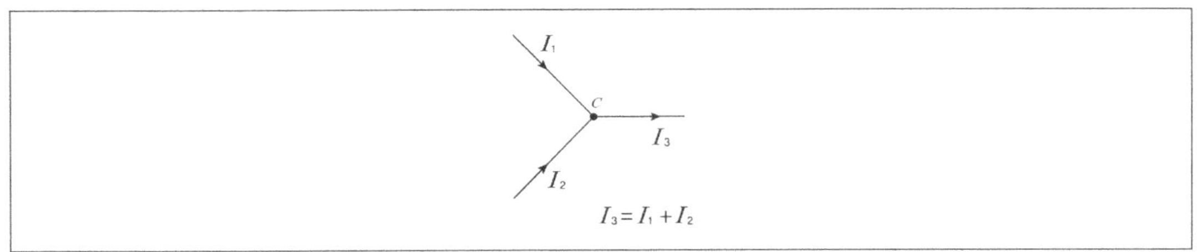

② **제2법칙**(전압법칙 ; K.V.L) ⋯ 회로망 중의 임의의 폐회로에 있어서, 정해진 방향의 기전력의 대수합은 그 방향으로 흐르는 전류에 의한 저항의 전압강하 대수합과 같다.

◎ 전압법칙 ◎

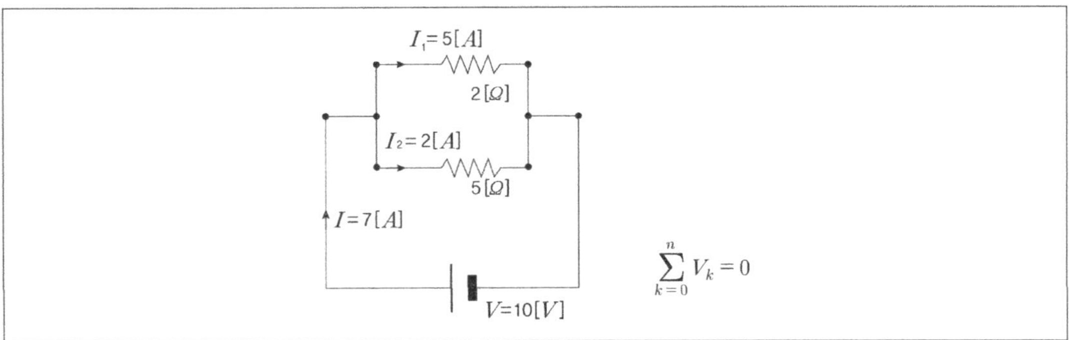

(4) 테브난의 법칙

① 능동선형 회로망은 전압을 U_{TH}와 내부저항 Z_{TH}의 연결을 직렬로 한 것과 같다.

$$i - \frac{V_{TH}}{Z_{TH} + Z}$$

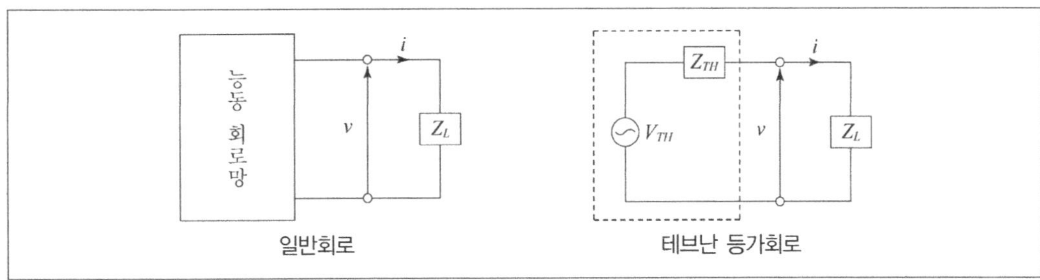

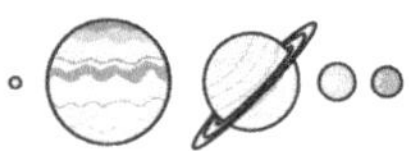

(5) 노튼의 법칙

어떤 선형능동 회로망을 내부저항과 병렬로 연결한 등가회로로 나타낼 수 있다.

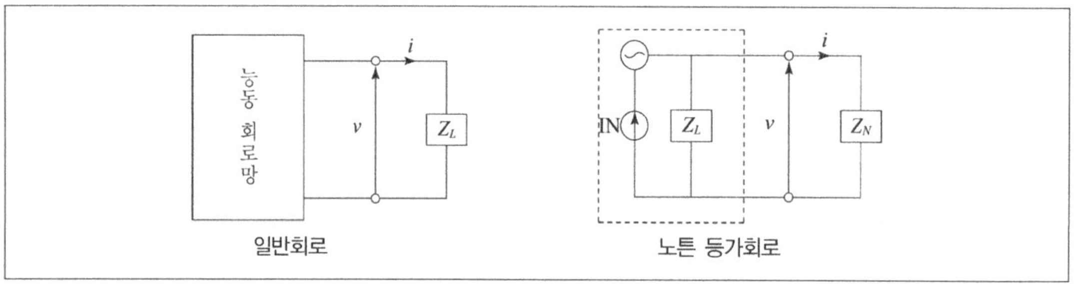

(6) 중첩의 원리

2개 이상의 선형 회로망에서 회로의 임의의 점의 전류·전압은 각각의 전원에 대하여 합할 수 있다. 각 전원에 대해 해석할 때 나머지 전원은 제거한다.

(7) 밀만의 정의

회로 내에 다수의 전압원이 병렬로 연결되어 있을 경우에는 하나의 등가 전압원으로 변환할 수 있다.

2 회로이론

① 기본회로 소자

(1) 수동 소자

① 저항

　㉠ 개념 : 전류가 흐르는 것을 방해하는 크기를 말한다.

　㉡ 전기 에너지를 열로 소비한다.

　㉢ 옴의 법칙에 의해서 저항에서의 전압강하가 일어난다.

　㉣ 도체의 저항

$$R = \rho \frac{l}{A}[\Omega] \quad (\rho : \text{고유저항 또는 저항률})$$

　㉤ 단위 : $\Omega \cdot cm$ 또는 $\Omega \cdot m$

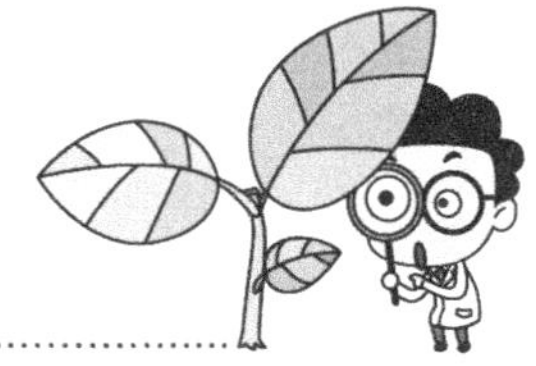

② **인덕턴스**

　㉠ 전류 i에 대하여 자속 쇄교수 λ는 비례관계에 있다.

　㉡ 자속 쇄교수

$$\lambda = Li \, [\text{Wb} \cdot \text{T}]$$

　　∘ L : 인덕턴스
　　∘ 단위 : H

　㉢ 패러데이의 전자유도법칙

$$e = -\frac{d\lambda}{dt} = -L\frac{di}{dt}$$

　㉣ 부호는 전원전압 방향과 반대인 역기전력(렌쯔의 법칙)을 의미하고, 인덕턴스에서의 전압강하를 나타낸다.

　㉤ 직렬접속 합성 인덕턴스 : $L_0 = L_1 + L_2 + ... + L_n$

　㉥ 병렬접속 합성 인덕턴스 : $L_0 = \dfrac{1}{\dfrac{1}{L_1} + \dfrac{1}{L_2} + ... + \dfrac{1}{L_n}}$

③ **정전용량**

　㉠ 콘덴서의 양극판에 충전되는 전하량과 양극판에 인가되는 전압은 비례한다.

　㉡ 전하량 q와의 관계

$$q = Cv$$

　　∘ C : 정전용량
　　∘ 단위 : F

　㉢ 평행판 콘덴서 : $C = \dfrac{\epsilon A}{d} \, [\text{F}]$

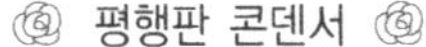

⑧ 평행판 콘덴서 ⑧

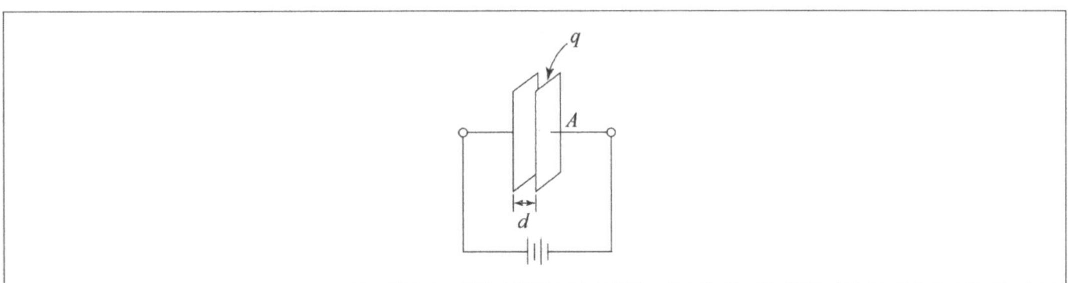

ⓔ 콘덴서의 충전전류 · 전압

- 충전전류 : $i = \dfrac{dq}{dt} = C\dfrac{dv}{dt}$

- 충전전압 : $v = \dfrac{1}{C}\displaystyle\int i\,dt$

ⓜ 직렬접속 합성 정전용량

$$C_0 = \cfrac{1}{\dfrac{1}{C_1} + \dfrac{1}{C_2} + ... + \dfrac{1}{C_n}}$$

ⓗ 병렬접속 합성 정전용량

$$C_0 = C_1 + C_2 + ... + C_n$$

(2) 능동 소자

① **개념**…수동 소자에 에너지를 공급할 수 있는 소자로 전원을 의미한다.

② **전압원**

ⓐ 이상적인 전압원의 내부저항은 0이고, 작을수록 바람직하다.

ⓑ 이상적인 전압원은 부하전류에 관계없이 단자전압이 일정하게 나타나지만, 실제로는 전압강하가 전원의 내부저항에 의해서 발생하여 부하전류의 증가에 따라 전압원의 단자전압이 감소한다.

ⓒ 전압원 : $v = V_0 - R_i i$

◎ 전압원의 회로와 특성 ◎

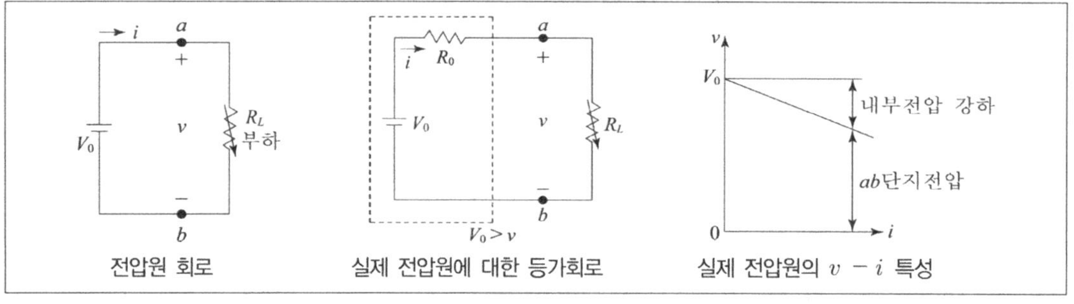

③ **전류원**

◎ 전류원의 회로 ◎

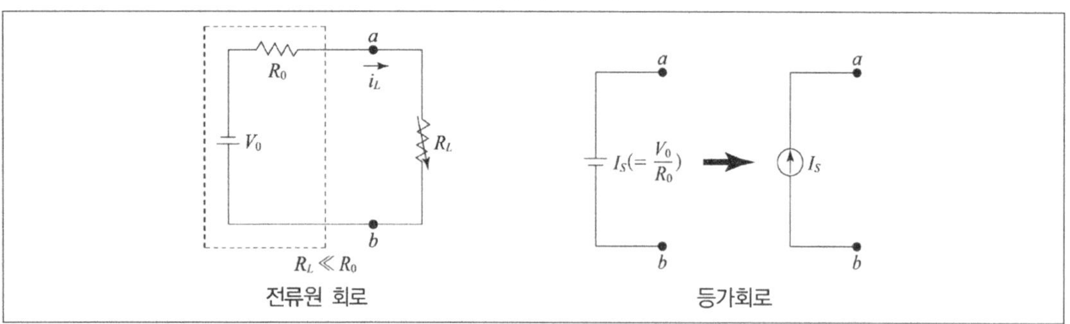

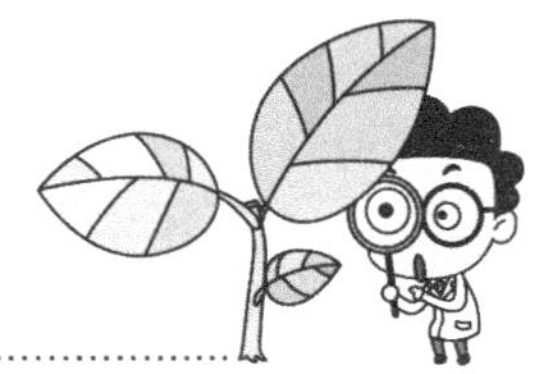

㉠ 이상적인 전류원은 내부저항이 ∞인 경우이고 클수록 바람직하다.

㉡ 이상적 전류원은 부하 임피던스에 관계없이 전류를 일정하게 부하에 공급해 주어야하지만, 실제적으로는 부하 임피던스에 따라서 약간 변동한다.

㉢ 이상적 전류원 : $i_L = \dfrac{V_0}{R_0 + R_L} \cong \dfrac{V_0}{R_0}$, $R_0 \gg R_L$

④ **종속전원**

㉠ 개념 : 전원 자체의 전압이나 전류가 회로 내에 다른 부분의 전압이나 전류에 따라 가변적인 전원을 말한다.

㉡ 종류 : 전압제어 전압원, 전류제어 전압원, 전압제어 전류원, 전류제어 전류원이 있다.

② 정현파 교류

(1) 직류와 교류

① **직류** … 크기와 방향이 시간의 변화에 영향을 받지 않고 일정하다.

② **교류**

㉠ 개념 : 크기와 방향이 시간의 변화에 따라 주기적으로 변화하는 것을 말한다.

㉡ 종류 : 정현파 교류, 왜형파 교류

◎ 직류와 교류 ◎

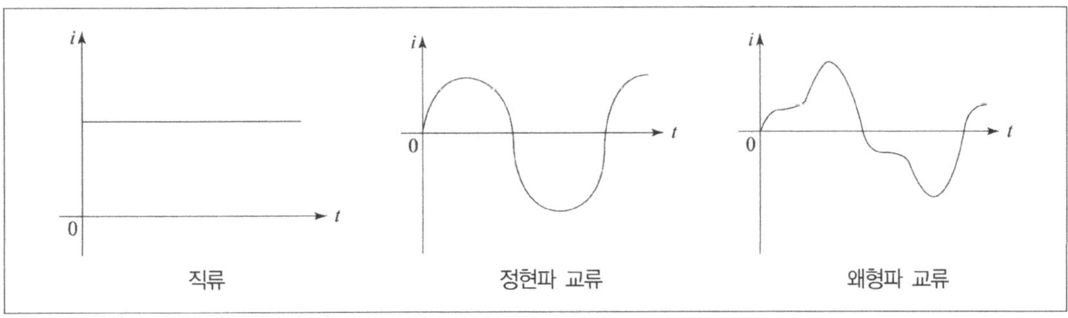

(2) 주파수와 주기

① **주파수**(f) … 1초 동안에 반복되는 파형이나 주파의 수를 말한다.

② **주기**(T) … 한 파형을 이행하는 데 걸리는 시간을 말한다.

$$T = \dfrac{1}{f} = \dfrac{2\pi}{\omega}$$

③ **정현파 교류** … $e = E_m \sin \omega t = E_m \sin 2\pi f t$

(3) 임피던스와 어드미턴스

① **임피던스** $\cdots Z = R + jX$

② **어드미턴스**

$$Y = G + jB$$

- R : 저항
- X : 리액턴스
- G : 컨덕턴스$(1/R)$
- B : 서셉턴스$(1/X)$

(4) 순시값과 최대값

① **순시전류** $\cdots i = I_m \sin(\omega t + \theta)$

② **각속도**(각주파수) $\cdots \omega = 2\pi f$

③ **위상** θ
   ㉠ $+$: 앞선다(진상).
   ㉡ $-$: 뒤진다(지상).

④ **주기** $\cdots T = \dfrac{1}{f} = \dfrac{2\pi}{\omega}\,[\text{sec}]$

⑤ **파장**(λ)

$$\lambda = \frac{2\pi}{\beta}\,[\text{m}] \quad (\beta : \text{위상정수})$$

⑥ **위상속도**(전파속도)

$$v = f \cdot \lambda = \frac{2\pi f}{\beta} = \frac{\omega}{\beta}\,[\text{m/sec}]$$

⑦ **위상차**(전압과 전류의 위상차이)
   $v = V_m \sin(\omega t + \theta_1)$이고, $i = I_m \sin(\omega t + \theta_2)$에서
   위상차 $\phi = \theta_1 - \theta_2$가 된다.

⑧ **위상 시간**
   $\omega t = \theta$에서 t에 대해 정리하면
   $t = \dfrac{\theta}{\omega}$가 된다.

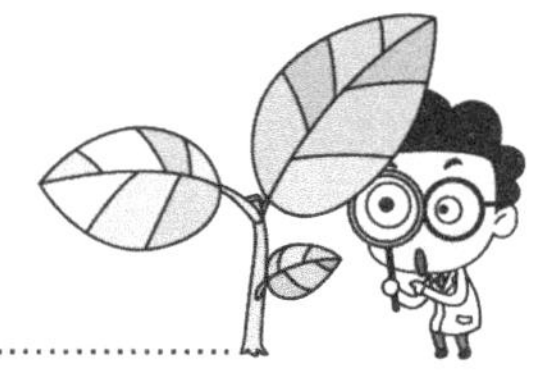

(5) 회전 벡터와 정지 벡터

① **회전 벡터** … 벡터를 직교좌표를 써서 0을 중심으로 정현파 교류를 표시한 것을 말한다.

② **정지 벡터** … 회전벡터 V_{m1}, V_{m2}, V_m을 $\omega t = 0$의 위치에 정지시켜 나타낸 것을 말한다.

(6) 정현파 교류의 합성

① $v_1 = V_{m1}\sin(\omega t + \theta_1)$이고, $v_2 = V_{m2}\sin(\omega t + \theta_2)$가 된다.

   v를 v_1과 v_2를 더해서 구하면

$$v = v_1 + v_2 = V_{m1}\sin(\omega t + \theta_1) + V_{m2}\sin(\omega t + \theta_2) = V_m\sin(\omega t + \phi)$$

② **크기** … $V_m = \sqrt{(V_{m1}\cos\theta_1 + V_{m2}\cos\theta_2)^2 + (V_{m1}\sin\theta_1 + V_{m2}\sin\theta_2)^2}$

$$= \sqrt{V_{m1}^2 + V_{m2}^2 + 2V_{m1}V_{m2}\cos\theta}$$

③ **상차각**

$$\phi = \tan^{-1}\frac{V_{m1}\sin\theta_1 + V_{m2}\sin\theta_2}{V_{m1}\cos\theta_1 + V_{m2}\cos\theta_2}$$

(7) 정현파의 평균값(직류값)과 실효값(교류값) 및 최대값

① 순시전압 $i(t) = I_m\sin\omega t\,[\text{A}]$일 때 평균치의 정의식은

$$I_a = \frac{1}{T}\int_0^T i(t)dt\,(\text{적분 면적구함})\text{가 되고,}$$

   정현파에 대한 평균치 정의반파에 대한 평균치는

$$I_a = \frac{2}{\pi}I_m \cong 0.637 I_m \text{이 된다.}$$

   실효치의 정의식은 $I = \sqrt{\dfrac{1}{T}\int_0^T i(t)^2 dt}$ (순시값 제곱의 평균의 제곱근)이다.

② **교류에서의 실효값** … 회로에서 발생하는 교류의 주기파의 열량이 이 실효값과 같은 크기의 직류가 그 회로에 가해졌을 때 발생하는 열량과 같도록 정해진 양을 말한다.

③ 저항 R에 전류 I가 흐를 때 전력 P_{dc}는 $P_{dc} = I^2 R$이고

   같은 저항 R에 교류 $i(t)$가 흐를 때 순시전력의 평균값은

$$P_a = \frac{1}{T}\int_0^T i^2(t)\cdot R dt \text{이고 } P_{dc} = P_a \text{라 하면}$$

$$I^2 R = \frac{1}{T}\int_0^T i^2(t)\cdot R\,dt \text{에서 } I\text{에 대해 정리하면 다음과 같다.}$$

$$I = \sqrt{\frac{1}{T}\int_0^T i^2(t)\,dt}$$

④ 정현파 $i = I_m \sin(\omega t + \theta)$의 실효값은

$$I = \sqrt{\frac{1}{T}\int_0^T i_m^2(t)\sin^2(\omega t + \theta)\,dt} = \frac{I_m}{\sqrt{2}}$$

(8) 파형과 실효치 · 평균치 계산

① 파고율과 파형률

　㉠ 전압과 전류의 형태를 알기 위한 것이다.

　㉡ 파고율 = 최대값/실효값

　㉢ 파형률 = 실효값/평균값

② 여러 파형의 실효치와 평균치의 계산

　㉠ 최대치는 A이고, 주기는 T이다.

　㉡ 정현파와 전파정류(다이오드 2개)

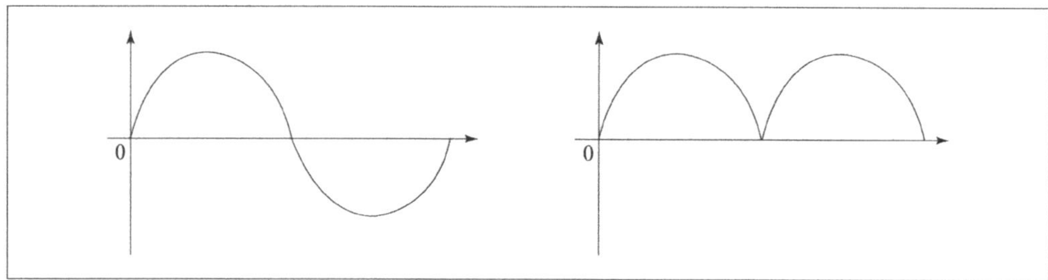

　• 실효치 : $\dfrac{A}{\sqrt{2}}$

　• 평균치 : $\dfrac{2}{\pi}A$

　㉢ 반파정류(다이오드 1개)

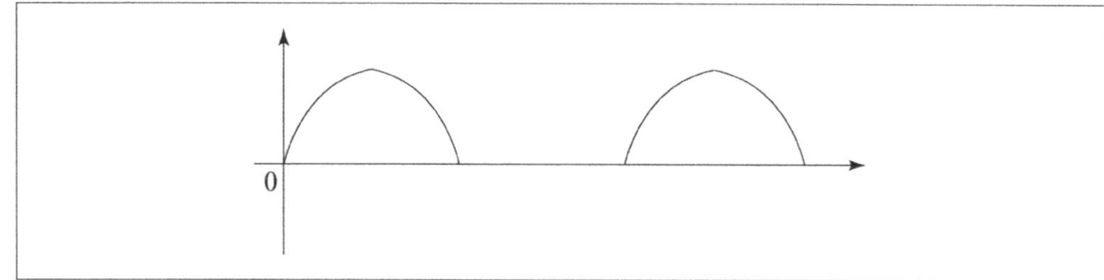

- 실효치 : $\dfrac{A}{2}$

- 평균치 : $\dfrac{A}{\pi}$

㉣ 삼각파(톱니파)

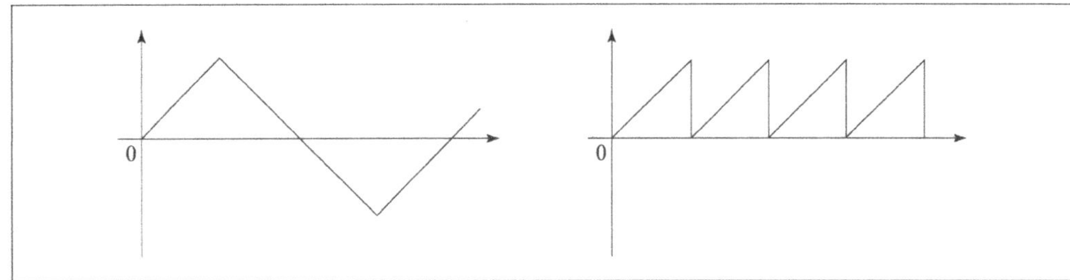

- 실효치 : $\dfrac{A}{\sqrt{3}}$

- 평균치 : $\dfrac{A}{2}$

㉤ 구형파

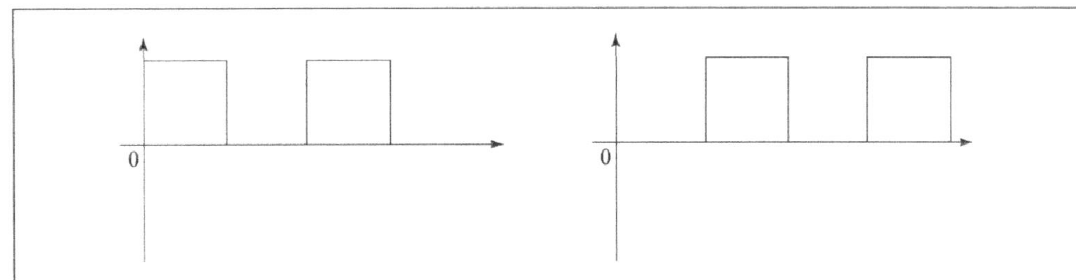

- 실효치 : $\dfrac{A}{\sqrt{2}}$

- 평균치 : $\dfrac{A}{2}$

㉥ 구형파(맥류)

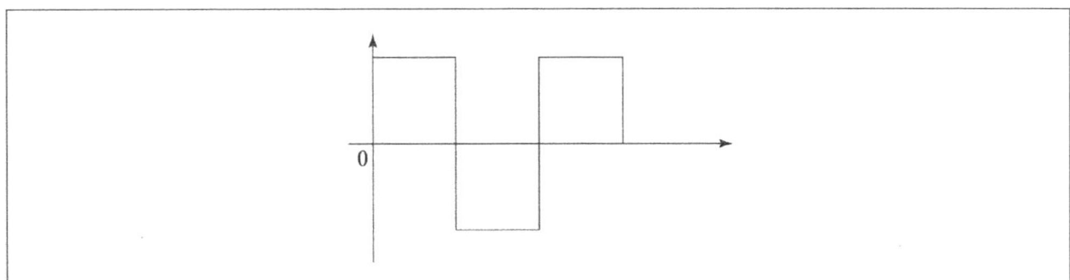

- 실효치와 평균치 : A
- 파고율과 파형률 : 1

③ 기본 교류회로

(1) 저항회로(R)

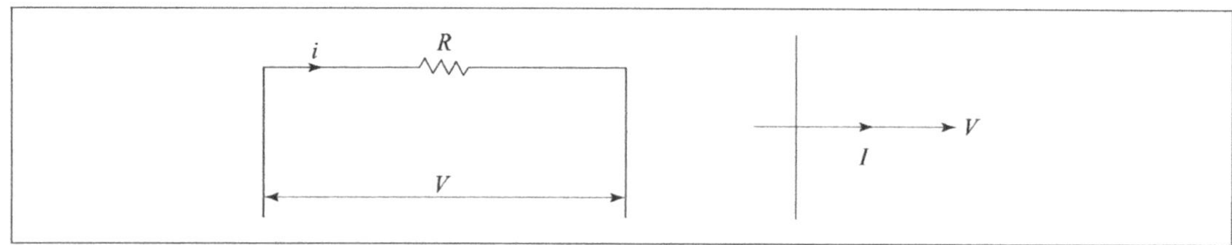

(2) 인덕턴스(L)와 커패시턴스(C)

① 인덕턴스

    ㉠ 회로에 흐르는 전류가 변해 전자기유도로 형성되는 역기전력의 비율을 나타낸다.

    ㉡ 자체 인덕턴스와 상호 인덕턴스로 분류된다.

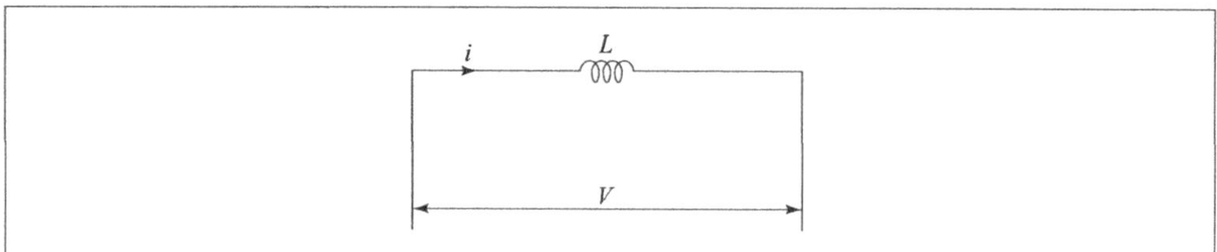

② 커패시턴스(C)

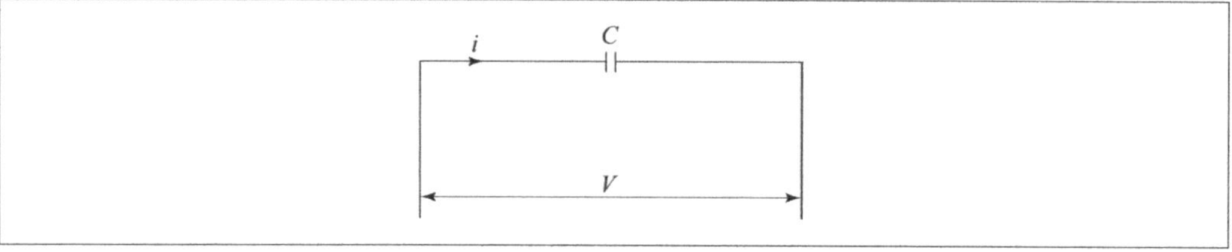

    ㉠ 전압과 전류

      • 전압 : $v = \dfrac{1}{C} \int i\,dt$

      • 전류 : $i = C\dfrac{dv}{dt}$

    ㉡ 소비전력 : $W_C = \dfrac{1}{2}CV^2 \, [\mathrm{J}]$

    ㉢ $X_C = \dfrac{1}{j\omega C} = -j\dfrac{1}{\omega C} \, [\Omega]$

ⓔ $V_C = X_C \cdot I = -J\dfrac{1}{\omega C} \cdot I$

ⓜ $Q = CV$에서 $V = \dfrac{Q}{C}$ 이므로 $Q = \displaystyle\int i\,dt\,[\text{C} = \text{A} \cdot \text{sec}]$이고, $i = \dfrac{dQ}{dt}\,[\text{C/sec} = \text{A}]$이다.

(3) R−L 직렬회로와 R−C 직렬회로

① R−L 직렬회로

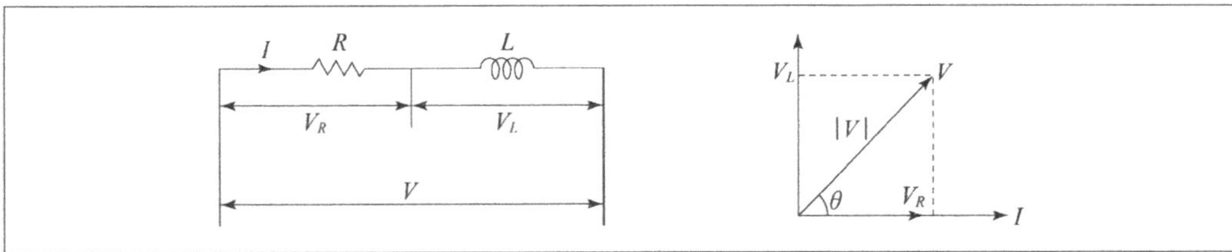

㉠ V는 벡터 합이 된다.

$V = V_R + V_L$이고, $|V| = \sqrt{V_R{}^2 + V_L{}^2}$ 인데

$V_R = R \cdot I,\ V_L = j\omega L \cdot I$를 이용해 V를 구하면,

$V = (R + j\omega L) \cdot I$

㉡ 전압 전류의 위상차 : I는 V보다 θ만큼 위상이 뒤진다.

$$\theta = \tan^{-1}\dfrac{V_L}{V_R} = \tan^{-1}\dfrac{\omega L \cdot I}{R \cdot I} = \tan^{-1}\dfrac{\omega L}{R}$$

㉢ 역률 : $\cos\theta = \dfrac{V_R}{|V|} = \dfrac{R \cdot I}{Z \cdot I} = \dfrac{R}{\sqrt{(R)^2 + (\omega L)^2}}$

② R−C 직렬회로

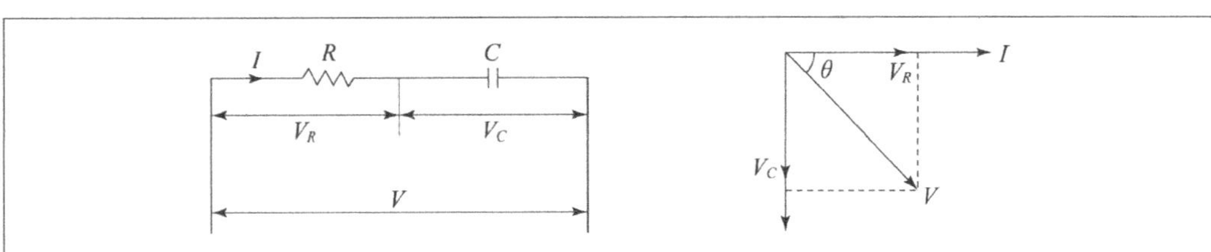

㉠ V는 벡터의 합이 된다.

$V = V_R + V_C$에서,

$V_R = R \cdot I,\ V_C = -j\dfrac{1}{\omega C} \cdot I$이므로, $V = \left(R - j\dfrac{1}{\omega C}\right) \cdot I$가 되고,

$Z = R - j\dfrac{1}{\omega C},\ |Z| = \sqrt{R^2 + \left(\dfrac{1}{\omega C}\right)^2}$ 이 된다.

    ⓛ 전압과 전류의 위상차 : I는 V보다 θ만큼 위상이 앞선다.

$$\theta = \tan^{-1}\frac{\dfrac{1}{\omega C}}{R} = \tan^{-1}\frac{1}{\omega CR}$$

③ **여러가지 복소수일 때의 역률**($\cos\theta$)

    ㉠ $Z = R + jX$에서

$$\cos\theta = \frac{R}{\sqrt{(R)^2 + (\omega L)^2}} = \frac{R}{Z}$$

    ㉡ $Y = G + jB$에서

$$\cos\theta = \frac{G}{\sqrt{(G)^2 + (\omega B)^2}} = \frac{G}{Y}$$

    ㉢ $Y = \dfrac{1}{R} + j\dfrac{1}{X}$에서

$$\cos\theta = \frac{\dfrac{1}{R}}{\sqrt{(\dfrac{1}{R})^2 + (\dfrac{1}{X})^2}}$$

    ㉣ $P_a = P + jP_r$에서

$$\cos\theta = \frac{P}{\sqrt{(P)^2 + (P_r)^2}}$$

(4) R－L－C 직렬회로

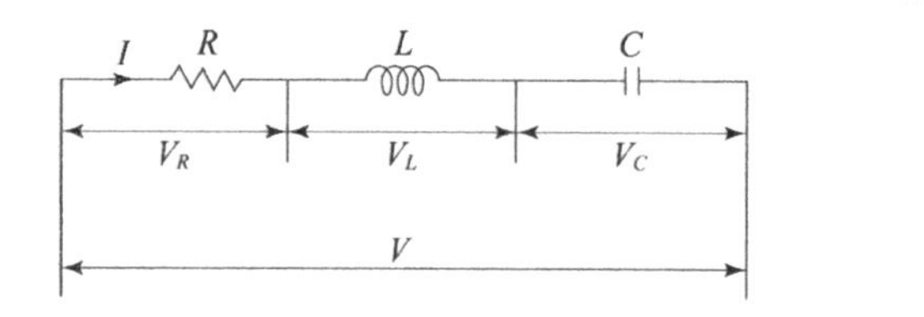

① $V = V_R + V_L + V_C$가 된다.

  $V_R = R \cdot I$이고, $V_L = j\omega L \cdot I$이며, $V_C = -j\dfrac{1}{\omega C} \cdot I$이다.

② $|V| = \sqrt{V_R{}^2 + (V_L - V_C)^2}$ 이 된다.

  $Z = R + j(\omega L - \dfrac{1}{\omega C})$이고, $|Z| = \sqrt{R^2 + (\omega L - \dfrac{1}{\omega C})^2}$ 이므로,

$$\theta = \tan^{-1}\frac{(\omega L - \dfrac{1}{\omega C})}{R}$$ 이다.

③ 전압 · 전류의 관계

㉠ $\omega L - \dfrac{1}{\omega C} > 0$: 유도성 리액턴스로 전압은 앞서고 전류는 뒤진다.

㉡ $\omega L - \dfrac{1}{\omega C} < 0$: 용량성 리액턴스로 전압은 뒤지고 전류는 앞선다.

㉢ $\omega L - \dfrac{1}{\omega C} = 0$: 공진 상태(저항 R만 남는 상태)이고, 전류와 전압은 동위상이다.

(5) R–L–C 직렬공진

① **공진현상** ··· 어느 부분의 전압 또는 전류가 특정 주파수 부근에서 급격히 크게 변하는 현상을 말한다.

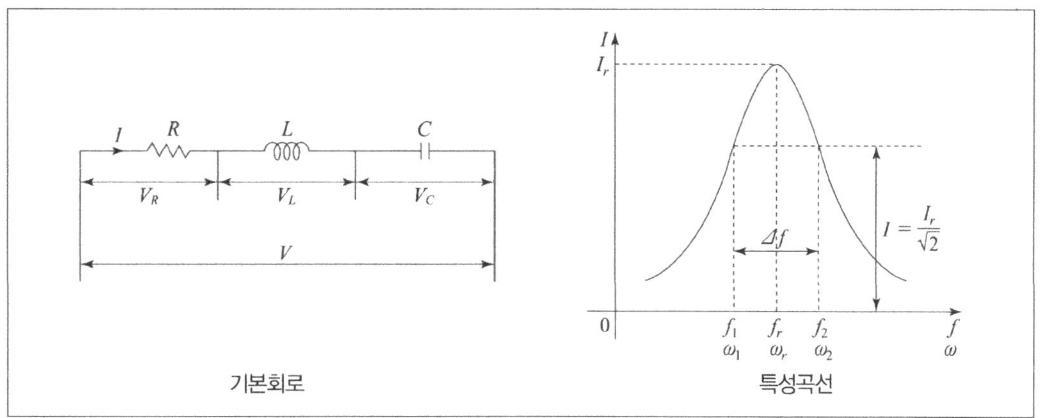

② **공진 조건** ··· $V = Z \cdot I = \left\{ R + j\left(\omega L - \dfrac{1}{\omega C}\right) \right\} \cdot I$, $Z = R + j\left(\omega L - \dfrac{1}{\omega C}\right)$에서

공진 상태이면 $\omega L - \dfrac{1}{\omega C} = 0$이므로, $\omega L = \dfrac{1}{\omega C}(V_L = V_C)$이나.

$\omega^2 LC = 1$에서 $\omega^2 = \dfrac{1}{LC}$이 된다.

㉠ 공진 각주파수 : $\omega_0 = \dfrac{1}{\sqrt{LC}}$

㉡ 공진 주파수 : $f_0 = \dfrac{1}{2\pi \sqrt{LC}}$

㉢ 공진시 임피던스(Z_0)와 전류

- $Z_0 = R$(최소)
- 전압, 전류는 동위상이 된다.
- $\cos \theta = 1$
- $I_0 = \dfrac{V}{Z_0} = \dfrac{V}{R}$(전류 최대)

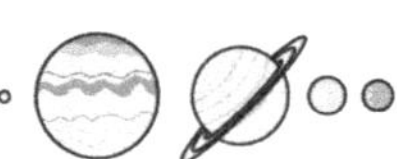

③ R-L 직렬, C 병렬공진

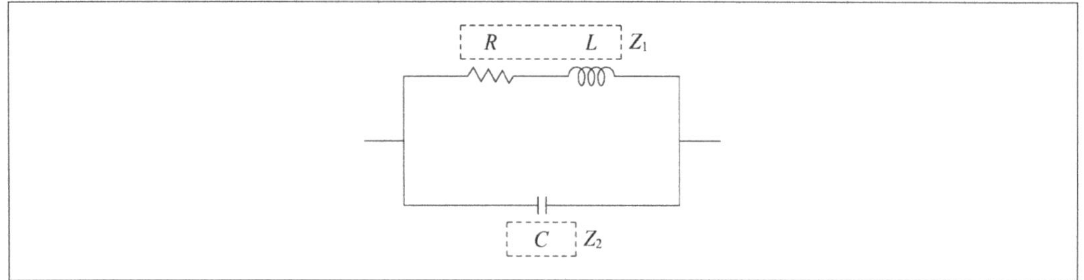

㉠ 공진현상

$$Z_1 = R + j\omega L \text{에서 } Y_1 = \frac{1}{R + j\omega L} \text{ 이 되고,}$$

$$Z_2 = \frac{1}{j\omega C} = -j\frac{1}{\omega C} \text{에서 } Y_2 = j\omega C \text{가 되므로}$$

$$\therefore Y = Y_1 + Y_2 = \frac{1}{R + j\omega L} + j\omega C = \frac{R - j\omega L}{R^2 + (\omega L)^2} + j\omega C$$

$$= \frac{R}{R^2 + (\omega L)^2} = j\left\{\omega C - \frac{\omega L}{R^2 + (\omega L)^2}\right\}$$

㉡ 공진 조건

$$\omega C = \frac{\omega L}{R^2 + (\omega L)^2} \text{ 일 때 공진이 일어나므로}$$

$$\therefore C = \frac{L}{R^2 + (\omega L)^2}[\text{F}]$$

$$X_C = \frac{1}{\omega C} = \frac{R^2 + (\omega L)^2}{\omega L}[\Omega]$$

$$R^2 + (\omega L)^2 = \frac{L}{C} \text{에서 } \omega L = \sqrt{\frac{L}{C} - R^2}$$

$$\omega_0 = \sqrt{\frac{1}{LC} - \left(\frac{R}{L}\right)^2}$$

㉢ 공진 각주파수 : $\omega_0 = \frac{1}{\sqrt{LC}}\sqrt{1 - \frac{R^2 C}{L}}$

㉣ 공진 주파수 : $f_0 = \frac{1}{2\pi\sqrt{LC}}\sqrt{1 - \frac{R^2 C}{L}}$

㉤ 공진시 어드미턴스

$$Y_0 = \frac{R}{R^2 + (\omega L)^2} = \frac{R}{L/C} = \frac{CR}{L}$$

01 출제예상문제

1 테브난 정리를 이용하여 다음 회로를 단순화할 때, 테브난 전압(V_{TH}) [V]과 테브난 저항(R_{TH}) 값 [KΩ]은?

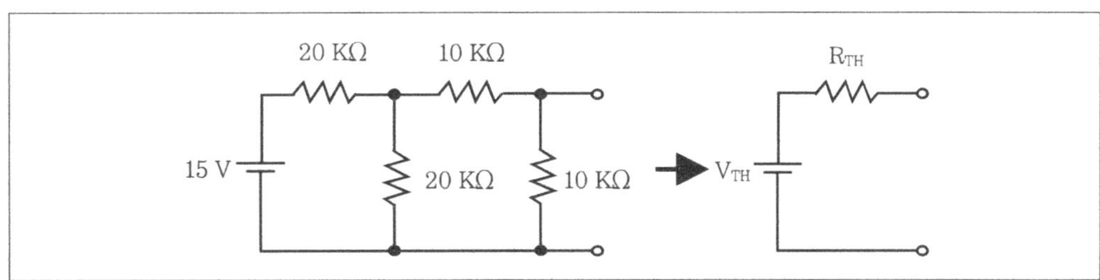

V_{TH}	R_{TH}
① 2.5	$\dfrac{20}{3}$
② 2.5	10
③ 5	$\dfrac{20}{3}$
④ 5	10

note

$$V_{TH} = V_{10K\Omega} = 15 \times \cfrac{10}{20 + \left\{ \cfrac{20 \times (10+10)}{20 + (10+10)} \right\}} \times \frac{10}{10+10} = 15 \times \frac{10}{30} \times \frac{10}{20} = 2.5[V]$$

$$R_{TH} = \cfrac{\left(\cfrac{20 \times 20}{20 + 20} + 10 \right) \times 10}{\left(\cfrac{20 \times 20}{20 + 20} + 10 \right) + 10} = \frac{20}{3}$$

Answer 1.①

2 면적이 A인 평행한 두 금속판 사이의 거리가 d인 커패시터의 정전용량을 2배로 증가시키기 위한 방법으로 적절한 것은?

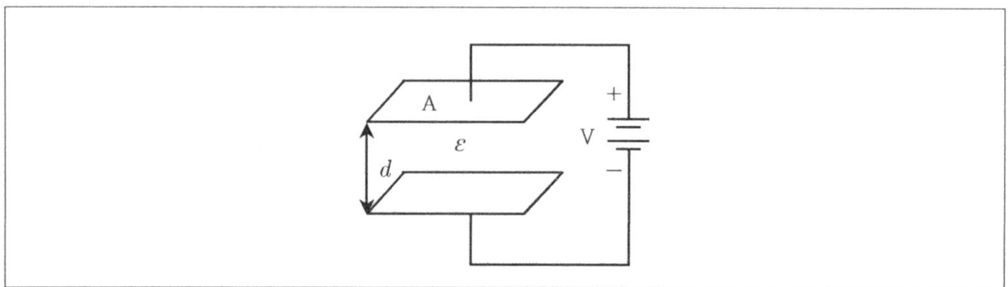

① 두 금속판 사이의 거리(d)를 2배로 늘려준다.

② 두 금속판의 면적(A)을 2배로 늘려준다.

③ 두 금속판 사이에 유전율(ε)이 1/2인 물질로 채운다.

④ 두 금속판의 면적과 두 판 사이의 거리를 동시에 2배로 늘려준다.

> ✰**note** 커패시터의 정전용량을 증가시키기 위한 방법으로는 서로 마주보는 면적이 넓도록 한다. 즉, 면적에 비례하므로 용량을 2배로 증가시키기 위해서는 면적을 2배로 늘려준다.

3 다음 그림의 A 회로를 테브난(thevenin) 정리를 이용하여 B 회로와 같이 나타내고자 할 때, V_{ab}와 R_{ab}는 각각 얼마인가?

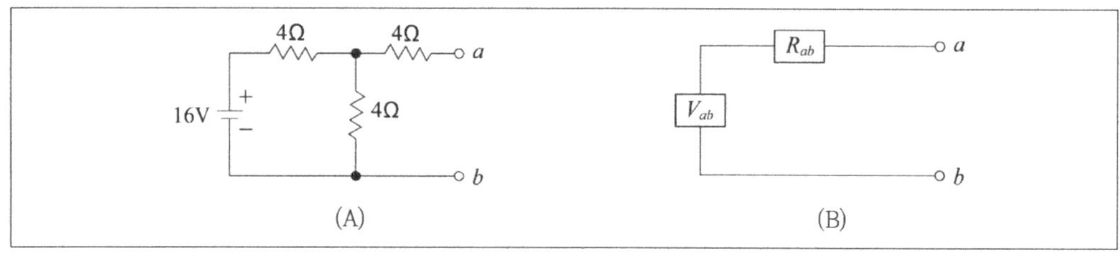

① 4V, 6Ω

② 4V, 8Ω

③ 8V, 6Ω

④ 8V, 8Ω

> ✰**note** $V_{ab} = 16 \times \dfrac{4}{4+4} = 8\text{V}, \quad R_{ab} = \dfrac{4 \times 4}{4+4} + 4 = 6\,\Omega$

4 110V, 50W 2개의 전구가 직렬로 접속 되어 있다. 110V의 전압이 인가되었을 때 전류는 0.6A 이다. 한 개의 전구는 얼마만큼의 전력을 소비하는가?

① 10W   ② 25W

③ 33W   ④ 52W

⑤ 66W

> ✿note $P_{TOT} = VI = 110\,V \times 0.6\,A = 66\,W$
>
> 2개의 전구 이므로 각각 전구의 소비전력 $= \dfrac{66}{2} = 33\,W$

5 다음 방정식에서 직렬 저항연결로 옳지 않은 것은?

① $R_n = \dfrac{1}{\dfrac{1}{R_1} + \dfrac{1}{R_2} + \dfrac{1}{R_3} + \cdots + \dfrac{1}{R_n}}$

② $R_n = R_1 - R_2 - R_3 - \cdots - R_n$

③ $R_n = R_1 + R_2 + R_3 + \cdots + R_n$

④ $R = \rho\dfrac{L}{A} = \rho\dfrac{L}{\pi r^2} = \rho\dfrac{4L}{\pi d^2}$

> ✿note $R_n = R_1 + R_2 + R_3 + \cdots + R_n$ 이 된다(저항은 감소시킬 수 없다).

6 다음 RLC 직렬회로에서 L과 C의 위상관계의 연결로 옳지 않은 것은?

① $\omega L > \dfrac{1}{\omega C}$ 일 때 용량성 회로에서는 전압이 전류보다 θ만큼 느리다.

② $\omega L > \dfrac{1}{\omega C}$ 일 때 유도성 회로에서는 전압이 전류보다 θ만큼 빠르다.

③ $\omega L > \dfrac{1}{\omega C}$ 일 때 공진회로에서는 전압과 전류의 위상이 같다.

④ $\omega L > \dfrac{1}{\omega C}$ 일 때 유도성 회로에서는 전압이 전류보다 θ만큼 느리다.

> ✿note ④ $\omega L > \dfrac{1}{\omega C}$ 일 때 유도성 회로는 전압이 전류보다 θ만큼 빠르다.

🌱Answer   4.③ 5.② 6.④

7 다음 중 아래에서 설명하는 원리로 옳은 것은?

> 회로망 내에 전압원과 전류원이 여러 개 존재하는 경우에 한 회로에 흐르는 전류는 이들의 전압원이나 전류원이 각각 단독으로 존재하는 경우의 전류의 분포를 겹친 것과 같다. 이때 제거하는 전압원은 단락하고, 전류원은 개방한다.

① 테브난의 법칙
② 중첩의 원리
③ 옴의 법칙
④ 밀만의 정리

> ✦**note** 중첩의 원리 … 2개 이상의 선형 회로망에서 회로의 임의의 점의 전류 · 전압은 각각의 전원에 대하여 합할 수 있다.

8 다음 중 밀만의 정리를 표현한 것으로 옳은 것은?

① $E_n = \dfrac{Y_1 - Y_2 + Y_3}{Y_1 E_1 - Y_2 E_2 + Y_3 E_3}$

② $E_n = \dfrac{Y_1 + Y_2 - Y_3}{Y_1 E_1 + Y_2 E_2 - Y_3 E_3}$

③ $E_n = \dfrac{Y_1 - Y_2 - Y_3}{Y_1 E_1 + Y_2 E_2 + Y_3 E_3}$

④ $E_n = \dfrac{Y_1 + Y_2 + Y_3}{Y_1 E_1 + Y_2 E_2 + Y_3 E_3}$

> ✦**note** 밀만의 정리 … $E_n = \dfrac{Y_1 + Y_2 + Y_3}{Y_1 E_1 + Y_2 E_2 + Y_3 E_3}$

9 다음 중 키르히호프 제1법칙으로 옳은 것은?

① 임의의 접합점에 유입이나 유출되는 전류의 총합이 0이다.
② 임의의 접합점에 유입이나 유출되는 기전력의 총합이 0이다.
③ 임의의 접합점에 유입이나 유출되는 저항의 총합이 0이다.
④ 임의의 접합점에 유입이나 유출되는 전압의 총합이 0이다.

> ✦**note** 키르히호프 제1법칙
> ㉠ 전류의 유입/유출에 관한 내용이다.
> ㉡ 전류가 '임의의 접합점에서 유입되거나 유출되는 총합이 0이다'라는 내용이다.

10 다음 중 아래 지문에서 설명하는 원리로 옳은 것은?

> 임의의 회로망에서 j 지로의 기전력 E_j가 존재할 때 k 지로에 I_k 전류가 흐르고, k 지로에 E_k가 존재할 때 j 지로에 I_j의 전류가 흐를 경우 성립하는 관계식은 $E_j I_j = E_k I_k$ 가 된다.

① 가역정리
② 밀만의 정리
③ 옴의 법칙
④ 키르히호프 법칙

✿**note** 기전력(E)과 관련된 원리는 가역정리이다.

11 다음 중 옴의 법칙에 준하는 전류, 전압, 저항의 관계식으로 옳은 것은?

① $R = \dfrac{E}{I}$
② $I = \dfrac{V}{R}$

③ $I = \dfrac{R}{V}$
④ $E = \dfrac{V}{R}$

✿**note** 옴의 법칙 … 도체에 흐르는 전류의 크기 I는 도체 양단에 가한 전압 V가 일정할 때 전기저항 R에 반비례한다는 이론이다.

12 다음 회로의 합성 용량으로 옳은 것은?

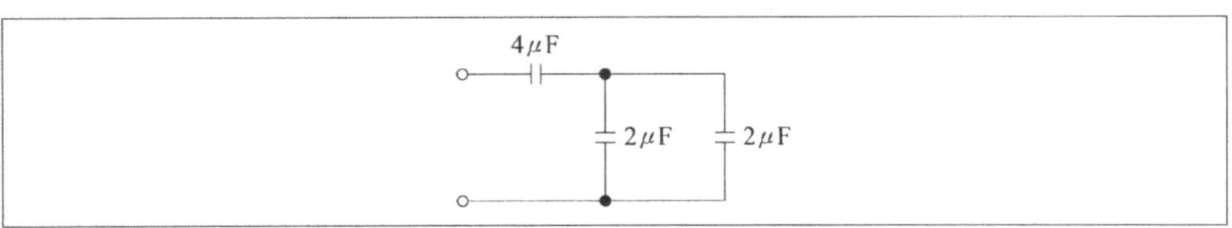

① $2\mu\mathrm{F}$
② $4\mu\mathrm{F}$
③ $6\mu\mathrm{F}$
④ $8\mu\mathrm{F}$
⑤ $10\mu\mathrm{F}$

✿**note** $C = \dfrac{4 \times (2+2)}{4+(2+2)} = 2\mu\mathrm{F}$

♥**Answer** 10.① 11.② 12.①

13 다음 회로 소자 중 저항기에 대한 설명으로 옳은 것은?

① 단위 시간에 전송되는 에너지를 말한다.

② 도선에 전류가 흐르면 주위에 자장이 형성되고, 이때의 자장 모양이다.

③ 회로 내에서 열로 소모되는 전기적인 에너지를 말한다.

④ 전류의 흐름을 방해하는 힘을 말한다.

⑤ 단자전압이 단자전류에 반비례하는 소자이다.

✿▮note   저항기 … 단자전압이 단자전류에 비례하는 소자이다.

14 다음 중 Norton의 정리(전류원 등가)로 옳은 것은?

① $I = \dfrac{Y_L}{Y_g + Y_L} I_S$ ② $I = \dfrac{V}{Z_g + Z_L}$

③ $E_n = \dfrac{Y_1 + Y_2 + Y_3}{Y_1 E_1 + Y_2 E_2 + Y_3 E_3}$ ④ $I = \dfrac{V}{R}$

✿▮note   ② 테브난의 정리 ③ 밀만의 정리 ④ 옴의 법칙

15 다음 중 테브난의 정리를 써서 그림의 회로를 등가회로로 만들고자 할 때 E와 R의 크기로 옳은 것은?

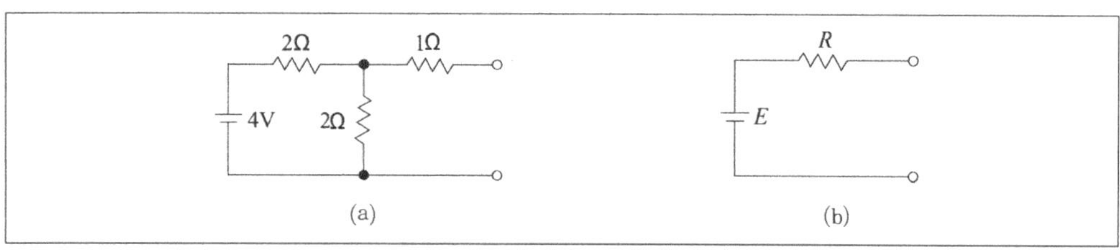

① 3V, 1.2Ω   ② 2V, 2Ω
③ 5V, 2Ω   ④ 5V, 5Ω
⑤ 4V, 6Ω

✿▮note   3Ω에 걸리는 전압 E는 $E = 4 \times \dfrac{2}{2+2} = 2V$

전압원을 단락했을 때 합성저항 R을 구하면 $R = 1 + \dfrac{2 \times 2}{2+2} = 1 + 1 = 2\Omega$

❣Answer   13.② 14.① 15.②

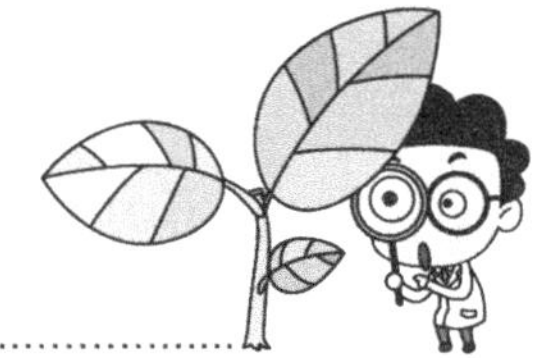

16 임피던스 $Z = 1 - j\,[\Omega]$의 회로에 $1 - j\,[\text{V}]$의 전압을 가할 때 흐르는 전류는?

① 0.5A

② 1A

③ 1.5A

④ 2A

> **note** $I = \dfrac{V}{Z} = \dfrac{1-j}{1-j} = 1\,\text{A}$

17 다음 중 폐로 해석법의 설명으로 옳은 것은?

① 지로 전류를 미지수로 하여 각 절점에 대하여 세운 키르히호프의 전류 방정식과 각 폐로에 대하여 새로운 키르히호프의 전압 방정식을 연립시켜서 푼다.

② 독립된 폐로 전류를 가정하고, 폐로를 시계방향으로 일주하면서 세운 키르히호프의 전압 방정식을 연립시켜 해를 구한다.

③ 독립된 폐로 내에 점을 1개씩 찍은 후, 회로망 밖의 점을 1개 찍어서 구한다.

④ 절점 전압을 미지수로 하여, 각 절점에서 키르히호프의 전류 방정식을 세워서 해를 구한다.

> **note** 폐로 해석법 ··· 독립된 폐로를 시계방향으로 돌면서 키르히호프 법칙을 이용해 해를 구하는 방법이다.

18 다음 회로의 코일에 걸리는 전압은 얼마인가?

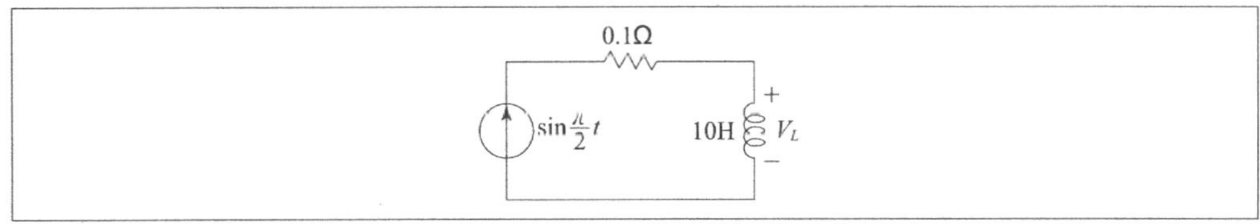

① $5\pi\cos\dfrac{\pi}{2}t\,[\text{V}]$

② $10\pi\cos\dfrac{\pi}{2}t\,[\text{V}]$

③ $15\pi\cos\dfrac{\pi}{2}t\,[\text{V}]$

④ $20\pi\cos\dfrac{\pi}{2}t\,[\text{V}]$

> **note** $V_L = L\dfrac{di}{dt} = 10 \times \dfrac{d}{dt}\left(\sin\dfrac{\pi}{2}t\right) = 10 \times \dfrac{\pi}{2}\cos\dfrac{\pi}{2}t = 5\pi\cos\dfrac{\pi}{2}t\,[\text{V}]$

19 다음 중 정현파 교류의 실효값에 몇 배를 하면 평균값이 되는가?

① $\dfrac{\pi}{2\sqrt{2}}$

② $\dfrac{\sqrt{2}\,\pi}{2}$

③ $\dfrac{\sqrt{3}}{\pi}$

④ $\dfrac{2\sqrt{2}}{\pi}$

⑤ $\dfrac{\sqrt{3}}{2\pi}$

> ✿note 정현파 교류의 평균값 $= \dfrac{2V_m}{\pi}$, 실효값 $= \dfrac{V_m}{\sqrt{2}}$ 이므로 평균값은 실효값의 $\dfrac{\pi}{2\sqrt{2}}$ 배가 된다.

20 정전용량 $4\,\mu F$인 커패시터 2개를 병렬로 연결한 경우 등가 정전용량은?

① $1\,\mu F$

② $2\,\mu F$

③ $4\,\mu F$

④ $8\,\mu F$

> ✿note 커패시터 병렬연결 시 등가 정전용량은
> $C_T = C_1 + C_2 = 4\mu + 4\mu = 8\,\mu F$ 이므로 $8\,\mu F$

21 다음 그림의 폐회로에 흐르는 전류는 몇 A인가?

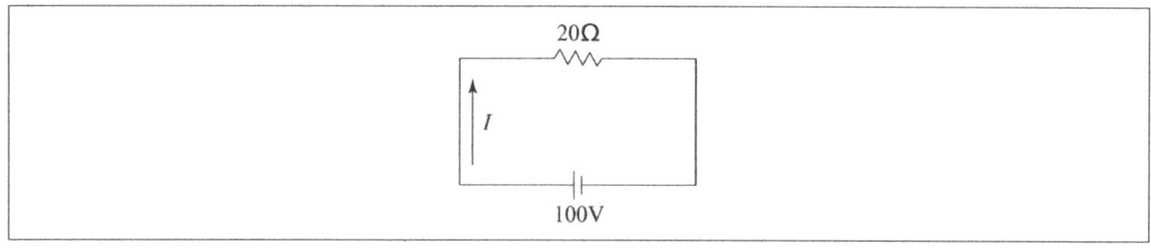

① 5A

② 10A

③ 15A

④ 20A

⑤ 24A

> ✿note 옴의 법칙에서 $I = \dfrac{V}{R} = \dfrac{100}{20} = 5\,\text{A}$

🌱 **Answer**   19.① 20.④ 21.①

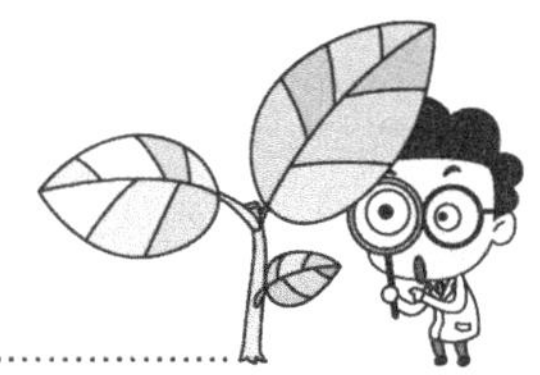

22 RL 직렬회로에서 10V의 교류전압을 인가했을 경우 저항에 걸리는 전압이 8V이라면 코일에 유기되는 전압으로 옳은 것은?

① 2V

② 3V

③ 6V

④ 9V

⑤ 10V

> ✿note RL 직렬회로에서 $V = V_R + jV_L$이므로 V_L에 대해 정리하면
> $$V_L = \sqrt{V^2 - V_R^2} = \sqrt{10^2 - 8^2} = 6\,\mathrm{V}$$

23 어떤 회로에서 $R = 4\,\Omega$, $X_L = 3\,\Omega$으로 직렬로 연결되어 있을 때 $5\,\mathrm{V}$의 전압을 인가했다면 소비되는 전력은?

① 2W

② 4W

③ 6W

④ 8W

⑤ 10W

> ✿note $Z = R + jX_L$에서 $|Z| = \sqrt{R^2 + X_L{}^2} = \sqrt{4^2 + 3^2} = 5$가 되고,
> $$I = \frac{V}{Z} = \frac{5}{5} = 1\,\mathrm{A}$$이므로 $P = I^2 \cdot R = 1^2 \cdot 4 = 4\,\mathrm{W}$

24 다음 중 전압 100V이고 전류 10A로서 500W의 전력을 소비하는 회로의 리액턴스로 옳은 것은?

① $8.67\,\Omega$

② $10.2\,\Omega$

③ $20\,\Omega$

④ $23.54\,\Omega$

⑤ $32.44\,\Omega$

> ✿note $P = VI\cos\theta$에서 $\cos\theta$에 대해 정리하면 $\cos\theta = \dfrac{P}{VI} = \dfrac{500}{100 \times 10} = 0.5$이므로 $\theta = 60°$
> $$X = |Z|\sin\theta = \frac{100}{10}\sin 60 \fallingdotseq 8.67\,\Omega$$

✿ Answer   22.③ 23.② 24.①

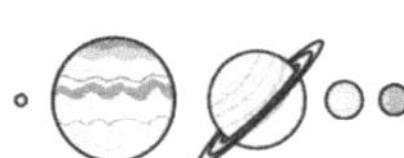

25 저항과 커패시터가 직렬로 연결된 회로의 시상수는?

① $\dfrac{1}{RC}$

② RC

③ $\dfrac{L}{R}$

④ $\dfrac{R}{L}$

✿ note   시상수는 최종치의 63.2%에 도달하는 시간으로 RC회로에서는 $T=RC$이다.

26 I1=1+j2, I2=2+j2[A]일 때의 합성전류는?

① 5[A]

② 4[A]

③ 3[A]

④ 2[A]

⑤ 1[A]

✿ note   I=I1+I2 = (1+j2)+(2+j2) = 3+j4

$$|\mathrm{I}| = \sqrt{3^2 + 4^2} = 5[\mathrm{A}]$$

02 단자망 회로와 교류회로

1 2단자망과 4단자망

① 2단자망

(1) 임피던스의 형태

① **임피던스 함수** ⋯ 임피던스를 구할 때 $j\omega = s$ 로 치환해서 계산한다.

② **영점** ⋯ $Z(S) = 0$ 이 되는 S의 근을 말한다.

③ **극점** ⋯ $Z(S) = \infty$ 가 되는 S의 근을 말한다.

(2) 정저항 회로

$$R^2 = Z_1 Z_2 = \frac{L}{C} \text{이 된다.}$$

(3) 역회로

주파수와 무관한 정수 $R^2 = Z_1 Z_2 = \frac{L}{C}$ 이 된다.

② 4단자망

(1) 임피던스 행렬

① Z 파라미터

$$\begin{bmatrix} V_1 \\ V_2 \end{bmatrix} = \begin{bmatrix} Z_{11} & Z_{12} \\ Z_{21} & Z_{22} \end{bmatrix} \begin{bmatrix} I_1 \\ I_2 \end{bmatrix}$$

② 쉽게 구하는 요령

ㄱ Z_{11} : I_1만이 흐른 경우 회로에 존재하는 임피던스의 합으로 구한다.

ㄴ Z_{22} : I_2만이 흐른 경우 회로에 존재하는 임피던스의 합으로 구한다.

ㄷ $Z_{12} = Z_{21}$: I_1, I_2가 동시에 흐른 경우의 존재하는 임피던스의 합으로 구한다.

(2) 어드미턴스 행렬

① Y 파라미터

$$\begin{bmatrix} I_1 \\ I_2 \end{bmatrix} = \begin{bmatrix} Y_{11} & Y_{12} \\ Y_{21} & Y_{22} \end{bmatrix} \begin{bmatrix} V_1 \\ V_2 \end{bmatrix}$$

② 쉽게 구하는 요령

ㄱ Y_{11} : V_1만이 있는 경우 존재하는 어드미턴스의 합으로 구한다.

ㄴ Y_{22} : V_2만이 있는 경우 존재하는 어드미턴스의 합으로 구한다.

ㄷ $Y_{12} = Y_{21}$: V_1, V_2가 동시에 있는 경우 존재하는 어드미턴스의 합으로 구한다.

(3) 4단자 정수(F 행렬)

① 전송 파라미터

$$\begin{bmatrix} V_1 \\ I_1 \end{bmatrix} = \begin{bmatrix} A & B \\ C & D \end{bmatrix} \begin{bmatrix} V_2 \\ I_2 \end{bmatrix}$$

② $A = \dfrac{V_1}{V_2}\bigg|_{I_2 = 0}$ ··· 전압비

③ $B = \dfrac{V_1}{I_2}\bigg|_{V_2 = 0}$ ··· 임피던스 차원[Ω]

④ $C = \dfrac{I_1}{V_2}\bigg|_{I_2 = 0}$ ··· 어드미턴스 차원[℧]

⑤ $D = \dfrac{I_1}{I_2}\bigg|_{V_2 = 0}$ ··· 전류비

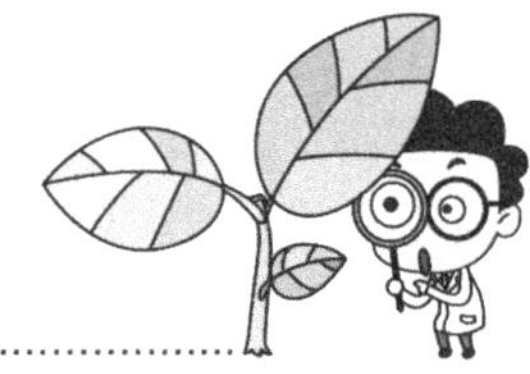

(4) 영상 파라미터

① **1차 영상 임피던스** … $Z_{01} = \sqrt{\dfrac{AB}{CD}}$

② **2차 영상 임피던스** … $Z_{02} = \sqrt{\dfrac{BD}{AC}}$

③ 전달정수 $\theta = \ln\left(\sqrt{AC} + \sqrt{BC}\right)$

④ 좌우 대칭인 경우의 영상 임피던스는 $A = D$이므로

$Z_{01} = Z_{02} = Z_0 = \sqrt{\dfrac{L}{C}}$ 이 된다.

⑤ 1차 영상 임피던스와 2차 영상 임피던스와의 관계는 아래와 같다.

㉠ $\dfrac{Z_{01}}{Z_{02}} = \dfrac{\sqrt{\dfrac{AB}{CD}}}{\sqrt{\dfrac{BD}{AC}}} = \sqrt{\dfrac{A^2}{D^2}} = \dfrac{A}{D}$ 에서 $Z_{01} = \dfrac{A}{D}Z_{02}$가 된다.

㉡ $Z_{01} \cdot Z_{02} = \sqrt{\dfrac{AB}{CD}} \cdot \sqrt{\dfrac{BD}{AC}} = \sqrt{\dfrac{B^2}{C^2}} = \dfrac{B}{C}$ 에서 $Z_{01} = \dfrac{B}{C} \cdot \dfrac{1}{Z_{02}}$ 이 된다.

2 교류회로

① 교류전력

(1) 순시전력과 유효 · 무효 전력

① **순시전력**

$p = v \cdot i$ (순시전압과 순시전류의 곱)

② **유효**(소비 = 평균)**전력**

$P = I^2 \cdot R = \dfrac{V^2}{R} = VI\cos\theta\,[\text{W}]$ (직류 R만 존재)

③ 무효전력

$$P_r = I^2 X = \frac{V^2}{X} = VI\sin\theta\,[\text{Var}] \ (X\text{만 존재})$$

(2) 피상전력과 역률 및 복소전력

① 피상전력

$$P_a = I^2 Z = I^2(R + jX) = P + jP_r = VI\,[\text{VA}]$$

② 역률 계산

  ㉠ 직렬 : 임피던스 Z를 구해서 $\cos\theta$를 구한다.

  ㉡ 병렬 : 임피던스 Y를 구해서 $\cos\theta$를 구한다.

$$\cos\theta = \frac{P}{VI} = \frac{P}{P_a} = \frac{P}{\sqrt{P^2 + P_r^{\,2}}}$$

③ 복소전력 … 한쪽을 공액 복소를 취해 곱한다.

$$P_a = \overline{V} \cdot I$$

(3) 3전압계법과 3전류계법

① 3전압계법 … 전압계 3개로 전력을 측정하는 방법을 말한다.

◎ 3전압계법의 측정회로 ◎

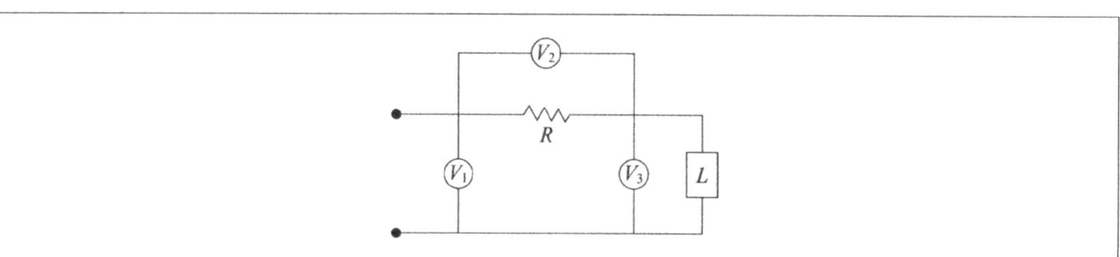

$P = \dfrac{V^2}{R}$ 을 이용해서 구하면

$$P = \frac{1}{2R}(V_1^{\,2} - V_2^{\,2} - V_3^{\,2})$$

$$\cos\theta = \frac{V_1^{\,2} - V_2^{\,2} - V_3^{\,2}}{2V_2 V_3}$$

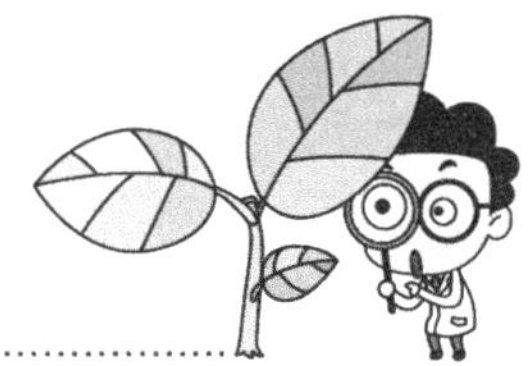

② **3전류계법** ⋯ 전류계 3개로 전력을 측정하는 방법을 말한다.

◎ 3전류계법의 측정회로 ◎

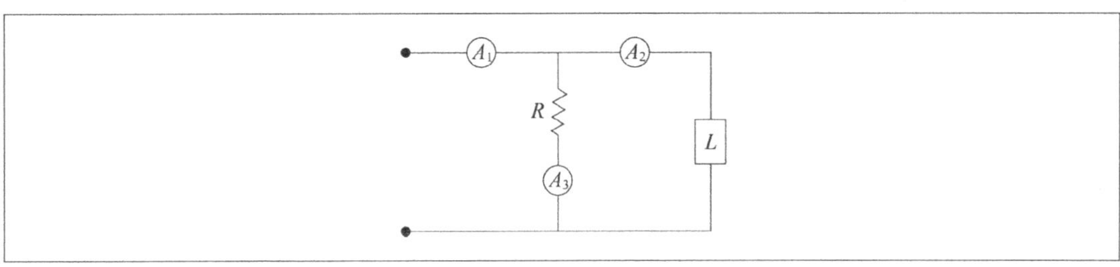

$P = I^2 R$을 이용해서 구하면

$$P = \frac{R}{2}(I_1{}^2 - I_2{}^2 - I_3{}^2)$$

$$\cos\theta = \frac{I_1{}^2 - I_2{}^2 - I_3{}^2}{2I_2 I_3}$$

(4) 최대 전력 전달 조건

① $Z_g = R_g$, $Z_L = R_L$이고 여기에서 최대 전력은 부하와 내부저항이 같을 때이므로

$$R_L = R_g$$

$$\therefore P_{\max} = \frac{E^2}{4R_g}$$

② $Z_g = R_g + jX_g$이고, $Z_L = R_L$이 되는데 최대 전력은 R_L과 Z_g의 크기가 같을 때이므로

$$R_L = |Z_g| = \sqrt{R_g{}^2 + X_g{}^2}$$

$$\therefore P_{\max} = \frac{E^2}{2(R_L + |Z_g|)}$$

③ $Z_g = R_g + jX_g$이고, $Z_L = R_L + jX_L$에서 최대 전력은 Z_g와 Z_L이 복소수 공액을 취해서 같을 때이므로

$$Z_L = \overline{Z_g}\,(R_L = R_g, X_L = -X_g)$$

$$\therefore P_{\max} = \frac{E^2}{4R_g}$$

② 비정현파 교류

(1) 비정현파 교류의 해석

① 푸리에 급수의 전개

$$f(t) = a_0 + \sum_{n=1}^{\infty} b_n \sin n\omega t + \sum_{n=1}^{\infty} a_n \cos n\omega t$$

$$\circ \; a_0 = \frac{1}{T}\int_0^T f(t)dt$$

$$\circ \; a_n = \frac{2}{T}\int_0^T f(t)\cos n\omega t dt$$

$$\circ \; b_n = \frac{2}{T}\int_0^T f(t)\sin n\omega t dt$$

② 특수 파형의 푸리에 급수의 전개

구분	기함수파(정현대칭)	우함수파(여현대칭)	대칭파(반파대칭)
대칭 조건	$f(t) = -f(-t)$	$f(t) = -f(-t)$	$f(t) = -f(t + \dfrac{T}{2})$
결과	sin항만 존재	cos항 존재 직류분 존재	고조파 차수가 홀수차항만 존재

③ 비정현파의 실효값

   ㉠ 개념 : 각 파의 실효값의 제곱의 합을 말한다.

   ㉡ $I = \sqrt{{I_0}^2 + {I_1}^2 + {I_2}^2 \cdots\cdots + {I_n}^2}$

   ㉢ $V = \sqrt{{V_0}^2 + {V_1}^2 + {V_2}^2 \cdots\cdots + {V_n}^2}$

(2) 비정현파의 전력 및 역률의 계산

① 비정현파의 전력

$v = V_1 \sin\omega t + V_2 \sin 2\omega t + V_3 \sin 3\omega t + \cdots\cdots$

$i = I_1 \sin(\omega t + \theta_1) + I_2 \sin(2\omega t + \theta_2) + I_3 \sin 3(\omega t + \theta_3) + \cdots\cdots$ 인 경우

   ㉠ 유효전력 $P = V_1 I_1 \cos\theta_1 + V_2 I_2 \cos\theta_2 + V_3 I_3 \cos\theta_3 \cdots\cdots$

   ㉡ 무효전력 $P_r = V_1 I_1 \sin\theta_1 + V_2 I_2 \sin\theta_2 + V_3 I_3 \sin\theta_3 \cdots\cdots$

   ㉢ 피상전력 $P_a = \sqrt{{V_1}^2 + {V_2}^2 + {V_3}^2 \cdots} \; \sqrt{{I_1}^2 + {I_2}^2 + {I_3}^2 \cdots}$

   ㉣ 역률 $\cos\theta = \dfrac{V_1 I_1 \cos\theta_1 + V_2 I_2 \cos\theta_2 + V_3 I_3 \cos\theta_3 \cdots}{\sqrt{{V_1}^2 + {V_2}^2 + {V_3}^2 \cdots} \; \sqrt{{I_1}^2 + {I_2}^2 + {I_3}^2 \cdots}}$

② **왜형률의 계산** $\cdots \epsilon = \dfrac{각\ 고조파의\ 실효값}{기본파의\ 실효값}$

🔔TIP│ 각 고조파의 실효값 속에는 기본파의 실효값은 포함되지 않는다.

③ 다상 교류

(1) 3상 교류

① Y**결선**

    ㉠ 전압 : $V_l = \sqrt{3}\ V_p\angle + 30$

    ㉡ 전류 : $V_l = V_p$

    ㉢ 전력

       • $P_a = 3V_pI_p = \sqrt{3}\ V_lI_l = 3\dfrac{V_p^{\,2}Z}{R^2 + X^2}\ [\text{VA}]$

       • $P = 3V_pI_p\cos\theta = \sqrt{3}\ V_lI_l\cos\theta = 3\dfrac{V_p^{\,2}R}{R^2 + X^2}\ [\text{W}]$

       • $P_r = 3V_pI_p\sin\theta = \sqrt{3}\ V_lI_l\sin\theta = 3\dfrac{V_p^{\,2}X}{R^2 + X^2}\ [\text{Var}]$

② $\triangle$ **결선**

    ㉠ 전압 : $I_l = I_p$

    ㉡ 전류 : $I_l = \sqrt{3}\ I_p\angle - 30$

    ㉢ 전력

       • $P_a = 3V_pI_p = \sqrt{3}\ V_lI_l = 3\dfrac{V_p^{\,2}Z}{R^2 + X^2}\ [\text{VA}]$

       • $P = 3V_pI_p\cos\theta = \sqrt{3}\ V_lI_l\cos\theta = 3\dfrac{V_p^{\,2}R}{R^2 + X^2}\ [\text{W}]$

       • $P_r = 3V_pI_p\sin\theta = \sqrt{3}\ V_lI_l\sin\theta = 3\dfrac{V_p^{\,2}X}{R^2 + X^2}\ [\text{Var}]$

(2) n상 교류

① Y**결선**

    ㉠ 전압 : $V_l = 2\sin\dfrac{\pi}{n}V_p$

ⓛ 전류 : $I_l = I_p$

ⓒ 위상 : $\theta = \dfrac{\pi}{2} - \dfrac{\pi}{n}$ 만큼 선간전압이 앞선다.

ⓔ 전력 : $P = n V_p I_p \cos\theta = \dfrac{n}{2\sin\dfrac{\pi}{n}} V_l I_l \cos\theta\,[\mathrm{W}]$

② Δ 결선

ⓐ 전압 : $V_l = V_p$

ⓛ 전류 : $I_l = 2\sin\dfrac{\pi}{n} I_p$

ⓒ 위상 : $\theta = \dfrac{\pi}{2} - \dfrac{\pi}{n}$ 만큼 선전류가 뒤진다.

ⓔ 전력 : $P = n V_p I_p \cos\theta = \dfrac{n}{2\sin\dfrac{\pi}{n}} V_l I_l \cos\theta\,[\mathrm{W}]$

(3) V결선

① V결선시 변압기 용량

ⓐ 2대의 경우 : $P_V = \sqrt{3}\,P$

ⓛ 4대의 경우 : $V_P = 2\sqrt{3}\,P$

② 이용률 $= \dfrac{V결선시의\ 용량}{2대의\ 용량} = \dfrac{\sqrt{3}\,P}{2P} = 0.866$

③ 출력비 $= \dfrac{V결선시의\ 용량}{고장전의\ 용량} = \dfrac{\sqrt{3}\,P}{3P} = 0.577$

(4) 결선의 변환

Δ 결선을 Y결선으로 변환하면 각 수치의 변화는 다음과 같다.

전류	전압	전력	임피던스(R, L)	어드미턴스(G, C)
$\dfrac{1}{3}$ 배	$\dfrac{1}{\sqrt{3}}$ 배	$\dfrac{1}{3}$ 배	$\dfrac{1}{3}$ 배	3배

예 $I_\Delta = 3 I_Y$

02 출제예상문제

1 다음 중 수동 4단자 회로망이 가역적이기 위한 조건으로 옳지 않은 것은?

① $Y_{12} = Y_{21}$

② $Z_{12} = Z_{21}$

③ $AD - BC = 1$

④ $H_{12} = H_{21}$

> ✰ note ④ $H_{12} = -H_{21}$ 이다.

2 다음 중 1Ω의 저항과 2Ω 인덕턴스 직렬회로에 $V = 3 + j$[V]인 전압을 가했다면 여기에 흐르는 전류로 옳은 것은?

① $2 - j2$[A]

② $2 + j2$[A]

③ $1 - j$[A]

④ $3 - j2$[A]

⑤ $1 + j$[A]

> ✰ note 이 회로의 임피던스는 $Z = 1 + j2$가 된다.
> 그러므로 $I = \dfrac{V}{Z} = \dfrac{3 + j}{1 + j2} = 1 - j$[A]

3 다음 중 저항과 리액턴스 직렬회로에 $V = 3 + j4$[V]인 전압을 인가할 경우 $I = 2 + j2$[A]의 전류가 흐른다면 이 회로의 저항[Ω]과 리액턴스[Ω]는?

① 저항 = 1, 리액턴스 = $\dfrac{1}{4}$

② 저항 = $\dfrac{7}{4}$, 리액턴스 = 1

③ 저항 = $\dfrac{7}{4}$, 리액턴스 = $\dfrac{1}{4}$

④ 저항 = 4, 리액턴스 = $\dfrac{7}{4}$

⑤ 저항 = 4, 리액턴스 = 4

✿ Answer   1.④ 2.③ 3.③

☆note $Z = \dfrac{V}{I} = \dfrac{3 + j4}{2 + j2} = \dfrac{7}{4} - j\dfrac{1}{4}$ 이 되므로

저항 $= \dfrac{7}{4}$, 리액턴스 $= \dfrac{1}{4}$

4 다음 같은 회로에서 A, B 단자에서 바라본 저항으로 옳은 것은?

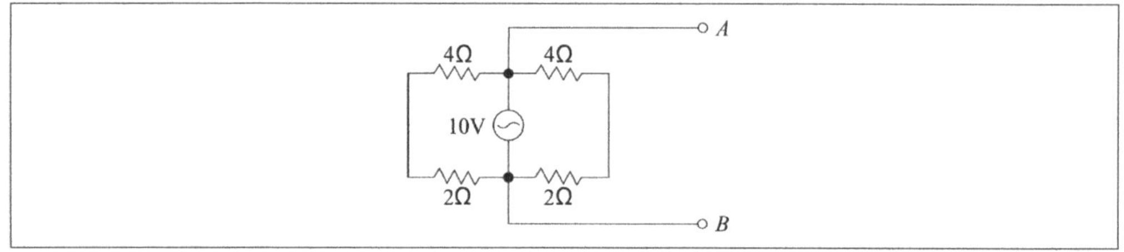

① 0Ω

② 3Ω

③ 6Ω

④ 8Ω

⑤ 10Ω

☆note 마주보는 변의 임피던스 곱이 같을 경우에는 평형이 되기 때문에 저항값은 0이 된다.

5 다음 중 감쇄량 네퍼를 나타낸 식으로 옳은 것은?

① $\dfrac{1}{2}\ln\dfrac{P_1}{P_2}$

② $\dfrac{1}{2}\ln\dfrac{I_1}{I_2}$

③ $10\ln\dfrac{I_1}{I_2}$

④ $10\ln\dfrac{P_1}{P_2}$

⑤ $\ln\dfrac{V_1}{V_2}$

☆note 데시벨(dB) $=10\log\dfrac{P_1}{P_2}$, 네퍼(nepper) $=\dfrac{1}{2}\ln\dfrac{P_1}{P_2}$

(P_1 : 입력전력, P_2 : 출력전력)

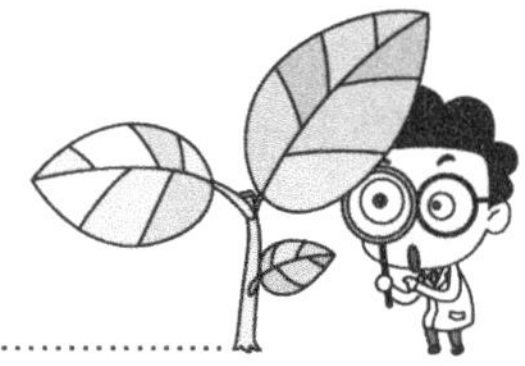

6 다음 중 V결선에 대한 설명으로 옳지 않은 것은?

① 2대 경우의 변압기 용량은 $P_V = \sqrt{2}\,P$이다.

② 4대 경우의 변압기 용량은 $V_P = 2\sqrt{3}\,P$이다.

③ 이용률 $= \dfrac{\sqrt{3}\,P}{2P} = 0.866$

④ 출력비 $= \dfrac{\sqrt{3}\,P}{3P} = 0.577$

> ★∎note ① 2대 경우의 변압기 용량은 $P_V = \sqrt{3}\,P$이다.

7 다음 중 $\triangle$결선을 Y결선으로 바꿔줄 때의 $\triangle$결선과 Y결선의 관계로 옳지 않은 것은?

① $L_\triangle = 3L_Y$ ② $P_\triangle = 3P_Y$
③ $V_\triangle = 3V_Y$ ④ $I_\triangle = 3I_Y$

> ★∎note ③ $V_\triangle = \sqrt{3}\,V_Y$
>
> ※ $\triangle$결선을 Y결선으로 바꿔줄 때의 변화

전류	전압	전력	임피던스(R, L)	어드미턴스(G, C)
$\dfrac{1}{3}$ 배	$\dfrac{1}{\sqrt{3}}$ 배	$\dfrac{1}{3}$ 배	$\dfrac{1}{3}$ 배	3배

8 다음 회로에서 M=2[H], L1=4, L2=6 일 때의 a, b간의 인덕턴스 값은?

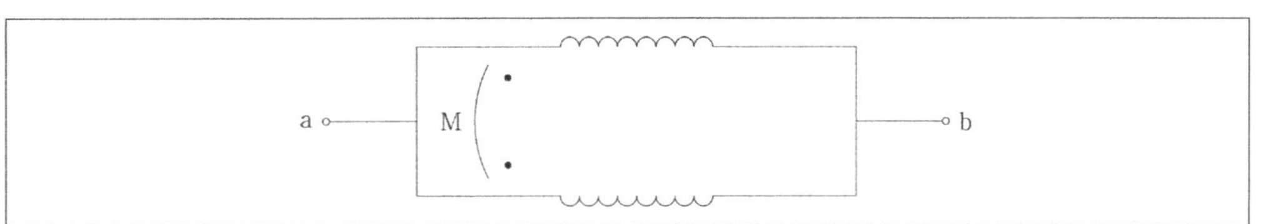

① 약 2.56 ② 약 2.95
③ 약 3.43 ④ 약 4.52
⑤ 약 5.54

> ★∎note $\text{Lab} = \dfrac{1}{\dfrac{1}{L_1 + M} + \dfrac{1}{L_2 + M}} = \dfrac{1}{\dfrac{1}{4+2} + \dfrac{1}{6+2}} = $ 약 $3.43[H]$

❦❦Answer 6.① 7.③ 8.③

9 임피던스 $Z(S) = \dfrac{S + 10}{S^2 + 2RLS + 1}$ 으로 주어진 2단자 회로에 직류전원 30A를 가할 때 회로의 단자전압은?

① 30V

② 90V

③ 300V

④ 900V

> ⭐note 직류이므로 $S = 0$이므로 $Z(S) = 10$
> $V = Z(S)\,I = 10 \times 30 = 300\mathrm{V}$

10 다음 그림에서의 최대 전력 전송 조건으로 옳은 것은?

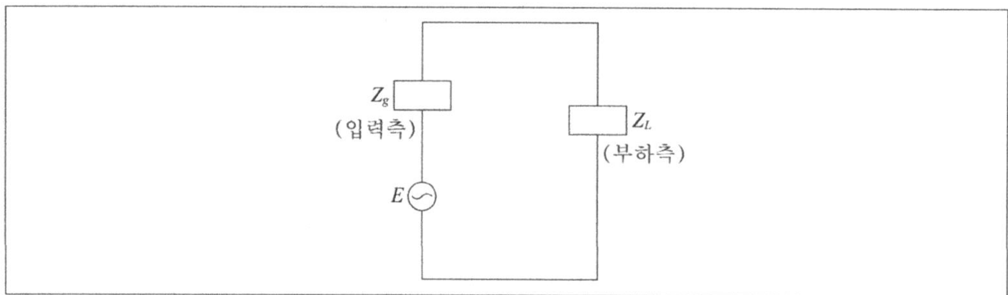

① $Z_S = Z_L$

② $Z_S = Z_L = 1$

③ $Z_S > Z_L$

④ $Z_S \neq Z_L$

> ⭐note 부하에 공급되는 전력이 최대가 되려면 $Z_S = Z_L = 1$이 되어야 한다.

11 다음 그림과 같은 4단자 회로망에서 4단자 정수 AD는?

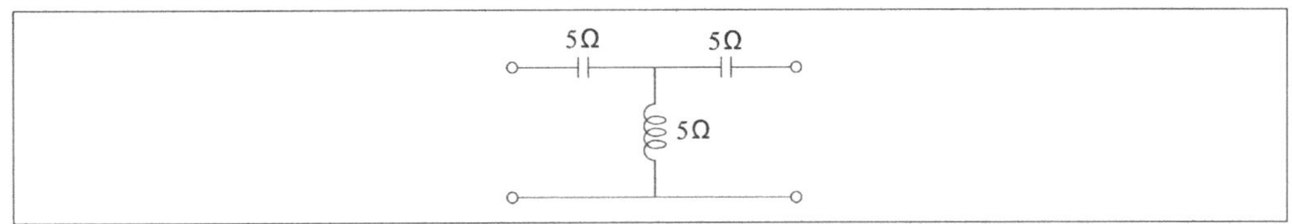

① 0　　　　　　　　　　　　　② 1

③ 2　　　　　　　　　　　　　④ 3

> ☆note
>
> $$\begin{bmatrix} A & B \\ C & D \end{bmatrix} = \begin{bmatrix} 1 & -j5 \\ 0 & 1 \end{bmatrix} \begin{bmatrix} 1 & 0 \\ -j\dfrac{1}{5} & 1 \end{bmatrix} \begin{bmatrix} 1 & -j5 \\ 0 & 1 \end{bmatrix} = \begin{bmatrix} 0 & -j5 \\ -j\dfrac{1}{5} & 0 \end{bmatrix}$$
>
> $A = 0$, $B = -j5$, $C = -j\dfrac{1}{5}$, $D = 0$이므로 $AD = 0$이다.

12 다음 중 $10\,\Omega$의 저항과 $10\,\Omega$의 리액턴스가 병렬로 연결되었을 때의 역률은?

① 0　　　　　　　　　　　　　② $\dfrac{1}{\sqrt{2}}$

③ $\sqrt{2}$　　　　　　　　　　　　④ 1

> ☆note
>
> RL 병렬회로의 역률 $\cos\theta = \dfrac{G}{Y} = \dfrac{Z}{R} = \dfrac{X_L}{\sqrt{R^2 + X_L{}^2}} = \dfrac{10}{10\sqrt{2}} = \dfrac{1}{\sqrt{2}}$

Answer　　11.①　12.②

13 그림과 같은 단일 임피던스의 4단자 정수는?

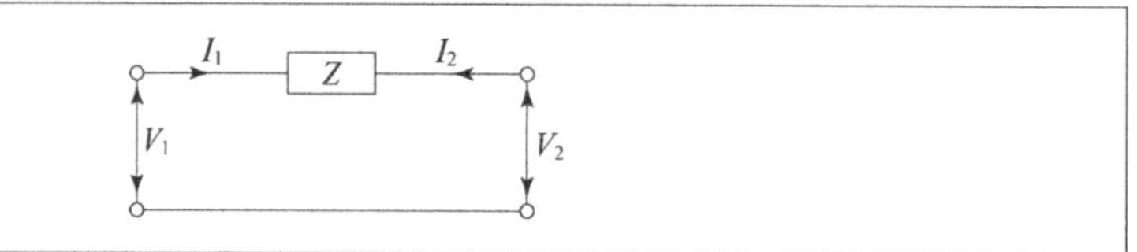

① $A = 0,\ B = 0,\ C = 0,\ D = Z$

② $A = 1,\ B = 1,\ C = 0,\ D = Z$

③ $A = 1,\ B = Z,\ C = 0,\ D = 1$

④ $A = 1,\ B = Z,\ C = 0,\ D = 1$

note

$$A = \left.\frac{V_1}{V_2}\right|_{(I_2=0)} = \frac{V_1}{V_1} = 1$$

$$B = \left.\frac{V_1}{I_2}\right|_{(V_2=0)} = \frac{I_2 Z}{I_2} = Z$$

$$C = \left.\frac{I_1}{V_2}\right|_{(I_2=0)} = \frac{0}{V_2} = 0$$

$$D = \left.\frac{I_1}{I_2}\right|_{(V_2=0)} = \frac{I_1}{I_1} = 1$$

14 100[mH]의 인덕턴스에 100[V]의 전압을 가할 때 유도 리액턴스는? (주파수는 60[Hz]이다)

① $20.1[\Omega]$

② $37.7[\Omega]$

③ $50.13[\Omega]$

④ $60.2[\Omega]$

⑤ $100[\Omega]$

note $X_L = wL = 2\pi f L = 2\pi \times 60 \times 100 \times 10^3$

$\qquad = 37.7\Omega$

15 교류회로에서 교류전류가 흐르기 어려움을 나타내는 양으로, 코일의 인덕턴스와 코일에 적용되는 교류의 주파수로 정의되는 소자는?

① 리액턴스(Reactance) ② 인덕턴스(Inductance)

③ 콘덴서(Condenser) ④ 어드미턴스(Admittance)

⑤ 트랜지스터(Transistor)

> ✿note 리액턴스(Reactance)는 저항과 같이 전류의 흐름을 방해하는 역할을 하지만 교류일 경우만 나타나며 접속된 전압과 흐르는 전류의 위상이 서로 다르게 나타나는 소자이며 교류회로에서 교류전류가 흐르기 어려움을 나타내는 양으로, 코일의 인덕턴스와 코일에 적용되는 교류의 주파수로 정의된다.

16 전송선로의 특성 임피던스가 50[Ω]이고, 부하저항이 200[Ω]일 때의 부하에서의 반사계수는?

① 0.5 ② 0.6

③ 1 ④ 2

⑤ 2.5

> ✿note 반사계수 $\rho = \dfrac{Z_L - Z_o}{Z_L + Z_o} = \dfrac{200 - 50}{200 + 50} = \dfrac{150}{250} = 0.6$

연산 증폭기

01 연산 증폭기와 차동 연산 증폭기

1 연산 증폭기의 개론

① 연산 증폭기의 개요

(1) 연산 증폭기의 개념과 구조

① **개념** … 부귀환의 방법에 의해 연산기능(덧셈 또는 적분 등)을 갖도록 할 수 있는 고이득의 직류 증폭기를 말한다.

② **구조**

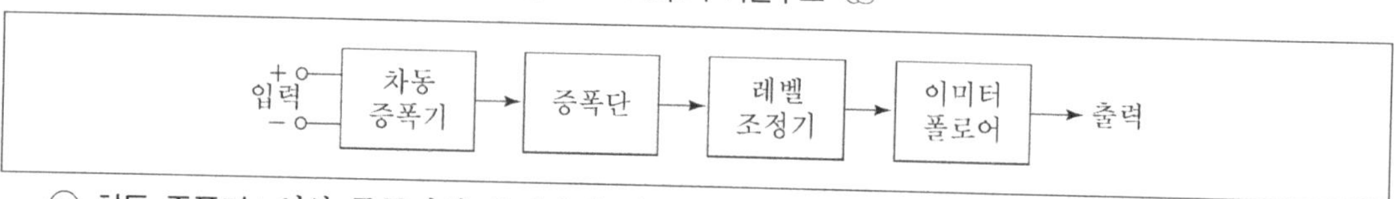

㉠ **차동 증폭기** : 연산 증폭기의 입력단에 위치하여 높은 입력저항과 전압이득을 제공하고 반전 · 비반전 단자를 제공하는 역할을 한다.

㉡ **레벨 조정기** : 구성이 CC와 CE로 된 증폭단의 출력이 이미터 폴로어에 직접 연결되면 직류 성분이 그대로 입력되므로 증폭단의 직류 성분을 조절하기 위해서 증폭단과 이미터 폴로어 사이에 사용하는 것이다.

㉢ **이미터 폴로어** : 출력저항을 낮게 구현하기 위하여 사용하는 것이다.

(2) 연산 증폭기의 기본식

① **이득** A_v … $I_1 = -I_2$ 이기 때문에

$$A_v = -\frac{R_f}{R_1}$$

② 밀러의 정리에 적용하여 다시 정리하면 $A_v = \infty$ 라고 가정했을 경우 $V_i = 0$이 되고,

$$I_1 = -I_2 = \frac{V_i}{R} \text{에서} \frac{R_f}{R_1} \cdot V_i \text{이고,}$$

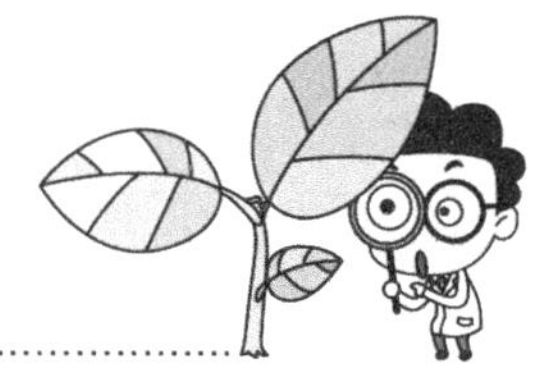

$$V_0 = R_f \cdot I_2 = -\frac{R_f}{R_1} \cdot V_i \text{이므로}$$

$$\therefore A_v = -\frac{R_f}{R_1}$$

❁ 연산 증폭기 회로 ❁

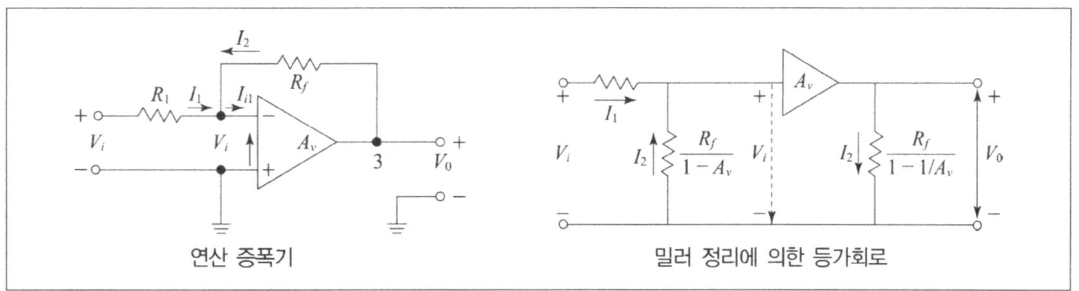

(3) 연산 증폭기의 특징

① 동상신호 제거비(CMRR)가 높다.

② 온도와 전원전압의 변동에 영향을 크게 받지 않는다.

③ 이득이 높다.

④ 입력저항이 높다.

⑤ 출력저항이 낮다.

⑥ 소비전력이 낮고, 주파수 대역폭이 크다.

⑦ 출력 오프셋 전압이 거의 0에 가깝다.

> 🔔TIP | Offset voltage … 입력회로의 신호가 제로이어도 출력이 발생하는 경우, 이것을 조정하여 출력
> 을 제로로 하기 위해 입력단자에 가하는 전압을 말한다.

(4) 주파수 보상회로

① 증폭기에 귀환이 없을 경우 주파수특성은 차단 주파수 f_c에서 급격히 떨어지게 된다. 이때 임의의 주파수 f_L을 선택하여 차단특성을 만들고 차단 주파수 f_c인 점에서 이득이 0dB이 되도록 하면 귀환시에도 안정하게 된다.

② 주파수 보상회로는 f_c보다 f_L이 충분히 낮은 주파수가 되도록 CR의 저역 필터를 만드는 회로를 말한다.

② 반전, 비반전 연산 증폭기

(1) 반전 연산 증폭기

① 반전 연산 증폭기의 출력전압 V_o

$$V_o = -A_v V_i \text{이고} \quad (A_v : \text{증폭기 이득} = \frac{R_f}{R})$$

$$I = I_f = \frac{V_i}{R} = \frac{V_o}{R_f}$$

◎ 반전 연산 증폭기 ◎

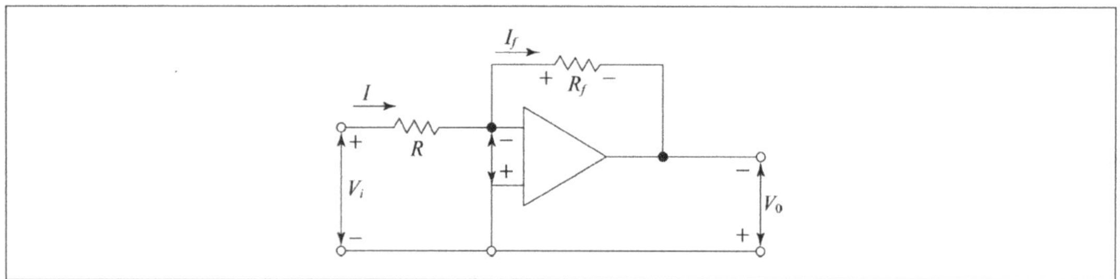

② 이득이 R과 R_f만으로 결정되면 (−)부호가 붙기 때문에 반전 증폭기라고 한다.

(2) 비반전 연산 증폭기

① 비반전 연산 증폭기의 출력전압 V_o

$$V_o = A_v V_i \text{에서} \quad (A_v : \text{증폭기 이득})$$

$$V_o = (1 + \frac{R_f}{R})V_i$$

$$(\because A_v = 1 + \frac{R_f}{R})$$

◎ 비반전 연산 증폭기 ◎

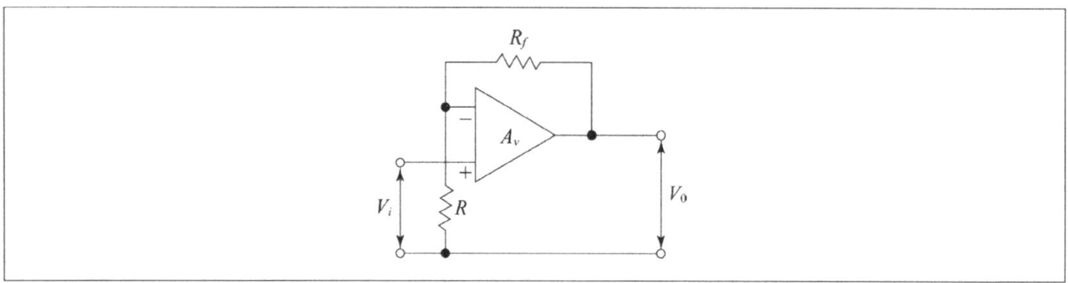

② 반전 증폭기와 달리 입력이 비반전 입력단에 가해지고 출력은 입력신호와 동상이다.

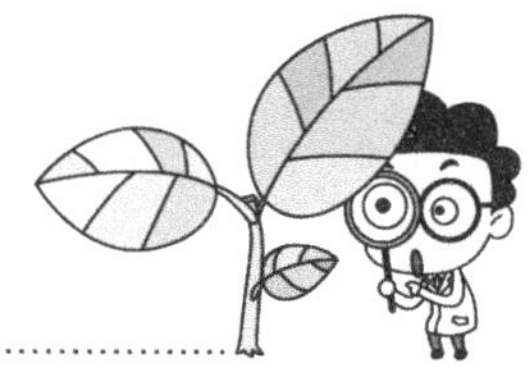

2 차동 연산 증폭기

① 차동 연산 증폭기의 구조 및 원리

(1) 차동 증폭기의 구조

① **개념** … 연산 증폭기의 반전 단자와 비반전 단자 사이의 차전압을 증폭하는 증폭기를 말한다.

② **차동 증폭기의 구조**

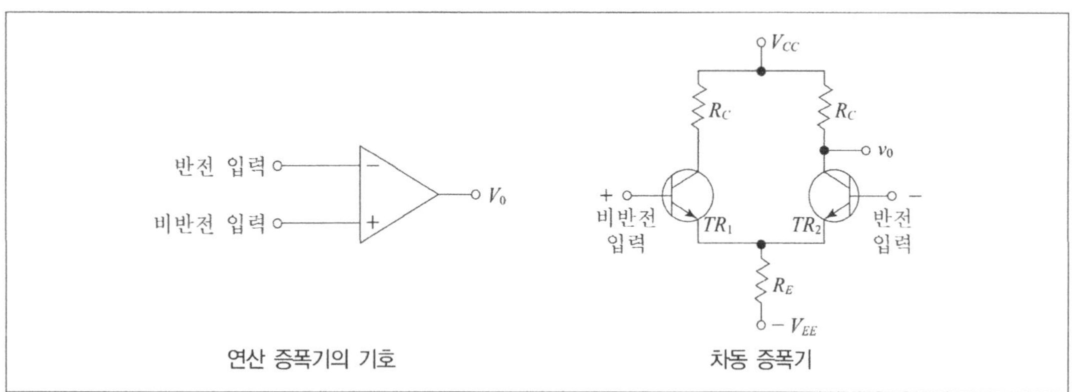

◎ 차동 증폭기와 연산 증폭기의 비교 ◎

㉠ 같은 특성을 갖는 트랜지스터가 대칭으로 접속되어 있는 형태이다.

㉡ TR_2의 컬렉터에서 출력을 얻으면 TR_1의 베이스는 비반전 입력단자 (+)가 되고, TR_2의 베이스는 반전 입력단자 (−)가 된다.

(2) 차동 증폭기의 동작원리

① **1단자 접속 동작**

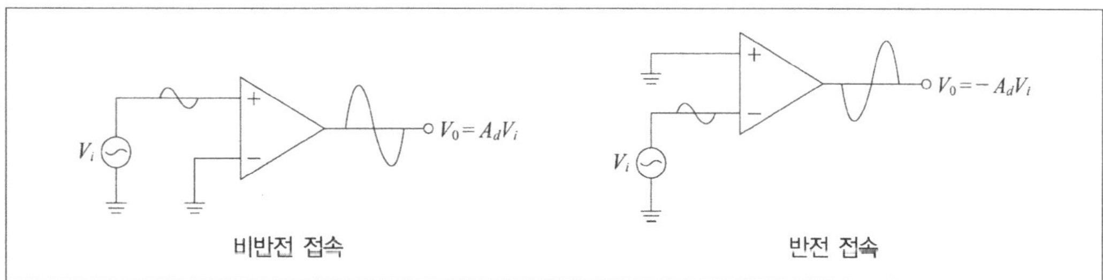

   ㉠ 개념 : 입력신호를 입력단자에 비반전이나 반전으로 접속할 수 있는 동작을 말한다(A_d : 차동이득).

   ㉡ 위 그림에서 비반전 접속 상태의 경우 TR_1과 TR_2의 특성이 같으면, 입력신호와 출력신호가 동상이 된다.

② **차동 동작**

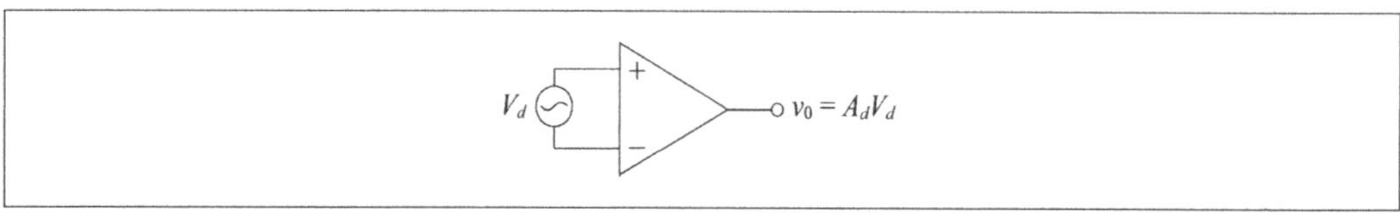

   ㉠ 개념 : 입력신호가 반전 및 비반전 입력단자에 접속되어 출력에 $A_d V_d$ 크기의 증폭신호가 나오는 동작을 말한다.

   ㉡ V_d(차전압) = 비반전 입력신호 − 반전 입력신호

③ **동상 동작**

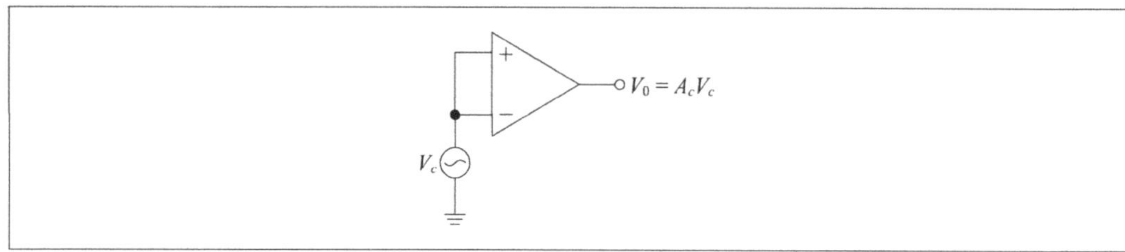

   ㉠ 개념 : 두 입력단자에 입력신호 하나가 공통으로 인가되면 $A_c V_c$인 출력이 나오는 동작을 말한다.

   ㉡ A_c : 동상이득으로, 이상적인 값은 0이지만 실제 경우에는 작은 값이 존재한다.

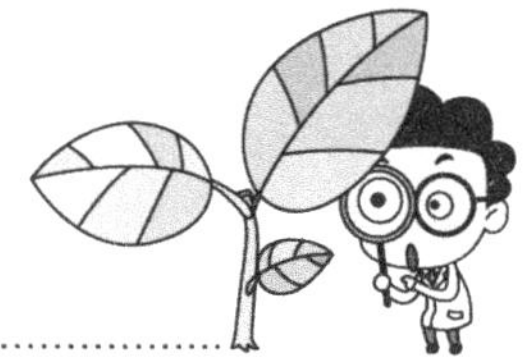

② 차동 증폭기의 해석

(1) 직류해석

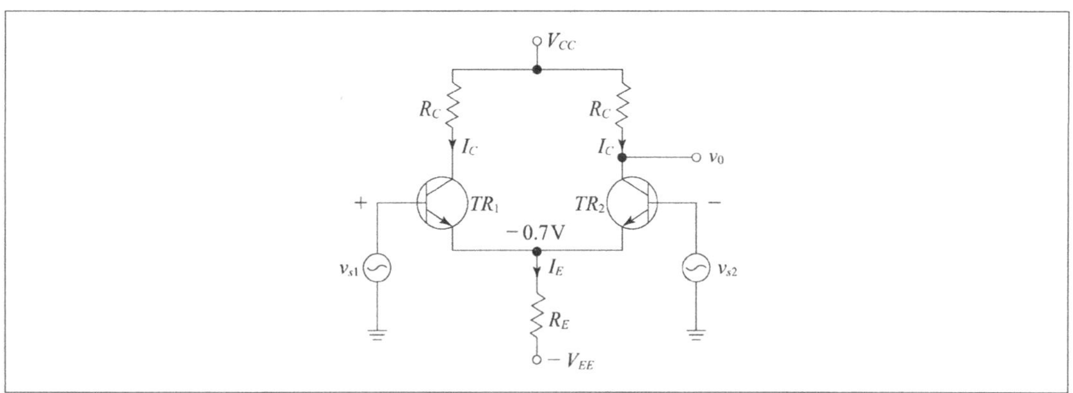

◎ 차동 증폭기 ◎

① I_E ⋯ 차동 증폭기를 직류해석하면 중첩의 원리로 v_{s1} 과 v_{s2} 가 제거되고 TR_1 과 TR_2 의 베이스 전위는 0이 된다.

$$I_E = \frac{-0.7 - (-V_{EE})}{R_E} = \frac{V_{EE} - 0.7}{R_E} \,[\text{A}]$$

② I_C ⋯ TR_1 과 TR_2 의 특성이 같기 때문에 $I_C = \dfrac{I_E}{2} = \dfrac{V_{EE} - 0.7}{2R_E} \,[\text{A}]$

③ $V_{CE} = V_{CC} - R_C \cdot I_C$

(2) 교류해석

① 차동 증폭기를 교류해석으로 할 경우 중첩의 원리에 의해 직류전원이 제거되고, TR_1 과 TR_2 를 h 상수 등가 모델로 바꾸면 교류해석에 편리한 회로가 된다.

◎ 교류해석시의 회로 ◎

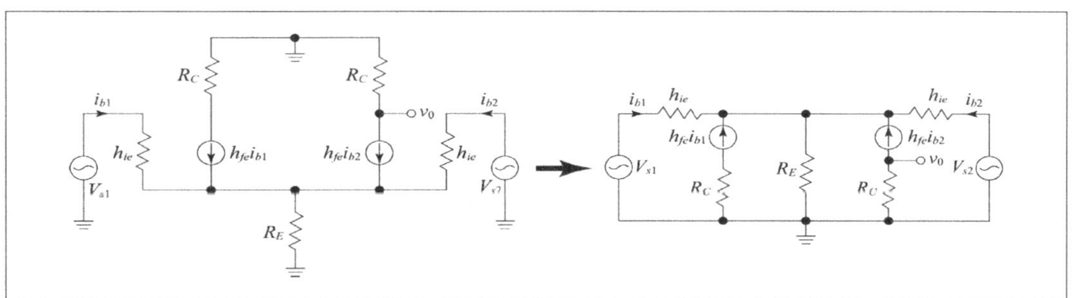

② **전압 증폭도** A_V

㉠ $V_{s1} \neq 0, V_{s2} = 0$인 경우

$$A_{v1} = \frac{v_{o1}}{v_{s1}} = \frac{h_{fe}(1 + h_{fe})R_E R_C}{2R_E h_{ie}(1 + h_{fe}) + h_{ie}^2}$$

㉡ $V_{s1} = 0, V_{s2} \neq 0$인 경우

$$A_{v2} = \frac{v_{o2}}{v_{s2}} = \frac{h_{fe}R_C\{R_E(1 + h_{fe}) + h_{ie}\}}{2R_E h_{ie}(1 + h_{fe}) + h_{ie}^2}$$

㉢ $V_{s1} \neq 0, V_{s2} \neq 0$인 경우 : $v_o = A_{v1} \cdot V_{s1} + A_{v2} \cdot V_{s2}$에서

- $V_{s1} = \dfrac{v_s}{2}, V_{s2} = -\dfrac{v_s}{2}$인 경우(차동 모드)는 $A_d(A_v) = \dfrac{v_o}{v_s} = \dfrac{1}{2}(A_{v1} - A_{v2}) = \dfrac{h_{fe}R_C}{2h_{ie}}$

- $V_{s1} = V_{s2} = V_s$인 경우(동상 모드)는 $A_C(A_v) = \dfrac{v_o}{v_s} = -\dfrac{h_{fe}R_C}{2R_E(1 + h_{fe}) + h_{ie}}$

- 동상 신호 제거비(CMRR)
  - 2개의 입력단자에 걸리는 불필요한 잡음신호의 제거성능을 찾는 데 사용되는 동작량이다.
  - A_d는 크고, A_C는 작기 때문에 큰 값을 갖는다.
  - ∞의 값을 갖는 것이 이상적이다.
  - $\mathrm{CMRR} = \left|\dfrac{A_d}{A_C}\right|$ 또는 $\mathrm{CMRR} = 20\log\left|\dfrac{A_d}{A_C}\right|$[dB]

③ **입력저항** R_i

㉠ 교류 입력저항 R_i

- 아래 그림처럼 2개의 입력단자 사이에서 회로 안쪽을 바라본 저항을 말한다.
- 이 값이 매우 작아서 차동 증폭기의 회로구성을 변형시켜 입력저항을 키워주는 방법을 많이 사용한다.
- $R_i = 2h_{ie}[\Omega]$

◉ 입력저항 R_i를 구하는 회로 ◉

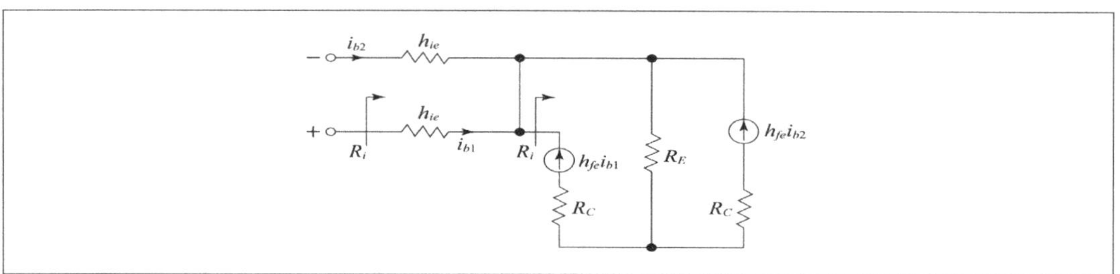

ⓛ 고입력저항의 차동 증폭기

◎ 고입력저항 차동 증폭기 ◎

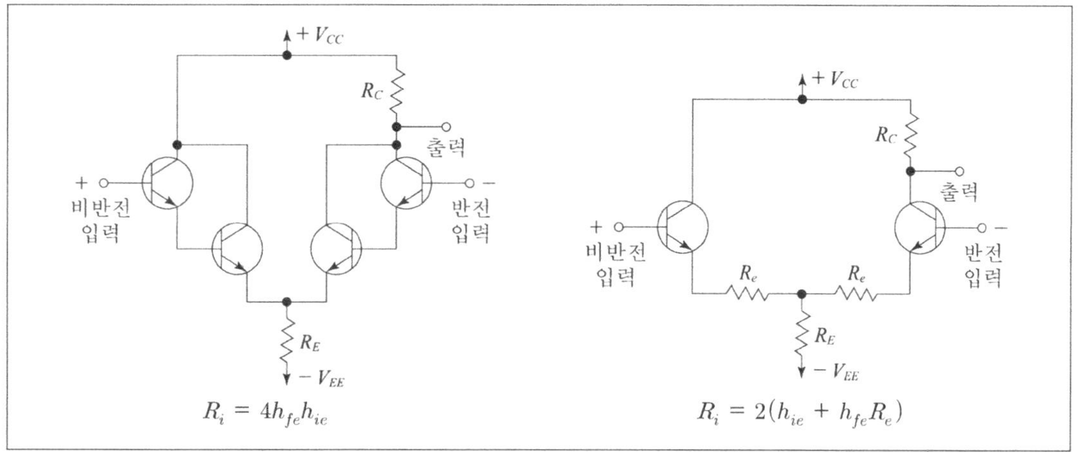

④ **출력저항 R_o**

㉠ 교류 출력저항(R_o) : $R_o = R_C[\Omega]$

◎ 출력저항 R_o를 구하는 회로 ◎

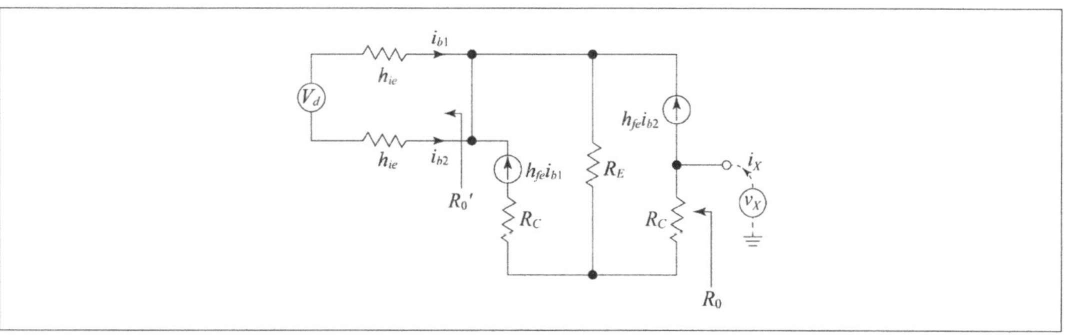

ⓛ 낮은 출력저항의 차동 증폭기 : 연산 증폭기의 출력저항이 너무 크므로 출력단에 이미터 폴로어를
사용하여 연산 증폭기의 출력저항을 낮춘다.

$$R_o = \frac{h_{ie} + R_C}{1 + h_{fe}} ≒ \frac{R_C}{h_{fe}}[\Omega] \ \ (R_c \gg h_{ie}, \ h_{fe} \gg 1)$$

⊚ 낮은 출력저항의 차동 증폭기 ⊚

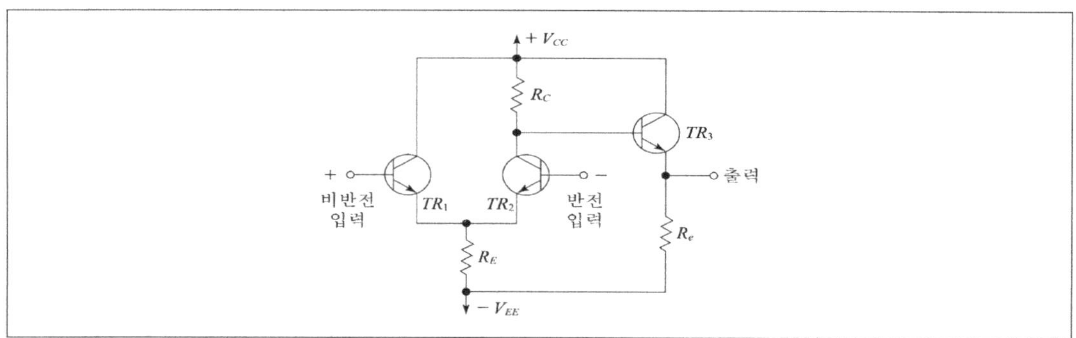

⊚ 저출력측에서 본 차동 증폭기의 저항 ⊚

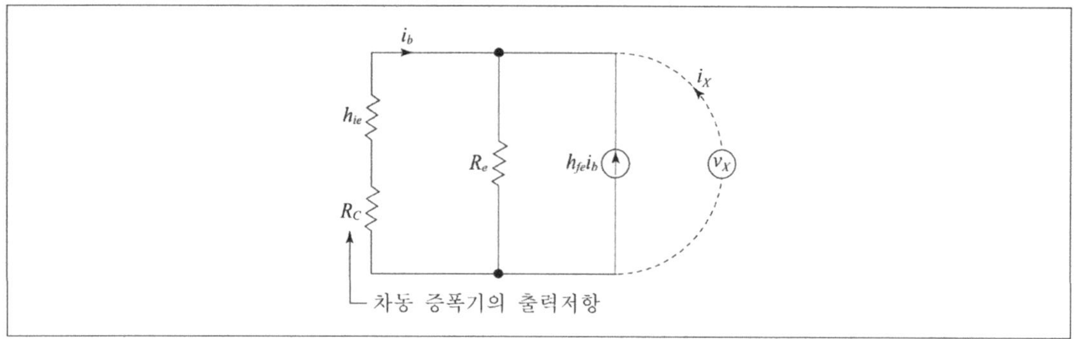

⑤ **CMRR의 개선방법**

  ㉠ 동상신호 제거비의 개선을 위해서 A_C를 작게 해주거나 A_d를 크게 하는 것이 좋다. 따라서 R_E를 크게 하면 A_C가 작게 되어 CMRR의 개선이 가능한 것이다.

  ㉡ R_E를 크게 하면 TR의 바이어스에 문제가 생길 수 있으므로 직류 I_E 전류를 변화시키지 않고 R_E를 크게 해야 한다.

    예 V_{BE}를 제너다이오드를 사용하여 일정하게 유지시켜 I_E를 고정시킨다.

01 출제예상문제

1 다음 회로의 출력전압 V_0 값[V]은? (단, 회로에서 사용된 op-amp는 이상적인 동작 특성을 갖는 것으로 가정한다)

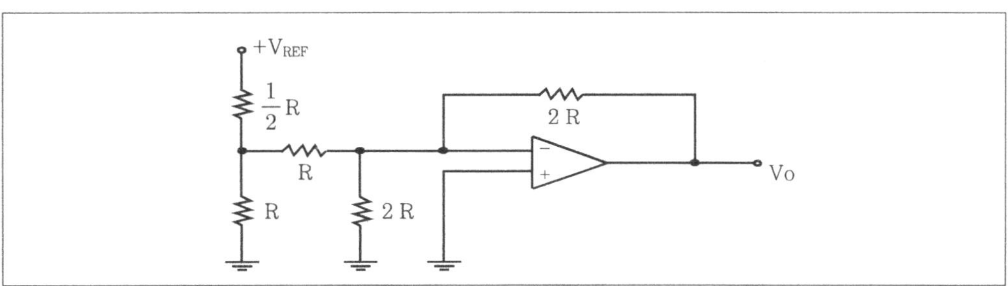

① $-V_{REF}/2$

② $-V_{REF}$

③ $-2\,V_{REF}$

④ $-4\,V_{REF}$

note 이상적인 동작 특성을 갖는 연산 증폭기로 입력이 반전되어 출력으로 나온다. 따라서 입력이 +V_{REF} 이므로 출력은 −V_{REF}

2 다음 중 차동 연산 증폭기의 특징으로서 옳지 않은 것은?

① 직류, 교류 모두 증폭이 가능하다.

② 부품의 절대치가 변화해도 증폭이 안정적이다.

③ 증폭도는 보통 방식과 비슷하다.

④ 작은 온도변화에 동작이 불안정하다.

note ④ 차동 연산 증폭기는 작은 온도변화에도 동작이 안정한 편이다.

Answer 1.② 2.④

3 다음 중 연산 증폭기의 특징으로 옳지 않은 것은?

① 입력저항이 높다.

② 높은 소비전력을 갖는다.

③ 주파수 대역폭이 크다.

④ 높은 이득을 갖는다.

> **note** ② 연산 증폭기는 IC로 구성되고 소비전력이 낮다.
> ※ 연산 증폭기의 특성
> ㉠ 이득이 높다.
> ㉡ 동상신호 제거비(CMRR)가 높다.
> ㉢ 입력저항은 높지만, 출력저항은 낮다.
> ㉣ 주파수 대역폭이 크다.
> ㉤ 온도 및 전원전압의 변동에 영향을 크게 받지 않는다.
> ㉥ 출력 오프셋 전압이 거의 0에 가깝다.

4 다음 중 이상적인 연산 증폭기의 특성으로 0이 되어야 하는 것은?

① 입력 임피던스   ② CMRR

③ 입력 오프셋 전압   ④ 주파수 대역폭

⑤ 전압이득

> **note** 입력 오프셋 전압 … 출력 오프셋 전압을 0으로 하기 위하여 입력에 가해주는 전압을 말한다.

5 차동 증폭기가 100의 차동 전압 이득을 가지고 0.2의 차동모드 이득을 가질 때 CMRR은?

① 100   ② 200

③ 300   ④ 400

⑤ 500

> **note** $CMRR = \dfrac{A_{v(d)}}{A_{cm}} \dfrac{100}{0.2} = 500$

Answer   3.②   4.③   5.⑤

6 다음 중 비반전 연산 증폭기에 대한 설명으로 옳지 않은 것은?

① 두 개의 입력단자의 전위는 동일하다.
② 출력전압은 위상이 반전된다.
③ 전류는 두 개의 입력단자에서 흐르지 않는다.
④ 두 개의 입력단자로 전류가 흐르지 않는다.

> **note** ② 비반전 연산 증폭기에서는 출력전압의 위상은 반전되지 않는다.

7 다음 중 차동 연산 증폭기에서 동상 제거비를 나타내는 식으로 옳은 것은? (단, A_d : 차동이득, A_c : 동상이득)

① $CMRR = A_d - A_c$ ② $CMRR = \dfrac{A_d}{A_c}$

③ $CMRR = A_d A_c$ ④ $CMRR = \dfrac{A_c}{A_d}$

⑤ $CMRR = 2A_d A_c$

> **note** 동상신호 제거비(CMRR)
> ㉠ 2개의 입력단자에 걸리는 불필요한 잡음신호의 제거성능을 찾는 데 사용되는 동작량이다.
> ㉡ A_d는 크고 A_C는 작기 때문에 값이 크고, 이상적인 경우 ∞의 값을 갖는다.
> ㉢ $CMRR = \dfrac{\text{차동이득}}{\text{동상이득}} = \dfrac{A_d}{A_c}$

8 이상적인 연산 증폭기의 특성중 거리가 먼 것은?

① 입력저항 R_i가 무한대이다.
② 출력 저항 R_O가 0이다.
③ 대역폭이 무한대이다.
④ 잡음이 1이다.
⑤ 입력 바이어스 전류가 0이다.

> **note** 이상적인 연산 증폭기의 특징은 잡음이 0이다.

9 연산 증폭기의 입력 오프셋 전압에 대한 설명으로 옳은 것은?

① 무한대의 출력전압을 위하여 입력단에 인가해야 하는 전압이다.

② 출력전압이 0V가 되게 하기 위한 입력전압이다.

③ 증폭기의 평형유지를 위해 입력단에 공급하는 전압이다.

④ 전자에 전위차를 1V 가했을 때 전자에 주어진 에너지를 말한다.

> ✪ note 입력 오프셋 전압
> ㉠ 연산 증폭기의 구성 소자들의 특성이 균일하지 못해서 오차가 발생하게 될 때 입력단자 사이의 전압을 말한다.
> ㉡ 이상적 연산 증폭기의 조건은 오프셋 전압의 값이 0이 되는 것이다.

10 다음 그림과 같은 회로의 전압이득으로 옳은 것은?

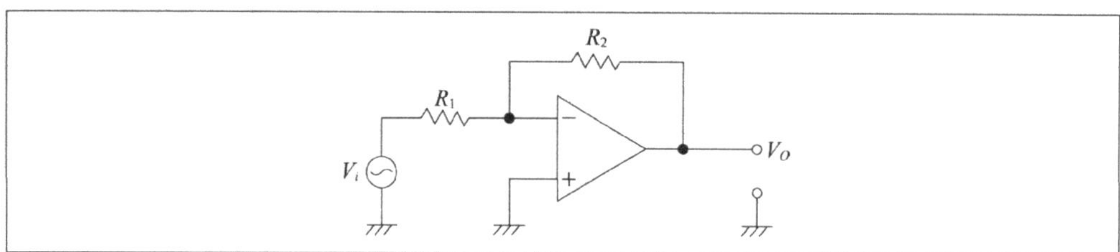

① $\dfrac{R_2}{R_1}$

② $-\dfrac{R_1}{R_2}$

③ $-\dfrac{R_2}{R_1}$

④ $\dfrac{R_1}{R_2}$

⑤ $R_1 R_2$

> ✪ note 보기의 그림은 반전 연산 증폭기이다.
> $v_o = -\dfrac{R_2}{R_1}v_i$ 이므로 전압이득은 $A_v = -\dfrac{R_2}{R_1}$ 가 된다.

11 다음 중 연산 증폭기의 입력으로 주로 사용되는 증폭기는?

① 전류 증폭기

② 전압 증폭기

③ 임피던스 증폭기

④ 차동 증폭기

> ✿note 연산 증폭기는 주로 차동 증폭기를 입력으로 사용한다.

12 다음 회로에서 차동이득 $A_d = 200$, 동상이득 $A_c = 0.2$일 때, 동상 신호 제거비(CMRR)로 옳은 것은?

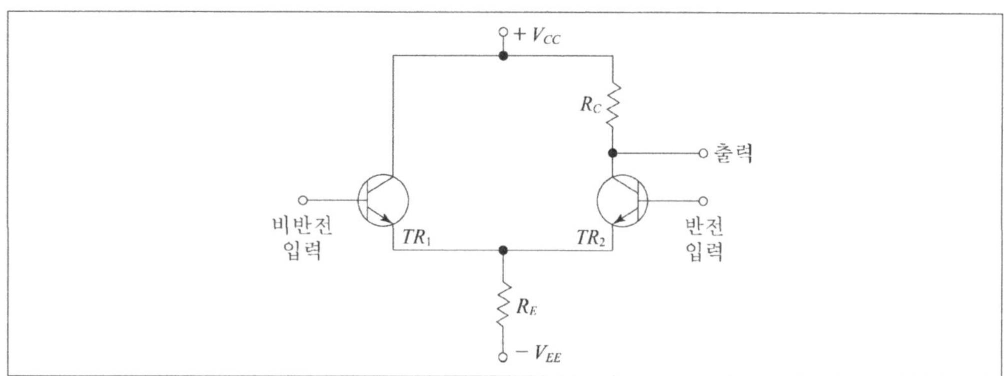

① 30dB

③ 50dB

⑤ 70dB

② 40dB

④ 60dB

> ✿note
> $$\mathrm{CMRR} = \frac{차동이득}{동위상\ 이득} = \frac{200}{0.2} = 1,000$$
> $$20\log 10^3 = 60\,\mathrm{dB}$$

13 다음 그림에서 증폭도 A를 구하는 식으로 옳은 것은?

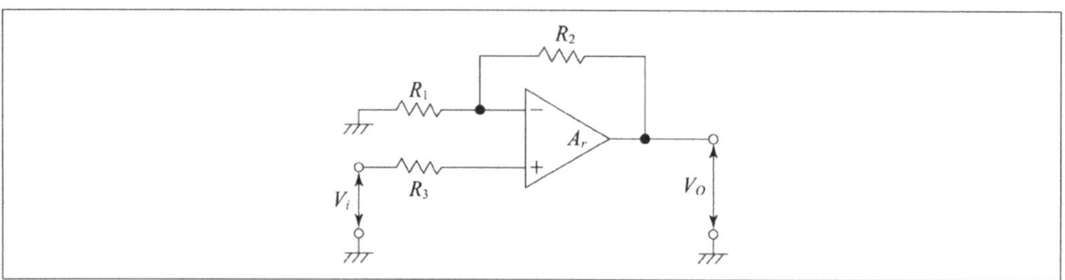

① $A = 1 - \dfrac{R_2}{R_1}$

② $A = 1 + \dfrac{R_2}{R_1}$

③ $A = \dfrac{R_2}{R_1}$

④ $A = \dfrac{R_1}{R_2}$

⑤ $A = \dfrac{2R_2}{R_1}$

note ④ 동상증폭회로이므로 증폭도는 다음과 같이 구한다.

음되먹임이 없을 경우 입력전압 $V_a = V_i$

음되먹임이 있을 경우 $V_b = V_i - \dfrac{R_1}{R_1 + R_2} V_o$

되먹임 전압 $V_f = |V_a - V_b| = \dfrac{R_1}{R_1 + R_2} V_o$

증폭도 $A = \dfrac{V_o}{|V_a - V_b|} = \dfrac{R_1 + R_2}{R_1} = 1 + \dfrac{R_2}{R_1}$

Answer 13.②

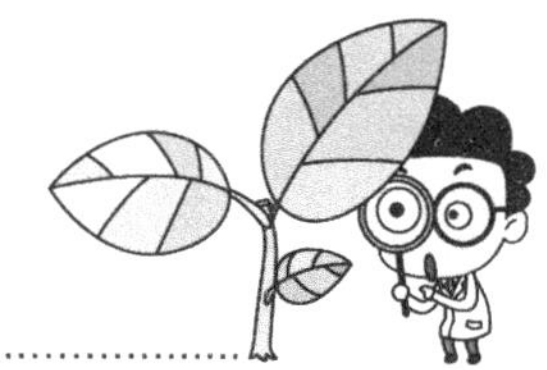

14 차동 증폭기에서 CMRR이 어떻게 변할 때 우수한 평형특성을 가지는가?

① 차동이득과 동위상 이득이 클수록 좋다.

② 차동이득과 동위상 이득이 작을수록 좋다.

③ 차동이득은 크고, 동위상 이득은 작을수록 좋다.

④ 차동이득은 작고, 동위상 이득은 클수록 좋다.

> **note**
>
> $$\text{동위상 신호 제거비(CMRR)} = \frac{\text{차동이득}}{\text{동위상 이득}}$$
>
> 차동 증폭기는 동위상 즉, 같은 진폭의 입력신호에 대한 감도(동위상 이득)를 차동입력에 대한 감도(차동이득)와 비교할 때, 차동이득은 크고, 동위상 이득은 작을수록 우수한 평형특성을 가진다.

Answer   14.③

02 연산 증폭회로의 응용

1 연산 증폭기의 해석

① 가상 접지와 부호 변환 증폭기

(1) 가상 접지(Virtual ground)

① 아래 그림과 같이 실제 연산 증폭기는 공급전원에 의해 출력전압의 값이 일정하게 제한된다.

② 여기서 연산 증폭기의 차동이득을 상당히 큰 값으로 보았을 때 입력단자에서의 차동전압은 값이 매우 작다.

③ 가상접지는 결과적으로 반전 입력단자와 비반전 입력단자의 전압이 같다고 하고 회로를 해석하는 개념이 된다.

◎ 실제 연산 증폭기 ◎

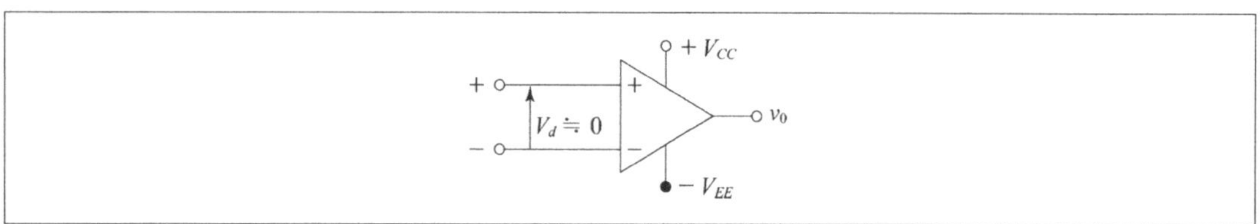

(2) 부호 변환 증폭기(반전기 ; Sign changer)

① **개념**

㉠ 입력신호의 부호를 바꾸는 부호 변환기 역할을 하는 것이다.

㉡ 연산 증폭기 중에서 가장 간단하다.

② **특성**

㉠ 접지는 입력단자로 한다.

㉡ 증폭기로 차동 증폭기를 이용한다.

㉢ 입출력 관계식($R_1 = R_f$ 라 할 경우)

- 출력전압 V_o

$$V_o = - K \cdot V_i$$

  - K : 계수 정실수
  - V_o : 출력전압
  - V_i : 입력전압

- K는 $\dfrac{R_f}{R_1}$이고 외부 저항으로 설정하여 보통 R_1은 1MΩ이 된다.

- 연산 증폭기는 안정한 계수($-K$)를 곱하는 연산을 한다.

- 부호는 부귀환의 사용으로 인해 변한다.

◎ 연산 증폭기 ◎

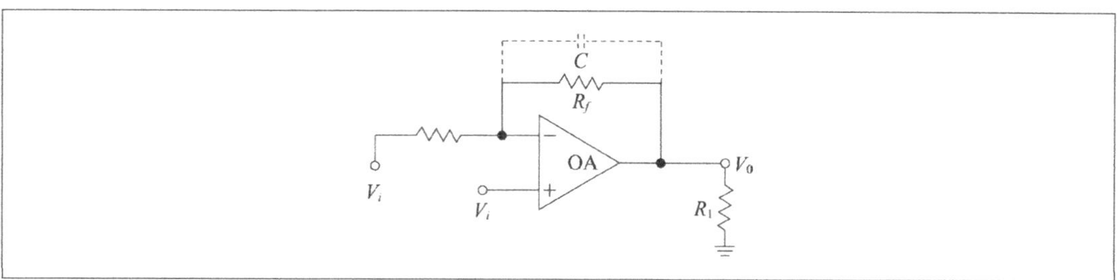

② 전압 플로어

(1) 개념

반전 입력단자가 직접 출력단자 측에 연결된 회로를 말히고 버피(buffer)라고도 한다.

(2) 특성

◎ 전압 폴로어 ◎

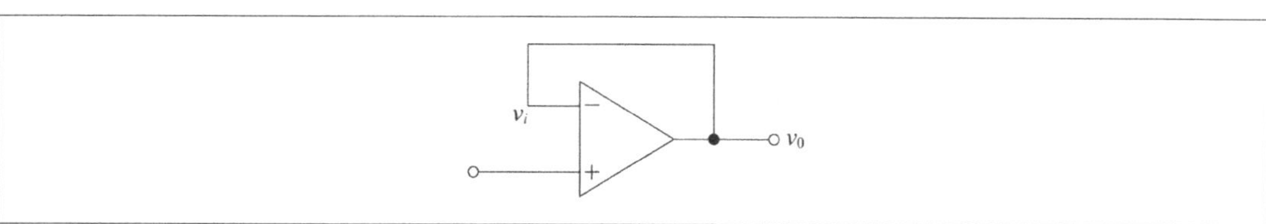

① 입력의 2단자가 단락되어 있기 때문에 $A = \dfrac{v_o}{v_i} = 1$이 된다.

② 입력전압을 따라서 출력전압이 변화한다.

③ 출력저항이 낮고 입력저항이 높아서 구동회로의 부하효과를 막는 데 많이 사용된다.

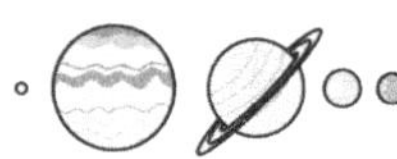

2. 연산 증폭회로의 종류

① 가산기와 감산기

(1) 가산기

가산기 회로

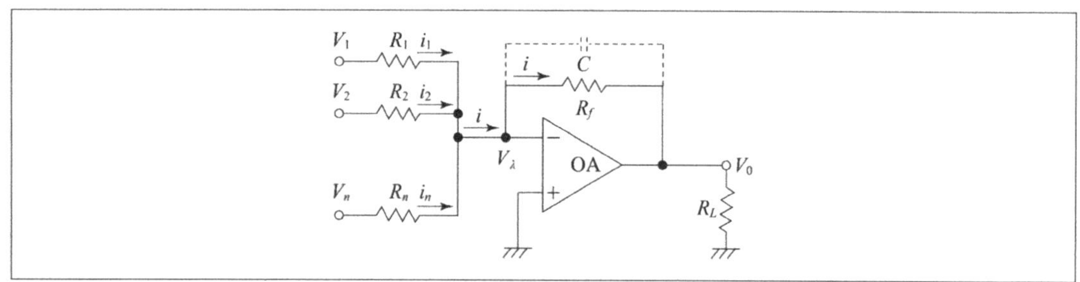

① 개요

㉠ 출력전압이 각 입력의 전체 합으로 얻어진다.

㉡ 적분기와 아날로그 전자 계산기의 가장 기본이 된다.

② 특성

㉠ 출력전압

$$V_O = -KV_i = \left(\frac{R_f}{R_1}V_1 + \frac{R_f}{R_2}V_2 + \cdots\cdots + \frac{R_f}{R_n}V_n\right) \text{에서}$$

여기서 $R_1 = R_2 = R_n = R$이라고 가정하면,

$$V_O = -\frac{R_f}{R_1}(V_1 + V_2 + \cdots\cdots + V_n)$$

㉡ R_f를 콘덴서 C로 바꾸면 덧셈 및 적분의 연산을 동시에 하는 것이 가능하다.

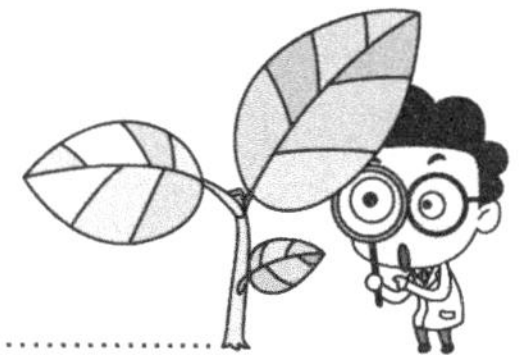

(2) 감산기

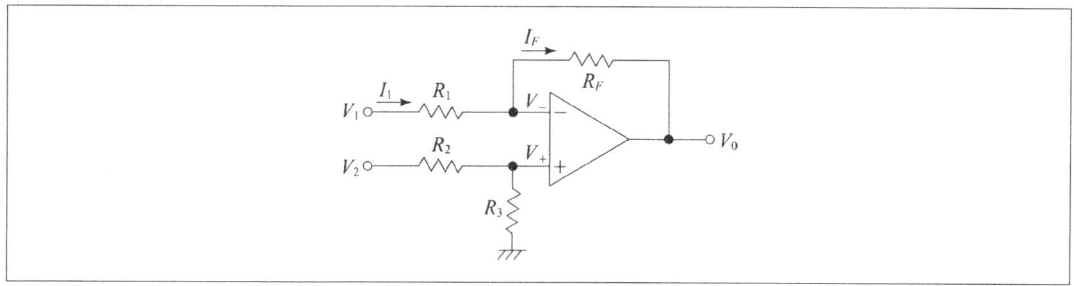

⊚ 감산기 회로 ⊚

① 반전 입력단자와 비반전 입력단자에 감산해야 하는 두 신호를 각각 동시에 공급하는 차동 증폭기로서 구성할 수 있다.

② **출력전압** V_O ··· 가상 접지와 중첩의 정리를 이용해 정리하면

$$V_O = V_{O1} + V_{O2} = \frac{R_F}{R_1}(V_2 - V_1)$$

② 미분회로와 적분회로

(1) 미분회로

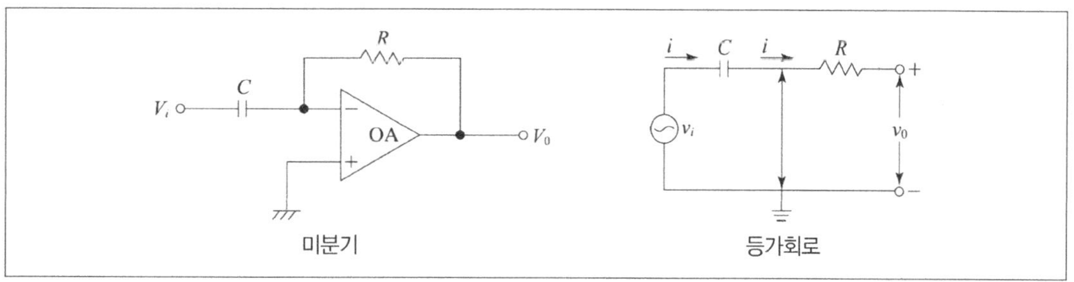

⊚ 미분기 회로 ⊚

① 회로의 형태가 반전 증폭기와 비슷하나 저항 R_1 대신 콘덴서 C를 사용한 점이 다르다.

② **특성**

㉠ 사인파 V_i를 인가했을 때의 출력전압 V_O를 구하면

$$V_O = -\frac{Z_f}{Z}V_i = -j\omega CR V_i \ \left(Z_f = R, \ Z = \frac{1}{j\omega C}\right)$$

ⓛ 과도 특성에서의 출력전압 V_O는 아래와 같다.

$$V_O = -\,Ri = -\,RC\frac{dV_i}{dt} \quad (i = C\frac{dV_i}{dt})$$

(2) 적분회로

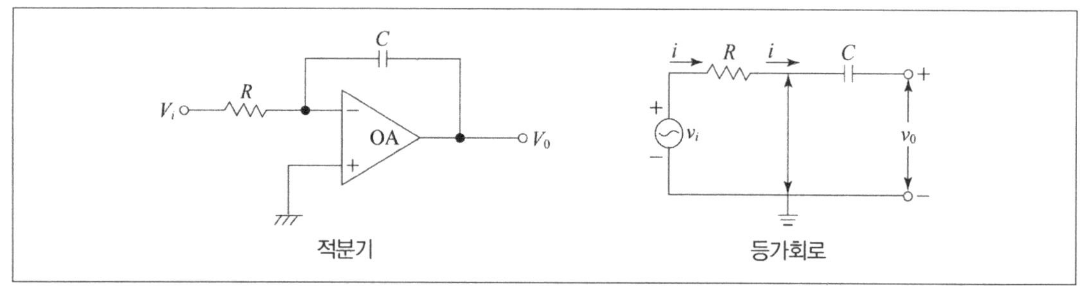

① 개념

ⓐ 연산 증폭기의 입력, 출력단을 콘덴서로 접속해 놓은 회로를 말한다.

ⓛ R과 C의 위치가 미분기와 반대이다.

② 특성

ⓐ 출력전압 V_O

$$V_O = -\frac{Z_f}{X}V_i = -\frac{V_i}{j\omega CR} \quad (Z_f = \frac{1}{j\omega C},\ Z = R)$$

ⓛ 과도 특성에서의 출력전압 V_O

$$V_O = -\frac{1}{C}\int i\,dt = -\frac{1}{RC}\int V_i\,dt$$

③ 가변 표준 전원회로

(1) 개론

① 부호변환 증폭기가 높은 개회로 이득을 가질 때, 이득은 거의 저항값의 비율로서 정해진다.

② 증폭기의 출력을 안정하게 내기 위해서는 안정된 전원의 출력을 증폭기에 연결한 후 정밀한 저항을 여러 개 선택하여 바꾸어 주면 된다.

③ 안정하게 원하는 이득을 얻으려면 귀환저항과 입력저항이 안정하고 정밀도가 높은 권선저항 등을 사용하여야 한다.

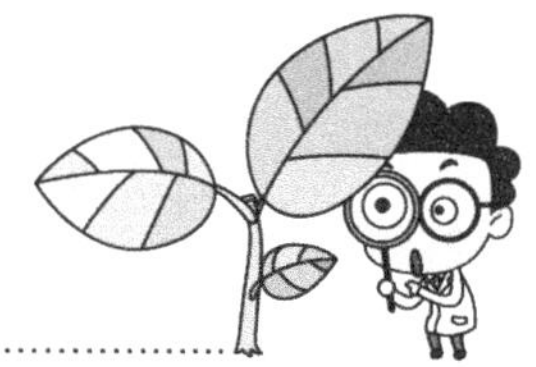

④ 증폭기의 출력저항은 그 값이 많은 양의 부귀환에 의하여 0Ω에 가깝게 되기 때문에 이 전압을 가변 표준 전원으로 사용한다.

(2) 동작원리

⊛ 가변 표준 전원 ⊛

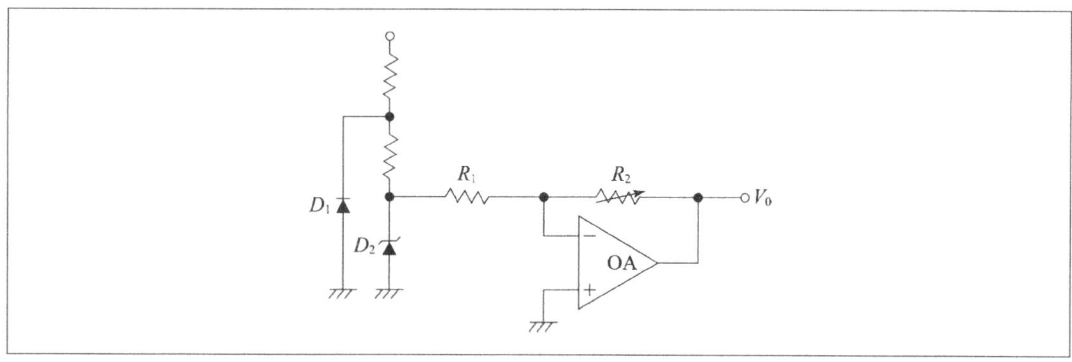

① 기준 전압으로는 제너다이오드 ZD_1으로 일정 전압을 만든 후, 온도보상용 제너다이오드 ZD_2로 안정한 V_O를 사용한다.

② 표준 전지보다 특성이 좋게 하기 위해서는 기준 전압을 제너다이오드 2단으로 하여 발생되게 한 후 ZD_2에 전류가 항상 일정하게 흐르도록 한다.

③ 출력전압의 변화는 귀환저항 R_2의 가변으로 일으킬 수 있다.

④ 필터

(1) 개념

원하는 부분의 주파수 대역의 신호만 통과시키고 이외의 신호들은 통과시키지 않는 주파수 선택성을 가진 회로를 말하고 여파기라고도 한다.

(2) 필터의 종류

① **저역 필터**(LPF)

   ㉠ 개념 : 주파수가 낮은 신호들만 통과시키는 회로를 말한다.

   ㉡ 구성 : 연산 증폭기와 R, C를 사용하여 이루어져 있다.

ⓒ 적분기의 보드 선도

- 적분기도 하나의 저역 필터로서 동작한다.
- 적분기의 주파수와 이득은 반비례한다.
- 적분기의 이득은 다음과 같다.

$$A_v(j\omega) = H(j\omega) = -\frac{\dfrac{1}{j\omega C}}{R} = -\frac{1}{j\omega CR}$$

보드 선도에 나타내었을 때에는

$$A_v(j\omega) = H(j\omega) = -\frac{1}{\omega CR}\angle 90° \text{ 에서}$$

$$M = 20\log\frac{1}{\omega CR}, \ ph = 90° \text{ 가 된다.}$$

- 입력전압은 콘덴서에 걸리는 전압보다 $90°$ 앞서고 출력전압은 입력전압보다 $180°$ 앞선다.
- 따라서 출력신호가 입력신호보다 $90°$ 앞선다.

⚘ **적분기의 보드 선도** ⚘

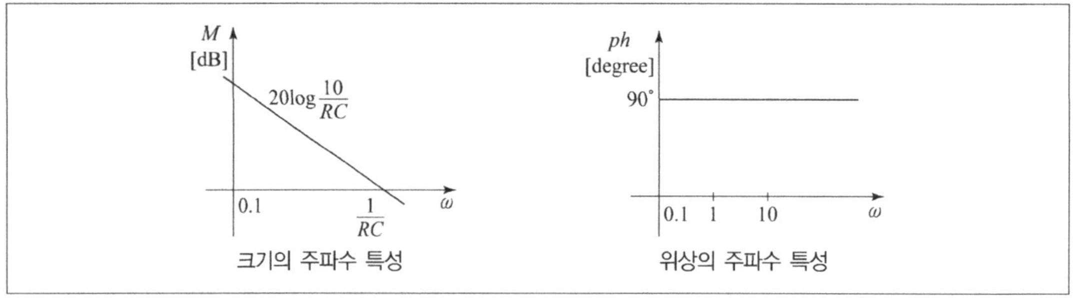

② **고역 필터**(HPF)

ⓐ **개념** : 주파수가 높은 신호들만 통과시키는 회로를 말한다.

ⓑ **구성** : 연산 증폭기와 R, C를 사용하여 이루어져 있다.

ⓒ 미분기의 보드 선도

- 하나의 고역 필터로서 미분기가 동작한다.
- 전압 증폭도의 크기는 주파수에 비례한다.
- 미분기의 이득은

$$A_v(j\omega) = H(j\omega) = -\frac{R}{\dfrac{1}{j\omega C}} = -j\omega CR = \omega CR\angle 90° \text{ 가 되고}$$

$$M = 20\log\frac{RC}{10}\text{[dB]가 된다.}$$

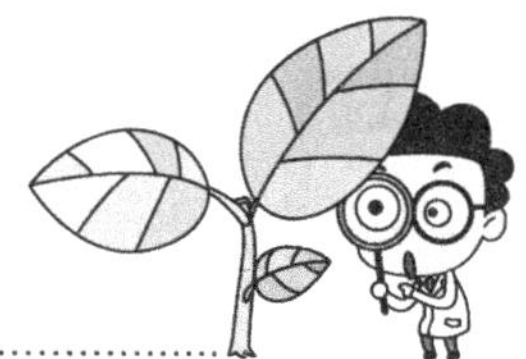

❀ 미분기의 보드 선도 ❀

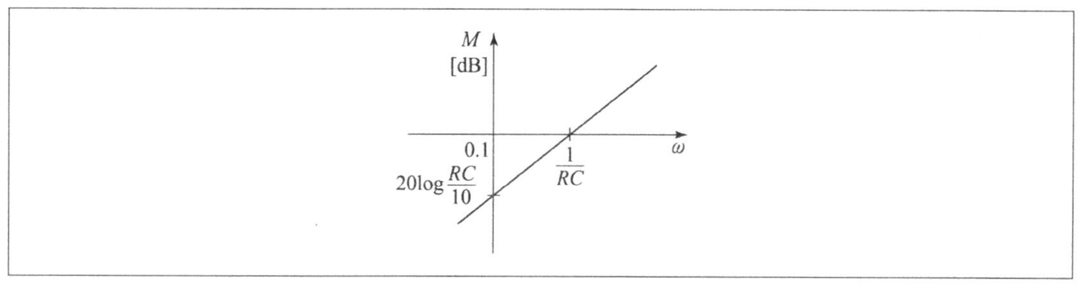

③ **대역 소거 필터**(BRF)

　㉠ **개념** : 일정 구간의 주파수 대역만 통과시키지 못하는 회로를 말한다.

　㉡ **구성** : 단일 연산 증폭기로는 얻을 수 없기 때문에 2개의 연산 증폭기를 직렬연결하여 구성한다.

❀ 대역 소거 필터 ❀

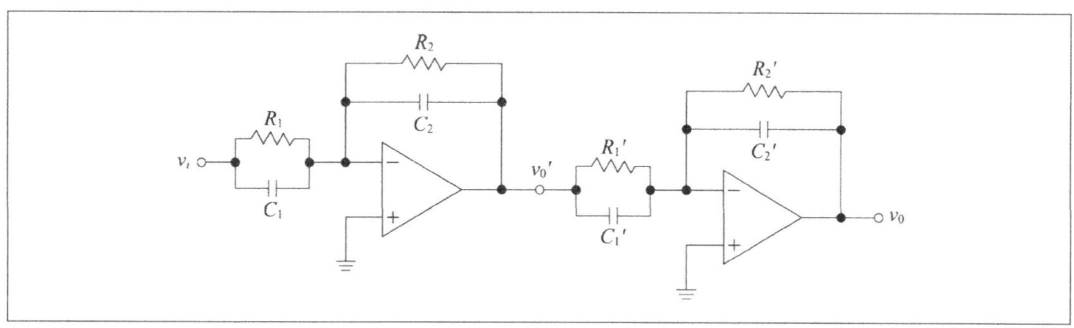

④ **대역 필터**(BPF)

　㉠ **개념** : 일정 대역의 주파수만 통과시키는 회로를 말한다.

　㉡ 단일 연산 증폭기를 사용해서 얻을 수 있다.

❀ 대역 필터 ❀

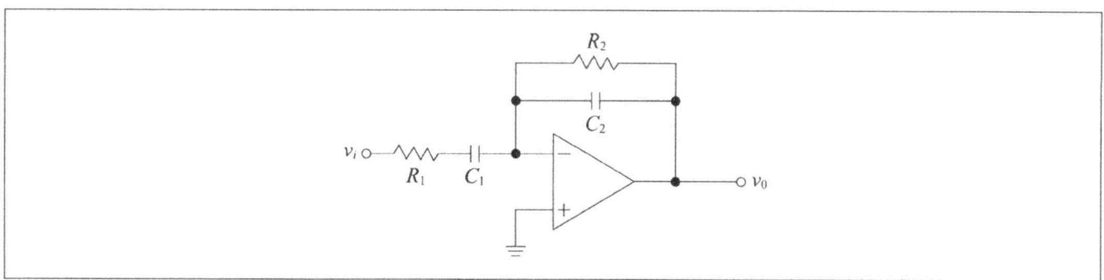

⑤ **노치 필터**(Notch filter)

　㉠ **개념** : 특정 주파수만 통과시키지 못하는 회로를 말한다.

　㉡ 대역 소거 필터의 R, C값을 조절하여 보드 선도가 $\omega = \omega'$가 되도록 한 것이다.

　㉢ 회로구성이 대역 소거 필터와 같지만 R과 C값이 조금 차이가 난다.

02 출제예상문제

1 다음 아래의 그림 같은 연산 증폭기 회로에서의 출력은?

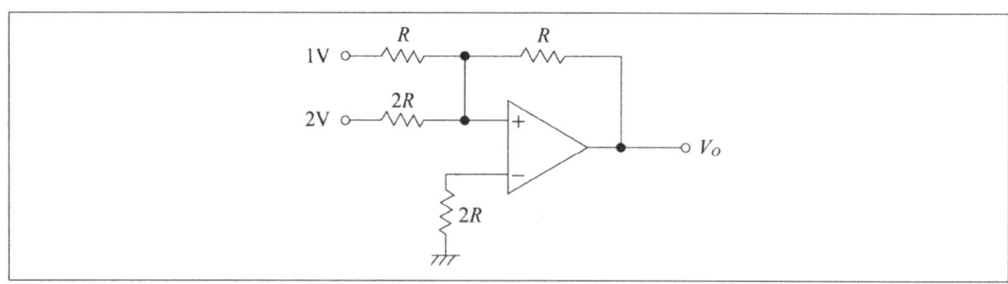

① $-2V$

② $-1V$

③ $0V$

④ $1V$

⑤ $2V$

✪note 가산기의 회로도이다.

$$V_O = \left(-\frac{R}{R} \times 1\right) + \left(-\frac{R}{2R} \times 2\right) = -2V$$

2 다음 중 적분기가 속하는 필터로 옳은 것은?

① 대역 필터(BPF)

② 고역 통과 필터(HPF)

③ 대역 소거 필터(BRF)

④ 저역 통과 필터(LPF)

✪note 적분기…낮은 주파수들만 통과시킬 수 있는 저역 통과 필터에 속한다.

✿Answer 1.① 2.④

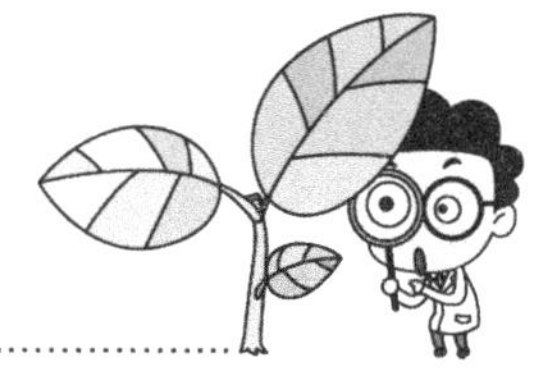

3 다음 중 연산 증폭기의 응용회로로 옳지 않은 것은?

① 감산기

② 능동 여파기

③ 가산기

④ 디지털 반가산 증폭기

> ✿▌note 연산 증폭기 응용회로의 종류 … 부호 반전기, 가산기, 감산기, 미분기, 적분기, 능동 여파기, 차동 증폭기, 아날로그 가산기

4 다음 중 그림회로의 명칭으로 옳은 것은?

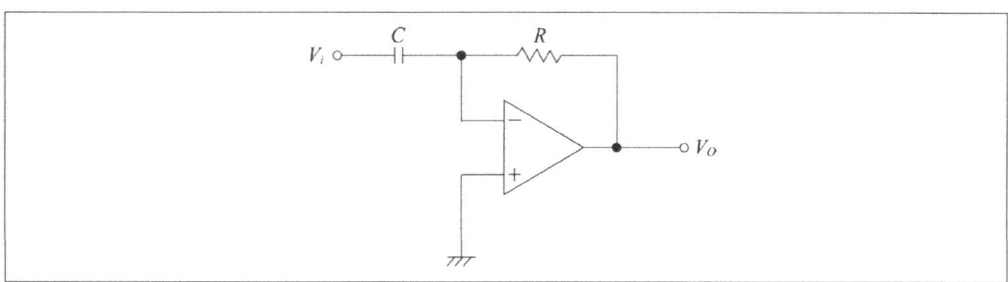

① 적분회로 ② 가산회로

③ 부호 변환회로 ④ 미분회로

⑤ 감산회로

> ✿▌note 위 그림은 미분기 회로이다.
> ※ 미분기
>   ㉠ 개념 : 회로의 형태가 반전 증폭기와 비슷하나 저항 R_1 대신에 콘덴서 C를 삽입한다.
>   ㉡ 과도 특성에서의 출력전압 V_O는
> $$V_O = -Ri = -RC\frac{dV_i}{dt} \quad (i = C\frac{dV_i}{dt})$$

5 다음 그림에서 A가 연산 증폭기일 때 입출력 관계로 옳은 것은?

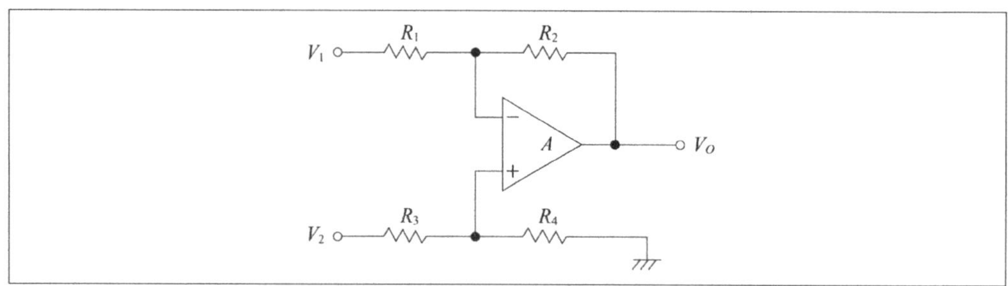

① $V_O = \dfrac{R}{2R}(V_2 - V_1)$

② $V_O = V_2 - V_1$

③ $V_O = V_2 + V_1$

④ $V_O = \dfrac{R}{R + R}(V_2 + V_1)$

✧**note** 보기는 반감산기의 회로를 나타낸 것이다.

$V_O = \dfrac{R_2}{R_1}(V_2 - V_1)$ 인데, $R_1 = R_2$ 이기 때문에 $V_O = V_2 - V_1$ 이 된다.

6 다음 회로에서 출력 V_O는 몇 V인가?

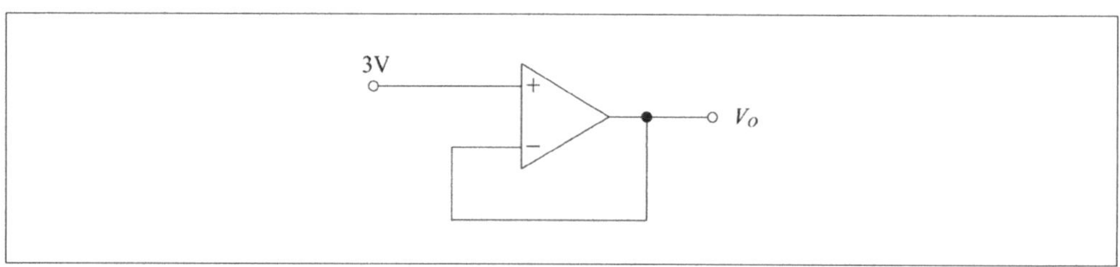

① 1V ② 3V

③ 4.5V ④ 6V

⑤ 9V

✧**note** 가상접지 개념에 의해서 반전 입력단과 비반전 입력단의 전압은 같으므로 $V_0 = 3$V가 된다.

✿**Answer** 5.② 6.②

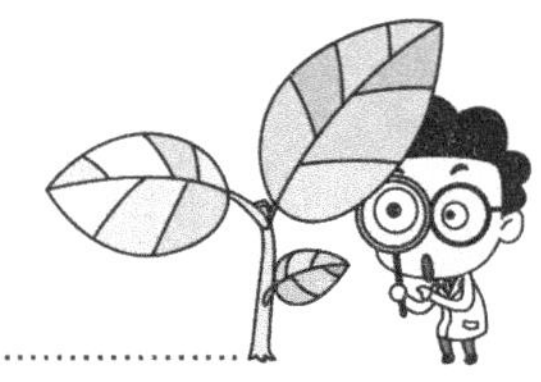

7 다음 중 보기 그림의 회로에 대한 설명으로 옳지 않은 것은?

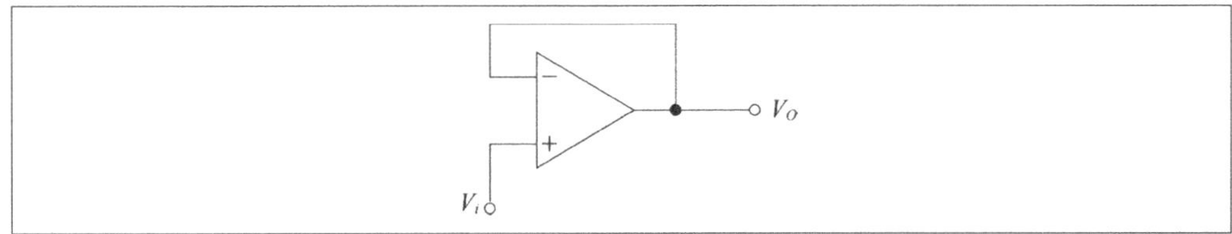

① 버퍼라고도 한다.

② 입력저항은 출력저항보다 항상 크다.

③ 구동회로의 부하 효과를 막는 데 많이 사용된다.

④ 입력전압은 출력전압의 $\frac{1}{3}$ 이다.

> ★note 위 회로는 전압 폴로어로서 회로의 상태를 보면 출력전압이 입력전압을 따라 가게 되어 있어, 결국 입력전압과 출력전압은 같다($V_O = V_i$)고 할 수 있다.

8 다음 중 보기에서의 그림 같은 연산 증폭기 회로에서 출력전압 V_O는?

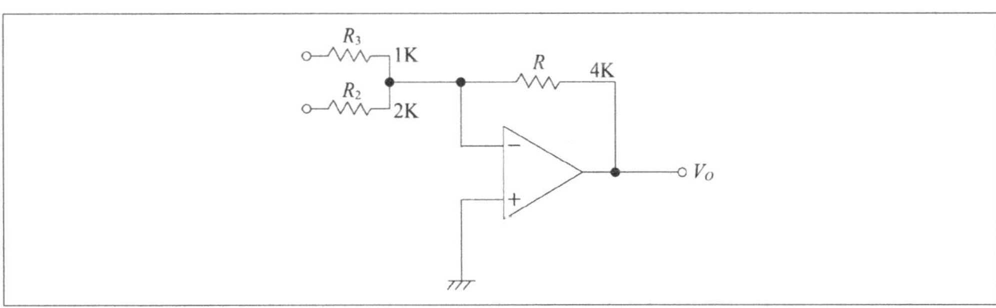

① $-2V$ ② $-4V$

③ $-8V$ ④ $-10V$

⑤ $-16V$

> ★note 그림은 가산회로이므로 출력전압 $V_O = -(\frac{4}{1} \times 1 + \frac{4}{2} \times 2) = -8V$

9 다음 회로에서 전압이득 A_v는?

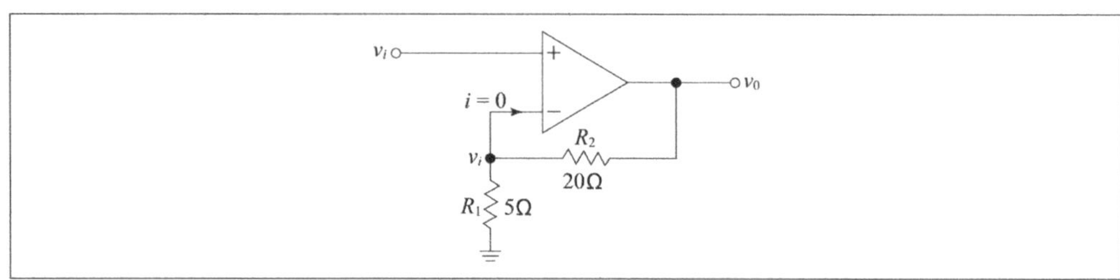

① 5

② 10

③ 15

④ 20

⑤ 25

✿note 비반전 증폭기이므로

$$A_v = \frac{v_o}{v_i}, \quad v_i = \frac{R_1}{R_1 + R_2} v_o \text{이므로}$$

$$A_v = 1 + \frac{R_2}{R_1} = 1 + \frac{20}{5} = 5$$

10 다음 그림의 필터로 옳은 것은?

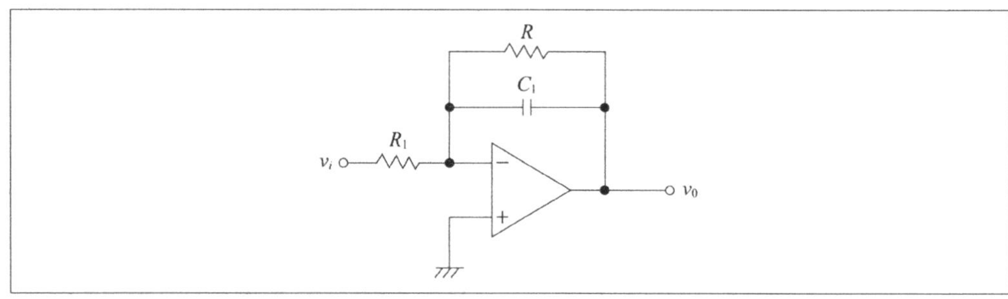

① 고역 필터

② 대역 소거 필터

③ 저역 필터

④ 대역 필터

✿note 위의 회로는 저역 필터로 신호전압 v_i의 주파수가 높아질수록 C_1에 걸리는 전압이 작아지기 때문에 v_0도 함께 작아진다.

※ 저역 필터(LPF)

　ⓐ 저역 필터의 주파수와 이득은 반비례한다.

　ⓑ 주파수가 낮은 신호들만 통과시키는 회로이다.

11 다음 그림과 같은 연산 증폭기 회로에서 저항 R_1, R_2, R_3, R_f 가 각각 1Ω 이라고 할 때 V_o 는?

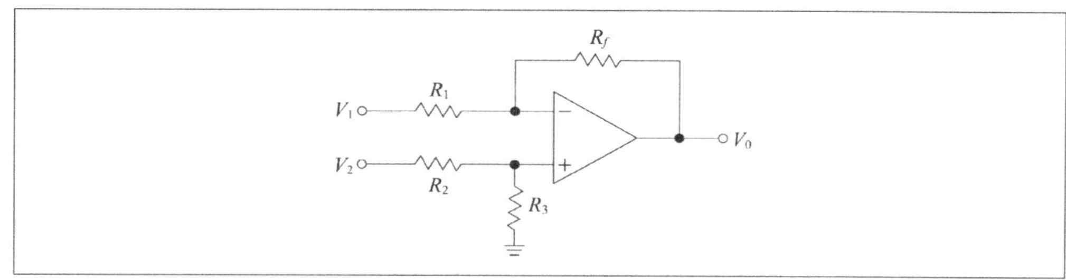

① $V_o = V_2 + V_1$

② $V_o = V_2 - V_1$

③ $V_o = \dfrac{V_2}{V_1}$

④ $V_o = \dfrac{V_1}{V_2}$

⑤ $V_o = V_1 V_2$

> **note** 그림의 회로는 감산기이다.
> $$V_o = \frac{R_f}{R_1}(V_2 - V_1) = \frac{1}{1}(V_2 - V_1) = V_2 - V_1$$

12 그림과 같은 미분회로에 사인파 V_i 를 가했을 경우 출력 V_o 는?

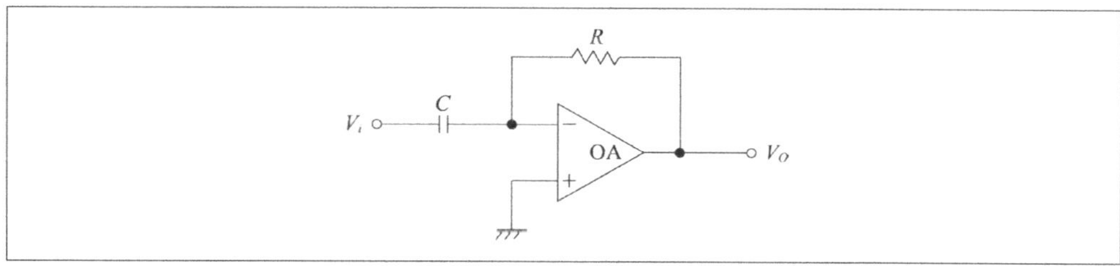

① $\dfrac{R}{j\omega C}V_i$

② $-\dfrac{R}{j\omega C}V_i$

③ $j\omega C R V_i$

④ $-j\omega C R V_i$

> **note** 미분회로에 가한 사인파 V_i 에 대한 출력은
> $$V_o = -\frac{Z_f}{Z}V_i = \frac{-R}{\dfrac{1}{j\omega C}}V_i = -j\omega C R V_i \ \left(Z_f = R,\ Z = \frac{1}{j\omega C}\right)$$
> 과도 특성에서의 출력전압
> $$V_o = -Ri = -RC\frac{dV_i}{dt} \ \left(i = C\frac{dV_i}{dt}\right)$$

Answer   11.② 12.④

13 다음 OP-AMP의 폐루프 전압이득은 얼마인가?

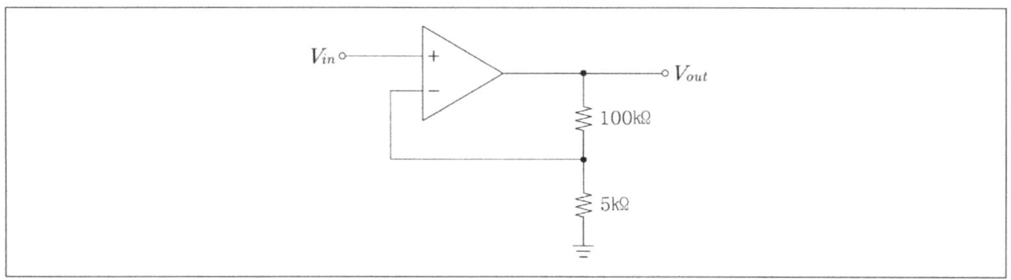

① 1

② 13

③ 20

④ 21

⑤ 30

★note
$$A_d = 1 + \frac{R_f}{R_i} = \frac{100k\Omega}{5k\Omega} + 1 = 20 + 1 = 21$$

14 다음 비 반전 증폭기의 전압이득으로 알맞은 수식은?

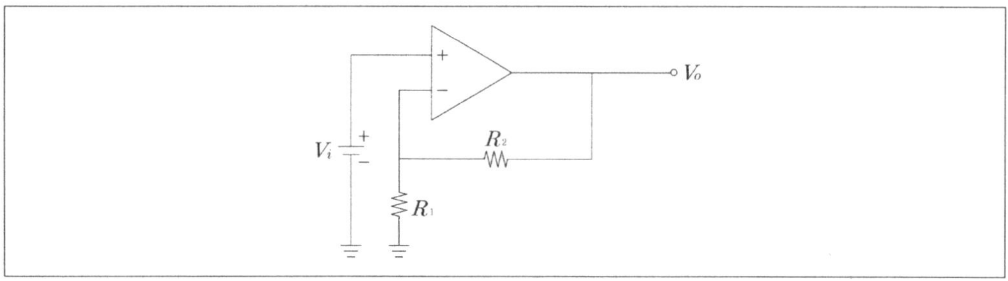

① $A_V = \dfrac{V_O}{V_i} = \dfrac{R_1}{R_2}$

② $A_V = 1 + \dfrac{R_2}{R_1} V_i$

③ $A_V = \dfrac{V_O}{V_i} = 1 + \dfrac{R_2}{R_1}$

④ $A_V = 1 + \dfrac{R_2}{R_1} V_O$

⑤ $A_V = V_O$

★note
비 반전 증폭기의 이득은 $A_V = \dfrac{V_O}{V_i} = 1 + \dfrac{R_2}{R_1}$ 이다.

Answer 13.④ 14.③

15 연산 증폭 회로의 출력 V_O는 얼마인가? (V_1=V_2=5V이다)

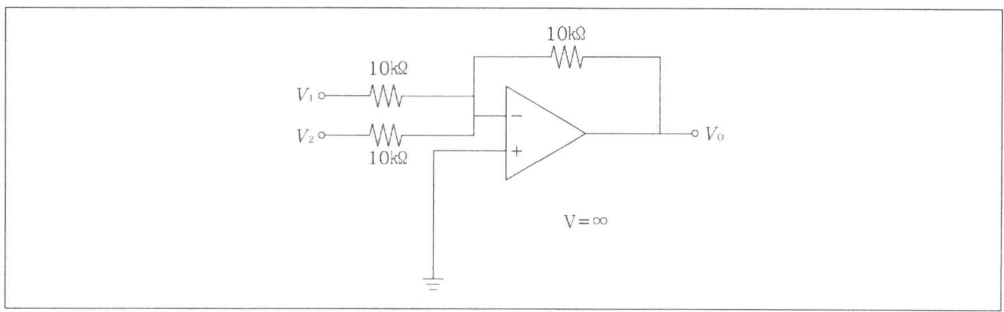

① + 5[V]　　　　　　　② + 5[V]

③ − 10[V]　　　　　　④ + 10[V]

⑤ 0[V]

☆note

$$V_O = \left(-\frac{R3}{R1}V_1\right) + \left(-\frac{R3}{R2}V_2\right)$$
$$= -\frac{10}{10}5 + -\frac{10}{10}5 = -5 + -5 = -10\,V$$

Answer　　15.③

논리회로

수의 진법과 코드

1 수의 진법

① 수의 표현과 연산

(1) 수와 진법

① **수의 체계** ⋯ 2진법, 8진법, 10진법, 16진법 등이 있다.

② **2진수의 표현**

㉠ 2진법은 0과 1, 2개의 기호로 모든 수를 나타내며 2진법에 의하여 나타내는 수를 2진수라 한다.

㉡ 스위치가 off된 상태는 0, on된 상태는 1로 표현해 전자적 형태를 0과 1의 두가지 수로 나타낼 수 있다.

㉢ 진수의 표현방법

- $N = a_n R^n + a_{n-1} R^{n-1} + \cdots + a_1 R^1 + a_0 R^0$ (a_n : 정수, $0 < a_n < R$)
- R은 밑수(진법에서 쓰이는 기호의 수)이다.

  예 $(234)_{10} = 2 \times 10^2 + 3 \times 10^1 + 4 \times 10^0$

  $(1011)_2 = 1 \times 2^3 + 0 \times 2^2 + 1 \times 2^1 + 1 \times 2^0$

  $(234A)_{16} = 2 \times 16^3 + 3 \times 16^2 + 4 \times 16^1 + 10 \times 16^0$

(2) 수의 변환

① **2진수, 8진수, 16진수를 10진수로 변환**

㉠ 정수의 변환 : 진수의 표현방법을 사용하여, 각 자리에 가중치를 곱하여 그 값을 합한다.

  예
  - $(10011)_2$을 10진수로 변환하여 보자.

    $N = 1 \times 2^4 + 0 \times 2^3 + 0 \times 2^2 + 1 \times 2^1 + 1 \times 2^0$

    $= (19)_{10}$

  - $(320)_8$을 10진수로 변환하여 보자.

    $N = 3 \times 8^2 + 2 \times 8^1 + 0 \times 8^0$

    $= (208)_{10}$

  - $(5B1)_{16}$을 10진수로 변환하여 보자.

    $N = 5 \times 16^2 + 11 \times 16^1 + 1 \times 16^0$

    $= (1457)_{10}$

ⓛ 소수점이 있는 수의 변환

예 • $(110.11)_2$을 10진수로 변환하여 보자.
$$= 1 \times 2^2 + 1 \times 2^1 + 0 \times 2^0 + 1 \times 2^{-1} + 1 \times 2^{-2}$$
$$= (6.75)_{10}$$

• $(235.4)_8$을 10진수로 변환하여 보자.
$$= 2 \times 8^2 + 3 \times 8^1 + 5 \times 8^0 + 4 \times 8^{-1}$$
$$= (157.5)_{10}$$

• $(A7.5)_{16}$을 10진수로 변환하여 보자.
$$= 10 \times 16^1 + 7 \times 16^0 + 5 \times 16^{-1}$$
$$= (167.3125)_{10}$$

② **10진수를 2진수, 8진수, 16진수로 변환**

㉠ 정수의 변환 : 10진수를 변환하고자 하는 진수의 밑수로 나누어질 때까지 계속 나누어 나머지
를 역순으로 조합하여 나타낸다.

예 • $(12)_{10}$을 2진수로 변환하여 보자.

2	12		
2	6	····· 0	
2	3	····· 0	
	1	····· 1	$(12)_{10} = (1100)_2$

• $(256)_{10}$을 8진수로 변환하여 보자.

8	256		
8	32	····· 0	
	4	····· 0	$(256)_{10} = (400)_8$

• $(755)_{10}$을 16진수로 변환하여 보자.

16	755		
16	47	····· 3	
	2	····· F(15)	$(2755)_{10} = (2F3)_{16}$

ⓛ 소수점이 있는 수의 변환 : 소수점 이상의 값은 정수의 변환으로 구하고 소수점 이하의 값은 0
이 될 때까지 변환할 진수의 밑수를 곱하여 나오는 정수를 순서대로 조합하여 나타낸다.

예 • $(25.5)_{10}$을 2진수로 변환하여 보자.

2	25		
2	12	····· 1	
2	6	····· 0	
2	3	····· 0	
	1	····· 1	$(25)_{10} = (11001)_2$

$$
\begin{array}{r}
0.5 \\
\times \quad 2 \\
\hline
1 \quad \cdots\cdots \; 1.0
\end{array}
$$
$(0.5)_{10} = (0.1)_2$

$$(25.5)_{10} = (11001.1)_2$$

• $(10.5)_{10}$을 8진수로 변환하여 보자.

$$
\begin{array}{r|l}
8 & 10 \\
\hline
& 1 \quad \cdots\cdots\; 2
\end{array}
\qquad (10)_{10} = (12)_8
$$

$$
\begin{array}{r}
0.5 \\
\times \quad 8 \\
\hline
4 \quad \cdots\cdots\; 4.0
\end{array}
\qquad (0.5)_{10} = (0.4)_8
$$

$$(10.5)_{10} = (12.4)_8$$

• $(10.5)_{10}$을 16진수로 변환하여 보자.

$$
\begin{array}{r|l}
16 & 10 \\
\hline
& 0 \quad \cdots\cdots\; A(10)
\end{array}
\qquad (10)_{10} = (A)_{16}
$$

$$
\begin{array}{r}
0.5 \\
\times \quad 16 \\
\hline
8 \quad \cdots\cdots\; 8.0
\end{array}
\qquad (0.5)_{10} = (0.8)_{16}
$$

$$(10.5)_{10} = (A.8)_{16}$$

③ **2진수, 8진수의 상호변환** ··· 8진수의 밑수 8은 2^3이므로 2진수 3비트는 8진수 1자리와 대응된다. 그러므로, 2진수를 8진수로 변환할 때에는 소수점을 중심으로 왼쪽과 오른쪽으로 각각 3자리의 2진수로 묶어 1자리의 8진수로 표현하고, 반대로 8진수를 2진수로 변환할 때에는 8진수 1자리를 2진수 3자리로 나타낸다.

예 • $(173.52)_8$을 2진수로 변환하여 보자.

$$
\begin{array}{ccccc}
1 & 7 & 3 \;\cdot\; & 5 & 2 \\
001 & 111 & 011 & 101 & 010
\end{array}
$$

따라서 $(173.52)_8 = (001111011.101010)_2$

• 2진수 010101011.100010을 8진수로 변환하여 보자.

$$
\underbrace{0\,1\,0}_{2}\;\underbrace{1\,0\,1}_{5}\;\underbrace{0\,1\,1}_{3}\;\cdot\;\underbrace{1\,0\,0}_{4}\;\underbrace{0\,1\,0}_{2}
$$

따라서 $(010101011.100010)_2 = (253.42)_8$

④ **2진수, 16진수의 상호변환** ··· 16진수를 2진수로 변환할 때에는 16진수 1자리를 2진수 4자리로 나타내고, 2진수를 16진수로 바꿀 때에는 소수점을 중심으로 왼쪽과 오른쪽으로 가면서 2진수 4자리를 묶어 16진수 1자리로 나타낸다.

예 • $(111010100.110)_2$를 16진수로 변환하여 보자.

$$
\underbrace{1}_{1}\;\underbrace{1\,1\,0\,1}_{D}\;\underbrace{0\,1\,0\,0}_{4}\;\cdot\;\underbrace{1\,1\,0}_{C}
$$

소수부분은 맨 끝자리에 0을 하나 채운 뒤 16진수로 계산한다.
따라서 $(111010100.110)_2 = (1D4.C)_{16}$

• $(562)_8$을 16진수로 변환하여 보자.
먼저 $(562)_8$을 2진수로 변환 → $(101110010)_2$

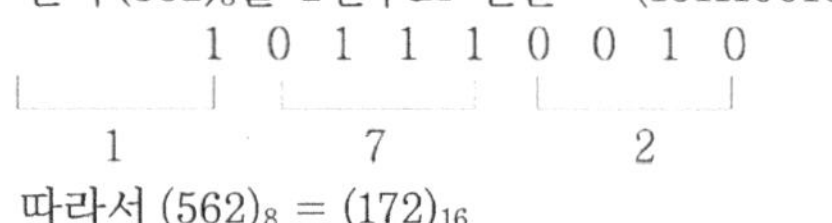

$$
\underbrace{1}_{1}\;\underbrace{0\,1\,1\,1}_{7}\;\underbrace{0\,0\,1\,0}_{2}
$$

따라서 $(562)_8 = (172)_{16}$

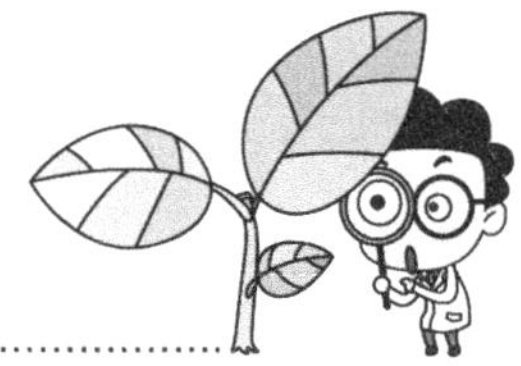

② 데이터의 표현

(1) 표준 BCD 코드

① 모든 코드의 기본이 되는 BCD(Binary coded decimal interchange)이다.

② 코드는 6비트로 하나의 문자를 나타낸다.

③ 문자의 조편성

구분	제1조	제2조	제3조	제4조
비트	11	10	01	00
문자	A~I	J~R	S~Z	0~9

④ BCD 코드의 구조

← 검사용 비트 →	← 존 비트 →		← 디짓 비트 →			
C	B	A	8	4	2	1

ⓐ 영문자는 3개조, 숫자는 하나의 조로 분류하고 제3조는 8을 둘째 번으로 시작하여 순서를 붙인다.

ⓑ BCD 코드는 최대 64문자끼리의 표현이 가능하다.

(2) EBCDIC 코드(Extended binary coded decimal interchange code)

① **개념** … BCD 코드의 존 비트를 네 개로 확장하여 최대 256문자까지 표현할 수 있도록 한 코드이다.

② EBCDIC 코드 존 비트의 구조

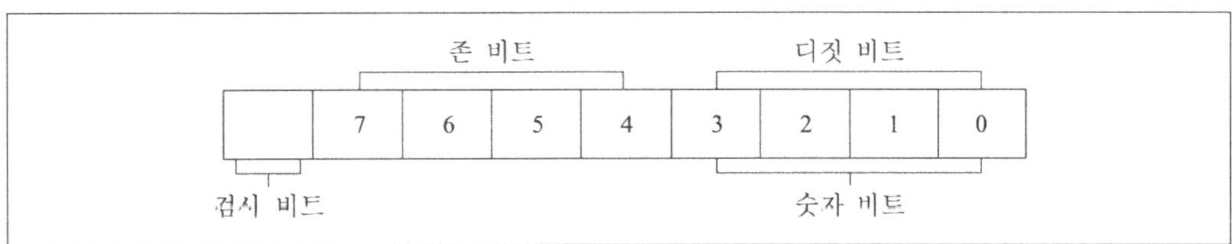

③ EBCDIC 코드는 바이트 단위 코드의 기본이 된다.

(3) ASCII 코드(American standard code for information interchange)

① **개념** … BCD 코드와 EBCDIC 코드의 중간 형태이고 미국 표준협회가 제안해 채택되었다.

② 7비트의 조합으로 사용되며 128(2^n)문자까지 표현할 수 있다.

③ **이용** … 컴퓨터 통신 터미널 사이의 정보교환, 소형 컴퓨터 등에서 사용된다.

④ **ASCII 코드의 존 비트 구조**

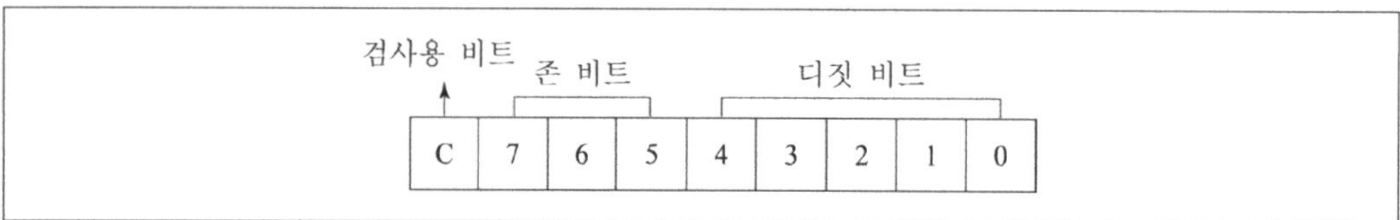

Ϗ 100 : 영문자 A ~ O(0001 ~ 1111)

☰ 101 : 영문자 P ~ Z(0000 ~ 1010)

☱ 011 : 숫자 0 ~ 9(0000 ~ 1001)

(4) 그레이 코드(Gray code)

① **개념** … ASCII 코드와 같이 각 자리에 값을 일정하게 부여하는 자릿값이 없는 코드이다.

② **2진수의 그레이 코드로의 변환** … 최상위 비트값은 그대로 내려쓰고 다음부터는 왼쪽에서 오른쪽으로 인접한 것끼리 XOR 연산을 해서 내려쓴다.

예 • 2진수 코드 : 0 $\oplus$ 1 $\oplus$ 1 $\oplus$ 0

• 그레이 코드 : 0   1   0   1

첫째자리는 그대로 사용

③ **그레이 코드의 2진수로의 변환** … 최상위 비트값은 그대로 내려쓰고 다음부터는 결과값과 인접된 수를 XOR 연산을 해서 내려쓴다.

예 • 그레이 코드 : 0   1   0   1

• 2진수 코드 : 0   1   1   0

(5) 3초과 코드(Excess－3 code)

① **개념** … 8421 코드로 표현된 값에 3을 더해 준 값으로 나타내는 코드를 말한다.

② 자기보수의 성질을 가지고 있는 비가중치 코드이다.

③ 현재의 값에서 1과 0을 맞바꾼 상태(1의 보수)는 10진수에서 9의 보수에 해당된다.

(6) 바이쾅이너리 코드와 링 카운터

① **바이쾅이너리**(biquinary)**코드**

  ㉠ 2진수의 뜻인 bit와 5의 의미인 quinary를 결합한 것이고 일명 2, 5진법이라고도 한다.

  ㉡ 1인 비트가 항상 2개이어서 오류 코드를 검사하기가 쉽다.

② **링 카운터**(Ring counter code) … 9에서 0까지의 10자리의 자릿값이 일정하고 해당 위치가 on 되면 그 값으로 사용된다.

(7) 패리티 비트와 해밍 코드

① **패리티 비트**(Parrity bit)

  ㉠ 개념 : 문자를 나타내는 코드에서 전체 1의 비트가 짝수 개 또는 홀수 개가 되도록 하여 그 코드에 덧붙이는 비트를 말한다.

  ㉡ 패리티 비트의 원리

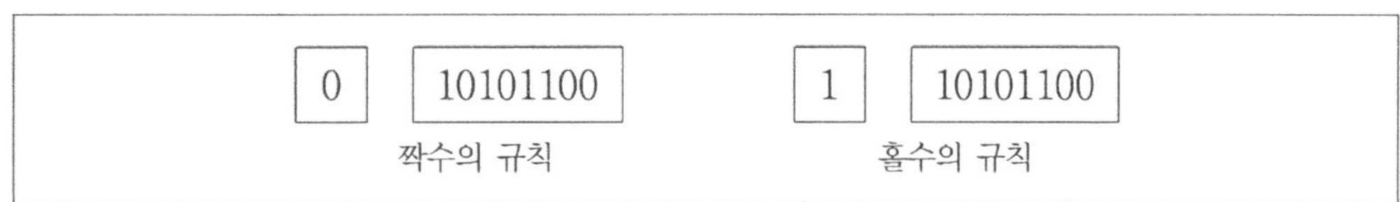

② **해밍 코드**(Hamming code)

  ㉠ 개념 : 코드의 내용을 패리티 규칙으로 검사하여 잘못된 비트를 찾아 수정할 수 있는 코드를 말한다.

  ㉡ 패리티 규칙으로 검사하는 비트가 최소 세 개(C_1, C_2, C_3)가 있어야 한다.

2 ▶ **자료의 표현**

① **수치 자료 표현**

(1) 고정 소수점

① **개념** … 소수점이 숫자의 오른쪽 끝에 고정되었다는 의미로 정수와 같다.

② **부호의 표시** … (+)값은 0으로, (−)값은 1로 나타낸다.

③ 고정 소수점 표현 형식(16비트)

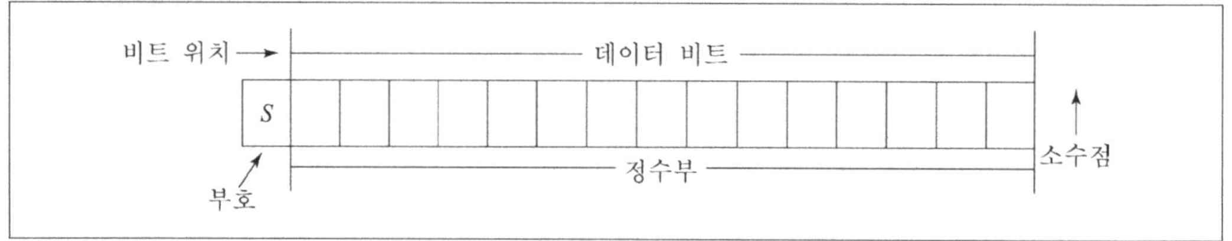

- ㉠ 부호와 절대값 : 부호를 제외한 나머지 비트를 절대값으로 나타낸다.
- ㉡ 1의 보수 표현법 : 부호를 제외한 데이터 비트를 1의 보수로 나타낸다.
- ㉢ 2의 보수 표현법 : 부호를 제외한 데이터 비트를 2의 보수로 표현한다.

(2) 부동 소수점

① **개념** … 소수점의 위치가 고정되어 있지 않고 이동된다는 것을 의미한다.

② 부호 1비트 지수 7비트를 사용하여, 1000000을 기준값으로 사용한다.

> 예 (소수점의 위치), 소수(데이터값)

③ **부동 소수점의 표현 방식** … $1234 = 0.1234 \times 10^{+4}$

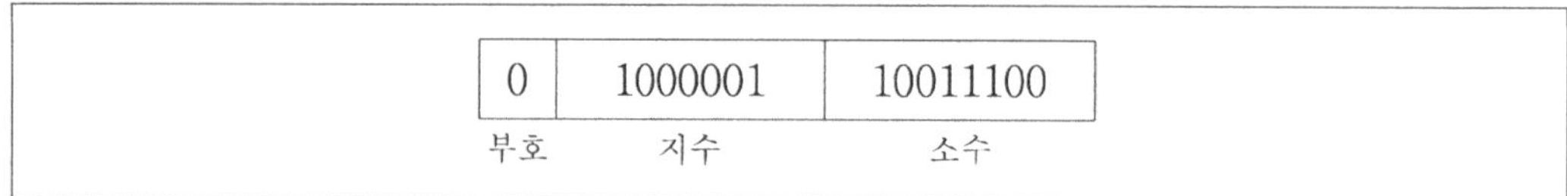

(3) 10진수 표현

① 컴퓨터에서는 2진화 10진수(BCD)로 나타낸다.

② **비팩 형식**(존 형식)

- ㉠ 10진수 한자리를 2진화 10진수와 존을 함께 나타내고, 가장 오른쪽 바이트의 존 위치에는 부호를 나타낸다.
- ㉡ 각 바이트의 부분은 존 1111(F)로 나타낸다.
- ㉢ 부호는 (+)를 1100(C), (−)를 1101(D)로 나타낸다.

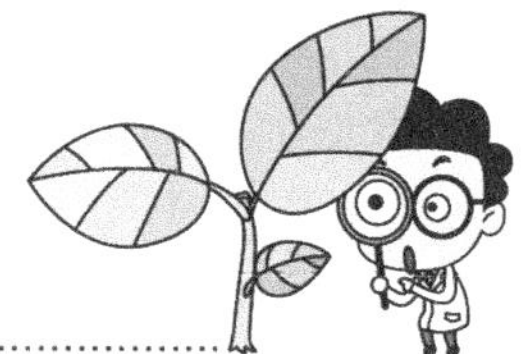

ⓔ 비팩 형식의 표현

비트 열구분	1	2	3	4	5	6	7	검사내용
원래 코드	1	1	0	0	1	1	0	1이 홀수개 = 1
오류 코드	1	1	0	0	0	1	0	1이 짝수개 = 0
C_1 검사	1	1	0		0	1	0	1이 홀수개 = 1
C_2 검사			0		0	1	0	C_3, C_2, C_1 = 101
C_3 검사							0	
검사결과								

	+5789	F5	F7	F8	C9
	−5789	F5	F7	F8	D9

③ 팩 형식

ⓖ 각 바이트에 2진화 10진수 두자리씩으로 나타내어 더 많은 수를 나타낸다.

ⓛ 10진법 계산 때에는 01형으로 계산한다.

ⓒ 왼쪽 바이트에 자리가 남으면 0으로 채운다.

ⓔ 팩 형식의 표현

	+5789	00	05	78	9C
	−5789	00	05	78	9D

② 자료의 외부적 표현

(1) 자화 방식

① 개요

ⓖ 플라스틱 등의 표면에 자화물질을 입힌 다음 전자석의 원리를 이용해 자화시키는 방법을 말한다.

ⓛ 1과 0을 기록하여 표현한다.

② **적용분야**

　㉠ 자기 테이프

　㉡ 자기 디스크 : 하드 디스크, 디스켓 등 다양한 형태로 사용된다.

(2) 한글과 기록방식

① 하나의 문자를 16비트를 사용해 표현한다.

② **조합형**

　㉠ 개념 : 한글자의 초성·중성·종성을 각각 5비트로 나타내고 처음 비트를 한글임을 나타내도록 하는 방식이다.

　㉡ 조합형 구조

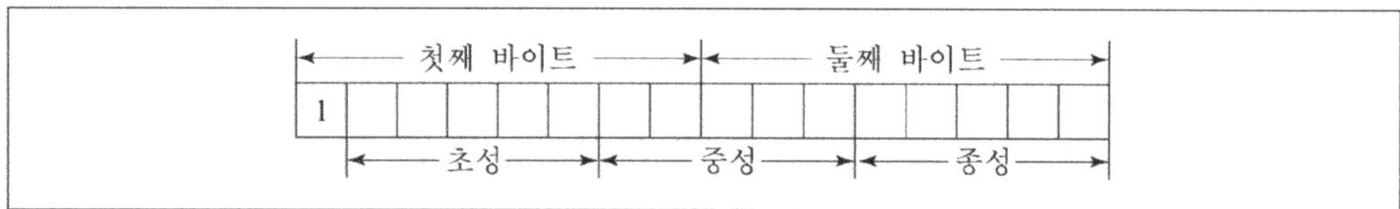

③ **완성형**

　㉠ 완전한 한글과 한글, 한자, 로마자 등에 대해 코드값을 고유한 것으로 부여한다.

　㉡ 코드를 생성 가능한 8,000여자 중 4,888자에 대하여 부여하였다.

　㉢ 단점 : 모든 글자의 표현이 어렵다.

④ **기록 방식**

　㉠ 광학 문자(OCR : Optical character reader) : 편리하나 정해진 양식에 정자로 기록하거나 광학 문자 타자기로 표시해야 한다.

　㉡ 광학 마크(OMR) : 천공 카드의 천공 위치에 연결이나 수성 사인펜 등으로 마크하는 형식을 가진다.

01 출제예상문제

1 이진수 11.101을 십진수로 변환한 값은?

① 2.375

② 3.208

③ 3.502

④ 3.625

> ✪note $11.101_2 = 2^1 + 2^0 + \dfrac{1}{2^1} + \dfrac{1}{2^3} = 2 + 1 + 0.5 + 0.125 = 3.625$

2 다음은 2의 보수를 이용한 2진수의 뺄셈 과정을 표기한 것으로 ㉠, ㉡에 들어갈 숫자는?

$$010110 - 001100 = 010110 + (\ ㉠ \ ) = (\ ㉡ \ )$$

	㉠	㉡		㉠	㉡
①	110011	1001010	②	110100	1001010
③	110011	001010	④	110100	001010

> ✪note 2의 보수는 1의 보수에 1을 더하면 되므로 001100의 보수는 110011,
> 여기에 1을 더하면 110100
> 010110+110100=1001010에서 발생한 자리올림을 버리면 001010이 된다.

3 다음 2개의 4비트 2진 코드 A, B를 그레이 코드로 옳게 변환한 것은?

	A : 0110	B : 1101		A : 0110	B : 1101
①	0111	1101	②	0101	1011
③	0111	1011	④	0101	1101

> ✪note 그레이 코드로 변환시 첫 번째 비트는 그대로 쓰고 이웃한 두 비트를 배타적 OR연산을 하면 된다.
> 0110은 0101, 1101은 1011이 된다.

🌱Answer 1.④ 2.④ 3.②

4 논리식 $A + A\overline{B}$를 간단히 하면?

① A

② B

③ $A\overline{B}$

④ $\overline{A}\,B$

☆▌note $A + A\overline{B} = A(1 + \overline{B}) = A \cdot 1 = A$

5 다음 중 10진수 0.65625를 2진수로 바꾼 것은?

① 0.10101

② 0.10111

③ 0.11101

④ 0.11111

⑤ 0.11011

☆▌note
$2 \times 0.65625 \rightarrow 1 \quad 0.3125$
$2 \times 0.3125 \;\;\rightarrow 0 \quad 0.625$
$2 \times 0.625 \;\;\;\rightarrow 1 \quad 0.25$
$2 \times 0.25 \;\;\;\;\rightarrow 0 \quad 0.5$
$2 \times 0.5 \;\;\;\;\;\rightarrow 1$
따라서 $(0.65625)_{10} = (0.10101)_2$

6 다음 중 $(12)_{10}$을 그레이 코드로 변환한 것은?

① 1010

② 0011

③ 0100

④ 1111

⑤ 0111

☆▌note $(12)_{10}$을 2진수로 변환하면 $(1100)_2$이다. $(1100)_2$를 그레이 코드로 변환하면

2진수 $1 \rightarrow 1 \rightarrow 0 \rightarrow 0$

그레이 코드 1 0 1 0

7 다음 중 그레이 코드 1101을 2진수로 변환한 것으로 옳은 것은?

① 1001 ② 1011
③ 1101 ④ 1111

☆❚note 그레이 코드 1   1   0   1
                     ↓⊕↗↓⊕↗↓⊕↗↓
         2진수   1   0   0   1

8 입력이 하나라도 1이면 출력이 0이 되는 논리식은?

① $Y = A \cdot B$ ② $Y = A + B$
③ $Y = \overline{A + B}$ ④ $Y = \overline{A \cdot B}$

☆❚note 입력단자가 하나라도 1일 때 출력이 0이 되는 논리회로는 OR이다.

9 $1111_2 + 1010_2$를 계산한 것으로 옳은 것은?

① 11001 ② 10111
③ 11101 ④ 10101
⑤ 10011

☆❚note 2진수의 계산시 합이 2가 되면 사리올림을 한나.

10 다음 중 MOS 논리회로의 특징으로 옳지 않은 것은?

① 입력 임피던스가 높다.
② TTL과의 혼용이 쉽지 않다.
③ 소비전력이 크다.
④ 잡음 여유도가 크다.

☆❚note ③ 소비전력이 작다.

❤Answer   7.① 8.③ 9.① 10.③

11 집적회로(Integrated circuit)의 제작순서로 옳은 것은?

① 표면 처리 – 금속화 및 연결 – epitaxial – 반도체층의 확산
② 금속화 및 연결 – 반도체층의 확산 – epitaxial – 표면 처리
③ 표면 처리 – epitaxial – 반도체층의 확산 – 금속화 및 연결
④ 금속화 및 연결 – epitaxial – 반도체층의 확산 – 표면 처리

> **note** 집적회로(IC)의 제작 단계 … 표면 처리 – 에프텍셜(epitaxial) 성장 – 분리확산 – 베이스 및 이미터 확산 – 금속화 및 연결

12 $1FE_{16}$은 10진수로 얼마인가?

① 510
② 511
③ 512
④ 513
⑤ 514

> **note** $1 \times 16^2 + 15 \times 16^1 + 14 \times 16^0 = 256 + 240 + 14 = 510$

13 다음 중 3초과 코드(Exess–3 code)에 대한 설명으로 옳은 것은?

① 자기보수화 특성을 가지고 있다.
② 가중치 코드이다.
③ 오류를 검출·수정하는 코드이다.
④ 2421 코드에 3을 더한 코드이다.

> **note** 3초과 코드
> ㉠ 8421코드에 11_2를 더한 코드로 0000, 0001, 0010, 1101, 1110, 1111 등은 사용하지 않게 된다.
> ㉡ 자기보수화의 특성을 가지고 있고 비가중치 코드이다.

14 A = 0101, B = 1000의 두 3초과 코드수를 합산한 결과로 옳은 것은?

① 1000
② 1010
③ 1101
④ 100008421

> **note** 3초과 코드의 가산은 자리올림수가 발생하지 않으면 0011을 빼주고, 자리올림수가 발생하면 0011을 더해줘야 한다.

Answer 11.③ 12.① 13.① 14.②

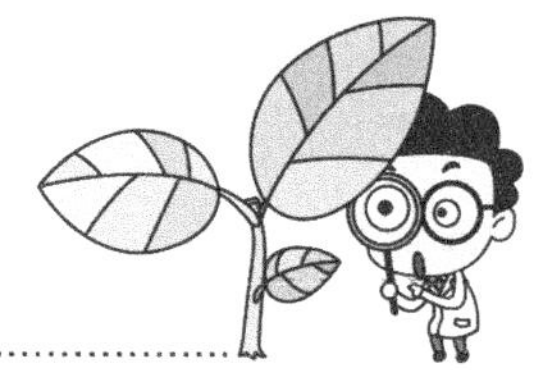

15 10진수 254를 8진수로 변환한 것은?

① 358_8

② 367_8

③ 376_8

④ 384_8

⑤ 387_8

☆note 변환하려는 수를 8로 나누어 각각의 나머지를 구하면 된다.

$$
\begin{array}{rl}
8\ )\ 254 & \cdots 6 \\
8\ )\ \ 31 & \cdots 7 \\
8\ )\ \ \ 3 & \cdots 3 \\
0 & \cdots 0
\end{array}
$$

16 2진법의 곱셈 1010×0101의 값은?

① 0110001

② 0110010

③ 0111001

④ 1110001

☆note 10진법의 곱셈법과 똑같이 곱해지는 수에 0을 곱할 때 그 수를 0으로 하고 1은 곱해지는 수를 그대로 놓아 전체를 덧셈하면 된다.

$$
\begin{array}{r}
1010 \\
-)\ 0101 \\
\hline
1010 \\
0000 \\
1010 \\
0000 \\
\hline
0110010
\end{array}
$$

17 다음 중 10진법을 2진법으로 옳게 나타낸 것은?

① $3_{10} = 10_2$

② $7_{10} = 10115_2$

③ $11_{10} = 1111_2$

④ $16_{10} = 10000_2$

☆note ① $3_{10} = 11_2$

② $7_{10} = 111_2$

③ $11_{10} = 1011_2$

Answer 15.③ 16.② 17.④

18 10진수 25.5625를 2진수로 바르게 나타낸 것은?

① 11001.0111　　　　　　　　　② 00110.0011

③ 11001.1001　　　　　　　　　④ 01010.0011

　　note 25를 2로 나누어 2진수로 하면 $(11001)_2$이고 0.5625를 2로 곱하여 1을 만들어 2진수로 하면 $(0.1001)_2$이므로 10진수 25.2625 = 2진수 11001.1001이다.

19 외부 자료표현으로 가장 많이 쓰이는 것은?

① ASCII 코드　　　　　　　　　② BCD 코드

③ 해밍 코드　　　　　　　　　　④ 그레이 코드

　　note ① 7비트(존 3, 숫자 4)의 조합으로 128가지 문자표현이 가능하며, 미국 표준화 코드이다.
② 6비트(존 2, 숫자 4)의 조합으로 64가지의 문자표현이 가능하다.
③ 데이터의 오류를 검출 및 수정까지 하는 코드이다.
④ 가중치가 없는 코드로, 단일비트가 변화하여 새로운 코드가 만들어지는 코드이다.

20 다음 중 2진수 001111의 2의 보수를 나타낸 것으로 옳은 것은?

① 001110　　　　　　　　　　　② 000011

③ 110000　　　　　　　　　　　④ 110001

　　note 2진수 001111의 1의 보수는 110000이므로 1의 보수의 최하위 비트에 1을 더하면 2의 보수는 110001이 된다.

21 정보처리의 최소단위는 무엇인가?

① Bit　　　　　　　　　　　　② Byte

③ Word　　　　　　　　　　　④ Record

　　note ① 자료표현의 최소단위이다.
② 컴퓨터가 처리하는 정보의 기본단위이다.
③ Byte 상위개념으로 Half Word(2바이트), Full Word(4바이트), Double Word(8바이트)가 있다.
④ Field의 상위개념으로 정보의 기본단위로 취급하는 각 영역의 모임이다.

Answer　　18.③　19.①　20.④　21.②

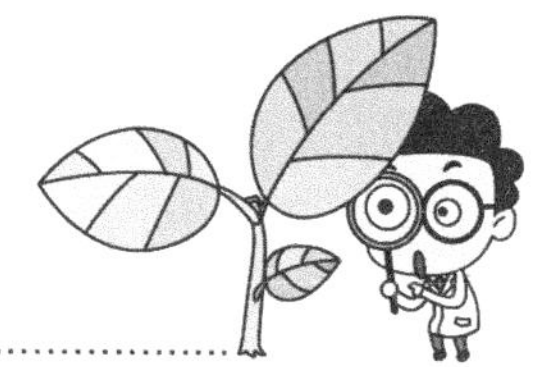

22 다음 중 아스키 코드에 대한 설명으로 옳은 것은?

① 아스키 코드에 10진수 3을 더하면 3초과(EXCESS-3) 코드가 된다.

② 7bit의 조합으로 패리티 비트 1bit를 추가하여 사용한다.

③ 유니코드처럼 만국문자를 표현할 수 있다.

④ BCD코드를 확장한 것으로 8개의 bit를 사용하여 하나의 문자를 표현한다.

> ⭐**note**　ASCII 코드
> ㉠ 미국 표준화 코드로 컴퓨터 상호간의 데이터 전송을 쉽게 하기 위한 코드이다.
> ㉡ 7bit의 조합으로 사용되며 $128(2^7)$자까지 표현이 가능하다.
> ㉢ 오류검사용 패리티 bit 하나를 추가하여 8bit로 2진 코드화하여 byte 단위의 전송이 가능하다.

23 다음 코드 중 가중치가 없는 코드는?

① Gray Code

② Ascii Dode

③ Biqunary Code

④ BCD Code

⑤ Hamming Code

> ⭐**note**　② 7비트(존 3, 숫자 4)이며 128개의 문자표현이 가능한 코드이다.
> ③ 가중값을 갖는 7비트 코드로 2개의 1과 5개의 0으로 구성된다.
> ④ 6비트(존 2, 숫자 4)이며 64개의 문자표현이 가능하다.
> ⑤ 오류의 검출뿐만 아니라 교정까지 할 수 있는 코드이다.

24 패리티 비트에 대한 설명 중 맞는 것은?

① 에러를 검색할 수 있다.

② 에러를 교정만 할 수 있다.

③ 에러를 검색할 수 있고, 교정도 할 수 있다.

④ 에러를 검색할 수 없고, 교정도 할 수 없다.

> ⭐**note**　패리티 비트 … 에러를 검색할 수 있으나 교정은 불가능하다.

Answer　22.②　23.①　24.①

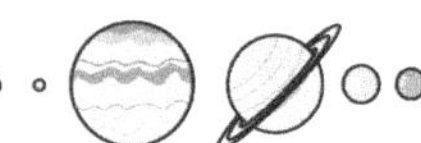

25 다음 중 가장 큰 수는?

① $(1101111)_2$ ② $(150)_6$

③ $(113)_{10}$ ④ $(163)_8$

> ✧note
> ① $1 \times 2^6 + 1 \times 2^5 + 0 \times 2^4 + 1 \times 2^3 + 1 \times 2^2 + 1 \times 2^1 + 1 \times 2^0 = 111$
> ② $1 \times 6^2 + 5 \times 6^1 + 0 \times 6^0 = 66$
> ③ $1 \times 10^2 + 1 \times 10^1 + 3 \times 10^0 = 113$
> ④ $1 \times 8^2 + 6 \times 8^1 + 3 \times 8^0 = 115$

26 BCD 코드표는 몇 가지의 문자표현이 가능한가?

① 256 ② 16

③ 32 ④ 64

⑤ 128

> ✧note BCD 코드는 6비트를 사용하므로 $2^6 = 64$개의 문자표현이 가능하다.

27 다음 수 중에서 크기가 서로 다른 것은?

① $(23.75)_{10} = (10111.11)_2$

② $(172.75)_{10} = (254.6)_8$

③ $(933.23)_{10} = (3A5.3A)_{16}$

④ $(10111.101)_2 = (17.5)_{16}$

⑤ $(253.75)_8 = (AB.F4)_{16}$

> ✧note ④ 2진수의 4자리가 16진수의 1자리를 나타낸다.
> $(10111.101)_2 = (17.A)_{16}$
>
> ```
> 1 0111 · 101
> |  └─┘   └─┘
> 1   7     10
> ```

28 정보의 단위가 하위개념에서 상위개념에 이르도록 올바르게 나열한 것은?

① 문자 → 레코드 → 항목 → 파일 → 비트

② 비트 → 문자 → 항목 → 레코드 → 파일

③ 비트 → 문자 → 항목 → 파일 → 레코드

④ 비트 → 항목 → 문자 → 파일 → 레코드

> ✿note 정보단위의 순서 ⋯ 비트→바이트→워드→필드→레코드→파일→데이터베이스

29 10진수 45.25를 2진수로 변환하면?

① 101101.01

② 101101.11001

③ 101101

④ 101101.1

> ✿note 45를 2로 나누어 생긴 나머지를 역순으로 배열하고 0.25는 2를 곱해서 1이 나올 때까지 곱하
> 여 앞자리에 생긴 0만큼 소수점 아래로 이동한다.

$$
\begin{array}{r|l}
2 & 45 \\
2 & 22 \quad \cdots\cdots\ 1 \\
2 & 11 \quad \cdots\cdots\ 0 \\
2 & 5 \quad \cdots\cdots\ 1 \\
2 & 2 \quad \cdots\cdots\ 1 \\
& 1 \quad \cdots\cdots\ 0
\end{array}
\qquad 45 = (101101)_2
$$

$$
\begin{array}{r}
0.25 \\
\times\ \ 2 \\
\hline
0 \ \cdots\cdots\ 0.50 \\
\times\ \ 2 \\
\hline
1 \ \cdots\cdots\ 1.0
\end{array}
\qquad 0.25 = (0.01)_2
$$

$$45.25 = (101101.01)_2$$

논리회로

1 불 대수와 카르노 맵

① 불 대수(드 모르간의 법칙)

(1) 불 대수

① 디지털 신호와 불 대수

  ㉠ 불 대수의 개념 : 두 가지의 요소에 대해 하나를 택하는 것과 같은 연산을 수행하는 논리를 말한다.

  ㉡ 불 대수 표현 : 0, 1, ON, OFF, TRUE, FALSE

② 불 대수의 기본연산

  ㉠ 논리곱(AND)

    • 개념 : 두가지 명제의 조건이 연속될 경우 앞의 것도 참이고 다음 것도 참이어야 하는 논리를 말한다.

    • 표현 : $A \cdot B$, A AND B, AB, $A \wedge B$, $A \cap B$

    • 진리표

A	B	$A \cdot B$
0	0	0
0	1	0
1	0	0
1	1	1

  ㉡ 논리합(OR)

    • 개념 : 두가지 조건의 명제에서 둘 중 하나만 만족해도 되는 경우를 말한다.

    • 표현 : $A + B$, A OR B, $A \cup B$, $A \vee B$

- 진리표

A	B	$A + B$
0	0	0
0	1	1
1	0	1
1	1	1

ⓒ 논리부정(NOT)

- 개념 : 현재의 명제를 부정하는 것을 말한다.
- 표현 : A', NOT A
- 진리표

A	A'
0	1
1	0

ⓔ 배타적 논리합(Exclusive OR)

- 개념 : 두 개의 명제 조건이 서로 반대로 논리합의 형태를 취하여 $A'B + AB'$와 같은 논리관계를 가지는 것을 말한다.
- 표현 : A XOR B, $A \oplus B$
- 진리표

A	B	$A \oplus B$
0	0	0
0	1	1
1	0	1
1	1	0

③ **불 대수의 기본법칙**

㉠ 불 대수 공리

- 공리 1
  - $A \neq 0$이면 $A = 1$이다.
  - $A = 1$이면 $A' = 0$이다.
  - $A \neq 1$이면 $A = 0$이다.
  - $A = 0$이면 $A' = 1$이다.
- 공리 2
  - $0 \cdot 0 = 0$
  - $0 + 0 = 0$

- 공리 3
  - $1 \cdot 1 = 1$
  - $1 + 1 = 1$
- 공리 4
  - $0 \cdot 1 = 0$
  - $0 + 1 = 1$
- 공리 5
  - $1' = 0$
  - $0' = 1$

ⓛ 불 대수 기본정리
- 정리 1 : $A + 0 = A$, $A \cdot 0 = 0$
- 정리 2 : $A + A' = 1$, $A \cdot A' = 0$
- 정리 3 : $A + A = A$, $A \cdot A = A$
- 정리 4 : $A + 1 = 1$, $A \cdot 1 = A$

ⓒ 교환정리 : 불 대수식에서 연산순서를 바꾸어도 동일한 결과가 나오는 정리를 말한다.

> 예 · $A + B = B + A$
> · $A \cdot B = B \cdot A$

ⓔ 결합정리 : 괄호 내에서 먼저 결합된 것을 순서를 바꾸어 괄호 바깥의 것과 먼저 결합하여도 같은 결과가 나오는 정리를 말한다.

> 예 · $A + (B + C) = (A + B) + C$
> · $A \cdot (B \cdot C) = (A \cdot B) \cdot C$

ⓜ 분배정리 : 동일한 연산을 괄호로 묶은 것은 괄호 내부의 요소에 바깥의 요소가 공통적으로 할당됨으로서 개별적으로 할당한 것을 괄호 내부의 연산으로 수행하여도 같은 결과가 나오는 정리를 말한다.

> 예 · $A \cdot (B + C) = A \cdot B + A \cdot C$
> · $A + (B \cdot C) = (A + B) \cdot (A + C)$

ⓗ 부정정리 : 현재의 명제를 부정하는 정리를 말한다.

> 예 · $(A')' = A$
> · $A + A' = 1$
> · $A \cdot A' = 0$

ⓢ 드모르간(De morgan) 정리

> 예 · 드모르간의 제1법칙 : $(A + B)' = A' \cdot B'$
> · 드모르간의 제2법칙 : $(A \cdot B)' = A' + B'$

(2) 논리회로

① **논리식의 전개**

　㉠ 논리식의 유도

　　• 최대항 : 논리합 형식이다.

　　• 최소항 : 논리곱 형식이다.

　㉡ 최소항에 의한 논리식

　　• 정상형은 입력변수가 1인 경우를 말하고, 보수형은 0인 경우를 말한다.

　　• 결과 : $Y = AB' + AB$

　㉢ 최대항에 의한 논리식

　　• 최소항의 반대로 결과가 0인 최대항을 논리곱으로 결합한다.

　　• 결과 : $Y = (A + B) \cdot (A + B')$

A	B	결과(Y)	최소항	최대항
0	0	0	$A'B'$	$A + B$
0	1	0	$A'B$	$A + B'$
1	0	1	AB'	$A' + B$
0	1	1	AB	$A' + B'$

② **논리함수의 간소화**

　㉠ 보다 간단한 회로를 설계하기 위해서 함수를 간소화한다(게이트나 기판이 작아질수록 금액이 더 적게 든다).

　㉡ 공리와 기본정리의 이용

　　• $Y = (A + B) \cdot (A + C)$

　　　$= AA + AC + AB + BC$

　　　$= (A + AC) + AB + BC$

　　　$= A + AB + BC$

　　　$= A + BC$

　　• $Y = (A + B)(A + B')$

　　　$= A + A(B + B')$

　　　$= A + A(1)$

　　　$= A$

　㉢ 항들의 결합 : $A + A = A$

　　　예 $ABC + ABC + A'BC = ABC + ABC + ABC + A'BC$

　　　　　　　　　　　　$= AB(C + C) + (A + A')BC$

　　　　　　　　　　　　$= AB + BC$

② 항들의 소거

- $A + AB = A$
- $AB + A'C + BC = AB + A'C$

  예 $A'B + A'BC = A'B(1 + C) = A'B$

⑩ 리터럴의 소거 : $A + A'B = A + B$

  예 $A'B + A'B'CD' + ABCD' = A'(B + B'CD') + ABCD'$
  $$= A'(B + CD') + ABCD'$$
  $$= B(A' + ACD') + A'CD'$$
  $$= A'B + BCD' + A'CD'$$

⑪ 여분의 항 추가 : AA'를 함수에 더하고, $(A + A')$를 함수에 곱한다.

  예 $WX' + XY + X'Z' + WY'Z' = WX + XY + X'Z' + WY'Z' + WZ' \cdots WZ'$ 추가
  $$= WX + XY + X'Z' + WZ' \quad\cdots\cdots\cdots\cdots WY'Z' \text{ 제거}$$
  $$= WX + XY + X'Z' \quad\cdots\cdots\cdots\cdots\cdots\cdots WZ' \text{ 제거}$$

② 카르노 맵

(1) 카르노 맵의 정의

논리식의 간소화 과정을 그림으로 나타내므로 변수 5~6개 이하로 구성된 논리식을 간소화하는 데 편리하다.

(2) 1변수와 2변수 카르노 맵

① 한 개의 논리변수 A의 값은 0 또는 1이기 때문에 두 개의 칸으로 표시하고, 카르노 맵을 표현한 사각형의 오른쪽 칸은 1에 대응하는 논리변수, 왼쪽 칸은 0에 대응하는 논리변수라고 한다.

A	0	1
	X'	X

② 2개의 논리변수

  ㉠ 네 가지 조합이 입력가능한 값으로, 여기에 대응하는 최소항을 사각형에 나타낸다.

  ㉡ 입력변수가 A와 B일 경우 A를 행에, B를 열에 위치시키고, 행의 위에 0을 위치시켜 교차되는 지점에 최소항을 표현한다.

  ㉢ 2변수 카르노 맵과 최소항

  - 2변수 카르노 맵

B＼A	0	1
0	$A'B'$	AB'
1	$A'B$	AB

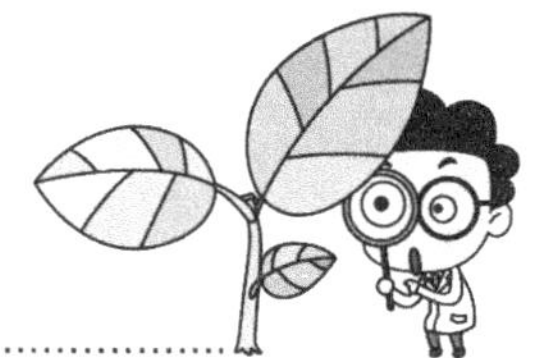

- 2변수 최소항

X	Y	최소항	
0	0	A'	B'
0	1	A'	B
1	0	A	B'
1	1	A	B

ⓔ 카르노 맵의 교차되는 사각형은 최소항이 되므로 2변수 진리표의 행인 최소항과 같고 최소항의 결과인 1과 0을 표현한다.

ⓜ 논리식을 카르노 맵을 이용해 간소화할 경우 원래의 논리식에 의한 진리표에서 1인 것만 카르노 맵에 표현하고, 이웃한 1끼리 묶는다.

ⓗ 묶여진 사각형에서 조건변화가 없는 것만을 뽑아서 논리합으로 표현한다.

ⓢ **2변수 논리식의 간단화**

- 원 논리식 : $Y = A'B' + AB' + AB$

B \ A	0	1
0	1	1
1		1

- 간단화된 논리식 : $Y = A + B'$

B \ A	0	1
0	1	1
1		1

(3) 3변수 카르노 맵

① 입력변수가 세 개인 논리식에서 세 변수로 결합되는 조합의 수는 $8(2^3)$가지이므로 8칸짜리 카르노 맵을 작성한다. 세 개의 변수에서 먼저 짝지어지는 두 개를 최소항으로 만들어 행에 위치시키고, 나머지 하나를 열에 위치시킨다.

② 짝지어진 두 개의 항은 그레이 코드 순서인 (00, 01, 11, 10)의 순서로 배열한다.

③ 3변수 카르노 맵과 최소항

㉠ 3변수 카르노 맵

C \ AB	00	01	11	10
0	$A'B'C'$	$A'BC'$	ABC'	$AB'C'$
1	$A'B'C$	$A'BC$	ABC	$AB'C$

ⓛ 3변수 최소항

ABC	최소항	ABC	최소항
000	$A'B'C'$	100	$AB'C'$
001	$A'B'C$	101	$AB'C$
010	$A'BC'$	110	ABC'
011	$A'BC$	111	ABC

④ 변수가 세 개일 때 양 끝의 내용이 1이면 이웃한 것으로 처리하고, 1인 것을 묶을 때 2의 배수가 되도록 하여 최대한 많이 묶는다.

⑤ **3변수 논리식의 간단화**

ⓐ 원 논리식 : $Y = A'B'C + A'BC + AB'C' + AB'C$

C \ AB	00	01	11	10
0	1	1		1
1				1

ⓑ 간단화된 논리식 : $Y = A'C + AB'$

C \ AB	00	01	11	10
0	1	1		1
1				1

(4) 4변수 카르노 맵

① 논리식의 입력변수가 네 개이면 이들이 결합되는 조합의 수가 16개가 되고, 카르노 맵의 모양도 16개 사각형이 최소항의 형태로 교차되도록 한다.

② 네 개의 변수에서는 앞의 두 개를 3변수 때처럼 최소항으로 묶어 행에 위치하고, 뒤의 두 개도 같은 방법으로 묶어서 열에 위치시킨다.

③ 2행 2열인 배열과 같은 모양이 된다.

④ 행과 열에 모두 그레이 코드의 순으로 배열시킨다.

⑤ **4변수 카르노 맵**

C ＼ AB	00	01	11	10
00	$A'B'C'D'$	$A'BC'D'$	$ABC'D'$	$AB'C'D'$
01	$A'B'C'D$	$A'BC'D$	$ABC'D$	$AB'C'D$
11	$A'B'CD$	$A'BCD$	$ABCD$	$AB'CD$
10	$A'B'CD'$	$A'BCD'$	$ABCD'$	$AB'CD'$

⑥ 이 4변수의 논리식을 간소화하기 위해 카르노 맵을 사용하면 이웃한 가로뿐만 아니라 세로 방향으로 함께 있기도 하는데 이때, 이들을 모두 개수가 2의 배수가 되도록 최대로 묶어서 변하지 않는 것을 추출한다.

⑦ **4변수 논리식의 간략화**

    ㉠ 원 논리식 : $Y = A'B'C'D' + A'BC'D' + A'BC'D + A'BCD + ABC'D + ABCD + AB'C'D' + AB'C'D$

CD ＼ AB	00	01	11	10
00	1	1		1
01		1	1	1
11		1	1	
10				

    ㉡ 간략화된 논리식 : $Y = A'C'D' + BD + AB'C'$

CD ＼ AB	00	01	11	10
00	1	1		1
01		1	1	1
11		1	1	
10				

(5) 임의 상태

① 어떤 회로나 진리표에서 입력변수가 결합되는 조합은 존재하지만, 그들의 출력은 실제 출력결과에 영향을 미치지 못하거나 실제로 일어날 수 없는 것이 있다.

    🌰 TIP | 2진화 10진수의 경우 입력변수가 네 개이므로 1010, 1011, 1100, 1101, 1110, 1111의 여섯가지 조합은 존재하지 않고, 이들은 사용되지 않기 때문에 출력결과에도 고려하지 않게 된다.

② **임의 상태** … 입력변수에 대해 실제 출력결과에 아무런 상관이 없는 경우로 결합된 조합을 말하고, 진리표나 카르노 맵에서는 X로 표기한다.

③ 논리식을 간단화시킬 때의 임의 상태가 있으면 그것은 1이나 0의 어느 것과도 관계없으므로, 간소화하기 위하여 묶을 때 유리한 것에 묶는다.

④ **4변수 임의 상태 진리표**

A	B	C	D	E
0	0	0	0	X
0	0	0	1	1
0	0	1	0	X
0	0	1	1	1
0	1	0	0	0
0	1	0	1	X
0	1	1	0	0
0	1	1	1	1
1	0	0	0	0
1	0	0	1	0
1	0	1	0	0
1	0	1	1	1
1	1	0	0	0
1	1	0	1	0
1	1	1	0	0
1	1	1	1	1

⑤ **4변수 임의 상태인 카르노 맵**

㉠ 1기준 카르노 맵

CD \ AB	00	01	11	10
00	X			
01	1	X		
11	1	1	1	1
10	X			

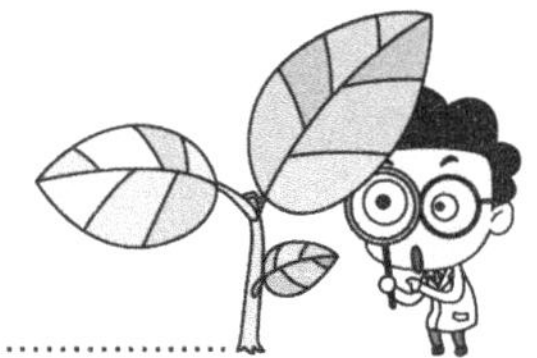

ⓛ 0기준 카르노 맵

CD \ AB	00	01	11	10
00	X	0	0	0
01		X	0	0
11				
10	X	0	0	0

⑥ **해석**

㉠ ⑤은 ④에 대한 카르노 맵을 1의 경우와 반대되는 0의 경우를 이웃한 항으로 묶어서 간소화된 논리식을 구하는 경우를 보여 준다.

㉡ 논리식을 구할 때 1뿐만 아니라 0을 기준으로 할 수 있고, 이들 결과는 같아야 하며 ⑤에서 1을 기준한 경우의 카르노 맵에서 얻은 간소화된 논리식은 $Y = A'D + CD$가 된다.

㉢ 0을 기준한 경우의 논리식은 $Y = AC' + D'$가 된다.

$$Y = C'D' + AC' + CD'$$
$$= AC' + D'(C' + C)$$
$$= AC' + D'(1)$$
$$= AC' + D'$$

2 논리회로

① 논리회로

(1) AND 게이트

① **개념** … 두 입력단자가 모두 1일때만 출력이 1이 되는 논리 게이트를 말한다.

② **AND 게이트의 불 대수 표현** … $Y = A \cdot B$

③ AND 게이트 기호와 진리표

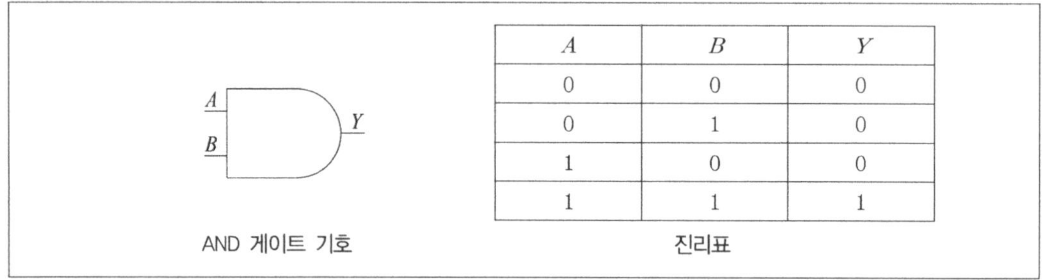

A	B	Y
0	0	0
0	1	0
1	0	0
1	1	1

AND 게이트 기호 / 진리표

(2) OR 게이트

① **개념** … 입력 중 어느 하나나 두 개가 모두 1일 때 출력이 1이 되는 논리 게이트를 말한다.

② **OR 게이트의 불 대수 표현** … $Y = A + B$

③ OR 게이트 기호와 진리표

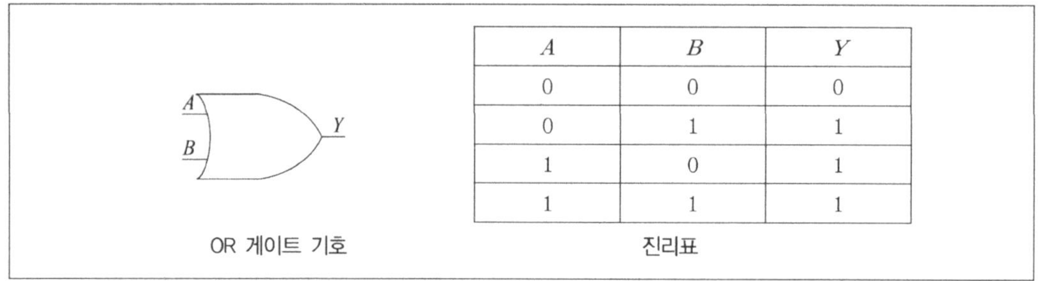

A	B	Y
0	0	0
0	1	1
1	0	1
1	1	1

OR 게이트 기호 / 진리표

(3) NOT(inverter) 게이트

① **개념** … 하나의 입력과 출력을 가지고, 논리적 부정을 나타내는 논리 게이트를 말한다.

② **NOT 게이트의 불 대수 표현** … $Y = \overline{A}$

③ NOT 게이트 기호와 진리표

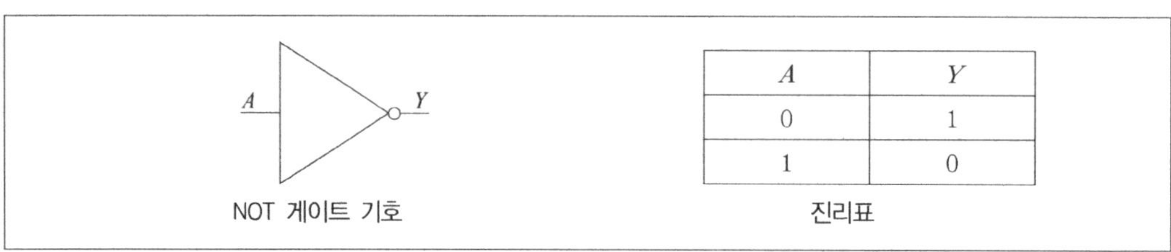

A	Y
0	1
1	0

NOT 게이트 기호 / 진리표

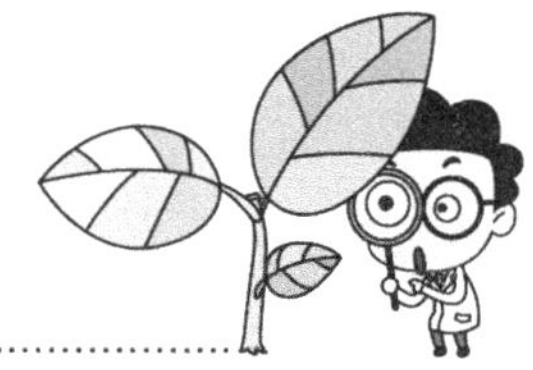

(4) NAND 게이트

① **개념** … AND 게이트에 inverter를 결합시킨 회로를 말한다.

② **NAND 게이트의 불 대수 표현** … $Y = \overline{A \cdot B}$

③ **NAND 게이트의 기호와 진리표**

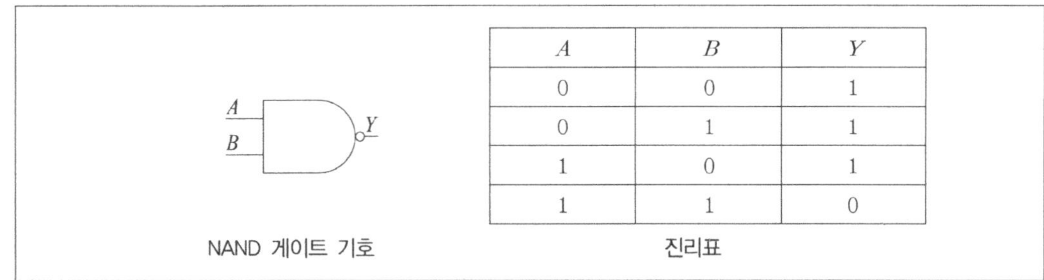

A	B	Y
0	0	1
0	1	1
1	0	1
1	1	0

NAND 게이트 기호   진리표

④ **특성** … 입력신호 중 어느 하나라도 0이 되면 출력값이 1이 된다.

(5) NOR 게이트

① **개념** … NOR 게이트는 OR 게이트와 NOT 게이트를 결합한 회로를 말한다.

② **NOR 게이트의 불 대수 표현** … $Y = \overline{A + B}$

③ **NOR 게이트의 기호와 진리표**

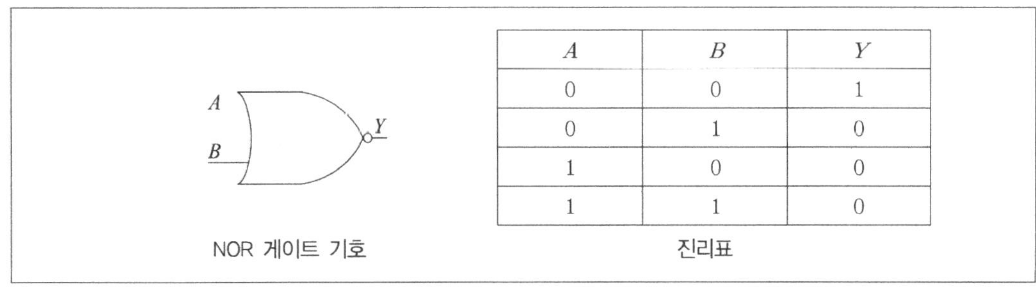

A	B	Y
0	0	1
0	1	0
1	0	0
1	1	0

NOR 게이트 기호   진리표

④ **특성** … 입력신호가 모두 0일 때, 출력은 1이 되는 회로이다.

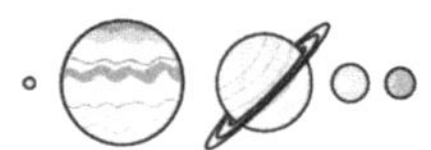

② 조합 논리회로

(1) 조합 논리회로의 이해

① **정의** … 현재의 입력에 의해서만 출력값이 직접 결정되는 회로로서, 불식으로 결정되는 특정한 정보처리 연산을 수행하는 회로이다.

② **조합 논리회로의 설계** … 특정 기능을 수행하는 조합 논리회로를 설계할 때에는 일반적으로 다음과 같은 순서에 따라 설계한다.
  ㉠ 입출력 조건에 따라 변수를 결정하여 진리표를 작성한다.
  ㉡ 진리표에 대한 카르노 도를 작성한다.
  ㉢ 간소화된 논리식을 구한다.
  ㉣ 논리식을 기본 게이트로 구성한다.

(2) 조합 논리회로의 종류

① **반가산기**(HA ; Half adder)
  ㉠ 두 2진수의 합을 만들어 내는 산술회로를 말한다.
  ㉡ 두 개의 입력과 두 개의 출력을 가진다.
  ㉢ 입력되는 변수를 X와 Y, 계산결과의 합(sum)을 S, 자리올림(carry)을 C라 하면 다음과 같다.

◎ 반가산기 진리표 ◎

X	Y	S	C
0	0	0	0
0	1	1	0
1	0	1	0
1	1	0	1

  ㉣ 반가산기 함수식
   • 계산결과의 합 : $S = XY' + X'Y = X \oplus Y$
   • 자리올림 : $C = XY$
   • 위의 두 개의 식을 동시에 수행하도록 논리 게이트를 조합하면 반가산 연산을 수행하는 회로를 얻게 된다.

② **전가산기**(FA ; Full adder)
  ㉠ 개념 : 2자리 2진수와 반가산기에서 발생한 자리올림(Z)을 함께 덧셈하는 회로이다.
  ㉡ 출력 : 반가산기와 같이 합 S와 올림수 C가 된다.

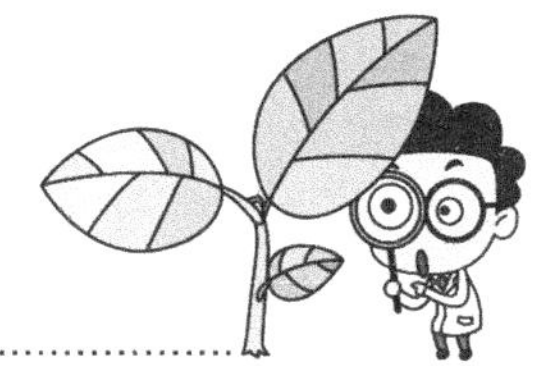

ⓒ 입력변수에서 X, Y들은 해당 위치의 자릿수이다.

ⓓ Z : 아랫 자리에서 올라온 올림수이다.

◎ 전가산기 진리표 ◎

X	Y	Z	S	C
0	0	0	0	0
0	0	1	1	0
0	1	0	1	0
0	1	1	0	1
1	0	0	1	0
1	0	1	0	1
1	1	0	0	1
1	1	1	1	1

ⓔ 전가산기 함수식

- 합 : $S = X'Y'Z + X'YZ' + XYZ + XY'Z' = X \oplus Y \oplus Z$
- 자리올림 : $C = XY + X'YZ + XY'Z = XY + Z(X \oplus Y)$
- 위의 두 개의 식을 동시에 수행하도록 논리 게이트를 조합하면 전가산 연산을 수행하는 회로를 얻게 된다.

③ **반감산기**(HS ; Half subtracter)

㉠ 개념 : 한 자리인 2진수를 뺄셈하여 차와 빌림수를 구하는 회로이다.

◎ 반감산기 진리표 ◎

X	Y	C(빌림수)	D(차)
0	0	0	0
0	1	1	1
1	0	0	1
1	1	0	0

㉡ 반감산기 함수식

- 차 : $D = X'Y + XY' = A \oplus B$
- 빌림수 : $C = X'Y$
- 위의 두 개의 식을 동시에 수행하도록 논리 게이트를 조합하면 반감산 연산을 수행하는 회로를 인게 된다.

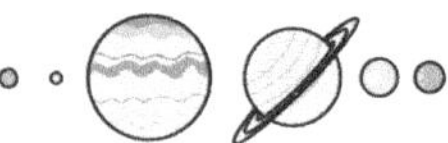

④ **전감산기**(FS ; Full subtracter)

　㉠ 개념 : 두 자리 이상의 2진수를 뺄셈하여 차와 빌림수를 구하는 회로이다.

　㉡ 출력 : 반감산기와 같이 차 D와 빌림수 C가 된다.

　㉢ Z : 아랫 자리에서의 빌림수이다.

　㉣ 전감산기 함수식

　　• 차 : $D = X'Y'Z + X'YZ' + XYZ + XY'Z' = X \oplus Y \oplus Z$

　　• 빌림수 : $C = X'Y + X'Y'Z + XYZ = X'Y + Z(X \odot Y)$

　　• 위의 두 개의 식을 동시에 수행하도록 논리 게이트를 조합하면 전감산 연산을 수행하는 회로를 얻게 된다.

⑧ 전감산기 진리표 ⑧

X	Y	Z	D	C
0	0	0	0	0
0	0	1	1	1
0	1	0	1	1
0	1	1	0	1
1	0	0	1	0
1	0	1	0	0
1	1	0	0	0
1	1	1	1	1

⑤ **디코더**(decoder, 해독기)

　㉠ 개념 : n개의 코드화된 입력을 최대 2^n개의 단일출력으로 변환시키는 조합회로를 말한다.

　㉡ n-비트의 코드화된 정보 중에 사용하지 않는 비트 조합이 있을 경우 디코더는 2^n개 이하의 출력을 가진다.

　㉢ 디코더 확장법 : 작은 디코더를 여러 개 결합하여 필요한 크기의 디코더를 만들 수 있다.

⑥ **인코더**(encoder, 부호기)

　㉠ 개념 : 디코더와 반대의 동작을 수행하는 디지털 조합회로를 말한다.

　㉡ 2^n개의 입력과 n개의 출력을 가진다.

　㉢ 주어진 시간에 한 개의 입력 비트만 값이 1이다.

　㉣ 두 입력 비트가 동시에 1이 되면 정의되지 않은 조합을 출력한다.

⑦ **멀티플렉서**(MUX ; multiplexer, 선택기)

　㉠ 개념

　　• 여러 개의 입력선 중 하나를 선택하여 단일의 출력선으로 내보내는 조합회로를 말한다.

　　• 특정한 입력선 선택을 제어하기 위하여 몇 개의 선택변수를 이용한다.

　㉡ 4×1 멀티플렉서

　　• 네 개 입력선 $D_0 \sim D_3$는 선택선의 비트 조합과 함께 각각 한 개씩의 AND 게이트로 입력한다.

　　• 네 개 AND 게이트의 출력은 OR 게이트로 입력시켜 한 개의 출력선으로 나가게 된다.

　㉢ 전송 게이트로 구현한 멀티플렉서

　　• 수평입력(D_0, D_1, D_2, D_3)과 출력선(Y) 사이의 전송로를 제공하는 게이트이다.

　　• 두 개의 수직제어입력(S_0, S_1)은 그 역할이 멀티플렉서의 선택선과 같다.

⑧ **디멀티플렉서**(DMUX ; demultiplexer, 분배기)

　㉠ 개념 : 멀티플렉서와 반대되는 연산을 수행하는 디지털 조합회로를 말한다.

　㉡ 한 개의 입력선으로부터 정보를 받아 이를 2^n개 출력선 중 하나로 보내고, 특정 출력선의 선택은 n개의 선택입력의 비트 조합으로 제어한다.

　㉢ 1×4 디멀티플렉서의 논리도

　　• 데이터 입력 E는 네 출력 AND 게이트 모두에 연결된다.

　　• 이 정보는 두 선택입력 S_1, S_0에 의해 선택된 AND 게이트만 출력할 수 있다.

③ 순서 논리회로

(1) 순서 논리회로의 개요

① 입력과 순서회로의 내부 상태, 그리고 출력값들의 시간열로 기술될 수 있는 조합회로와 저장회로로 구성된 회로를 말한다.

② **블럭도**

　㉠ **조합회로** : 주어진 시간의 입력에 의해서만 그때의 출력값이 결정되는 회로를 말한다.

　㉡ **저장요소** : 2진 정보를 저장할 수 있는 소자로서, 주어진 시간에서의 순서회로 상태를 저장한다.

　㉢ **출력** : 외부입력과 저장요소의 지금 상태로 결정되는 함수를 말한다.

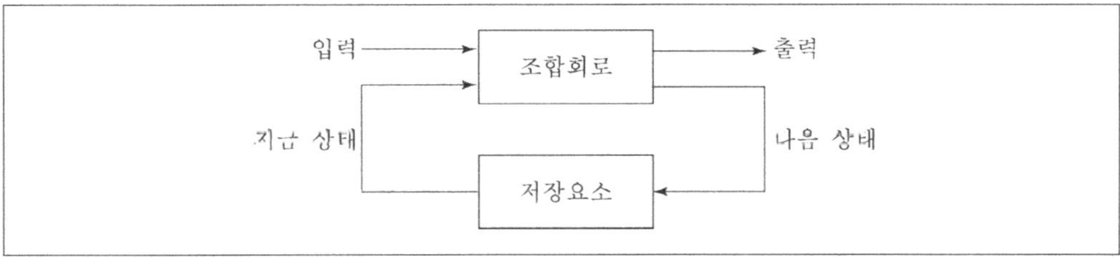

(2) 플립플롭(Flip - flop)

① 두 가지 상태 중 어느 하나를 안정된 상태로 유지하는 쌍안정 멀티바이브레이터(Bistable Multivibrator)로 각 상태를 1과 0으로 대응시키면 1비트를 기억한 것과 같은 형태가 된다.

② 플립플롭은 입력이 변하지 않는 한 현재 기억하고 있는 값을 유지한다.

③ 출력정보는 2가지인데 서로 보수관계에 있다($Q = 1$이면 $Q' = 0$, $Q = 0$이면 $Q' = 1$).

④ **종류** … RS형 F/F, JK형 F/F, T형 F/F, D형 F/F

⑤ 기본적인 논리 Gate를 조합해서 만들어진다.

⑥ **용도** … 정보의 저장 또는 기억회로, 계수회로 및 데이터 전송회로 등에 많이 사용한다.

(3) 플립플롭의 종류

① **RS**(Set / Reset) **플립플롭**

　㉠ **개념** : S(Set)와 R(Reset)인 두 개의 상태 중 하나를 안정된 상태로 유지시키는 회로로서, 외부에서 입력되는 펄스가 1인 경우를 S, 0인 경우를 R로 하여 어느 펄스가 입력되었는지 그 상태를 보존시킨다.

　㉡ **특징**

　　• 래치에 게이트를 추가하여 클럭펄스(CP)의 입력이 있는 동안만 반응한다.

　　• S나 R에서 동시에 입력되면 불안정한 상태가 되므로 허락하지 않는다.

　㉢ 기본 RS 플립플롭

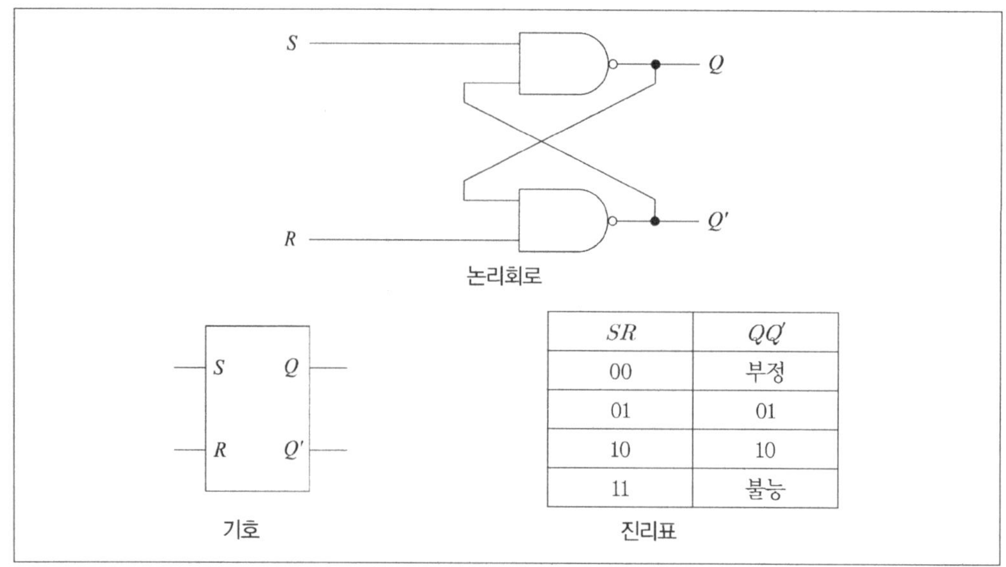

논리회로

SR	QQ'
00	부정
01	01
10	10
11	불능

기호　　　　진리표

② 단지 두 개의 NAND 게이트나 NOR 게이트에 의해서 구성되는 것이 가장 단순한 플립플롭이다.

◎ 입·출력의 표시

  • 입력 : S와 R로 표기한다.
  • 출력 : Q와 Q'로 한다.
  • S는 set를 의미하고 R은 reset을 의미한다.

② JK(Jack / King) 플립플롭

㉠ 개념 : JK 플립플롭은 RS 플립플롭과 T 플립플롭을 결합한 것을 말한다.

㉡ 입력 : J, K 두 개로서, 각각 RS 플립플롭의 S, R과 같은 역할을 한다.

㉢ JK 플립플롭에서는 T 플립플롭에서처럼 $J = K = 1$일 때 출력이 반전될 뿐이다.

㉣ D 및 JK 플립플롭에도 RS 플립플롭에서와 마찬가지로 PR(preset)과 CLR(clear) 스위치를 삽입시킬 수 있다.

🦑 JK 플립플롭 회로 🦑

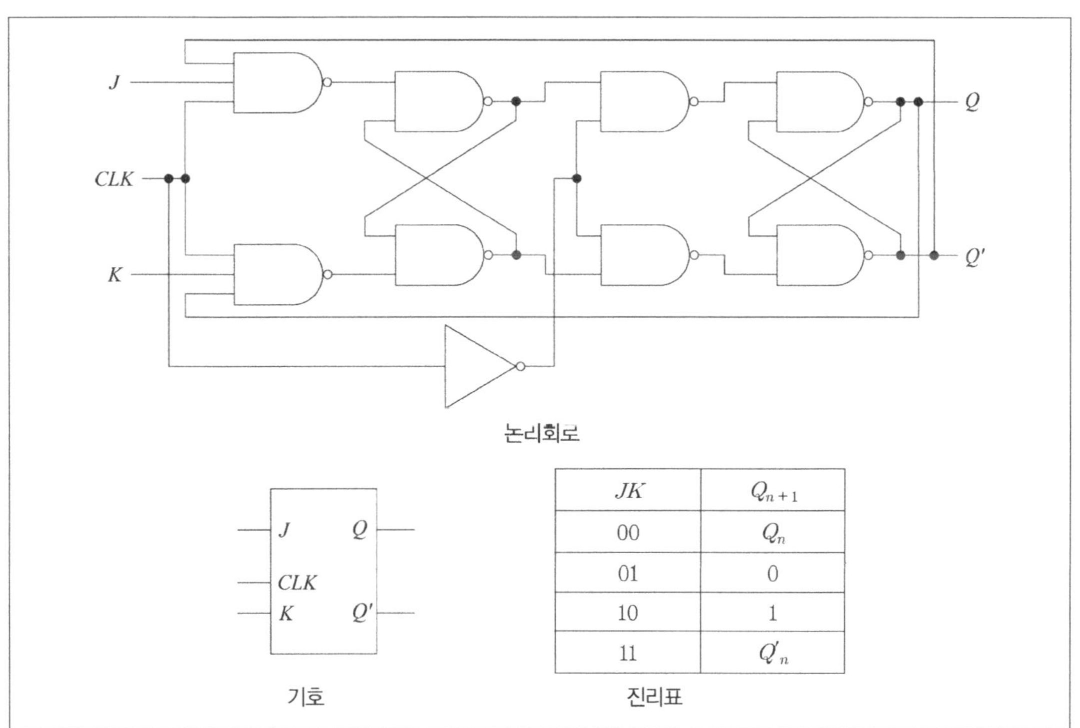

논리회로

기호

JK	Q_{n+1}
00	Q_n
01	0
10	1
11	Q'_n

진리표

③ D 플립플롭

㉠ 불확실한 입력은 결코 존재할 수 없다는 것을 확실하게 하기 위한 방법으로 한 가지 입력만 공급한다.

㉡ RS 플립플롭에 약간의 변형을 가한 것으로 데이터(data) 플립플롭이라고도 한다.

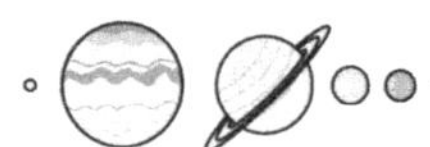

ⓒ RS 플립플롭의 두 입력을 결합하고 그 한쪽에 NOT 게이트를 삽입시켰다.

ⓔ 양쪽의 NAND 게이트에는 항상 상반되는 입력이 들어온다.

ⓜ RS 플립플롭에서 나타났던 레이스 조건(Race condition)은 더 이상 일어나지 않게 된다.

ⓗ CLK : 클럭 펄스를 나타내고 Q_{n+1}은 $n+1$번째의 클럭 펄스가 들어왔을 때의 출력이다.

ⓢ 데이터 전송할 때 유용하게 사용된다.

ⓞ D 플립플롭에서 클럭 펄스 CLK가 들어오기 전에 입력 D에 데이터가 들어와 있어야 한다.

ⓩ Set-up time : CLK에 앞서서 D가 들어와야 하는 최소한의 시간간격을 말한다.

❀ D 플립플롭의 회로 ❀

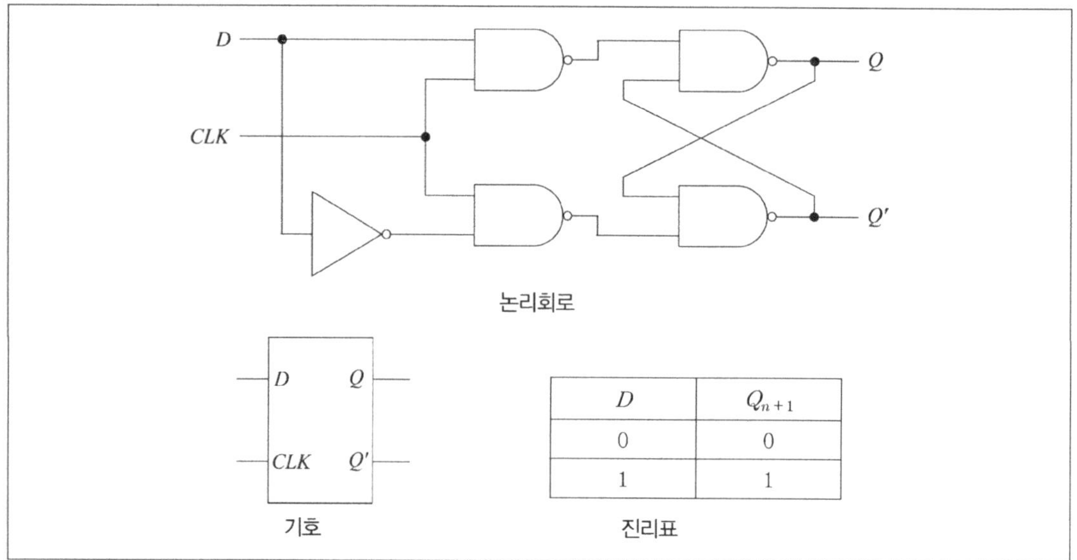

논리회로

기호

D	Q_{n+1}
0	0
1	1

진리표

④ **T 플립플롭**

ⓐ T 플립플롭은 토글(toggle) 플립플롭 또는 트리거(trigger) 플립플롭이라고도 한다.

ⓑ **특성**

- 입력이 들어올 때마다 출력의 상태가 바뀐다.
- 출력은 클럭 펄스가 들어올 때마다 바뀐다.

ⓒ **모양** : RS 플립플롭의 두 입력 S와 R을 각각 Q와 Q'로 취한 것과 같은 회로 형태이다.

ⓓ **T 플립플롭의 표시기호**

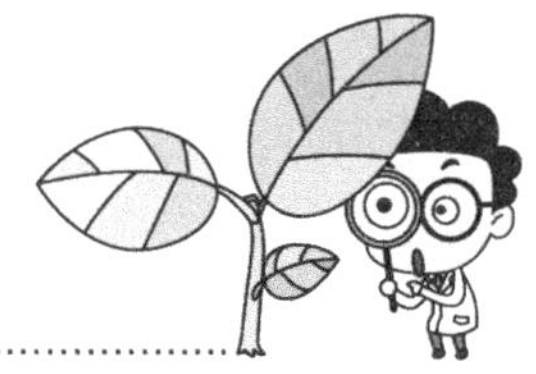

❀ T 플립플롭의 회로 ❀

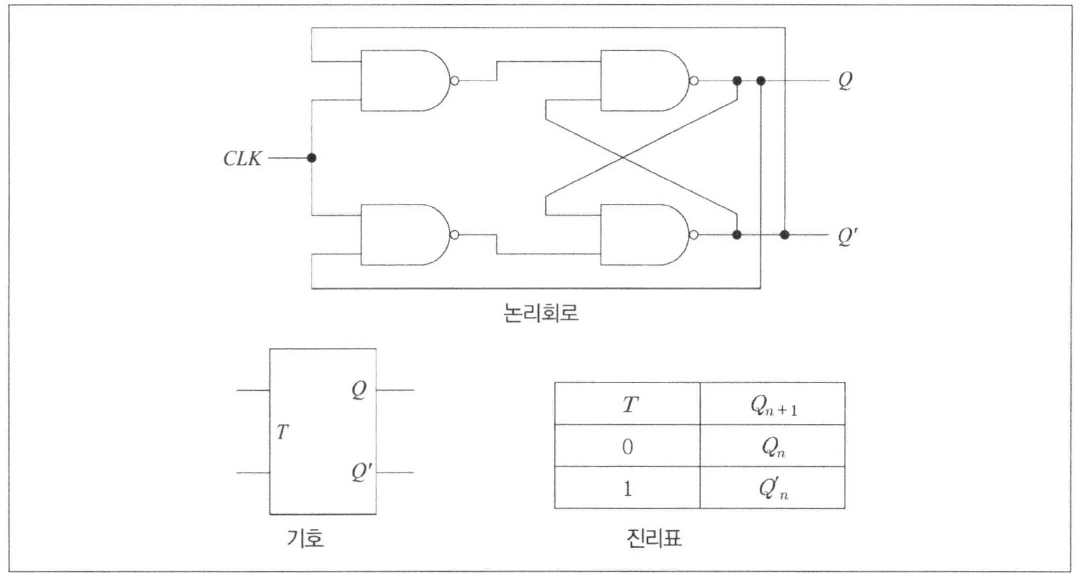

논리회로

기호

T	Q_{n+1}
0	Q_n
1	Q'_n

진리표

⑤ **마스터－슬레이브**(Master－slave) **플립플롭**

㉠ 개념 : 두 단의 플립플롭을 직렬연결한 것을 말한다.

㉡ 마스터는 앞단을 가리키고, 슬레이브는 뒷단을 가리킨다.

㉢ 슬레이브 쪽에 NOT 게이트가 한 개 삽입되어 있다.

㉣ 한 개의 클럭 펄스가 마스터와 슬레이브를 동시에 동작시키도록 연결되어 있다.

㉤ 클럭 펄스가 1로 될 때는 마스터를 동작시키고 슬레이브를 차단시키지만, 0으로 될 때는 슬레이브를 동작시킨다.

㉥ 마스터－슬레이브 플립플롭에 있어서 입력과 출력이 분리되어 레이스 문제가 적소로 감소한다.

㉦ 클럭 펄스가 가해지고 있을 때 입력이 변하면 플립플롭 회로가 원치 않는 결과를 낼 수도 있다.

❀ 마스터 슬레이브 플립플롭의 논리회로 ❀

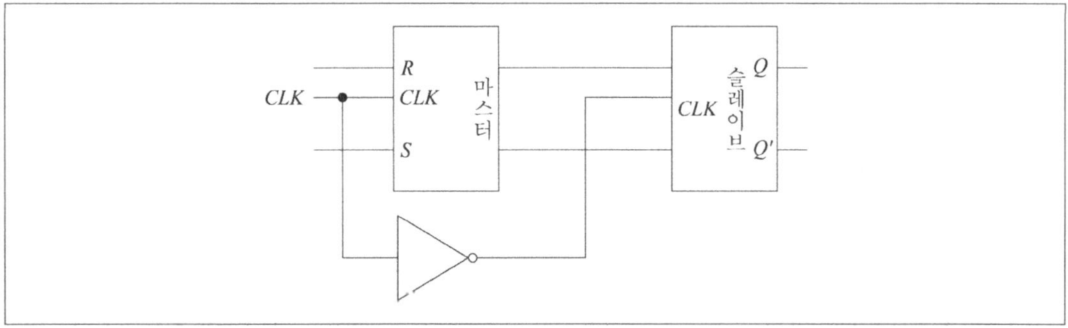

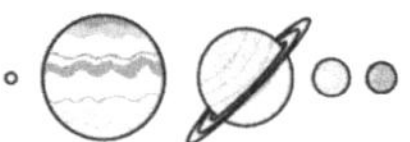

(4) 래치

① 래치의 개요

    ㉠ 가장 기본적 형태의 플립플롭이다.

    ㉡ 모든 플립플롭을 구성하는 기본적인 회로가 된다.

    ㉢ 용도 : 비동기식 순차회로에 유용하고 2진 정보를 저장하는 데 유용하게 사용된다.

② 래치의 종류

    ㉠ NOR 게이트로 된 S-R래치

- NOR 게이트는 어떤 입력 하나라도 1이면 출력이 0이 되고 모든 입력이 0일 때만 출력이 1이 된다.
- S의 입력을 1로, R의 입력을 0으로 가정한다면 1번 게이트의 2개 입력이 모두 0이므로 Q는 1이 된다.
- S(set) 입력만을 0으로 바꾸면 출력 Q는 1로 그대로 남아 있다.
- 2번 게이트의 한 입력이 1로 남아 있기 때문에 Q'는 0이 된다.
- 1번 게이트 2개의 입력은 모두 0이 되고, Q는 1이 되며 출력 상태는 변함이 없다.
- S 입력은 그대로 두고 R 입력에 1을 가하면 Q는 0이 되고 Q'는 1이 된다.
- 다시 R(reset) 입력만을 0으로 바꾸면 출력은 바뀌지 않고 $Q = 0$, $Q' = 1$ 그대로 유지가 된다.
- S와 R 입력 모두에 1을 가하면 Q와 Q' 출력이 모두 0이 되지만 Q와 Q'가 서로 보수가 된다는 사실에 위배가 된다.
- $S = 0$, $R = 0$인 경우, 즉 입력신호가 모두 0일 때에는 $S - R$ 플립플롭은 그 전의 상태를 그대로 유지하고 있다는 점에 유의한다.
- 정상적인 작동에서는 두 입력이 정확히 동시에 1로 입력되는 것을 방지한다.
- 정상적인 작동에서, 두 입력에 0이 가해지면 플립플롭의 상태는 바뀌지 않는다.
- 순간적으로 S 입력에 1을 가하면 플립플롭이 set 상태로 된다.

    ㉡ NAND 게이트로 된 R-S 래치

- NAND 게이트로 된 기본 플립플롭 회로에서, 두 입력이 모두 1이면 플립플롭의 상태는 전 상태를 그대로 유지하게 된다.
- 순간적으로 S 입력에 0을 가하면 Q는 1로, Q'는 0으로 바뀐다.
- S를 1로 바꾼 뒤에 R 입력에 0을 가하면 플립플롭은 클리어 상태가 된다.
- 두 입력이 동시에 0으로 될 때는 두 출력이 모두 1이 되기 때문에 정상적인 플립플롭 작동에서는 피해야 한다.

    ㉢ 클럭된 R-S 플립플롭

- 기본 NOR 플립플롭과 2개의 AND 게이트로 구성된다.
- 두 AND 게이트의 출력은 S와 R의 입력값에 관계가 없다.
- 클럭 펄스(CP)가 0으로 된 상태에는 0으로 남아 있는다.
- 클럭 펄스가 1로 된 기간만 정보가 S와 R 입력으로부터 기본 플립플롭에 도달되도록 허용한다.

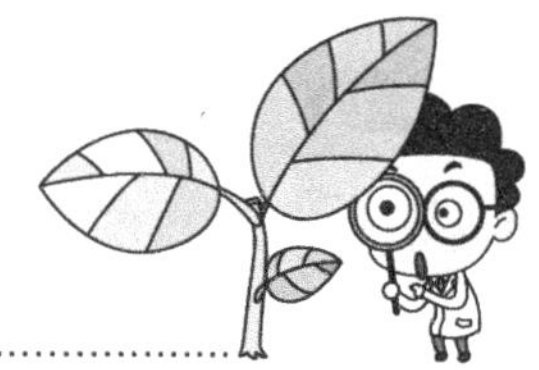

- $S = 1$, $R = 0$, $CP = 1$이면 set 상태가 된다.
- 클리어 상태로 바꾸기 위해서는 입력은 $S = 0$, $R = 1$, $CP = 1$로 한다.
- $S = 1$, $R = 1$, $CP = 1$이면 두 출력이 모두 순간적으로 0이 된다.
- 다음 순간 펄스가 제거되면, 플립플롭의 상태는 불안 상태로 된다.
- 펄스의 하강 모서리에서 기본 플립플롭의 S 입력과 R 입력 중 어느 것이 더 오랫동안 1로 남아 있느냐에 따라 Q가 0으로도 되고 1로도 된다.

02 출제예상문제

1 D-F/F을 사용한 다음 회로에서 IN에 "H" → "H" → "L" → "L" → "H" → "H"의 논리값이 순차적으로 입력되면 OUT의 상태가 순차적으로 어떻게 변하는가? (단, OUT1, OUT2, OUT3, OUT4 노드들의 초기값은 모두 "L" 이며, IN에 입력되는 논리값 시간 간격은 CLK 신호 주기와 같다고 가정한다)

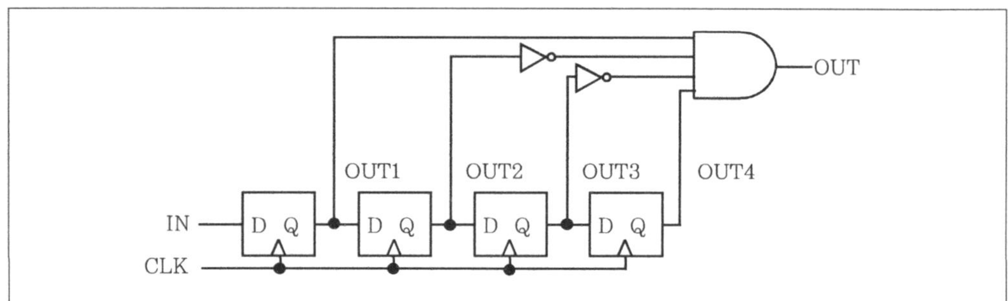

① "L" → "H" → "L" → "L" → "H" → "L"　　② "L" → "L" → "H" → "H" → "L" → "L"

③ "H" → "H" → "L" → "L" → "H" → "H"　　④ "L" → "L" → "L" → "L" → "H" → "L"

> **note** D-F/F은 D=0에서 출력이 발생하면 Q = 0이고, D=1에서 출력이 발생하면 Q=1이 된다.
> NOT Gate가 있는 2개의 입력에 0, 나머지 입력에 1일 때 4입력 AND Gate는 출력이 1이 되므로 0→0→0→0→1→0의 순으로 된다.

2 다음 중 AND 회로에서 입력이 0, 1일 때 출력은?

① 0　　　　　　　　　　　　　② 1

③ 0, 1　　　　　　　　　　　　④ 1, 0

⑤ 1, 1

> **note** AND 회로에서는 모든 입력이 1일 때만 출력이 1이 된다.

Answer　　1.④　2.①

3 논리식 (A + B)(A + B')(A' + B)(A' + B')을 간단히 한 결과는?

① AB' + A'B
② AB + A'B'
③ 0
④ 1

> ✰note $(A+B)(A+\overline{B})(\overline{A}+B)(\overline{A}+\overline{B})$
> $=(A+A\overline{B}+AB)(\overline{A}+\overline{A}B+\overline{A}B)$
> $=A(1+\overline{B}+B)\overline{A}(1+\overline{B}+B)$
> $=A\overline{A}=0$

4 다음의 논리함수 F와 동일한 것은?

$$F = X'YZ' + X'YZ + XYZ' + XYZ$$

① XY
② YZ
③ X
④ Y

> ✰note $F = X'YZ' + X'YZ + XYZ' + XYZ$
> $= YZ'(X'+X) + YZ(X'+X)$
> $= YZ' + YZ$
> $= Y(Z'+Z)$
> $= Y$

5 다음은 NAND 게이트의 진리표이다. (   ) 안에 들어갈 숫자로 옳지 않은 것은?

X	Y	S
0	0	(①)
0	1	(②)
1	0	(③)
1	1	(④)

① 1
② 1
③ 1
④ 1

> ✰note NAND 게이트는 AND 게이트에 NOT이 결합된 것으로 불 대수 표현은 $S = \overline{A \cdot B}$이다.

6 다음 회로의 명칭으로 옳은 것은?

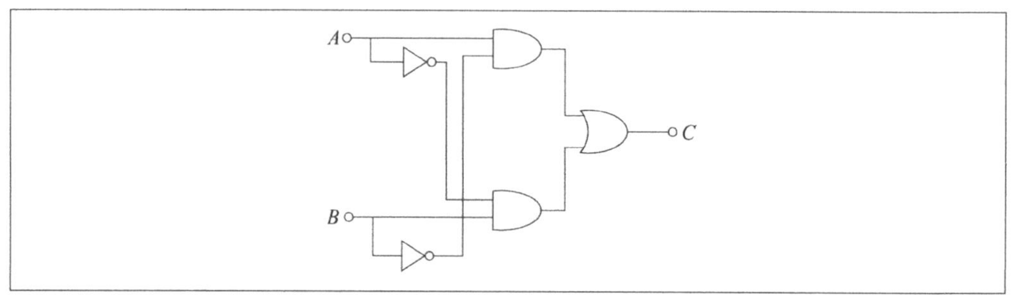

① AND

② NOR

③ EOR

④ OR

✦note EXCLUSIVE OR(XOR) … 입력이 일치하지 않을 때 출력이 1이 되는 회로이다.

입력		출력
A	B	$Y = A \oplus B$
0	0	0
0	1	1
1	0	0
1	1	0

7 JK 플립플롭에서 입력이 $J = K = 1$ 이고, 클럭 펄스가 계속 입력이 되면 출력은?

① 리셋(reset)

② 부동작

③ 프리셋(preset)

④ 토글링(toggling)

✦note JK 회로에서 $J = 1$, $K = 1$ 이고 클럭 펄스가 계속 입력되면 출력은 반전(toggling)된다. 펄스가 0으로 돌아갈 때까지 반전동작을 반복할 것이다. 이러한 동작을 제어하기 위해 클럭 펄스의 시간의 폭이 통과한 신호의 지연시간보다 짧아야 한다.

J	K	Q_{t+1}	동작
0	0	Q_t	불변
0	1	0	Clear
1	0	1	Set
1	1	$\overline{Q_n}$	Toggle

✿Answer   6.③ 7.④

8 다음 중 불 대수에 대한 설명으로 옳은 것은?

① 요소수에는 상관없이 가장 옳은 연산을 하는 연산논리이다.

② 두 가지의 요소에 대하여 두 가지 모두를 택한다.

③ 두 가지의 요소에 대하여 하나를 택한다.

④ 세 가지의 요소에 대하여 둘을 택하고, 다시 하나를 택한다.

> **note** 불 대수 … 두 가지 연산에 대하여 하나를 선택하는 것을 기본으로 한다.

9 OR 게이트 회로에서 A, B, C의 입력단자에 차례로 1, 1, 0을 입력하였다. 출력은?

① 0 ② 1

③ -1 ④ 2

> **note** OR 게이트 회로는 입력단자중 하나라도 1이 있으면 출력신호는 1이다.

10 다음 중 불 대수 기본 연산에 대한 설명으로 옳지 않은 것은?

① NOR - 두 명제 모두 부정(거짓)이어야 하는 논리를 말한다.

② AND - 두 명제의 조건이 연속될 때에 앞의 것도 참이고 다음 것도 참인 논리를 말한다.

③ NOT - 두 명제가 서로 반대되는 조건으로 취해진 논리합 형태를 말한다.

④ OR - 두 명제 중 어느 한 명제만 참이어도 되는 논리를 말한다.

> **note** NOR
> ㉠ 두 명제 중 하나만 거짓이면 성립되는 논리를 말한다.
> ㉡ OR과 NOT이 합쳐진 논리이다.
> ㉢ 반대의미에 NAND가 있는데 이것은 AND와 NOT이 합쳐진 논리이다.

Answer 8.③ 9.② 10.①

11 다음 중 불 대수의 기본 연산에 해당하지 않는 것은?

① NAND
② IF
③ OR
④ NOT

> ✮**note** 불 대수의 기본 연산 … AND, OR, NOT, NOR, NAND가 있다.

12 다음 중 A, B, C, D를 논리변수라 할 경우 그림과 같은 게이트 회로의 출력으로 옳은 것은?

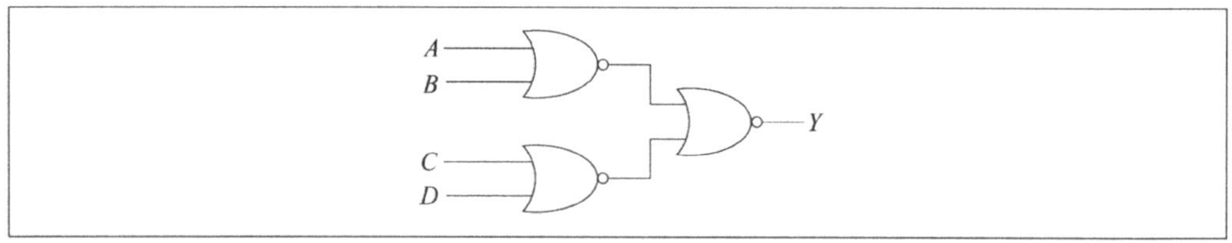

① $A \cdot B + C \cdot D$
② $(A + B) \cdot (C + D)$
③ $A + B + C + D$
④ $A \cdot B \cdot C \cdot D$

> ✮**note** $\overline{\overline{A + B} + \overline{C + D}} = (A + B) \cdot (C + D)$

13 다음 보기와 등가인 논리 게이트는?

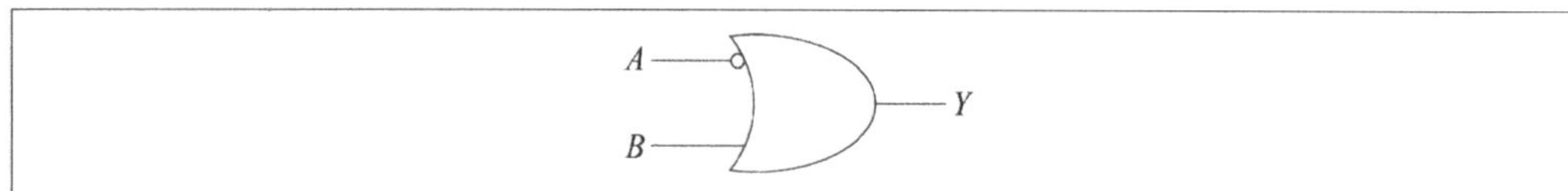

① 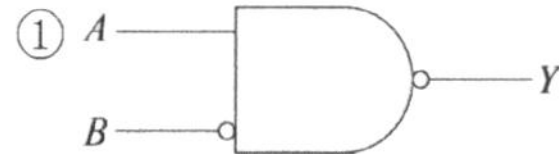
② 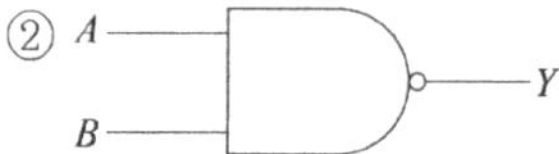
③ 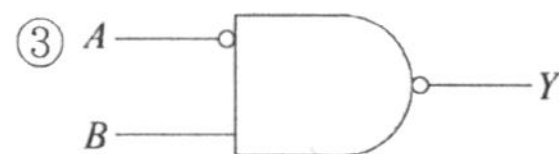
④

> ✮**note** 위 그림은 $Y = \overline{A} + B$이다. $Y = \overline{A} + B$이므로 $\overline{Y} = A \cdot \overline{B}$
>
> 즉 Y 가 된다.

14 다음 중 플립플롭에 대한 설명으로 옳지 <u>않은</u> 것은?

① 정보의 저장이나 기억회로, 계수회로 및 데이터 전송회로 등에 많이 사용한다.

② 1개의 bit 정보를 기억할 수 있는 기억회로이다.

③ 외부에서 입력을 가하지 않으면 원래의 상태가 변하지 않는다.

④ 플립플롭은 단 하나의 논리 게이트만으로 구성된다.

> **note** ④ 플립플롭은 기본적인 논리 게이트의 조합으로 구성된다.

15 다음 중 플립플롭의 종류에 포함되는 것으로 옳지 <u>않은</u> 것은?

① D 플립플롭
② JK 플립플롭
③ RK 플립플롭
④ 마스터 – 슬레이브 플립플롭

> **note** 플립플롭의 종류 … D 플립플롭, T 플립플롭, 마스터 – 슬레이브 플립플롭, JK 플립플롭, RS 플립플롭이 있다.

16 다음 TTL의 특징을 설명한 것 중 옳지 <u>않은</u> 것은?

① 잡음 여유도가 낮다.

② 응답속도는 논리회로 중에서 가장 느리다.

③ 출력 임피턴스가 낮다.

④ 팬 아웃(fan–out)을 많이 하는 것이 가능하다.

> **note** ② 응답속도가 가장 낮은 것은 ECL이다.

17 어느 전가산기의 입력이 1, 1, 1이라면 출력은 얼마인가?

① $S = 0,\ C = 0$
② $S = 0,\ C = 1$
③ $S = 1,\ C = 0$
④ $S = 1,\ C = 1$

> **note** $1+1+1$은 11이므로 합계(S)는 1, 자리올림수(C)는 1이다.

Answer 14.④ 15.③ 16.② 17.④

18 다음 중 아래의 카르노 맵(Kamaugh-map)을 간략화한 결과를 논리식으로 표현한 것으로 옳은 것은?

CD \ AB	00	01	11	10
00	1	1		1
01		1	1	
11		1	1	
10	1	1		1

① $\overline{A}B + AC + \overline{B}D$

② $\overline{A}B + BC + \overline{BD}$

③ $A\overline{B} + \overline{B}D + \overline{A}C$

④ $\overline{A}B + BD + \overline{BD}$

note 다음 카르노 맵에서 세 개의 항을 정리하면 $\overline{A}B + BD + \overline{BD}$가 된다.

CD \ AB	00	01	11	10
00	1	1		1
01		1	1	
11		1	1	
10	1	1		1

19 다음 중 두 개의 입력이 동시에 1이 되었을 때 발생하는 레이싱(racing) 현상을 방지하기 위해 고안된 플립플롭은?

① D 플립플롭

② T 플립플롭

③ RK 플립플롭

④ 마스터 – 슬레이브 플립플롭

note 마스터 – 슬레이브 플립플롭 … 레이싱 현상을 방지하고자 두 개의 플립플롭으로 구성한 플립플롭을 말한다.

20 JK 플립플롭의 2개의 입력이 똑같이 1이고, Clock pulse가 계속 올 경우 출력의 상태로 옳은 것은?

① set

② reset

③ 동작불능

④ toggling

note $J = K = 1$이면 Q_{n+1}은 Q_n을 반전시킨다.

Answer 18.④ 19.④ 20.④

21 다음 중 아래의 카르노 맵(Kamaugh-map)을 간략화한 논리식은?

	$\overline{C}\overline{D}$	$\overline{C}D$	CD	$C\overline{D}$
$\overline{A}\overline{B}$	0	1	1	1
$\overline{A}B$	0	0	0	1
AB	1	1	0	1
$A\overline{B}$	1	1	0	1

① $A\overline{C}$

② $A\overline{C} + A\overline{B}D$

③ $\overline{A}B + A\overline{C} + C\overline{D}$

④ $\overline{A}BD + A\overline{C} + C\overline{D}$

> ☆note 1을 묶어서 간략화한 결과는 다음과 같다.
>
> | | $\overline{C}\overline{D}$ | $\overline{C}D$ | CD | $C\overline{D}$ |
> |---|---|---|---|---|
> | $\overline{A}\overline{B}$ | 0 | 1 | 1 | 1 |
> | $\overline{A}B$ | 0 | 0 | 0 | 1 |
> | AB | 1 | 1 | 0 | 1 |
> | $A\overline{B}$ | 1 | 1 | 0 | 1 |
>
> 그러므로 $F = \overline{A}BD + A\overline{C} + C\overline{D}$가 된다.

22 다음 JK 플립플롭을 이용한 회로에서 현재 Q 상태는 1이고 XY입력이 11, 10으로 차례로 이루어질 경우 Q의 변화는?

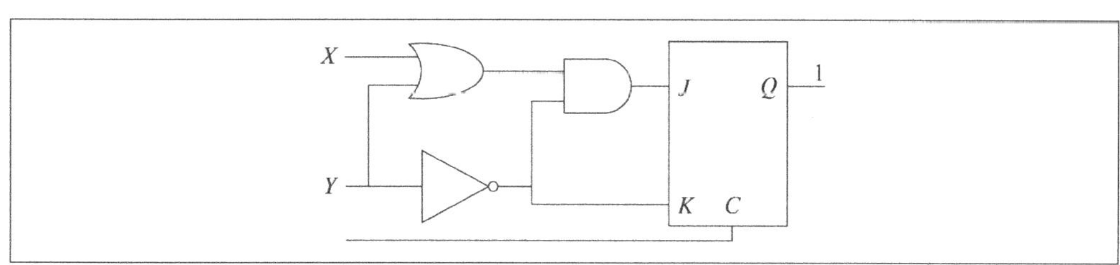

① $1 \to 0 \to 1$

② $1 \to 1 \to 0$

③ $1 \to 0 \to 0$

④ $1 \to 1 \to 1$

> ☆note XY입력이 11이면, $JK \to 00$ ∴ 현상태 1 유지
>
> XY입력이 10이면, $JK \to 11$ ∴ 반전
>
> ∴ $1 \to 1 \to 0$

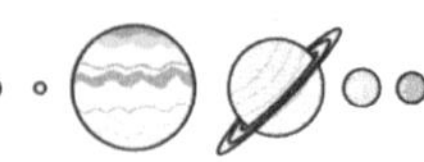

23 다음 RS 플립플롭의 진리표에서 출력 Y_1, Y_2, Y_3의 표시로 옳은 것은?

S_n	R_n	Q_{n+1}
0	0	Y_1
0	1	Y_2
1	0	Y_3
1	1	부정

	Y_1	Y_2	Y_3			Y_1	Y_2	Y_3
①	Q_n	0	1		②	Q_n	1	$\overline{Q_n}$
③	$\overline{Q_n}$	Q_n	0		④	Q_n	$\overline{Q_n}$	0

> ★note RS 플립플롭의 입출력 상태
> ㉠ $S_n = R_n = 1$이면 $Q_{n+1} =$ 부정
> ㉡ $S_n = 1$, $R_n = 0$이면 $Q_{n+1} = 1$
> ㉢ $S_n = 0$, $R_n = 1$이면 $Q_{n+1} = 0$
> ㉣ $S_n = R_n = 0$이면 $Q_{n+1} = Q_n$ (불변)

24 다음 중 래치에 대한 설명으로 옳지 않은 것은?

① 2진 정보를 저장하는 데 유용하다.
② 모든 플립플롭을 구성하는 기본적인 회로가 된다.
③ 2개 이상의 플립플롭이 결합한 것이다.
④ 가장 기본적인 형태의 플립플롭이다.

> ★note ③ 래치보다 플립플롭의 개념이 크다.

25 다음 중 입력이 0, 1인 반가산기의 출력은 어떻게 되는가?

① $S = 0$, $C = 0$	② $S = 0$, $C = 1$
③ $S = 1$, $C = 0$	④ $S = 1$, $C = 1$

> ★note 0+1의 계산 결과는 1이 되므로 합계는 1이고 자리올림은 0이 된다.

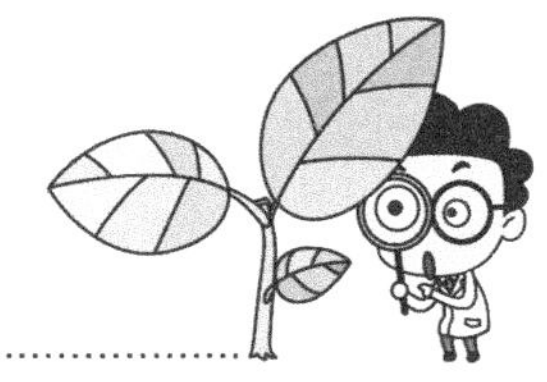

26 다음 중 JK 플립플롭을 구성할 수 있는 것으로 옳은 것은?

① 1개의 AND 게이트와 3개의 NAND 게이트
② 2개의 AND 게이트와 4개의 NAND 게이트
③ 2개의 NOR 게이트와 4개의 NAND 게이트
④ 4개의 NOR 게이트와 2개의 NAND 게이트

> ✿**note** JK 플립플롭 … 2개의 AND 게이트와 RS 플립플롭으로 구성되므로 2개의 AND 게이트와 4개의 NAND 게이트로 구성된다.

27 다음 중 래치의 종류가 아닌 것은?

① NOR 게이트로 된 $S-R$ 래치　　　② AND 게이트로 된 $S-R$ 래치
③ NAND 게이트로 된 $R-S$ 래치　　　④ 클럭된 $R-S$ 플립플롭

> ✿**note** 래치의 종류 … NOR 게이트로 된 $S-R$ 래치, NAND 게이트로 된 $S-R$ 래치, 클럭된 $R-S$ 플립플롭이 있다.

28 반가산기(half adder)를 정확하게 설명한 것은?

① 1자리의 2진수 덧셈을 하는 회로이다.
② 2자리의 2진수 덧셈을 하는 회로이다.
③ 3자리의 2진수 덧셈을 하는 회로이다.
④ 짝수자리의 2진수만을 덧셈하는 회로이다.

> ✿**note** 반가산기는 1자리의 2진수 덧셈을 하는 회로이다.

29 Master-slave 플립플롭은 어떠한 현상을 해결하기 위한 플립플롭인가?

① delay 현상　　　② toggle 현상
③ set 현상　　　④ race 현상

> ✿**note** RACE … JK 플립플롭이 출력을 입력으로 귀환하게 할 때 출력이 입력을 쫓아가는 현상이 나타나게 되는 것을 말하고, 이를 개선하기 위해 M-S 플립플롭이 만들어졌다.

🌱**Answer**　　26.② 27.② 28.① 29.④

30 다음 중 전가산기의 구조에 대한 설명으로 옳은 것은?

① 1개의 입력과 2개의 출력으로 구성된다.

② 2개의 입력과 3개의 출력으로 구성된다.

③ 3개의 입력과 2개의 출력으로 구성된다.

④ 3개의 입력과 4개의 출력으로 구성된다.

> ✿note 전가산기…2자리 2수와 반가산기에서 발생한 자리올림을 함께 더하는 회로로 3개의 입력과 2개의 출력으로 구성된다.

31 다음 중 JK 플립플롭의 입력 J 단자에는 0을, K 단자에는 1을 인가했을 경우 출력단자의 상태로 옳은 것은?

① $Q = 1,\ \overline{Q} = 0$

② $Q = 0,\ \overline{Q} = 1$

③ $Q = 0,\ \overline{Q} = 0$

④ $Q = 1,\ \overline{Q} = 1$

> ✿note JK 플립플롭에서 $J = 0$이고 $K = 1$인 경우에 클럭이 가해지게 되면 출력은 토글 현상이 나타나게 된다.
> ㉠ $J = 0$, $K = 0$일 경우에 현재 상태 $Q_{(t)}$를 유지한다.
> ㉡ $J = 0$, $K = 1$일 경우에 reset $Q_{(t + 1)} = 0$이 된다.

32 다음 중 조합 논리회로 설계 및 논리도를 그릴 때 고려해야 할 사항으로 옳지 않은 것은?

① 게이트로 들어오는 입력단자를 최대화해야 한다.

② 구동 가능한 게이트수를 제한해야 한다.

③ 게이트수를 최소화해야 한다.

④ 게이트를 통과하는 전파시간과 상호 연결수를 최소화해야 한다.

> ✿note 논리회로를 설계할 때에는 가장 간단하면서 모든 기능을 구현할 수 있도록 해야하므로 게이트수가 적고, 구동하는 게이트수도 작으며 적은 입력단자와 작은 전파시간을 고려해야 한다.

33 다음 중 계수기에 사용되는 플립플롭은?

① T 플립플롭

② JK 플립플롭

③ D 플립플롭

④ RS 플립플롭

⑤ Master—slave 플립플롭

> **note** T 플립플롭은 일종의 분주회로 기능을 갖기 때문에 보통 카운터를 설계할 때 많이 사용한다.

34 다음 논리함수의 4가지 방법 중 가능한 모든 경우를 통합하여 표현할 수 있는 것은?

① 논리명칭   ② 논리 기호도

③ 진리표   ④ 불식

> **note** 논리함수의 진리표는 주어진 조건으로 가능한 모든 경우를 통틀어 표현할 수 있다.
>
> ※ 불식(불 대수) … 영국의 수학자 Boole에 의해 창안된 것으로 논리학을 수학적으로 나타내기
> 위해 제안되었다. 사용되는 불 대수의 수로는 0과 1 두 개 뿐이다.

35 다음 회로의 명칭으로 옳은 것은?

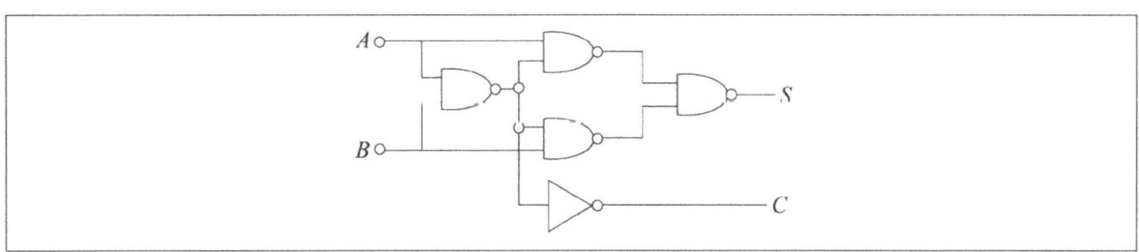

① 반가산기   ② 전가산기

③ 반감산기   ④ 전감산기

> **note** $S = \overline{A}B + A\overline{B}$
>
> $C = AB$인 합과 자리올림의 출력을 갖는 반가산기 회로이다.

36 논리식 $f = (A + B)(A + \overline{B})$를 간단히 표현한 것은?

① $f = 0$ 　　　　　　　② $f = A + \overline{B}$

③ $f = A$ 　　　　　　　④ $f = A + B$

> ☆note　$f = (A + B)(A + \overline{B})$
> $= AA + A \cdot \overline{B} + BA + B\overline{B}$
> $= AA + A \cdot \overline{B} + BA$
> $= A + A(\overline{B} + B)$
> $= A$

37 JK 플립플롭으로 D 플립플롭을 만들려고 할 때 바르게 표현한 것은?

① 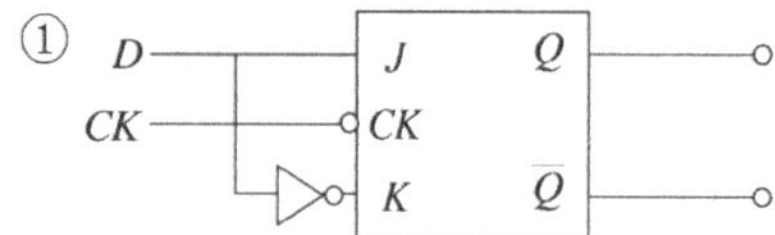　　② 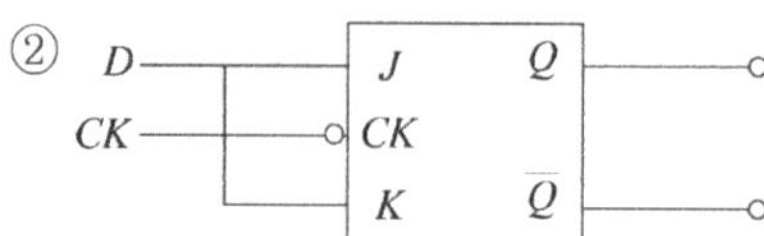

③ 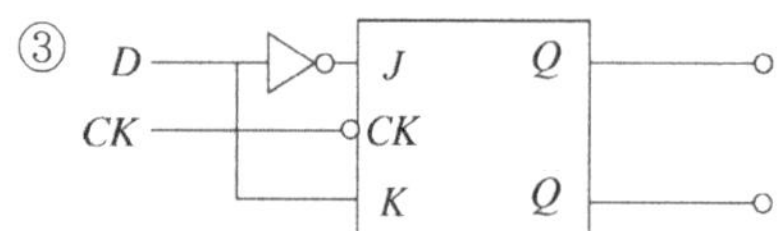　　④ 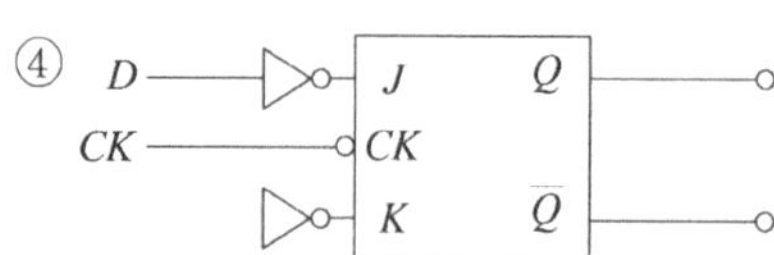

> ☆note　JK 플립플롭에서 두 입력이 서로 다를 때 출력이 J와 같은 결과가 되는 것을 이용하는 것이 D
> 플립플롭이다.

38 다음 중 배타 OR 게이트를 나타내는 논리식은?

① $F = \overline{A \cdot B}$ 　　　　　　　② $F = A + B$

③ $F = \overline{A} \cdot B + A \cdot \overline{B}$ 　　　　　④ $F = A(A + B)$

> ☆note　배타 OR 회로는 $A = 1$, $B = 0$ 또는 $A = 0$, $B = 1$이면 $F = 1$이므로 불 대수식으로 표
> 현하면 $F = A\overline{B} + \overline{A}B$이다.

♥Answer　　36.③　37.①　38.③

39 반감산기에서 차 값을 얻기 위해 사용되는 논리회로는?

① NOT

② AND

③ OR

④ EOR

> ✿**note** 반감산기는 NOT과 AND회로 그리고 EOR회로로 구성된다.
> 케리는 AND, 차는 EOR에서 출력된다.

40 다음 그림과 같은 논리회로의 출력 Y는?

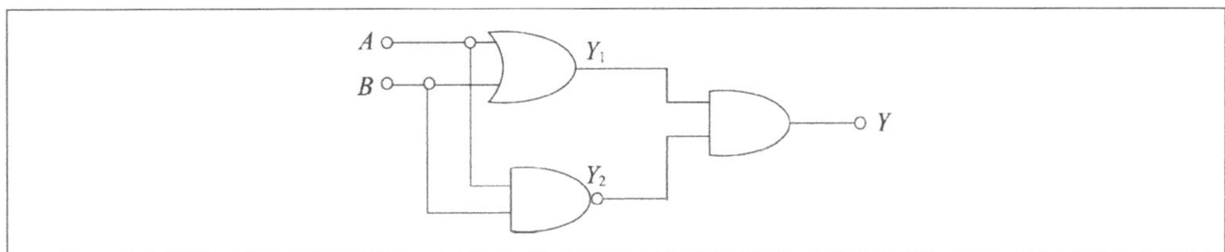

① $AB + \overline{A}\,B$ ② $(A + B)(\overline{A} + \overline{B})$

③ $AB(\overline{A} + \overline{B})$ ④ $(A + \overline{B})\overline{A}B$

> ✿**note** $Y_1 = A + B$, $Y_2 = \overline{A} + \overline{B}$, $Y = Y_1 Y_2 = (A + B)(\overline{A} + \overline{B})$

41 다음 중 논리식을 간소화했을 때 값이 다른 것은?

① $A \cdot B + A' \cdot B + A \cdot B'$ ② $A + B + B \cdot C$

③ $A + A' \cdot B + B \cdot C'$ ④ $A \cdot B' + B + A \cdot C + C$

> ✿**note** ① $A \cdot B + A' \cdot B + A \cdot B' = A(B + B') + A' \cdot B = A + A' \cdot B$
> $\qquad = (A + A')(A + B) = A + B$
> ② $A + B + B \cdot C = A + B(1 + C) = A + B \cdot 1 = A + B$
> ③ $A + A' \cdot B + B \cdot C = 1 \cdot (A + B) + B \cdot C = A + B + B \cdot C$
> $\qquad = A + B(1 + C) = A + B \cdot 1 = A + B$
> ④ $A \cdot B' + B + A \cdot C + C = (A + B)(B' + B) + C(1 + A)$
> $\qquad = (A + B) \cdot 1 + C \cdot 1 = A + B + C$

42 플립플롭(flip-flop)의 설명으로 옳지 않은 것은?

① 플립플롭(flip-flop)은 이진수 한 비트 기억소자이다.

② 레지스터 상호간 공통선들의 집합을 버스(bus)라 한다.

③ 병렬전송에서 버스(bus) 내의 선의 개수는 레지스터를 구성하는 플립플롭의 개수와 일치하지 않는다.

④ M비트 레지스터는 M개의 플립플롭으로 구성된다.

⑤ 버스는 결선을 최소화하기 위해 사용된다.

> **note** 병렬전송은 버스내의 선의 개수가 레지스터를 구성하는 플립플롭의 개수와 일치한다. 플립플롭에는 RS, JK, D, T 플립플롭이 있다.

43 디멀티플렉서에 대한 설명으로 옳은 것은?

① 코드화된 2진 정보를 다른 코드형식으로 변환하는 해독회로

② 사람이 사용하는 문자체계를 컴퓨터에 맞게 변환시키는 회로

③ 여러 곳의 입력선으로부터 들어오는 데이터 중 하나를 선택하여 한 곳으로 출력시키는 회로

④ 1개의 입력선으로 들어오는 정보를 2^n개의 출력선 중에서 하나를 선택하여 출력시키는 회로

> **note** ① 디코더 ② 인코더 ③ 멀티플렉서

44 논리연산기호의 연산 우선순위가 옳게 된 것은?

① NOT - OR - AND   ② OR - NOT - AND

③ AND - OR - NOT   ④ NOT - AND - OR

> **note** 연산 우선순위 ··· NOT - AND - OR

Answer   42.③   43.④   44.④

45 다음 카르노 맵(Karnaugh map)을 간략화하여 나타낸 논리식은?

CD \ AB	00	01	11	10
00	1	0	0	1
01	1	1	1	0
11	0	1	1	0
10	1	0	0	1

① A'B'C' + ABD + B'CD'   ② A'B'C' + BD + B'D'

③ A'B'C'D + A'BD + B'D'   ④ A'B'C'D + AB'D' + BD

> **note** 3개의 묶음을 식으로 써서 간략화하면
>
> 1) $\overline{A}\,\overline{B}\,\overline{C}\,\overline{D} + \overline{A}\,\overline{B}\,\overline{C}D = \overline{A}\,\overline{B}\,\overline{C}(\overline{D}+D) = \overline{A}\,\overline{B}\,\overline{C}$
>
> 2) $\overline{A}\,\overline{B}\,\overline{C}\,\overline{D} + A\,\overline{B}\,\overline{C}\,\overline{D} + \overline{A}\,\overline{B}\,C\,\overline{D} + A\,\overline{B}\,C\,\overline{D}$
>
> $= \overline{B}\,\overline{C}\,\overline{D}(\overline{A}+A) + \overline{B}\,C\,\overline{D}(\overline{A}+A)$
>
> $= \overline{B}\,\overline{C}\,\overline{D} + \overline{B}\,C\,\overline{D} = \overline{B}\,\overline{D}(\overline{C}+C) = \overline{B}\,\overline{D}$
>
> 3) $\overline{A}\,B\,\overline{C}\,D + A\,B\,\overline{C}\,D + \overline{A}\,B\,C\,D + A\,B\,C\,D$
>
> $= B\,\overline{C}\,D(\overline{A}+A) + B\,C\,D(\overline{A}+A)$
>
> $= B\,\overline{C}\,D + B\,C\,D = BD(\overline{C}+C) = BD$
>
> $\therefore \; Y = \overline{A}\,\overline{B}\,\overline{C} + \overline{B}\,\overline{D} + BD$

46 시로 다른 값이 입력 될 때 1이 출력되고 같은 값이 입력될 때 0이 출력되는 논리회로는?

① OR   ② NOR

③ XOR   ④ XNOR

> **note** 서로 다른 값이 입력 될 때 1이 출력되고 같은 값이 입력될 때 0이 출력되는 논리회로는 XOR
> 이다.
>
> | INPUT | | OUTPUT |
> |---|---|---|
> | A | B | Z |
> | L | L | 0 |
> | L | H | 1 |
> | H | L | 1 |
> | H | H | 0 |

09

전원회로

제9편 전원회로

전원회로와 정류회로

1 전원회로

① 전원회로의 개요

(1) 개념

여러가지 회로들을 응용하기 위하여 AC(교류) 전원을 DC(직류) 전원으로 바꾸어 주는 것을 말한다.

(2) 전원회로의 구성

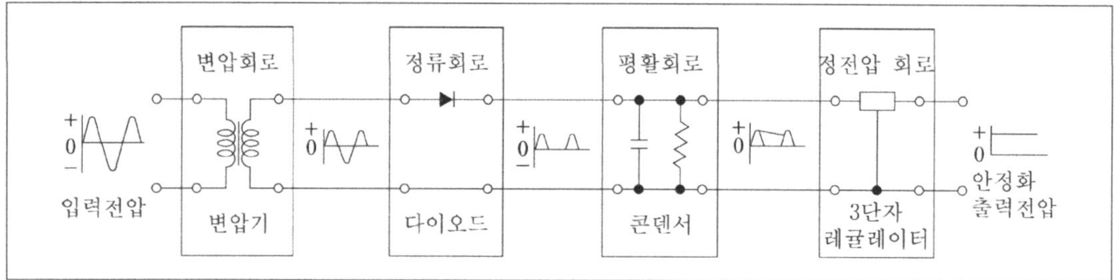

② 각 전원회로 구성의 특성

(1) 변압기(transformer)

① **개념** … 변압기 코일의 권선수를 조정하여 입력된 1차측의 전원을 사용할 수 있도록 낮춘 2차측의 교류전압을 만들어 내는 기기를 말한다.

② **역할** … 전원 1차측과 2차측을 전기적으로 절연해 준다.

(2) 정류회로(rectifier)

① 변압기를 통하여 낮아진 교류전압을 직류전압으로 변환하여 주는 과정이다.

② 정류회로에서 사용하는 다이오드는 전류를 한쪽으로만 통과시키는 특성이 있다.

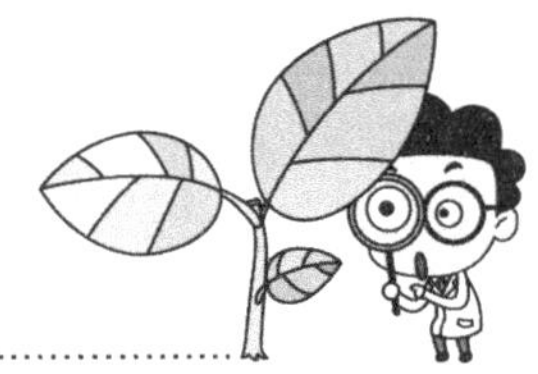

(3) 평활회로(Smoothing circuit)

① **역할** … 정류회로에 의하여 변환된 직류전압에서 교류분을 제거하여 직류전압 파형을 더욱 고르게 만든다.

② 평활회로에서는 직류 성분만 통과하도록 하기 위해 저역 필터를 사용한다.

(4) 전압 안정화 회로(regulator)

① **개념** … 입력 교류전압 또는 부하 조건과는 상관없이 평활된 직류전압을 항상 전압이 일정하게 출력되도록 조정해 주는 회로를 말한다.

② **분류** … 크게 리니어 방식과 스위칭 방식으로 구분한다.

2　정류회로

①　정류회로의 개요

(1) 정류회로의 개념

① **정류** … 교류를 한 방향의 전류로 변화시킬 때 정류 소자를 사용하고 평활회로를 사용하여 직류로 만드는 과정을 말한다.

② **직류 정전압 전원** … 정류된 전원을 부하나 입력전원에 상관없이 일정한 직류전압을 얻어내는 전원회로이다.

(2) 정류 소자

정류회로에 사용되는 소자로는 다이오드, 가스 방전관, 금속 정류기, 2극 진공관 등이 있다.

(3) 정류회로의 특성

① **맥동률**

　㉠ 개념 : ripple 함유율이라고도 하고 정류된 직류전압에 교류 성분이 포함되어 있는 정도를 나타내는 것이다.

ㄴ 맥동률 r

$$r = \frac{출력\ 교류전압의\ 실효값}{출력\ 직류전압의\ 평균값} \times 100 에서$$

$$r = \frac{\Delta V}{V_{dc}} \times 100 [\%]$$

② **정류효율**

ㄱ 개념 : 입력 교류전력에서 출력 직류전력으로 바뀔 수 있는 정도를 나타내는 것이다.

ㄴ 정류효율 η

$$\eta = \frac{직류\ 출력전력(평균값)}{교류\ 입력전력(실효값)} \times 100$$

$$= \frac{P_{dc}}{P_{ac}} \times 100 [\%]$$

◈ 정류효율 ◈

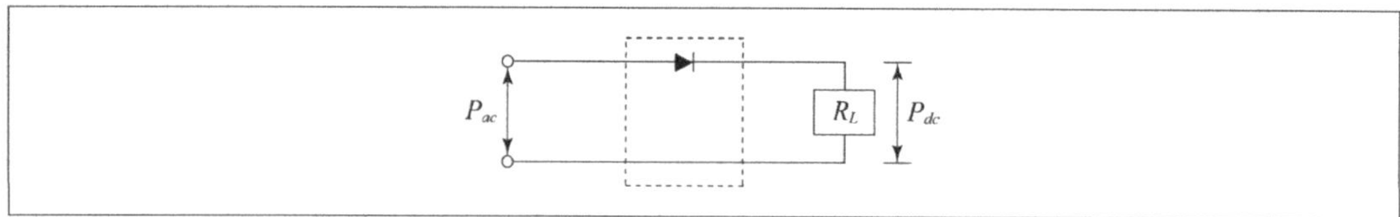

③ **전압 변동률**

ㄱ 개념 : 부하의 변동에 대해서 출력전압의 변화 정도를 나타낸 것이다.

ㄴ 전압 변동률 ϵ

$$\epsilon = \frac{무부하시의\ 출력전압 - 부하시의\ 출력전압}{부하시의\ 출력전압} \times 100$$

$$= \frac{V_O - V_L}{V_L} \times 100 [\%] = \frac{R_f}{R_L}$$

◈ 전압 변동률 ◈

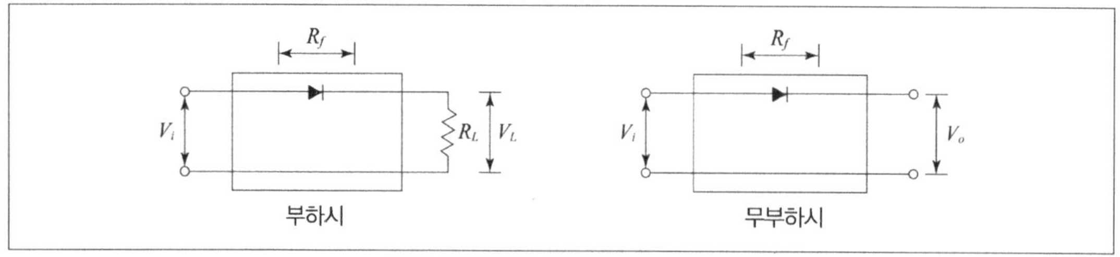

④ **최대 역전압**

ㄱ 개념 : 정류회로의 다이오드가 최대로 견딜 수 있는 전압을 말한다.

ㄴ 정류회로에서 다이오드가 동작하지 않을 경우 다이오드에 걸리게 되는 최대 역방향 전압이 된다.

② 정류회로의 종류

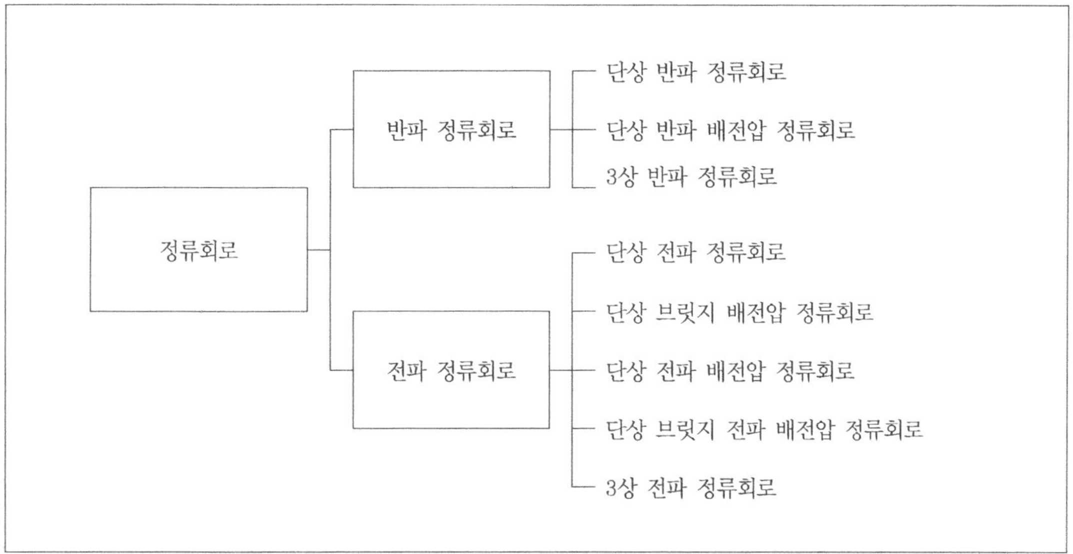

(1) 단상 반파 정류회로

① 동작원리

㉠ 트랜스 2차측의 입력전압 V_i가 (＋) 반주기인 경우에는 다이오드가 on 상태가 되고 전류 i가 흐르게 된다.

$$i = I_m \sin\omega t \,(0 \leq \omega t \leq \pi)$$

㉡ 트랜스 2차측의 입력전압 V_i가 (－) 반주기인 경우에는 다이오드가 off 상태가 되고 전류 i는 흐르지 않게 된다.

$$i = 0 \,(\pi \leq \omega t \leq 2\pi)$$

◎ 단상 반파 정류회로 ◎

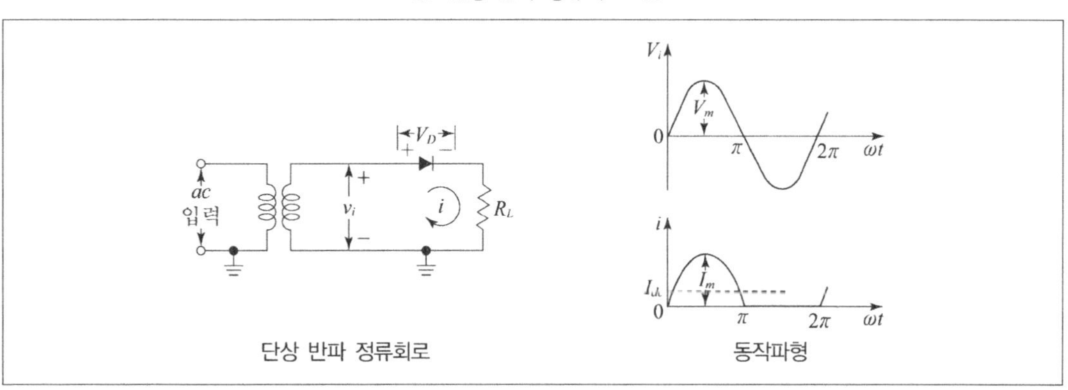

② **특성**

㉠ 전류파형의 실효값 : $I_{r\,m\,s} = \dfrac{I_m}{2}$

㉡ 직류 출력전류의 평균값 : $I_{dc} = \dfrac{I_m}{\pi}$

㉢ 맥동률

$$r = \sqrt{\left(\dfrac{I_{r\,m\,s}}{I_{dc}}\right)^2 - 1}\ 에서$$

$$F = \dfrac{실효값}{평균값} = \dfrac{\dfrac{I_m}{2}}{\dfrac{I_m}{\pi}} = 1.57\,이므로\ r을\ 구하면$$

$$r = \sqrt{F^2 - 1} = \sqrt{(1.57)^2 - 1} = 1.21$$

㉣ 정류기의 효율

- 이론적으로 최대 효율은 40.6%이고, R_f가 작아질수록 효율은 40.6%에 점차 가까워지게 된다.
- 최대 출력
- $R_f = R_L$인 경우에 출력이 최대가 되고, 효율은 20.3%가 된다.

$$-\eta = \dfrac{P_{dc}}{P_i} \times 100 = \dfrac{0.406}{\left(1 + \dfrac{R_f}{R_L}\right)} \times 100 = \dfrac{40.6}{2} = 20.3\%$$

㉤ 최대 역전압 : $PIV = V_m$

㉥ 특징

- 맥동률이 크고, 회로가 비교적 간단하다.
- 전원전압의 이용률이 나쁘다.
- 맥동 주파수와 전원 주파수는 동일하다.
- 용도 : 라디오나 수신기 등의 소전력용에 사용된다.

(2) 단상 전파 정류회로

① 동작원리

㉠ ac 입력의 (+) 반주기인 경우

- 회로에서 다이오드 D_1은 on, D_2는 off가 되므로 전류 i_1은 D_1을 통하여 부하 R_L에 흐르게 된다.
- $i_1 = I_m \sin \omega t \quad (0 \leq \omega t \leq \pi)$

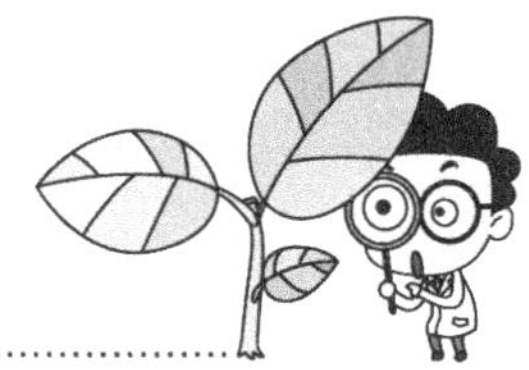

  ⓛ ac 입력의 (–) 반주기인 경우

   • 회로에서 다이오드 D_1은 off, D_2는 on이 되므로 전류 i_2는 D_2을 통하여 부하 R_L에 흐르게 된다.

   • $i_2 = I_m \sin(\omega t - \pi)$ $(\pi \leq \omega t \leq 2\pi)$

  ⓒ ac 입력의 (+) 반주기일 경우나 (–) 반주기일 경우 모두 전류가 흐르게 된다.

$$i = i_1 + i_2 = |I_m \sin \omega t| \quad (0 \leq \omega t \leq 2\pi)$$

❀ 단상 전파 정류회로 ❀

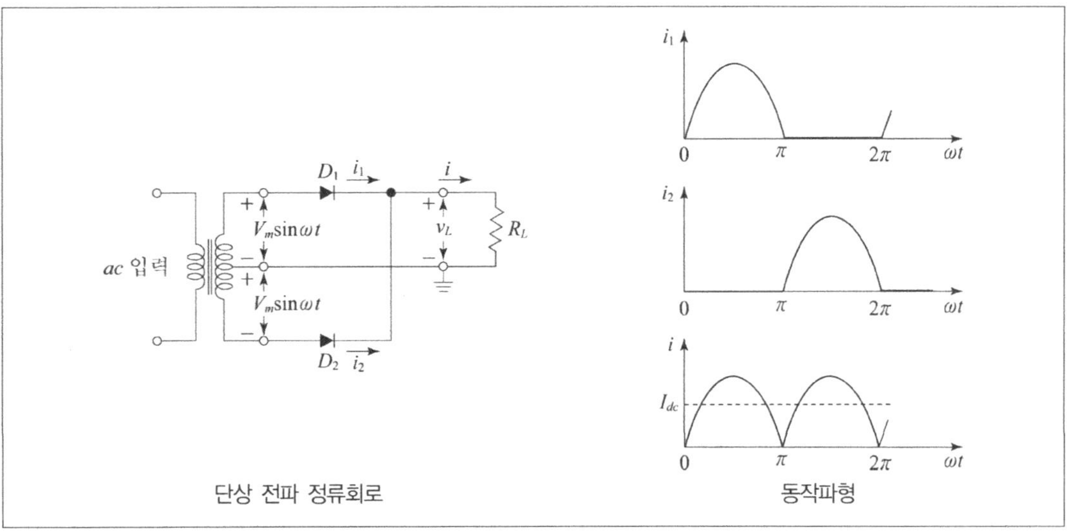

단상 전파 정류회로　　　　　　　　동작파형

② **특성**

  ㉠ 전류파형의 실효값 : $I_{rms} = \dfrac{I_m}{\sqrt{2}}$

  ⓛ 직류 출력전류의 평균값 : $I_{dc} = \dfrac{2I_m}{\pi}$

  ⓒ 맥동률

$$r = \sqrt{\left(\dfrac{I_{rms}}{I_{dc}}\right)^2 - 1} \text{ 에서}$$

$$F = \dfrac{\text{실효값}}{\text{평균값}} = \dfrac{\dfrac{I_m}{\sqrt{2}}}{\dfrac{2I_m}{\pi}} = 1.11 \text{이 되므로 } r \text{을 구하면}$$

$$r = \sqrt{F^2 - 1} = \sqrt{(1.11)^2 - 1} = 0.482$$

ㄹ 정류기의 효율

- 이론적으로 최대 효율은 81.2%로서 반파 정류회로의 2배가 되고, 맥동률은 반파 정류일 때 보다 더 작아진다.
- $R_f = R_L$이 되면 출력이 최대가 되고 이때의 효율은 20.3%가 된다.

$$\eta = \frac{P_{dc}}{P_i} \times 100 = \frac{\left(\dfrac{2I_m}{\pi}\right)^2 R_L}{\left(\dfrac{I_m}{\sqrt{2}}\right)^2 (R_f + R_L)} \times 100$$

$$= \frac{81.2}{1 + \left(\dfrac{R_f}{R_L}\right)} [\%]$$

ㅁ 최대 역전압 : $PIV = 2V_m$

ㅂ 특징

- 전원전압의 이용률이 좋고, 정류 직류 출력전압이 크다.
- 반파보다 리플률이 작다.
- 전류가 비교적 많이 필요한 전원에 사용을 많이 한다.
- 출력전압의 약 2배인 전압의 트랜스가 필요하다.
- 전원 주파수보다 리플 주파수가 2배가 된다.

(3) 배전압 정류회로

① 개념

㉠ 직류 출력전압을 콘덴서와 다이오드를 이용하여 교류 입력전압의 n배에 가깝게 얻는 회로를 말한다.

㉡ 적용 : 부하에 출력전류가 어느 정도 공급되어 증가하면 출력전압이 갑자기 내려가기 때문에 일반적으로 부하전류가 작은 곳에 사용한다.

② 배전압 반파 정류회로

㉠ 입력전압 v_i의 (+) 반주기 동안 C_1의 충전전압과 입력전압 v_i는 직렬로 D_2에 가해지게 되어 C_2에서 최대 $2V_m$의 전압이 충전된다.

㉡ 출력측 C_2에서는 입력전압의 최대값 V_m의 2배에 해당하는 전압을 얻을 수 있고, 이때 D_1, D_2의 최대 역전압은 $2V_m$이 되게 된다.

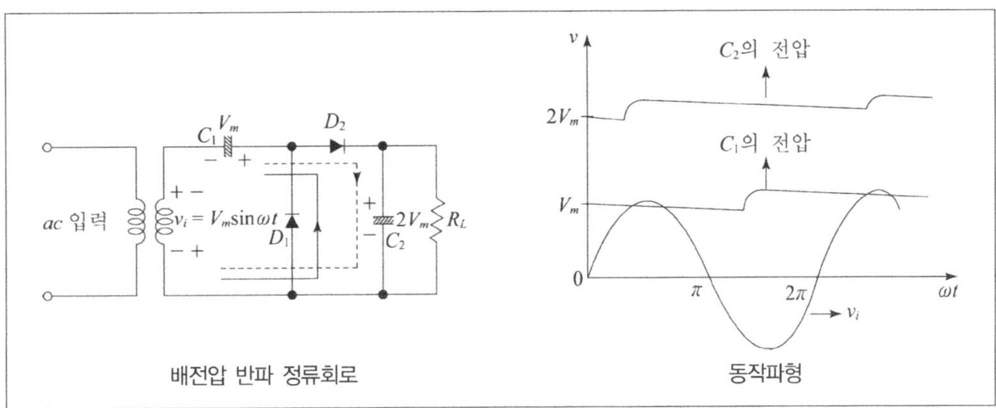

배전압 반파 정류회로   동작파형

③ 배전압 전파 정류회로

　㉠ 입력전압 v_i의 (+) 반주기 동안 D_1에 전류가 흐르게 되고, 콘덴서 C_1은 충전되어 V_m의 값까지 도달한다.

　㉡ 입력전압 v_i의 (−) 반주기 동안 D_2에 전류가 흐르게 되고, 콘덴서 C_2는 충전되어 V_m의 값까지 도달한다. 결국 부하쪽에는 $2V_m$의 전압이 걸리게 되는 것이다.

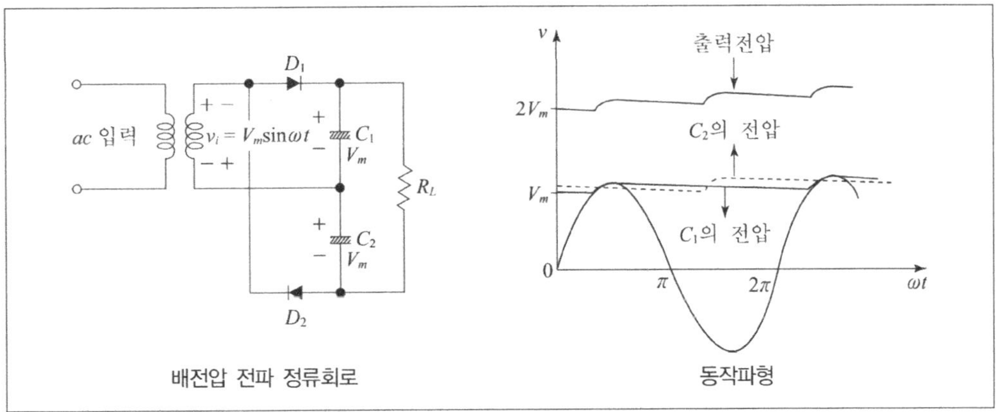

배전압 전파 정류회로   동작파형

④ n체배 정류회로

　㉠ 인가전압의 최대값을 V_m이라고 가정하면, $D - F$ 구간은 $2n V_m = 6 V_m$으로서 직류 고압을 얻을 수 있다.

　㉡ 다이오드의 접속

　　• 직렬 접속의 경우 : 최대 역전압(PIV)의 n배 증가로 순간적인 과전압으로부터 보호할 수 있다.

　　• 병렬 접속의 경우 : 순간적인 과전류로부터 회로를 보호할 수 있다.

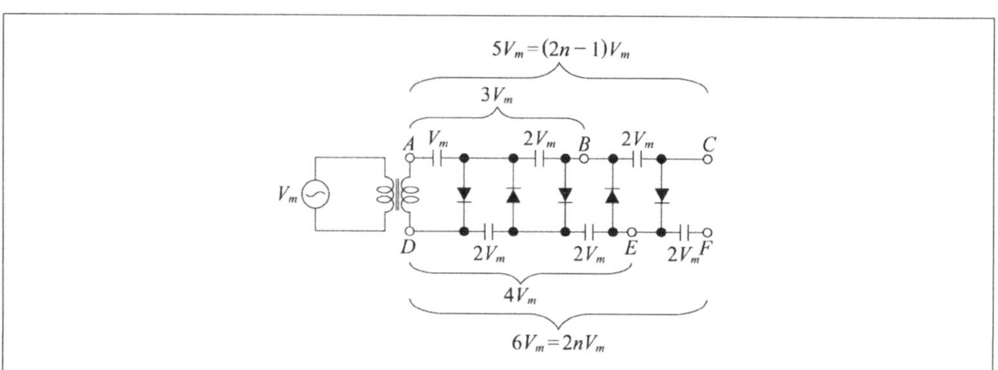

(4) 3상 정류회로

① 3상 반파 정류회로

    ㉠ 개념 : 3상 평형 변압기와 다이오드를 사용하여 Y 결선을 하게 되면 각각의 위상차가 $120°$인 상전압이 순차적으로 D_1, D_2, D_3를 on 시키면서 부하저항 R_L에 맥동률이 상당히 좋은 출력전압을 공급하게 된다.

    ㉡ 특징

- 변압기의 이용률이 좋고, 이 이용률은 다상 교류일수록 좋다.
- 부하 정류 전류는 다이오드 1개에 3배의 전류가 흐른다.
- 전압 변동률이 단상보다는 좋고 직류분에 대한 맥동률도 좋다.
- 맥동률 : $r = 0.21$
- 맥동 주파수 : $f_r = 3f$
- 용도 : 맥동률이 단상 정류회로보다 작기 때문에 일반적으로 대전력용으로 쓰인다.

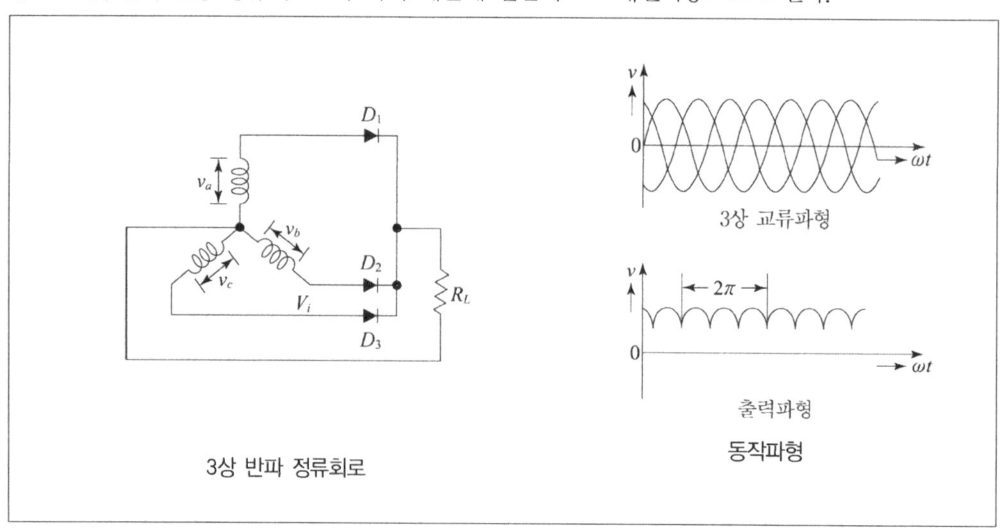

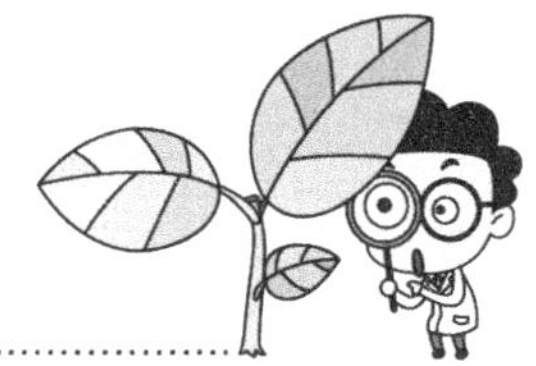

② **3상 전파 정류회로**

ㄱ 개념 : 3상 평형 변압기의 2차측을 아래 그림에서 왼쪽의 그림과 같이 접속하면 그 출력파형
은 오른쪽 그림과 같이 나오게 된다.

ㄴ 특징

- 전압 변동률이 적고, 출력 정류 전류가 크다.
- 맥동률 : $r = 0.21$
- 맥동 주파수 : $f_r = 6f$
- 용도 : 일반적으로 대전력 전원 정류회로에 사용한다.

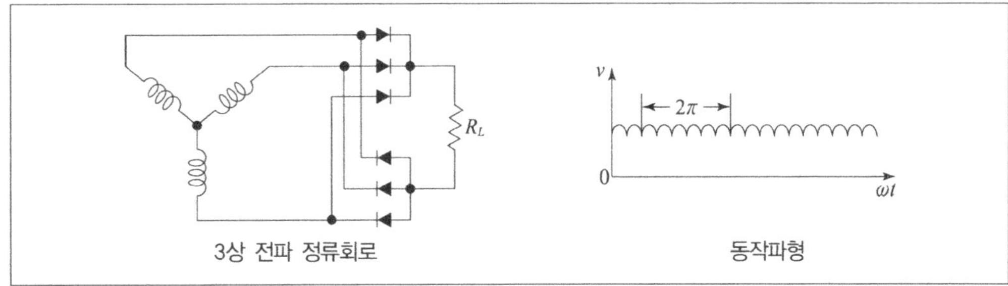

3상 전파 정류회로　　　　　　동작파형

(5) 제어 정류회로

① 기본원리

ㄱ 정류회로의 응용회로 중 하나이다.

ㄴ 출력전류를 제어하여 SCR의 양극과 음극 사이에 전압이 가해지고 (−) 반주기 동안에는 차단
상태가, (+) 반주기 동안에는 게이트 신호에 따라 통전되는 회로이다.

제어 정류회로의 기본원리

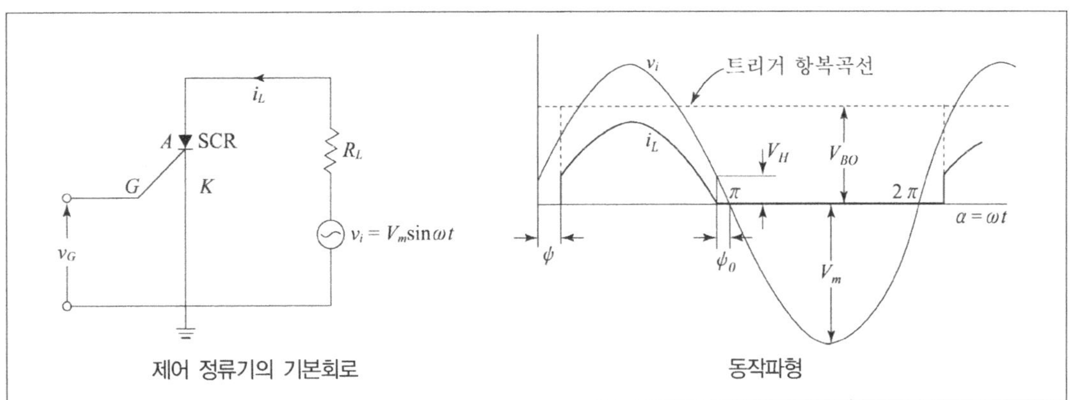

제어 정류기의 기본회로　　　　　　동작파형

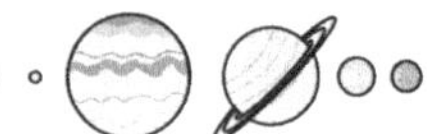

② **동작원리**

　㉠ v_G가 SCR의 V_{BO}를 인가전압 v_i보다 작게 하였을 경우에는 부하전류 i_L이 입력전압 v_i에 따라 갑자기 증가하여 흐르기 시작하게 되는데 이때 SCR에 걸리는 전압은 V_H로 일정하게 된다.

　㉡ v_G가 인가되지 않으면 SCR은 ㉠의 상태가 될 때까지 차단 상태가 된다.

　㉢ 게이트 트리거 전압 v_G를 입력전압 v_i의 (+) 반주기 동안 주기가 일정하게 인가해 주면 위의 동작파형과 같은 파형이 발생하게 된다.

01 출제예상문제

1 다음 중 전압 안정화 회로를 크게 2가지로 구분할 경우 리니어 방식에 대한 것만으로 짝지어진 것은?

㉠ 변환효율이 좋다.	㉡ 복수 전원구성이 불편하다.
㉢ 회로구성이 간단하다.	㉣ 전압 정밀도가 나쁘다.

① ㉠㉡　　　　　　　　　　　② ㉠㉢
③ ㉡㉢　　　　　　　　　　　④ ㉡㉣
⑤ ㉢㉣

note ㉠㉣ 스위칭 방식에 대한 설명이다.

2 다음 중 전파 정류회로에서 맥동전압에 대한 설명으로 옳은 것은?

① 부하저항에는 반비례하고 콘덴서 용량 C에는 비례한다.

② 콘덴서 용량 C와 부하저항에 반비례한다.

③ 콘덴서 용량 C와 부하저항에 비례한다.

④ 부하저항과 관계가 없고 용량 C에 비례한다.

⑤ 부하저항에는 비례하고 콘덴서 용량 C에는 반비례한다.

note 맥동률은 $r = \dfrac{1}{4\sqrt{3}fCR_L}$ 이 되므로 C와 R_L에 반비례한다.

Answer 1.③ 2.②

3 다음 중 어떤 정류기의 부하 양단 평균전압 500V, 맥동률 2%라고 할 때 교류분이 포함하는 것은 몇 V인가?

① 10V

② 20V

③ 30V

④ 40V

⑤ 50V

✦note

맥동률 $r = \dfrac{\text{출력 교류전압의 실효값}}{\text{출력 직류전압의 평균값(직류성분)}} \times 100$이므로

교류분은 $500 \times \dfrac{2}{100} = 10V$가 된다.

4 다음 중 정류회로에 다이오드를 사용했을 때 다이오드가 과대한 전압에 의하여 파손될 우려가 있다면 이것을 방지하기 위한 방법으로 옳은 것은?

① 저항을 적당한 값으로 다이오드 양단에 삽입한다.

② 다이오드를 직렬로 추가한다.

③ 다이오드를 병렬로 추가한다.

④ 콘덴서를 적당한 값으로 다이오드 양단에 삽입한다.

✦note 과전압을 분담하기 위해서는 직렬로 다이오드를 추가하여야 한다.

5 다음 중 정현파의 최대 전압을 V_m이라고 할 경우 이것을 반파 정류했을 때의 평균값은?

① $\dfrac{V_m}{\pi}$

② $\dfrac{V_m}{\sqrt{2}\,\pi}$

③ $\dfrac{V_m}{2\pi}$

④ $\dfrac{V_m}{2}$

⑤ $\dfrac{\sqrt{2}\,V_m}{\pi}$

✦note 반파 정류회로에서 출력전압의 평균값은 $\dfrac{V_m}{\pi}$이 된다.

✿Answer   3.① 4.② 5.①

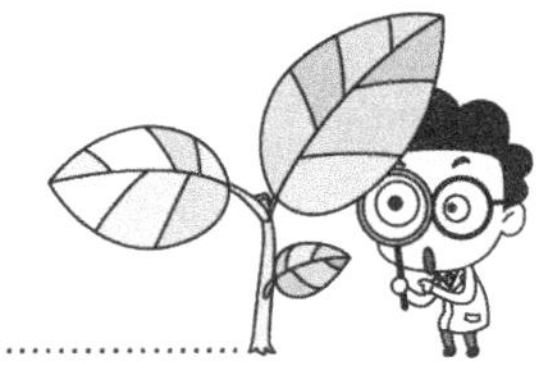

6 동일한 다이오드를 병렬로 연결하여 정류기로 사용할 때 회로변화의 주된 특성으로 옳은 것은?

① 역전압에 의한 다이오드의 파손을 방지할 수 있다.

② 순방향 전류를 증가시킬 수 있다.

③ 전원 변압기를 연결하여도 항상 사용할 수 있다.

④ 필터 회로가 필요없다.

> ✿note 다이오드를 사용한 정류회로에서 부하전류를 증가시키기 위한 방법으로 다이오드를 병렬로 접속하며 병렬로 연결하면 전원 변압기를 연결하여도 항상 사용할 수 있다.

7 단상 반파 정류회로의 정류효율의 최대 값으로 옳은 것은?

① 33.6%   ② 40.6%

③ 57.1%   ④ 64.3%

⑤ 85.9%

> ✿note 정류효율 $\eta = \dfrac{40.6}{1 + \dfrac{R_f}{R_L}}$ 이므로 결국 최대 정류효율은 40.6%가 된다.

8 다음 중 반파 정류회로와 전파 정류회로를 비교하였을 때의 설명으로 옳은 것은?

① 맥동률은 반파 정류회로보다 전파 정류회로가 상당히 큰 편이다.

② 정류효율은 반파 정류회로가 전파 성류회로보나 너 좋다.

③ 전파 정류회로에서는 반파 정류회로와 달리 전원 트랜스에서 중간 탭을 뽑아 사용하여야 한다.

④ 반파 정류관을 2개 사용해도 전파 정류를 할 수 없다.

> ✿note 전파 정류회로
> ㉠ 반파 정류회로와는 달리 트랜스에서 중간 탭을 뽑아 사용해야 하기 때문에 직류여자 성분이 상쇄된다.
> ㉡ 맥동률은 반파 정류회로보다 상당히 작은 편이다.
> ㉢ 정류효율은 반파 정류회로보다 크다.

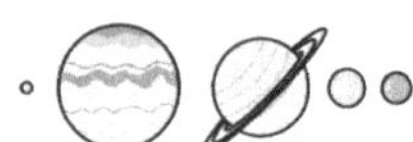

9 정류회로에 다이오드를 병렬로 여러 개 연결하여 사용했을 때 나타나는 결과로 옳은 것은?

① 과전류로부터 다이오드를 보호하는 것이 가능하다.

② 낮은 정류전압에 적합하다.

③ 과전압으로부터 다이오드를 보호하는 것이 가능하다.

④ 부하출력의 맥동률을 감소시키는 것이 가능하다.

> **note** 다이오드의 접속
> ㉠ 직렬 접속 : 과전압으로부터 보호할 수 있다.
> ㉡ 병렬 접속 : 과전류로부터 보호할 수 있다.

10 다음 중 어떤 전원회로에서 부하시 100V, 무부하시에 120V이었을 경우 전압 변동률로 옳은 것은?

① 10%　　　　　　　　　　② 12%

③ 15%　　　　　　　　　　④ 20%

⑤ 28%

> **note** 전압 변동률 $= \dfrac{V - V_O}{V_O} \times 100 = \dfrac{120 - 100}{100} \times 100 = 20\%$

11 다음 그림과 같은 회로의 명칭은?

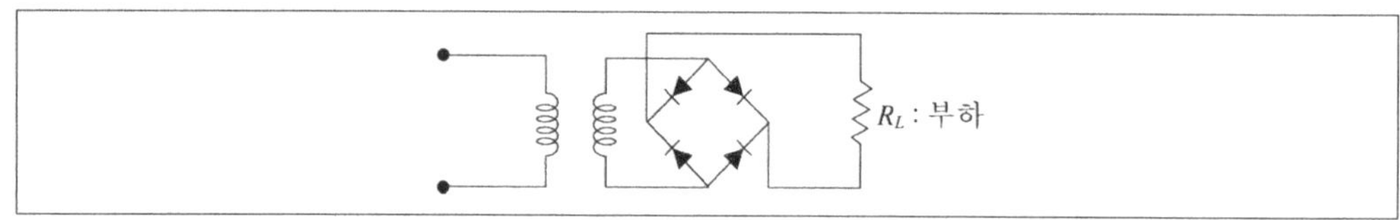

① 전파 정류회로　　　　　　② 배전압 정류회로

③ 푸쉬풀 증폭회로　　　　　　④ 전력 증폭회로

⑤ 평활회로

> **note** 그림은 다이오드 4개를 이용한 단상 전파 정류회로이다.

Answer　　9.① 10.④ 11.①

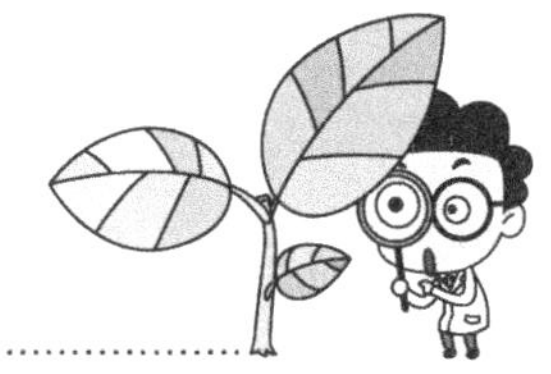

12 다음 회로에 교류전원 Vs = 20sin(377t) [V]이 인가되었을 때, 출력 전압 V_0의 파형은? (단, 다이오드 D_1, D_2의 순방향 전압강하는 0.7 [V]이다)

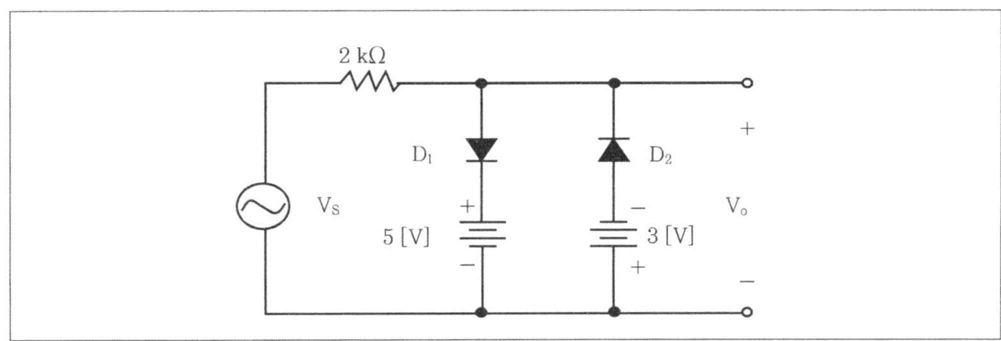

①
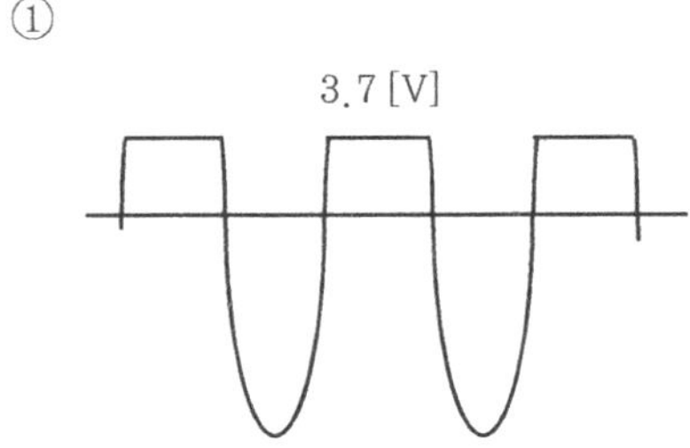

②
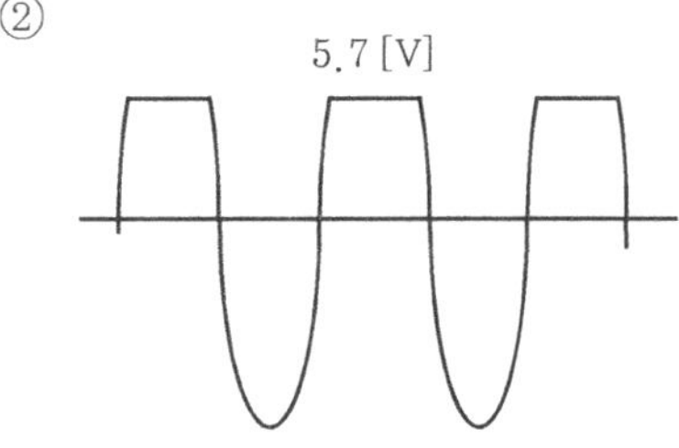

③
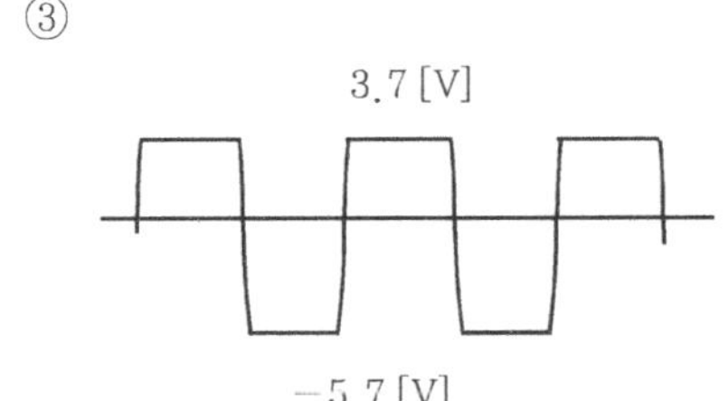

④
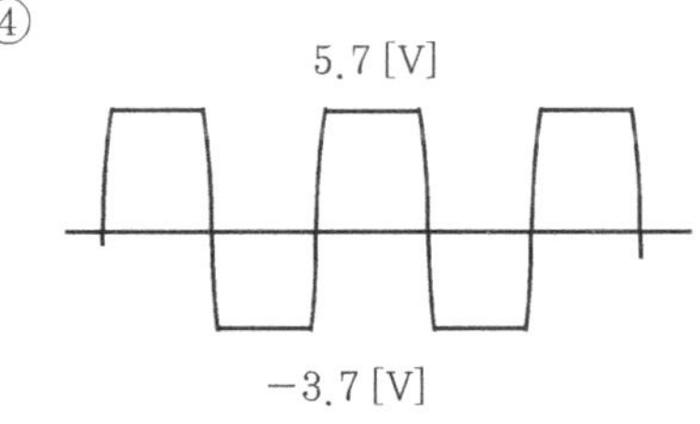

3.7 V

✿▌note (+)반주기 동안에는 D_1에 의하여 정류되고 DC 5[V]전원과 다이오드의 전압 강하가 합쳐져 5.7[V]가 된다.
(−)반주기 동안에는 D_2에 의하여 정류되고 DC 3[V]전원과 다이오드의 전압 강하가 합쳐져 3.7[V]가 된다.

❣Answer 12.④

02 평활회로와 정전압 회로

1 평활회로

① 평활회로의 개요

(1) 평활회로

① **목적**… 정류기의 출력파형으로부터 교류분을 없애고 맥동률을 낮추기 위해 사용한다.

② 교류분은 억제하고 직류에 가까운 저주파 신호만을 통과시키는 저역 필터가 있다.

(2) 푸리에 급수

① **개념**… 직류출력에 포함된 교류성분을 나타낸 것으로 임의의 주기적인 신호는 주기와 크기가 다른 여러 개의 sin함수, cos함수를 합성해서 표현할 수 있는 것을 말한다.

② **일반적 표현**… $v = A_0 + A_1\cos\omega t + A_2\cos 2\omega t + A_3\cos 3\omega t + ...$
$$+ B_1\sin\omega t + B_2\cos 2\omega t + B_3\cos 3\omega t + ...$$

여기에서 각 주파수가 ω 인 신호를 기본파 또는 1고조파, 2ω 인 신호를 제2고조파 등이라고 한다.

② 평활회로의 종류

(1) 인덕터 필터

① **개념**… 초크라고도 하는데 전류의 변화를 억제하는 성질을 갖고 있기 때문에 부하에 직렬로 접속하면 맥동률을 낮춘다.

② **특성**

  ㉠ 맥동률 r : 시정수를 크게 할수록 맥동률(리플률)이 감소하게 되므로 L 을 크게 하면 할수록 R_L 은 작게 할수록 맥동률은 감소하게 된다.

$$r \fallingdotseq \frac{R_L}{\omega L}$$

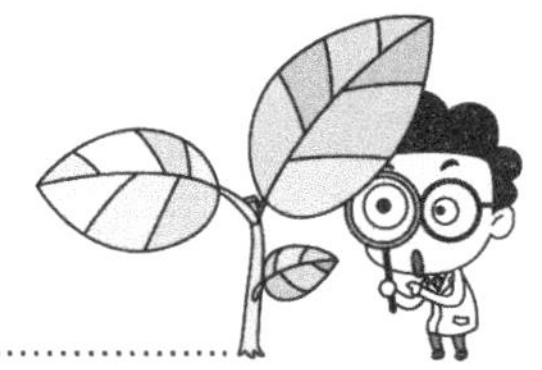

   ⓛ 리플률 : 코일에 반비례하고 부하저항에 비례한다.

   ⓒ 특징

- 대전력용에 적합하다.
- 직류 출력전압이 낮고 전압 변동률이 작다.
- 정류기에 가해지는 역전압이 작다.
- 리플 함유량이 크다.

③ **반파 정류회로**

   ㉠ 인덕터를 연결하기 전의 출력전류에 비하여 진폭이 작아지기 때문에 출력파형의 교류 성분이 줄어들게 된다.

   ⓛ 다이오드가 통전된 전류 I

$$i = \frac{V_m}{\sqrt{R_L{}^2 + (\omega L)^2}} \left\{ \sin(\omega t - \theta) + \sin\theta \cdot e^{-\frac{R_L t}{L}} \right\}$$

④ **전파 정류회로**

⊛ 인덕터를 삽입한 전파 정류회로와 등가회로 ⊛

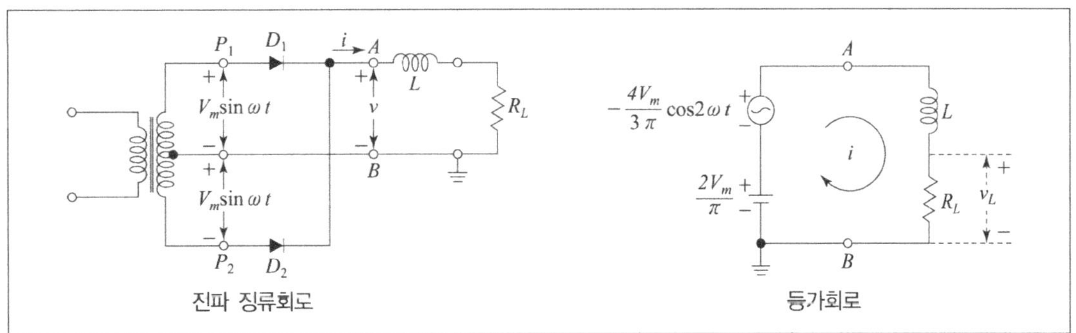

   ㉠ 다이오드가 통전된 전류 I

$$i = \frac{2V_m}{\pi R_L} - \frac{4V_m}{3\pi} \cdot \frac{1}{\sqrt{R_L{}^2 + (2\omega L)^2}} \cos(2\omega t - \theta)$$

그러므로 2차 고조파의 진폭이 줄어들기 때문에 맥동률은 향상된다.

   ⓛ 맥동률 r

$$r = \frac{교류\ 출력전압}{직류\ 출력전압} \text{에서} \left(\frac{2\omega L}{R_L}\right)^2 \gg 1 \text{의 조건으로 계산하게 되면}$$

$$r \fallingdotseq \frac{2}{3\sqrt{2}} \cdot \frac{R_L}{2\omega L} = 6.25 \times 10^{-4} \frac{R_L}{L}$$

따라서 맥동률은 L에 반비례하고, 부하 R_L이 적을수록 작아진다.

(2) 콘덴서 필터

① 동작원리

◎ 콘덴서 여파기 회로와 출력파형 ◎

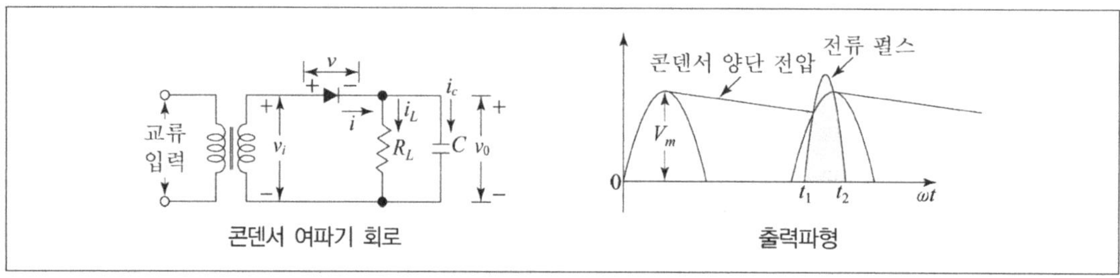

㉠ 콘덴서 여파기
- 콘덴서 여파기가 동작할 경우 : 콘덴서에 에너지를 축적한다.
- 콘덴서 여파기가 동작 안 할 경우 : R을 통해 에너지를 방출한다.

㉡ 입력전압 V_i가 (−) 전압으로 변할 경우 : 회로는 동작하지 않고, 콘덴서에 저장된 에너지는 R_L을 통해 방출되며 방출속도는 R, C에 의해 결정된다.

㉢ $R_L > C$인 경우 : V_o는 V_i의 최대값까지 충전된다.

㉣ 다이오드의 동작 : V_i가 (+) 전압일 경우는 동작하고, (−)일 경우는 동작하지 않는다.

② 맥동률 r

㉠ $r \propto \dfrac{1}{\omega R_L C}$

㉡ 부하에 반비례하고 리플률은 부하저항 R_L과 콘덴서 용량 C가 클수록 작아지게 된다.

③ 특징

㉠ 직류 출력전압이 높고 전압 변동률이 크다.

㉡ 리플 함유량이 적다.

㉢ 정류기에 가해지는 역전압이 크다.

㉣ 일반적으로 소전력용에 적합하다.

(3) 혼합형 평활회로

① LC 여파기

㉠ 구성 : 인덕터 필터 회로와 콘덴서 필터 회로의 두 가지 조합으로 이루어져 있다.

㉡ L은 교류성분에 대해 임피던스가 크게 나타나고, 부하와 병렬로 들어간 C는 교류성분을 바이패스해서 출력전압의 리플이 작아진다.

㉢ 직류 출력전압이 가장 적다.

ⓔ 맥동률 : $r \propto \dfrac{1}{\omega^2 LC}$

ⓢ LC 여파기 회로 ⓢ

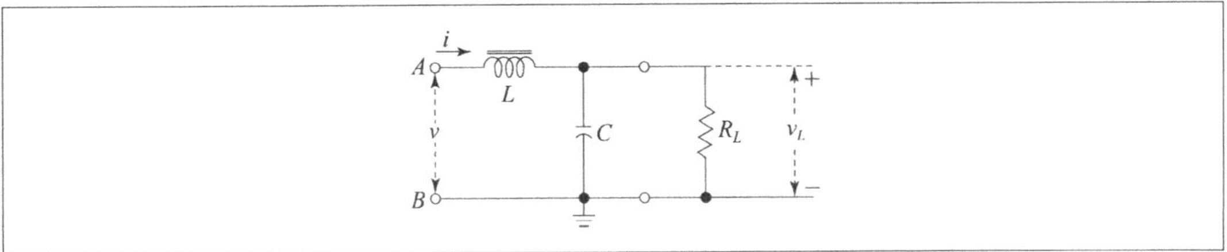

② **다단 LC 여파기**

  ㉠ 동작원리 : 2단 LC 여파기 회로로 출력 리플 전압은 LC 여파기를 직렬로 연결하면 더욱 감쇠하게 된다.

  ㉡ 특성

- 직류출력은 콘덴서 입력형에 비하여 작다.
- 전압 변동률이 작다.
- 주로 대전력용에 적합하다.

  ㉢ 맥동률 : $r = a_1 a_2 (0.482)$

여기에서 $a_1 = \dfrac{1}{\omega^2 L_1 C_1 - 1}$ 이고, $a_2 = \dfrac{1}{\omega^2 L_2 C_2 - 1}$ 이 된다.

ⓢ 다단 LC 여파기 회로 ⓢ

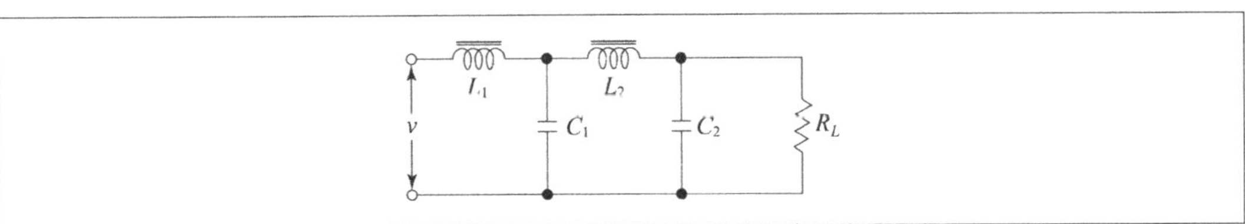

③ **π형 여파기**

  ㉠ 전원 변압기를 접속했을 경우에 L 입력형이다.

  ㉡ 동작원리

- $L - C_2$를 L 입력형, C_1을 콘덴서 필터라고 하면 직류 출력전압 V_{dc}는 콘덴서 필터의 경우 L에서 전압강하를 빼면 된다. 결국 콘덴서 필터 출력에 포함되는 맥동률 $L - C_2$ 필터로 감소시키는 결과가 되는 것이다.
- C_1 양단 전압파형은 입력 콘덴서 C_1이 충전과 방전을 반복함으로써 생기고 C_2 양단 전압파형은 L 여파기에 의한 출력파형이기 때문에 맥동률은 상당히 작다.

ㄷ 맥동률 : $r \propto \dfrac{1}{\omega^3 C_1 C_2 L R_L}$

◎ π형 여파기 ◎

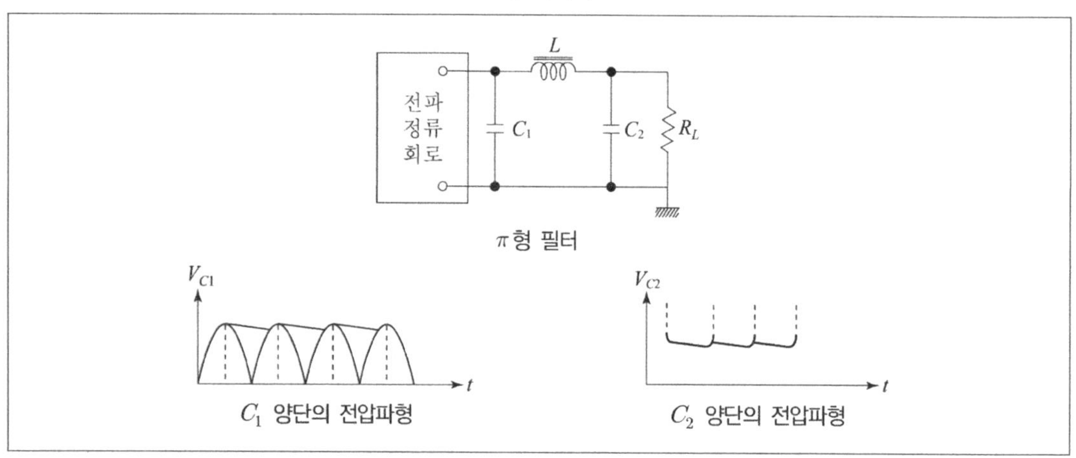

2 정전압 회로

① 제너 다이오드를 이용한 정전압 회로

(1) 정전압 전원회로의 개념

변압기와 정류회로 그리고 평활회로로 구성된 전원회로는 부하, 온도 그리고 신호원 전압 상태 등 여러 변화와 변동 등에 의해서 출력이 변화하게 된다. 이렇게 변화되는 출력전압을 안정화시키기 위해서는 필터와 부하 사이에 정전압 전원회로가 필요하게 된다.

(2) 제너 다이오드를 사용한 정전압 회로의 동작원리

① 기본적인 동작원리는 제너 다이오드가 제너 영역에서 동작할 경우 다이오드 전류 I_Z에 관계없이 다이오드 전압 V_Z는 일정하게 유지된다는 것이다.

② **입력전압 V_S가 증가했을 경우**

   ㄱ V_S가 증가하면 I_S가 증가한다.

   ㄴ V_Z는 일정하게 유지되기 때문에 I_L은 일정하다.

   ㄷ I_S의 증가분은 모두 I_Z의 증가량이다.

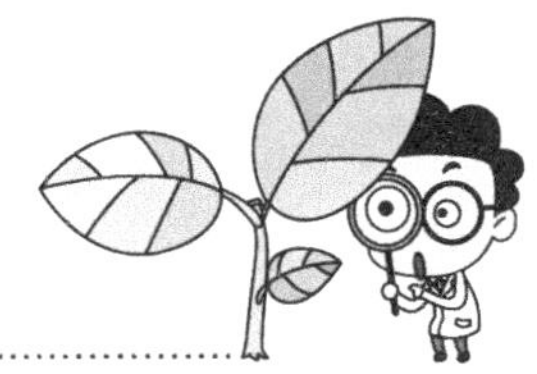

③ 부하저항 R_L이 증가했을 경우

㉠ R_L이 증가해도 V_Z가 일정하기 때문에 I_L이 감소한다.

㉡ V_Z이 일정하게 유지되기 때문에 I_S는 일정하다.

㉢ R_L의 증가로 I_L이 감소하게 되는 것은 그 감소량 모두 I_Z의 증가량이 된다.

❀ 제너 다이오드의 정전압 회로 ❀

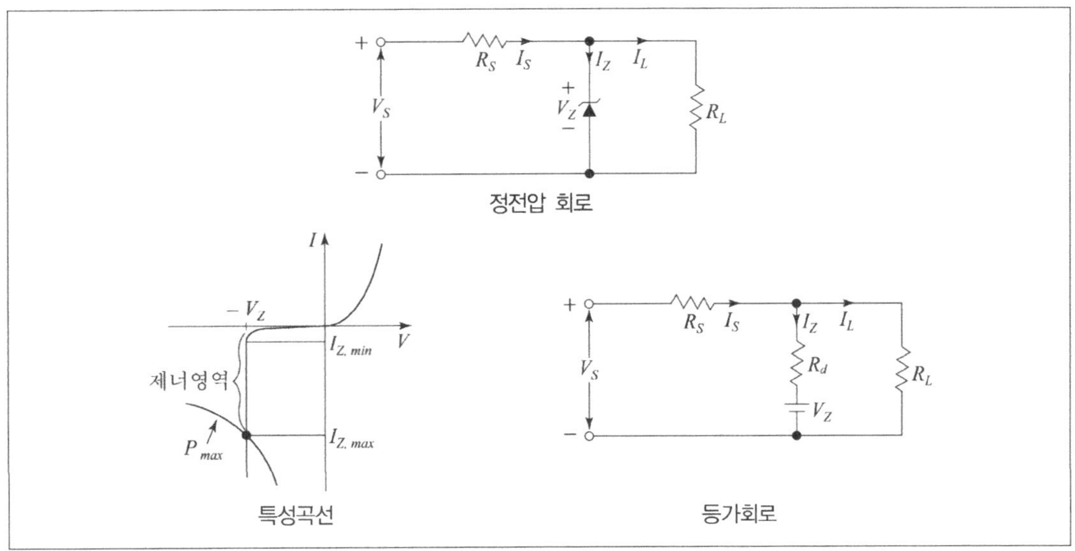

(3) 제너 다이오드의 동작점 선택

① 제너 다이오드를 사용한 정전압 회로에서 제너 다이오드의 동작점은 $I_{Z,\min}$에서 $I_{Z,\max}$의 범위로 한정되어야만 만족스러운 동자익 보장이 가능하다.

② **제너 다이오드의 동작점이 $I_{Z,\min}$ 이하인 경우** … 다이오드의 내부저항 r_d가 커져서 만족스러운 결과를 얻기 힘들게 된다.

③ **제너 다이오드의 동작점이 $I_{Z,\max}$ 이상인 경우** … 제너 다이오드가 최대 허용손실 $P_{\max}$의 범위를 벗어나게 되어 제너 다이오드가 파손될 수도 있게 된다.

② 트랜지스터를 이용한 정전압 회로

(1) 직렬형 정전압 회로

① 직렬형 정전압 회로의 구성

   ㉠ 검출부 : 출력전압의 일부분을 검출하여 비교부에 보내는 역할을 한다.

   ㉡ 비교부 : 기준 전압과 검출부에서 보낸 신호를 비교해 그 차를 증폭부에 보내는 역할을 한다.

   ㉢ 증폭부 : 비교부에서 온 신호를 증폭한 후 제어부의 입력을 조절하는 역할을 한다.

   ㉣ 제어부 : 증폭부에서 증폭된 신호를 받아 출력이 일정하게 유지되도록 제어하는 역할을 한다.

◎ 기본 구성 ◎

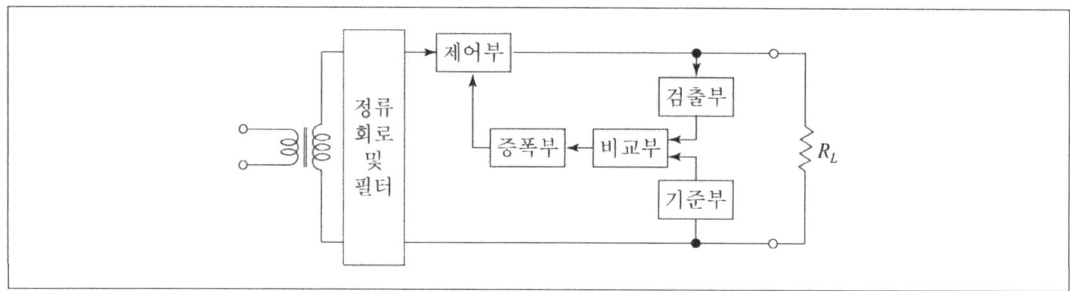

② 동작원리

◎ 직렬형 기본 회로 ◎

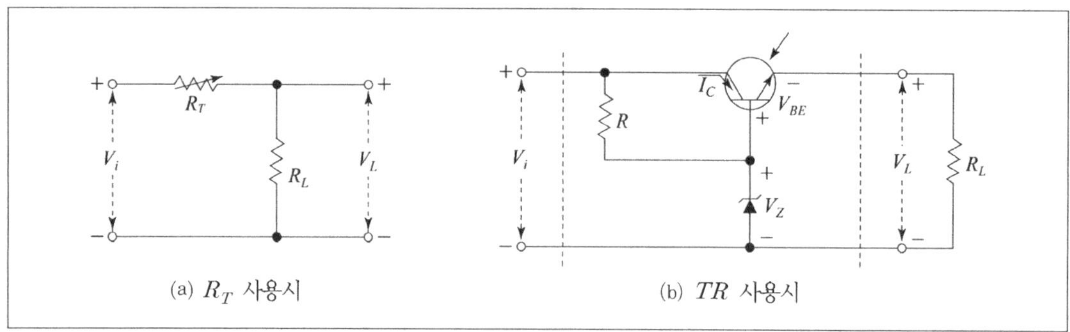

   ㉠ 그림 (a)의 경우

- 부하저항 R_L이 변동한다면 부하전압 V_L도 함께 변하게 된다.

- V_L이 변하려고 할 때 가변저항인 R_T을 조정으로 R_L과 R_T의 비율이 유지되도록 한다면 V_L은 변동되지 않을 것이다.

   ㉡ 그림 (b)의 경우

- TR이 R_T역할을 한다.

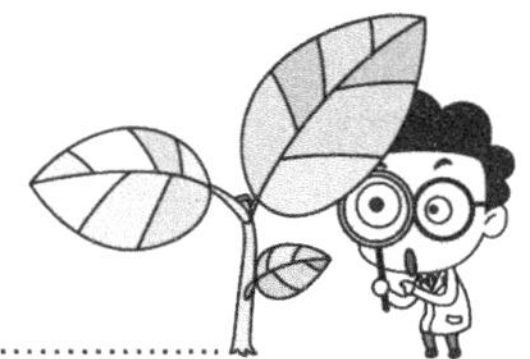

- R_L이 감소하여 V_L이 감소하게 된다면 TR의 입력전압은 증가하게 되고, 결과적으로 TR의 동작 상태로 TR의 I_C는 증가하여 V_L을 일정하게 유지시키게 된다.

(2) 병렬형 정전압 회로

① 동작원리

◎ 병렬형 기본 회로 ◎

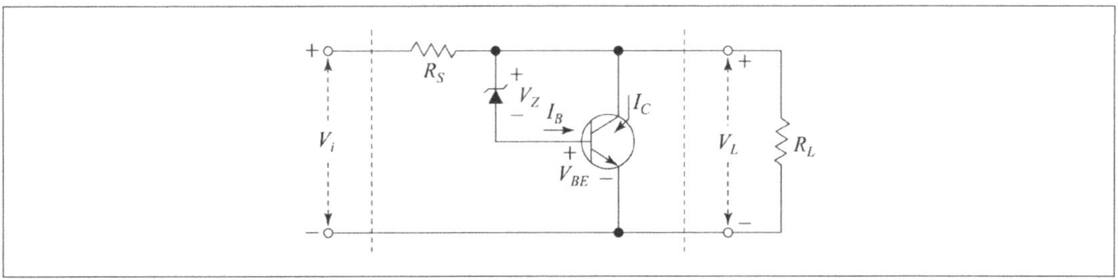

㉠ 병렬형 회로의 기본 회로에서 TR_1의 베이스와 이미터 사이의 전압 V_{BE}가 $V_L - V_Z$ 관계를 갖기 때문에 만약 V_L이 증가하게 되면 V_{BE}가 증가하고 따라서 I_C도 증가하여 R_S에 흐르는 전류도 증가하게 된다. 결국 R_S의 양단 전압이 증가함에 따라 V_L을 낮출 수 있게 된다.

㉡ 실제 회로

◎ 병렬형 정전압 회로 ◎

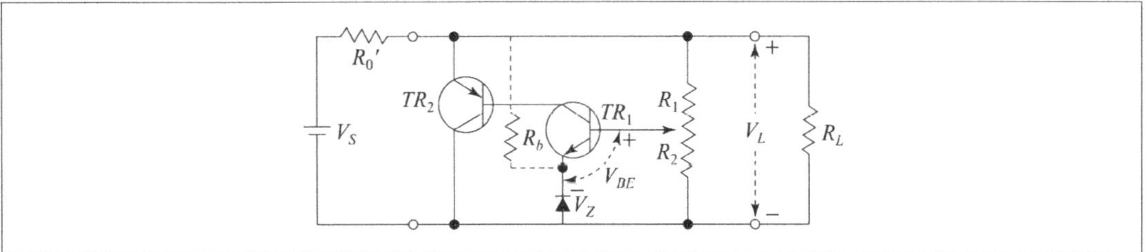

- 출력전압을 가변할 수 있게 한 병렬형 정전압 회로의 실제 예이다.
- 만약 TR_1의 베이스 전류를 무시할 경우

$$\frac{R_2}{R_1 + R_2} V_L = V_{BE} + V_Z 이고,$$

$$V_Z = \left(1 + \frac{R_1}{R_2}\right)(V_{BE} + V_Z) 이므로$$

결국, 출력전압은 V_{BE}를 조정해서 변동시킬 수 있다.

② 특성

㉠ 출력이 단락되어도 TR이 파괴되지 않는다.

㉡ 부하의 변동폭을 크게 할 수 없고 효율이 나빠서 거의 사용하지 않는다.

③ 집적회로(IC)를 이용한 정전압 회로

(1) 고정전압 공급의 IC

① 78xx, 79xx형 IC

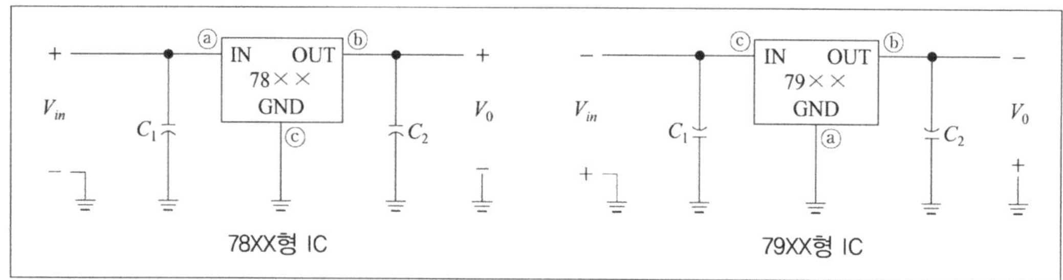

㉠ 78xx, 79xx형 IC

- 고정전압을 공급하는 3단자 IC이다.
- 78xx는 양의 전압을 나타내고 공급전압은 78xx에서 xx에 해당한다.
- 79xx는 음의 전압을 공급하게 되고 공급전압은 79xx에서 xx에 해당한다.

㉡ 가장 흔하게는 12V양의 전압을 공급하는 7812와 5V양의 전압을 공급하는 7805가 많이 사용
되고 입력전원은 2V 정도의 전력손실이 있어서 IC에 입력하는 전압은 출력전압의 2V 이상은
되어야 한다.

② 309형 IC

㉠ 디지털 전원회로 전원용으로 많이 사용하는 IC이다.

㉡ 입력은 7 ~ 23V의 입력에 대하여 5V의 균일한 출력을 낼 수 있다.

309형 IC

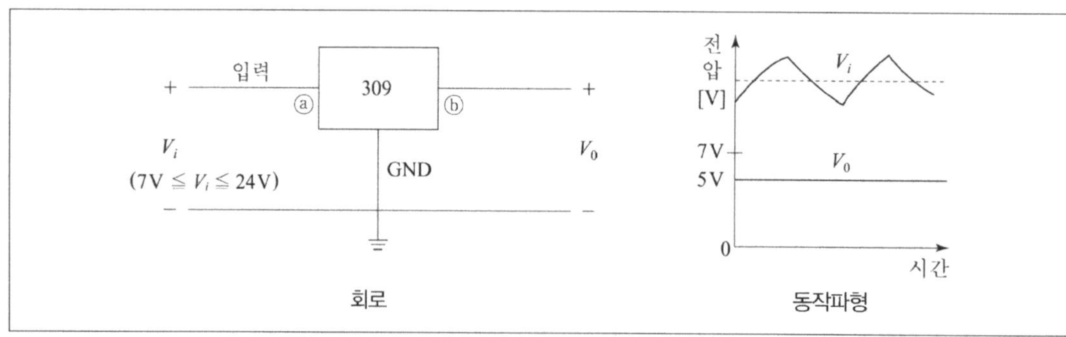

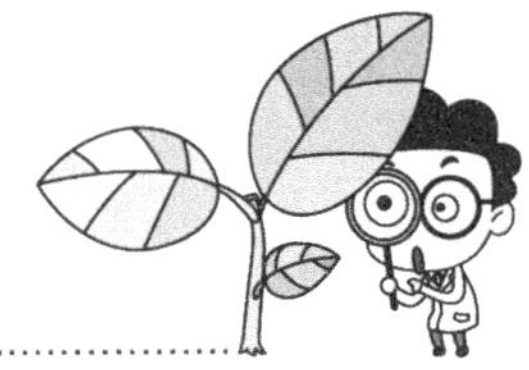

(2) 가변전압 공급의 IC

① 78MG IC

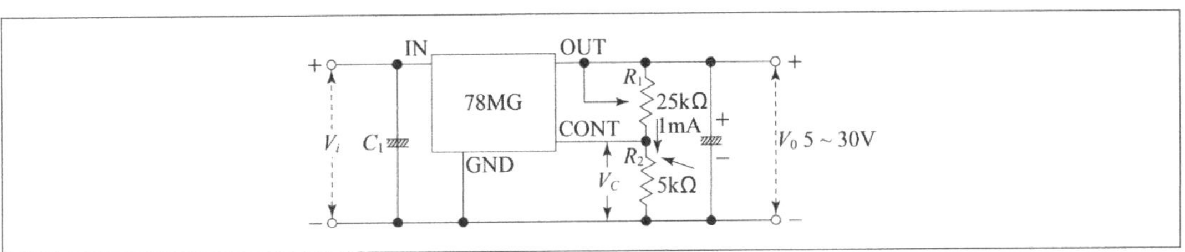

◎ 78MG IC의 회로 ◎

㉠ 4단자 전압 조정기이다.

㉡ 아래 그림에서 R_2에 흐르는 전류를 1mA로 선정하면 V_C가 5V가 되어 출력전압은 $(R_1 + R_2)$ $\times$ 1[mA]가 되고 여기서 R_1을 가변함으로써 출력전압을 5 ~ 30V 까지 얻을 수 있다.

② 741 연산 증폭기를 사용한 정전압 회로 ⋯ 비반전 증폭기를 사용하여 출력전압이 R_1, R_2에 의하여 음귀환하는 것을 이용해 일정한 출력전압을 유지시키는 정전압 회로이다.

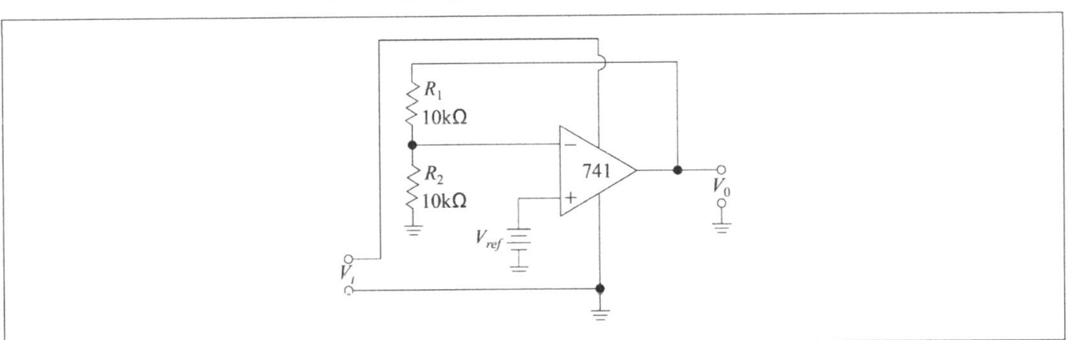

◎ 741 연산 증폭기를 사용한 정전압 회로 ◎

③ 317형 IC ⋯ 아래 그림의 회로에서 R_2를 가변시켜 주어 기본 전압을 조절하여 1.2 ~ 2.5V의 출력전압을 얻을 수 있다.

$$V_0 ≒ 1.25\left(1 + \frac{R_2}{R_1}\right)[V]$$

◉ 317형 IC ◉

IN
317
OUT
ADJ
IC
비안정화
입력
317
안정화
출력
(V_0)
R_1
240kΩ
C
R_2
5kΩ
전압조정 할 수 있는 안정화 회로

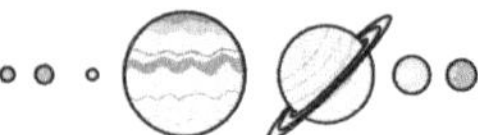

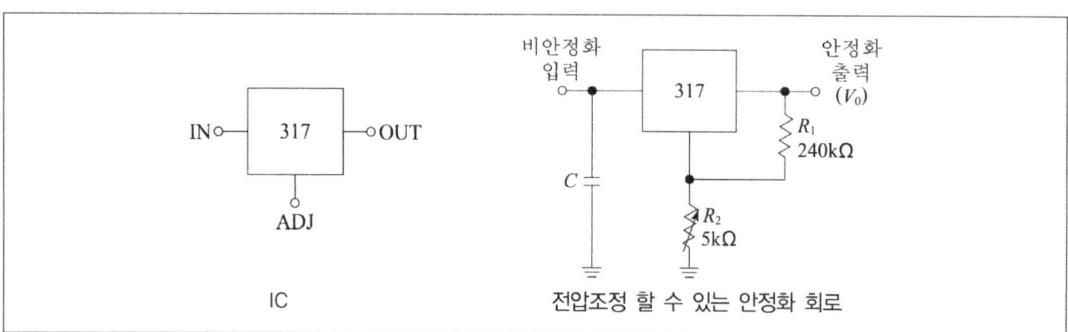

02 출제예상문제

1 다음 브리지 정류회로의 B점이 정전위일 경우 정류된 전류가 흐르는 순서로 옳은 것은?

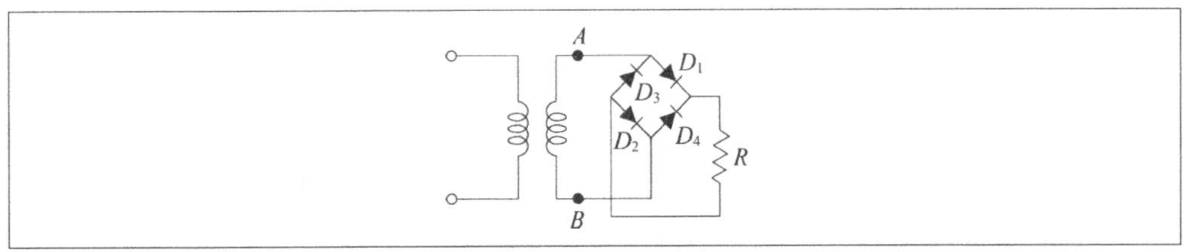

① $A \rightarrow D_1 \rightarrow R \rightarrow D_2 \rightarrow A$

② $A \rightarrow D_2 \rightarrow R \rightarrow D_3 \rightarrow B$

③ $B \rightarrow D_4 \rightarrow R \rightarrow D_1 \rightarrow A$

④ $B \rightarrow D_4 \rightarrow R \rightarrow D_3 \rightarrow B$

> **note** 브리지 정류회로 … 반주기는 D_1, D_2를 통해 전류(i_1)가 흐르고, 나머지 반주기는 D_3, D_4를 통해 전류(i_1)가 흐르게 된다.

2 다음 중 인덕터 필터의 특징으로 옳지 않은 것은?

① 전압 변동률이 작다.　　　② 대전력용에 적합하다.

③ 직류 출력전압이 낮다.　　　④ 리플 함유량이 작다.

> **note** 인덕터 필터의 특징
> ㉠ 직류 출력전압이 낮고 전압 변동률이 작다.
> ㉡ 정류기에 가해지는 역전압이 같다.
> ㉢ 대전력용에 적합하다.
> ㉣ 리플 함유량이 크다.

Answer 1.① 2.④

3 다음 중 인덕터(초크) 입력형 평활회로에서 리플을 작게 하기 위한 방법으로 옳은 것은?

① C를 작게 하고 L을 크게 한다.

② C를 크게 하고 L을 작게 한다.

③ L과 C를 크게 한다.

④ L과 C를 작게 한다.

> ✰ note 인덕턴스에 의한 리액턴스는 L이 크면 커지게 되어 교류분을 저지하고, C가 크게 되면 콘덴서에 의한 리액턴스가 작아진다.

4 다음 중 어느 정류회로의 평활정수를 나타낸 것에서 평활작용이 좋다고 할 수 있는 것으로 옳은 것은?

① 0

② 30

③ 50

④ 80

> ✰ note 평활정수 … 평활회로에 인가된 어떤 교류 성분이 부하에 나타난 동일 주파수의 리플전압의 비로서 나타내는 것으로 평활정수가 높을수록 평활작용이 좋다고 말할 수 있다.

5 필터가 없는 단상 전파 정류회로에서 평균 직류 출력전압이 4Ω의 부하에서 12V가 될 때 변압기의 2차측에 필요한 최대 전압값은?

① 6π [V]

② 8π [V]

③ 10π [V]

④ 14π [V]

⑤ 16π [V]

> ✰ note 전파정류이므로 $V_{dc} = \dfrac{2V_m}{\pi}$ 에서 V_m 에 대해 정리해 구하면
>
> $$V_m = V_{dc} \times \frac{\pi}{2} = 12 \times \frac{\pi}{2} = 6\pi \text{ [V]}$$

❦ **Answer**　　3.③　4.④　5.①

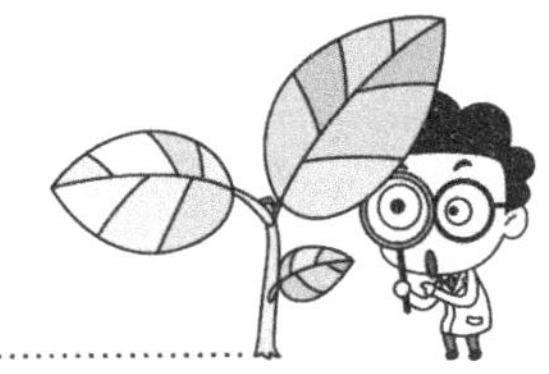

6 다음 중 콘덴서 입력형 평활회로를 인덕터 입력형 전원 평활회로에 비교한 특징으로 옳지 않은 것은?

① 기동시 전류가 급격히 흐른다.

② 리플 함유량이 적다.

③ 대용량의 정류기에 일반적으로 사용한다.

④ 일반적으로 출력전압이 높은 편이다.

> ✿**note** ③ 콘덴서 입력형 평활회로는 보통 소용량의 정류기에 사용한다.

7 다음 중 콘덴서 입력형 평활회로에 대한 설명으로 옳지 않은 것은?

① 직류 출력전압이 낮다.

② 전압 변동률이 크다.

③ 맥동률은 $r \propto \dfrac{1}{\omega R_L C}$ 이 된다.

④ 리플 함유량이 적다.

> ✿**note** 콘덴서 입력형 평활회로의 특징
> ㉠ 직류 출력전압이 높고 전압 변동률이 크다.
> ㉡ 리플 함유량이 적다.
> ㉢ 정류기에 가해지는 역전압이 크다.
> ㉣ 소전력용에 적합하다.

8 다음 중 전원장치에서 서로 관계가 없는 것은?

① 전원 트랜스 사양 – 정류회로의 종류

② 평활 콘덴서의 내압 – 리플 함유량

③ 평활 콘덴서의 용량 – 출력전압의 파형

④ 전원 변압기의 내압 – 코일의 굵기

> ✿**note** 평활 콘덴서의 내압은 트랜스 2차측 출력전압에 의해 결정된다.

9 다음 중 어떤 정류기의 부하 양단 평균 전압이 1,500V이고, 맥동률이 3%일 경우 포함되어 있는 교류분은 몇 V인가?

① 45V

② 60V

③ 80V

④ 100V

⑤ 110V

> ☆note $r = \dfrac{\text{출력전류에 포함된교류성분의 실효값}}{\text{출력전류의 직류성분}}$
>
> $0.03 = \dfrac{\text{교류분}}{1,500}$
>
> 교류분 $= 0.03 \times 1,500 = 45\,\mathrm{V}$

10 다음 중 π형 여파기의 맥동률로 옳은 것은?

① $r \fallingdotseq \dfrac{R_L}{\omega L}$

② $r \propto \dfrac{1}{\omega^3 C_1 C_2 L R_L}$

③ $r = a_1 a_2 (0.482)$

④ $r \propto \dfrac{1}{\omega^2 LC}$

> ☆note ① 인덕터 필터의 맥동률 ③ 다단 LC 여파기 ④ LC 여파기

11 다음 중 병렬형 정전압 회로의 특징으로 옳지 않은 것은?

① 경부하시 효율이 직렬에 비해 훨씬 크다.

② 보호회로가 필요없다.

③ 과부하시 전류가 제한된다.

④ 출력전압의 안정 범위가 좁다.

> ☆note ① 경부하시 효율은 직렬이 병렬에 비하여 훨씬 크다.

12 전압 안정계수가 0.01인 어떤 정전압 정류회로에서 입력전압이 ±4V로 변화할 때 출력전압의 변화로 옳은 것은?

① ±30mV

② ±40mV

③ ±50mV

④ ±80mV

⑤ ±100mV

✰note

전압 안정화 계수 $S_v = \dfrac{\Delta V_L}{\Delta V_S}$ 에서 $\Delta V_L = S_v \cdot \Delta V_s$ 가 되므로 $0.01 \times (\pm 4) = \pm 40\text{mV}$

13 인덕터 필터를 부가시킨 전파 정류회로는 인덕터 회로를 부가시키지 않은 전파 정류회로에 비해 맥동률이 몇 배 개선되는가?

① 1.52

② 2.52

③ 4.52

④ 5.52

✰note

$$맥동률\ r = \frac{교류\ 출력전압(실효값)}{직류\ 출력전압(평균값)} = \frac{\dfrac{1}{\sqrt{2}} \times \dfrac{4V_m}{3\pi} \times \dfrac{1}{\sqrt{R_L{}^2 + (2\omega L)^2}}}{\dfrac{2V_m}{\pi R_L}}$$

$$= \frac{2}{3\sqrt{2}} \times \frac{1}{\sqrt{1 + \left(2\omega\dfrac{L}{R_L}\right)^2}}$$

$$= \frac{2}{3\sqrt{2}} \times \frac{1}{\sqrt{1 + \left(4\pi \times 60 \times \dfrac{3}{10^3}\right)^2} \fallingdotseq 0.191}\ 이므로\ \frac{0.482}{0.191} \fallingdotseq 2.52$$

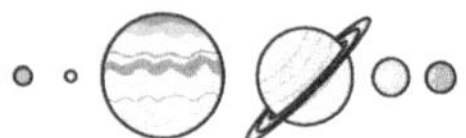

14 평활회로에서 초크 입력형의 특징에 대한 설명으로 옳은 것은?

① 부하전류의 변화에 대하여 전압변동이 적다.

② 정류기에 가해지는 역전압이 크다.

③ 평활효과가 적다.

④ 부하전류의 평균값이 작다.

> ✿**note** 맥동률은 인덕턴스에 반비례하며, 부하저항 R_L이 작을수록, 부하전류가 클수록 작아진다.

15 다음 그림과 같은 회로의 명칭으로 옳은 것은?

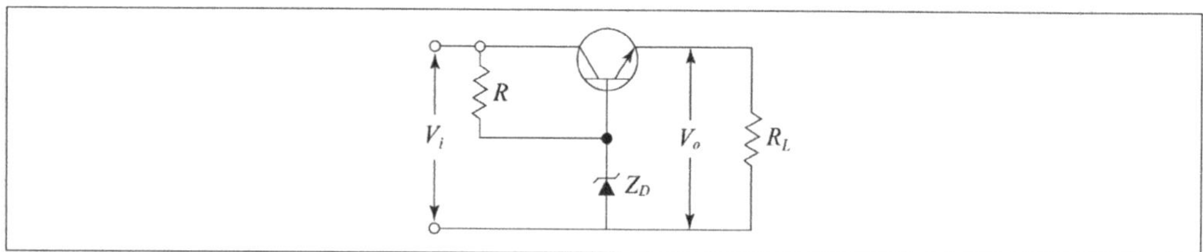

① 병렬 제어형 정전압 회로

② 직렬 제어형 정전압 회로

③ 병렬형 전류 제어회로

④ 직렬형 전압 제어회로

> ✿**note** 회로는 부하전류가 증가하면 TR의 BE간 순방향 전압이 낮아져 V_o를 높여주는 직렬 제어형 정전압 회로이다.

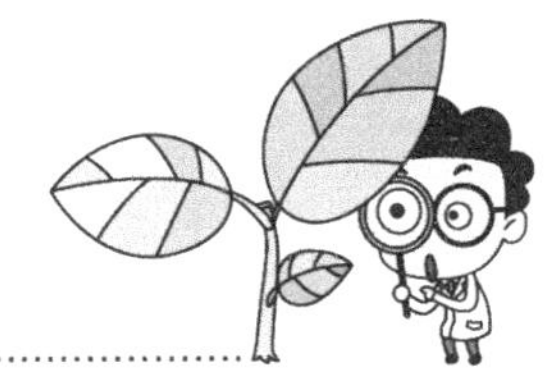

16 직렬형 정전압 회로의 특징으로 옳지 않은 것은?

① 경부하시 효율이 병렬에 비하여 훨씬 크다.

② 과부하시 전류가 제한된다.

③ 출력전압의 안정범위가 비교적 넓게 설계된다.

④ 증폭단을 증가시킴으로써 출력저항 및 전압 안정계수를 매우 작게 할 수 있다.

✿note 과부하시 전류가 제한되는 것은 병렬형 정전압 회로의 특징으로 전압 안정범위가 좁아 특수
용도로만 사용이 한정된다.